Probabilités et statistique

M'hammed Mountassir, Cégep de l'Outaouais et Université d'Ottawa

Révision scientifique
Ariel Franco, Cégep régional de Lanaudière à l'Assomption

MODULO

Probabilités et statistique

M'hammed Mountassir

© 2016 Groupe Modulo Inc.

Conception éditoriale : Éric Mauras
Édition : Yzabelle Martineau et Annie Ouellet
Coordination : Josée Desjardins
Révision linguistique : Diane Robertson
Correction d'épreuves : Nicole Blanchette
Conception graphique : Marguerite Gouin
Illustrations : Jocelyne Bouchard
Conception de la couverture : Eykel design

**Catalogage avant publication
de Bibliothèque et Archives nationales du Québec
et Bibliothèque et Archives Canada**

Mountassir, M'hammed, 1951-

   Probabilités et statistique

   Comprend un index.

   ISBN 978-2-89732-043-0

   1. Probabilités – Manuels d'enseignement supérieur. 2. Statistique mathématique – Manuels d'enseignement supérieur. I. Titre.

QA273.M68 2016   519.2   C2015-942355-4

MODULO

5800, rue Saint-Denis, bureau 900
Montréal (Québec) H2S 3L5 Canada
Téléphone : 514 273-1066
Télécopieur : 514 276-0324 ou 1 800 814-0324
info.modulo@tc.tc

ISBN 978-2-89732-043-0

Dépôt légal : 2e trimestre 2016
Bibliothèque et Archives nationales du Québec
Bibliothèque et Archives Canada

Imprimé au Canada

2 3 4 5 6 M 22 21 20 19 18

Gouvernement du Québec – Programme de crédit d'impôt pour l'édition de livres – Gestion SODEC.

Ce projet est financé en partie par le gouvernement du Canada

Sources iconographiques

Couverture : Pushish Images/Shutterstock.com ; **p. 2 :** Romiana Lee/Shutterstock.com ; **p. 3 :** Alain Ross ; **p. 42 :** WendellandCarolyn/iStockphoto ; **p. 43 :** Wikimedia Commons ; **p. 86 :** Igor Smichkov/Dreamstime.com ; **p. 87 :** Jocelyne Bouchard ; **p. 126 :** dailin/Shutterstock.com ; **p. 127 :** Wikimedia Commons ; **p. 160 :** smereka/Shutterstock.com ; **p. 161 :** Jocelyne Bouchard ; **p. 186 :** omihay/Shutterstock.com ; **p. 187 :** Jocelyne Bouchard ; **p. 218 :** Ewais/Shutterstock.com ; **p. 219 :** Gauß-Gesellschaft Göttingen e.V. (Photo : A. Wittmann)/Wikipedia Commons ; **p. 250 :** Fisher Photostudio/Shutterstock.com ; **p. 251 :** National Portrait Gallery/Wikimedia Commons ; **p. 270 :** vitstudio/Shutterstock.com ; **p. 271 :** Wellcome Library, London. Wellcome Images/Wikimedia Commons.

À mon petit-fils Ryan

Avant-propos

Le projet qui a mené à la réalisation de *Probabilités et statistique* repose sur le désir de combler un vide dans l'enseignement des méthodes aléatoires destiné aux étudiants ayant suivi au moins un cours de calcul différentiel et intégral. L'ouvrage s'adresse aux étudiants en sciences, en sciences de la santé et en génie aux niveaux collégial et universitaire. La statistique y est présentée comme un arsenal de méthodes utiles pour faire le tri dans les données floues, variables ou carrément chaotiques émergeant de tout ce qu'on observe quotidiennement autour de soi, y voir clair et y mettre de l'ordre.

Ce livre comprend neuf chapitres qui couvrent un grand éventail de méthodes permettant une analyse des données alliant la théorie à la pratique. Le chapitre 1 traite de la statistique descriptive, qui sert à résumer et à organiser les données observées dans toute étude expérimentale. Les chapitres 2, 3 et 4 exposent la théorie des probabilités et des variables aléatoires, outils nécessaires pour généraliser les observations faites sur un échantillon à toute une population. Le chapitre 5 décrit les méthodes d'échantillonnage qui servent à extraire un échantillon représentatif d'une population. Les chapitres 6 et 7 se penchent ensuite sur deux axes de l'inférence statistique, à savoir l'estimation de paramètres inconnus et les tests d'hypothèses sur ces mêmes paramètres. Le chapitre 8, quant à lui, présente la régression et la corrélation linéaires entre deux variables aléatoires quantitatives. Enfin, le chapitre 9 examine les tableaux de contingence utilisés pour croiser deux variables aléatoires qualitatives.

Probabilités et statistique offre un contenu complet et bien structuré basé sur des explications claires et concises. Plusieurs éléments optimisent son utilisation :

- un grand nombre d'**exemples** qui aident à bien comprendre les notions traitées ;
- un **résumé** sous forme de tableau à la fin de chaque chapitre qui regroupe les formules et les concepts essentiels ;
- de nombreux **exercices**, fruit de plus de 30 ans de travail de consultation de l'auteur dans différents domaines (compagnies pharmaceutiques, sociétés d'État) et pays (France, Maroc, Canada), qui donnent aux étudiants la possibilité de manipuler des données réelles selon une approche à la fois française et anglo-saxonne ;
- le **corrigé** des exercices des chapitres ;
- pour l'enseignant, un accès en ligne au **solutionnaire** complet des exercices ainsi qu'aux **tableaux** et aux **figures** de l'ouvrage.

Remerciements

La publication de cet ouvrage n'aurait pas été possible sans la collaboration de plusieurs personnes, que nous tenons à remercier chaleureusement. Tout d'abord, les évaluateurs Réda Choukrallah, du Cégep Saint-Jean-sur-Richelieu, Richard D'Amours, du Collège de Maisonneuve, Valérie Dubois, du Cégep Édouard-Montpetit, Annie Jacques, du Cégep Garneau, Cédric Lamathe, du Cégep du Vieux Montréal, Nathalie Martel, du Collège Shawinigan, et Chantal Trudel, du Collège de Bois-de-Boulogne. Nous souhaitons aussi remercier les consultants, soit Geneviève Bilodeau, du Cégep de Sainte-Foy, Stéphanie Monette, du Cégep Gérald-Godin, et Frédérick Tremblay, du Collège de Bois-de Boulogne. Enfin, un merci tout particulier à Ariel Franco, du Cégep régional de Lanaudière à L'Assomption, pour sa participation à titre de réviseur scientifique.

Table des matières

CHAPITRE 1

La statistique descriptive

**À la fin de ce chapitre,
vous serez en mesure :**

- de décrire des données ;

- de présenter et d'analyser
  des données ;

- de détecter des données
  aberrantes dans des données
  expérimentales ;

- d'utiliser des outils de prise
  de décision.

Muhammad Ibn Mussa Al Khawarizmi

Muhammad Ibn Mussa Al Khawarizmi (vers 780 à Khiva, aujourd'hui en Ouzbékistan, 850 à Bagdad) était un mathématicien et philosophe perse. Il a publié de grands ouvrages en astronomie et en mathématiques, dont le fameux livre *Al jabr wal muqabalah*, qui signifie «l'algèbre par la preuve». Il est l'inventeur des algorithmes que prisent tant les informaticiens. Il est le premier à parler de l'aléatoire dans son manuscrit *Azzahr*, mot signifiant «chance», et qui deviendra plus tard en français le mot «hasard».

La statistique est une branche des mathématiques qui s'attache à l'étude des phénomènes aléatoires. Elle se situe ainsi à l'opposé des mathématiques déterministes, plus familières aux étudiants, que sont entre autres le calcul différentiel, le calcul intégral, la géométrie, l'algèbre et la trigonométrie.

L'origine du terme «statistique», dérivé du mot italien *statista*, en référence à tout ce qui est étatique, est relativement nouvelle, car ce n'est qu'au XVIIe siècle, en Allemagne, qu'il apparaît pour la première fois[1]. Cependant, la pratique de la statistique est en fait beaucoup plus ancienne, puisqu'elle existait déjà à l'époque des grands empires de la Mésopotamie et de l'Égypte ancienne ainsi que chez les Romains et dans les empires d'Inde et de Chine. Elle consistait alors à bien connaître la population pour pouvoir administrer sa répartition, ou distribution sur les territoires, collecter les impôts et gérer les armées et la logistique militaire.

De nos jours, il est impossible d'aborder un domaine sans avoir recours aux méthodes statistiques pour le comprendre et l'analyser. Que ce soit dans les domaines des sciences sociales, des sciences de la vie ou des sciences de l'ingénierie, les méthodes statistiques sont nécessaires pour mettre de l'ordre dans le protocole de travail. En effet, elles

---

1. C'est l'économiste Gottfried Achenwall qui invente le mot *statistik* en référence à toutes les connaissances que l'homme d'État idéal devrait posséder pour gouverner.

permettent, devant le chaos apparent des données, de déterminer par où commencer leur collecte et, selon le contexte, les étapes à suivre pour les analyser.

La statistique est grosso modo divisée en trois grandes classes : la statistique descriptive, la statistique inférentielle et la statistique exploratrice, une toute nouvelle branche. Nous consacrons ce premier chapitre à la première, la statistique descriptive. Celle-ci, comme son nom l'indique, se propose de décrire les données, de les classer et de les présenter sous une forme claire et intelligible. Elle est à la base de toute organisation du système d'information d'une entreprise : statistique de la production ou des ventes, statistique financière, statistique des ressources humaines… En sciences humaines, elle constitue une importante composante de ce qu'on appelle les « méthodes quantitatives ».

Comme le vocabulaire de la statistique est particulier et précis, il nous faudra tout d'abord apprendre quelques termes du lexique à la base de cette science.

1.1 Les concepts et le vocabulaire de base

Au début de toute étude statistique, il est nécessaire d'en cerner l'objet avec précision, c'est-à-dire la matière, les éléments sur lesquels elle portera. Cet ensemble d'éléments s'appelle une **population**.

DÉFINITION 1.1

Une **population** (N) est un ensemble d'êtres vivants (des humains, des oiseaux, des poissons, des bactéries, etc.), d'objets inanimés (des maisons, des voitures, des rivières, etc.) ou de faits (des naissances, des pannes, des accidents, des divorces, etc.).

Chaque élément d'une population s'appelle un **individu** ou une **unité statistique**. Le nombre d'unités statistiques dans une population se nomme la **taille de la population** ; on note cette taille de la population N.

Quand on effectue une étude qui porte sur toute la population, on fait un **recensement**. Cependant, pour des raisons techniques ou économiques, il n'est généralement pas possible de collecter des données sur tous les éléments, ou membres, d'une population, certaines d'entre elles étant immenses, telle la population mondiale. On doit alors se limiter à ne faire porter l'étude que sur une partie de la population, qu'on appellera **échantillon**.

DÉFINITION 1.2

L'**échantillon** (n) est une partie des individus de la population sur laquelle portera l'étude.

Le chapitre 5 porte justement sur la question de l'échantillon. En effet, il existe des méthodes spécifiques qui permettent de s'assurer que l'échantillon est représentatif de la population, c'est-à-dire une réplique en miniature de ce qui se produit dans la population. Mais, pour le moment, nous supposons que nous disposons simplement d'un échantillon, sans connaître nécessairement de quelle façon il a été extrait. Le nombre d'éléments formant l'ensemble de l'échantillon s'appelle **taille de l'échantillon** ; il sera noté n.

> **DÉFINITION 1.3**
>
> Toute caractéristique observée ou mesurée sur chacun des éléments de l'échantillon s'appelle une **variable**.

On réserve les dernières lettres de l'alphabet en majuscules pour noter les variables : X, Y, Z, U… De plus, les différentes valeurs que prend une variable s'appellent des **modalités**. Afin que le classement d'une unité statistique soit toujours possible sans ambiguïté, les différentes modalités doivent être à la fois incompatibles (un individu ne peut avoir plusieurs modalités à la fois) et exhaustives (tous les cas doivent être prévus).

Il existe deux types de variables : les **variables qualitatives** et les **variables quantitatives**. Une variable est dite « qualitative » lorsqu'elle peut être classée en catégories suivant sa caractéristique ou « qualité » : le sexe, l'ethnie, l'espèce, le niveau de scolarité, etc. Elle sera plutôt appelée « quantitative » si elle peut être mesurée ou quantifiée : le poids, la longueur, le revenu, le nombre d'enfants, le nombre de pannes, etc.

Les variables qualitatives sont constituées de deux sous-classes :

- Les **variables qualitatives nominales** : ce sont les variables qualitatives dont les modalités ne peuvent qu'être constatées ou nommées. Par exemple, le sexe (masculin, féminin), la nationalité (canadienne, française, marocaine…), les cours suivis durant une session (mathématiques, anglais, philosophie…).
- Les **variables qualitatives ordinales** : ce sont les variables qualitatives dont les modalités appellent naturellement un ordre dans leur organisation. Par exemple, le niveau de scolarité (primaire, secondaire, collégial, universitaire), l'opinion sur une série de reportages sur la Chine (très intéressants, intéressants, ordinaires, ennuyeux…).

Les variables quantitatives sont également subdivisées en deux sous-classes :

- Les **variables quantitatives discrètes** : ce sont les variables quantitatives dont les modalités sont des valeurs isolées sans valeurs intermédiaires. Généralement, ces variables sont utilisées comme des compteurs. Par exemple, le nombre de pannes, le nombre d'accidents, le nombre d'enfants…
- Les **variables quantitatives continues** : ce sont les variables quantitatives dont les modalités forment un continuum, qui peuvent prendre n'importe quelle valeur dans un intervalle raisonnable. Par exemple, la taille, le poids, le revenu, le taux de cholestérol…

1.2 Les échelles de mesure

Pour les variables qualitatives, il existe deux échelles de mesure : l'**échelle nominale** et l'**échelle ordinale**.

> **DÉFINITION 1.4**
>
> L'**échelle nominale** s'adresse aux variables qualitatives nominales. Elle ne sert qu'à nommer les modalités de la variable.

EXEMPLE 1.1

- Soit X, une variable associée au sexe (nous écrirons désormais « Soit X : le sexe » dans un tel cas) ; X est ici une variable qualitative nominale, et son échelle est nominale.
- Soit Y, une variable associée au numéro du chandail d'un joueur de hockey (nous écrirons désormais « Soit Y : le numéro du chandail d'un joueur de hockey » dans un tel cas) ; même si Y prend des valeurs numériques, il demeure une variable nominale, et son échelle est nominale, car on peut tout aussi bien mettre des lettres sur le chandail des joueurs, ou même des dessins : la valeur numérique ne suit pas un ordre.

DÉFINITION 1.5

L'**échelle ordinale** s'adresse aux variables qualitatives ordinales, son nom venant du fait qu'il y a un ordre entre ses modalités.

EXEMPLE 1.2

- Soit X: le niveau scolaire d'une personne adulte. Comme les modalités de X peuvent être «primaire, secondaire, collégial, universitaire», il y a un ordre chronologique entre ces modalités; il s'agit donc d'une échelle ordinale.

- Soit Y: la note finale obtenue dans un cours de statistique. Les modalités de Y étant «F, E, D, C, B, A», il y a un ordre de mérite entre ces modalités; il s'agit donc d'une échelle ordinale.

Pour les variables quantitatives, il existe aussi deux types d'échelles: l'**échelle d'intervalle** et l'**échelle de rapports**.

DÉFINITION 1.6

L'**échelle d'intervalle** s'appelle ainsi parce que la seule opération possible est la différence. On reconnaît une échelle d'intervalle par l'absence du zéro absolu, c'est-à-dire que si la variable est nulle ($X = 0$), cela ne veut pas dire qu'il y a absence de ce qu'on mesure.

EXEMPLE 1.3

- Soit T: la température en degrés Celsius. Le jour où $T = 0$ °C, cela ne veut pas dire qu'il y a absence de température. Si on considère deux journées où la température est respectivement égale à 10 °C et à 30 °C, cela signifie simplement qu'il y a un écart de 20 degrés entre ces deux journées. Si on prend deux seaux d'eau où la température est respectivement égale à 35 °C et à 45 °C, et si on les mélange, on ne va pas obtenir une eau chauffée à 80 °C. L'échelle de cette variable est alors une échelle d'intervalle.

- Soit X: la date de naissance. Si on est en 2010 et que l'on considère une personne née en 1950 et une autre née en 1980, tout ce qu'on peut dire est qu'il y a une différence d'âge de 30 ans entre elles. On ne peut pas dire que l'une est deux fois plus âgée que l'autre, car l'année suivante, en 2011, ce ne serait plus vrai. L'échelle de cette variable est alors une échelle d'intervalle.

DÉFINITION 1.7

La seconde échelle est l'**échelle de rapports**: c'est l'échelle la plus maniable, la plus riche. Elle admet un zéro absolu, c'est-à-dire que si la variable est nulle, cela signifie l'absence de ce qu'on mesure. Il est possible de faire toutes les opérations algébriques avec une telle échelle.

EXEMPLE 1.4

- Soit X: le revenu familial annuel (en dollars); si $X = 0$, cela signifie qu'il n'y a pas eu de revenu. Si on prend deux familles dont le revenu respectif est de 30 000 $ et de 120 000 $, on peut dire qu'il y a un écart de 90 000 $ entre ces deux revenus, et on peut aussi dire que la seconde famille gagne 4 fois plus que la première. Si on additionne ces deux revenus, on aura un revenu global de 150 000 $. L'échelle de cette variable est alors une échelle de rapports.

> **EXEMPLE 1.4 (*suite*)**
>
> • Soit Y: le nombre d'enfants dans un ménage; si $Y = 0$, cela signifie que cette famille n'a pas d'enfant. Comme on peut faire toutes les opérations algébriques avec les modalités de cette variable, il s'agit donc d'une échelle de rapports.

1.3 Les tableaux et les graphiques

Nous allons à présent apprendre à résumer l'information présentée dans une série de données soit par des tableaux, soit par des graphiques. Commençons en premier lieu par les variables qualitatives.

1.3.1 Les variables qualitatives

> **DÉFINITION 1.8**
>
> Une variable est dite **qualitative** lorsqu'elle peut être classée en catégories suivant sa caractéristique ou «qualité»: le sexe, l'ethnie, l'espèce, le niveau de scolarité, etc.

Considérons tout d'abord un exemple où des variables qualitatives observées sur un échantillon sont présentées, puis examinons en détail le traitement possible de ces données. Nous pouvons représenter ces données en un tableau de fréquences, en un diagramme à barres ou en un diagramme à secteurs.

> **EXEMPLE 1.5**
>
> On choisit un échantillon de 50 Canadiens adultes au hasard; on leur demande de donner leur niveau de scolarité, noté par les lettres suivantes: P: niveau primaire; S: niveau secondaire; C: niveau collégial; U: niveau universitaire; et A: aucun niveau.
>
> On obtient ainsi les résultats suivants:
>
> P P P S S S C U U C U U S P A S P S S S S U C S
> U A S S S S P P C C C A P P S S S C C C U C U A P
>
> Ici, la variable est X: le niveau de scolarité, qui est une variable qualitative ordinale.
>
> Pour présenter ces données sous forme de **tableau de fréquences** de la variable, nous allons d'abord dresser un tableau où nous inscrirons trois colonnes: dans la première colonne, nous énumérons les cinq modalités de la variable, dans la deuxième, nous donnons la **fréquence absolue**, ou l'effectif de chacune des modalités (c'est-à-dire le nombre de fois que cette modalité se répète dans l'échantillon) et, enfin, dans la troisième colonne, nous donnons la **fréquence relative** de chacune des modalités, la fréquence relative d'une modalité étant égale à sa fréquence absolue divisée par la taille de l'échantillon. On obtient le tableau suivant.
>
> | Distribution des 50 adultes selon le niveau de scolarité | | |
> |---|---|---|
> | **Niveau de scolarité** | **Fréquences absolues** | **Fréquences relatives** |
> | A: Aucun | 4 | 0,0800 |
> | P: Primaire | 10 | 0,2000 |
> | S: Secondaire | 18 | 0,3600 |
> | C: Collégial | 10 | 0,2000 |
> | U: Universitaire | 8 | 0,1600 |
> | Total | $n = 50$ | 1,0000 |

Pour que la présentation d'un tableau ou d'un graphique soit complète, il faut ajouter un titre, que l'on inscrit dans la partie supérieure du tableau ou du graphique, ainsi que la source des données, que l'on place dans sa partie inférieure. Il est à noter que si c'est l'auteur du tableau qui a en conçu les données, il n'est pas nécessaire d'inscrire la source du tableau.

En ce qui concerne la représentation graphique, le diagramme à barres et le diagramme à secteurs présentent la même information que nous venons de voir dans le tableau de fréquences.

EXEMPLE 1.6

Le **diagramme à barres** (horizontales ou verticales) permet de visualiser les données de l'échantillon. Dans ce type de diagramme, on présente sur l'un des deux axes les modalités de la variable et, sur l'autre, les fréquences absolues ou les fréquences relatives.

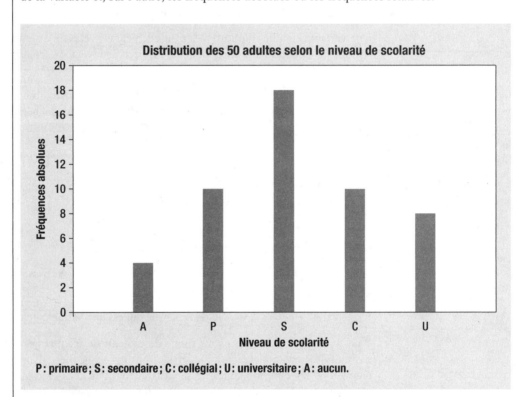

Distribution des 50 adultes selon le niveau de scolarité

P : primaire ; S : secondaire ; C : collégial ; U : universitaire ; A : aucun.

REMARQUE

Les barres doivent être de même largeur et équidistantes afin que le graphique soit harmonieux et bien équilibré. Il ne faut pas que la distance entre les rectangles soit nulle, puisqu'ils apparaîtraient collés les uns aux autres. On peut aussi ajouter les fréquences absolues au-dessus des barres. Il ne faut pas oublier de donner un nom à chaque axe (ici, « Nombre d'adultes » et « Niveau de scolarité »).

EXEMPLE 1.7

Le **diagramme à secteurs** (ou circulaire), quant à lui, est un diagramme en forme de tarte où chaque modalité occupe un secteur, ou pointe de tarte, qui reflète sa fréquence relative.

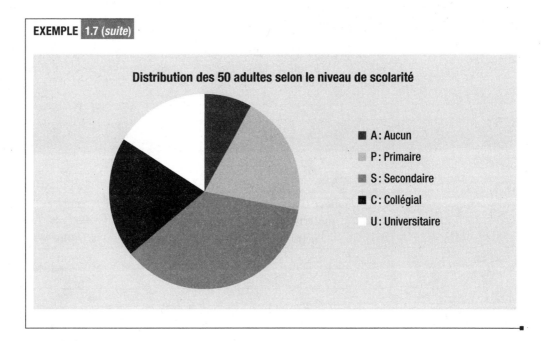

EXEMPLE 1.7 (*suite*)

Distribution des 50 adultes selon le niveau de scolarité

■ A : Aucun
■ P : Primaire
■ S : Secondaire
■ C : Collégial
□ U : Universitaire

REMARQUE

Il est nécessaire d'ajouter une légende donnant la clé des différentes couleurs ou textures des secteurs afin de rendre le diagramme lisible. Normalement, on ne dépasse pas sept modalités, sinon le diagramme devient illisible ou inintéressant visuellement.

1.3.2 Les variables quantitatives

DÉFINITION 1.9

Une variable est dite **quantitative** si elle peut être mesurée ou quantifiée : le poids, la longueur, le revenu, le nombre d'enfants, le nombre de pannes, etc.

Les variables quantitatives peuvent également être traitées de deux façons différentes, soit sous la forme de **variables quantitatives discrètes** ou de **variables quantitatives continues**. Comme leur traitement est différent, nous allons les présenter séparément.

1.3.2.1 Les variables quantitatives discrètes

DÉFINITION 1.10

Les **variables quantitatives discrètes** ont des modalités qui sont des valeurs isolées sans valeurs intermédiaires. Généralement, ces variables sont utilisées comme des compteurs. Par exemple, le nombre de pannes, le nombre d'accidents, le nombre d'enfants…

Soit X : une variable quantitative discrète dont le nombre de modalités n'est pas trop grand. Nous pouvons alors dresser un tableau de fréquences semblable à celui utilisé pour les variables qualitatives, auquel nous ajouterons une colonne supplémentaire où nous insérerons les **fréquences relatives cumulées** (c'est-à-dire les sommes des fréquences relatives) au fur et à mesure que nous augmenterons d'une modalité de la variable. En ce qui concerne la représentation graphique, un seul graphique s'associe avec les variables quantitatives discrètes : le **diagramme à bâtons**.

EXEMPLE 1.8

Un inspecteur en contrôle de qualité a extrait de sa base de données un échantillon de 40 semaines où il a noté X : le nombre d'accidents de travail enregistrés par semaine. Il a obtenu les résultats suivants :

2 0 4 2 2 1 3 2 0 5 4 3 2 4 5 6 6 4 2 0

3 4 4 2 6 2 4 3 0 4 3 4 3 3 5 5 4 2 2 1

On peut donc dresser le tableau de fréquences suivant.

Distribution des 40 semaines selon le nombre d'accidents			
Nombre d'accidents par semaine	Fréquences absolues	Fréquences relatives	Fréquences relatives cumulées
0	4	0,1000	0,1000
1	2	0,0500	0,1500
2	10	0,2500	0,4000
3	7	0,1750	0,5750
4	10	0,2500	0,8250
5	4	0,1000	0,9250
6	3	0,0750	1,0000
Total	$n = 40$	1,0000	

Lorsque nous dressons un diagramme à bâtons, nous obtenons le résultat suivant.

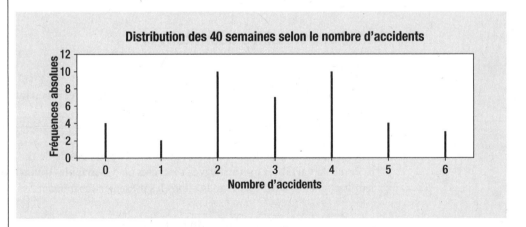

REMARQUE

Les bâtons ne doivent pas avoir d'épaisseur, car la variable prend exactement les valeurs 0, 1, 2… On peut ajouter les fréquences absolues (effectifs) ou les fréquences relatives sur les bâtons.

1.3.2.2 Les variables quantitatives continues

DÉFINITION 1.11

Les **variables quantitatives continues** ont des modalités qui forment un continuum et qui peuvent prendre n'importe quelle valeur dans un intervalle raisonnable. Par exemple, la taille, le poids, le revenu, le taux de cholestérol…

Il est possible de représenter les variables quantitatives continues par un tableau de fréquences. En ce qui concerne les graphiques, nous allons mettre l'accent sur trois types de graphiques, soit l'histogramme, le polygone de fréquences et la courbe des fréquences cumulées, appelée «ogive».

Considérons maintenant un échantillon de données provenant d'une variable quantitative continue ou discrète avec un grand nombre de modalités. Dans un tel cas, il est inconcevable de dresser un tableau où les modalités d'une telle variable seraient énumérées, car il serait impossible à analyser. Il faut donc regrouper ces données par **classes** ou **intervalles de valeurs**. Deux questions se posent alors :

- Combien de classes faut-il former ?
- Quelles seront les largeurs de chacune des classes ?

La réponse à la première question dépend de la taille de l'échantillon. Le **nombre de classes à former** (K) est donné par ce que l'on a appelé la «formule de Sturges». Herbert Sturges (1882-1958), en se basant sur la théorie de l'information, a montré qu'avec n observations, le nombre de classes à former doit être compris entre 5 et 16, sinon le groupement devient non analysable. Ce nombre de classes est donc :

$$K = 1 + \log_2(n)$$

d'où la formule du nombre de classes :

$$K = 1 + \frac{10}{3}\log(n)$$

Par exemple, si $n = 150$, il faut former :

$$K = 1 + \frac{10}{3}\log(150) = 8,2536 \approx 9$$

(on arrondit à l'entier immédiatement supérieur).

Une fois que l'on sait combien de classes il faut former, on tente de former des classes de même amplitude (largeur), et cette **amplitude** (A) sera égale à :

$$A = \frac{\text{la plus grande observation} - \text{la plus petite observation}}{K} = \frac{X_{max} - X_{min}}{K}$$

On arrondit cette amplitude selon les données pour avoir des bornes de classes faciles à manipuler.

EXEMPLE 1.9

Soit X : les recettes quotidiennes (en dollars) d'un petit magasin. Nous avons sélectionné un échantillon de taille $n = 40$ jours au hasard, qui a donné les résultats suivants :

16,00	58,50	68,20	78,00	79,45	142,20	145,30	186,70	209,05	216,75
219,70	247,75	249,10	256,00	257,15	262,35	268,60	269,60	270,15	284,45
319,00	332,00	343,29	350,75	354,90	372,60	383,20	389,20	404,55	420,20
428,50	432,40	444,60	446,80	456,10	458,10	493,95	511,95	521,05	621,35

Réponse : Le nombre de classes à former est :

$$K = 1 + \frac{10}{3}\log(40) = 6,34 \approx 7 \text{ classes}$$

ayant chacune une amplitude égale à :

$$A = \frac{621,35 - 16}{7} = 86,48 \approx 90$$

EXEMPLE 1.9 (*suite*)

Cette amplitude est arrondie à 90. Cela donne le tableau de fréquences suivant, où les classes sont des intervalles fermés à gauche et ouverts à droite, sauf le dernier qui est un intervalle fermé des deux côtés. On choisit le début de la première classe de façon à inclure la plus petite donnée, pour avoir une valeur arrondie et facile à manipuler.

Distribution des 40 journées selon les recettes quotidiennes du magasin			
Recettes quotidiennes ($)	Fréquences absolues	Fréquences relatives	Fréquences relatives cumulées
[10 ; 100[	5	0,125	0,125
[100 ; 190[	3	0,075	0,200
[190 ; 280[	11	0,275	0,475
[280 ; 370[	6	0,150	0,625
[370 ; 460[	11	0,275	0,900
[460 ; 550[	3	0,075	0,975
[550 ; 640]	1	0,025	1,000
Total	$n = 40$	1,000	

L'**histogramme**, dont l'axe horizontal représente une droite numérique, est un diagramme qui se présente sous la forme d'une suite de rectangles juxtaposés, dressés au-dessus de chacune des classes, dont la hauteur représente la fréquence relative ou absolue de la classe et dont la largeur est égale à l'amplitude de la classe (prise comme unité de mesure). Leur surface reflète la fréquence relative ou la fréquence absolue de la classe que chacun d'entre eux présente.

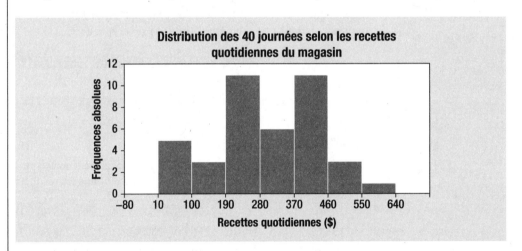

Le **polygone de fréquences** consiste à présenter une ligne en zigzag joignant le milieu des sommets des rectangles d'un histogramme. Cette ligne se ferme en ajoutant aux deux extrémités deux classes fictives de même amplitude que les autres et de fréquence nulle ; ainsi, la surface délimitée par l'histogramme est identique à celle qui est circonscrite par le polygone de fréquences. Le polygone de fréquences est très utile quand on veut comparer le comportement de la même variable mesurée sur plusieurs groupes (par exemple, si on veut comparer le revenu des hommes et des femmes) ou la même variable mesurée sur le même échantillon à différents instants (par exemple, on peut comparer le poids du même groupe à différents moments d'une diète), ce qui est impossible avec l'histogramme, sur lequel on ne peut représenter deux variables en même temps. Cela est toutefois possible à l'aide de plusieurs polygones de fréquences.

EXEMPLE 1.9 (*suite*)

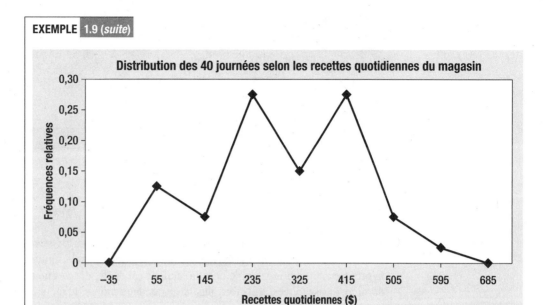

La **courbe de fréquences relatives cumulées** ou **ogive**, quant à elle, consiste, comme son nom l'indique, à tracer le graphique des fréquences cumulées en indiquant les limites des classes sur l'axe horizontal et les fréquences cumulées sur l'axe vertical, ces dernières se cumulant à la fin de chacune des classes. Ce graphique a l'allure d'une courbe croissante variant entre 0 et 1.

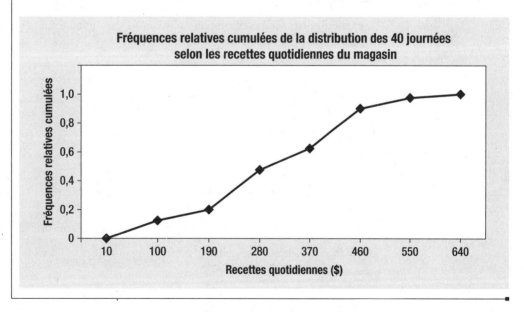

Lorsque les classes ne sont pas de même amplitude, il faut se rappeler que, la surface du rectangle d'un histogramme étant égale à la fréquence relative de la classe associée à ce rectangle, si la largeur de cette classe est, par exemple, le double de l'amplitude de base, il faut diviser la hauteur du rectangle par deux.

EXEMPLE 1.10

Considérons la distribution illustrée dans le tableau suivant, où la variable Âge est mesurée sur un échantillon de 100 personnes.

EXEMPLE 1.10 (*suite*)

Distribution des 100 personnes selon l'âge	
Âge	**Fréquences absolues**
[15 ; 20[	14
[20 ; 30[	16
[30 ; 35[	30
[35 ; 40[	16
[40 ; 55]	24
Total	$n = 100$

Si nous voulons tracer l'histogramme associé à ce tableau, nous allons prendre l'amplitude de la première classe (5) comme unité ; le rectangle dressé au-dessus de la première classe aura pour hauteur sa fréquence (14), alors que la deuxième classe, qui est deux fois plus large que la première, aura un rectangle dont la hauteur est égale à la moitié de sa fréquence. Quant à la dernière classe, qui est trois fois plus large que la première, le rectangle qui lui sera associé aura une hauteur égale à sa fréquence divisée par trois.

1.4 Les mesures de tendance centrale

DÉFINITION 1.12

Les **mesures de tendance centrale** sont des valeurs associées à la variable et sont susceptibles de nous renseigner sur la donnée qui occupe le centre d'une série statistique.

Nous allons consacrer cette section à la description des trois mesures de tendance centrale les plus importantes, soit le **mode**, la **moyenne** et la **médiane**.

1.4.1 Le mode

DÉFINITION 1.13

On appelle **mode** d'une variable X la valeur de la variable qui a la plus grande fréquence ; on le note $Mo(X)$.

Le mode est une mesure de tendance centrale importante pour les variables qualitatives nominales.

REMARQUE

Si une distribution a un seul mode, elle est **unimodale**. Si elle a plusieurs modes, on dit qu'elle est **multimodale**.

EXEMPLE 1.11

Considérons le tableau de l'exemple 1.5 (*voir la page 7*) où la variable est le niveau de scolarité d'un échantillon d'adultes.

Réponse : Le mode de cette variable est alors $Mo(X) = S$; cela signifie que, dans cet échantillon, le niveau de scolarité le plus fréquent est le niveau secondaire.

EXEMPLE `1.12`

Reprenons le tableau de l'exemple 1.9 (*voir la page 11*), qui présente l'exemple des recettes quotidiennes d'un petit magasin, où la variable est quantitative continue avec des données regroupées par classes.

Réponse : Nous pouvons observer que deux classes ont les fréquences les plus hautes : on les appelle des **classes modales**. Nous sommes ainsi en présence d'une distribution de données bimodale, où les deux modes sont les milieux des deux classes modales, à savoir $Mo(X) = 235$ et $Mo(X) = 415$. Ceci signifie que, dans cet échantillon, les recettes quotidiennes les plus fréquentes sont soit de 235 \$, soit de 415 \$. Certains auteurs font des interpolations à l'intérieur des classes modales pour trouver le mode, mais on estime généralement que c'est un effort inutile, étant donné que, dans le cas d'une variable quantitative, le mode joue un rôle très secondaire. Nous pouvons constater que le mode d'une variable est une mesure de tendance centrale facile à déterminer et qui s'applique à tous les types de variables. Cependant, sa portée comme mesure d'analyse est très limitée.

1.4.2 La moyenne

DÉFINITION 1.14

La moyenne arithmétique ($\overline{x}$), qu'on appelle aussi tout simplement la **moyenne**, est la mesure de tendance centrale la plus connue. Elle ne s'applique qu'aux variables quantitatives.

Nous allons décrire la méthode pour calculer la moyenne d'une variable quantitative lorsque les données sont en vrac, regroupées par valeurs ou encore regroupées par classes.

1.4.2.1 Les données brutes ou en vrac

Soit X : une variable quantitative dont les valeurs observées sur un échantillon forment une série en vrac $x_1, x_2, ..., x_n$; la moyenne de cet échantillon est alors :

$$\overline{x} = \frac{x_1 + x_2 + \cdots + x_n}{n} = \frac{\sum_{i=1}^{n} x_i}{n}$$

EXEMPLE `1.13`

Un commerçant a l'habitude de noter dans son registre le nombre de clients qui se présentent quotidiennement à son magasin. Il prend un échantillon de taille 10 de ce registre et il trouve les valeurs suivantes :

$$120 \quad 105 \quad 90 \quad 201 \quad 196 \quad 65 \quad 88 \quad 163 \quad 103 \quad 116$$

Réponse : Ainsi, dans cet échantillon, le nombre moyen des clients qui se présentent à son magasin chaque jour est donné par la formule suivante :

$$\overline{x} = \frac{x_1 + x_2 + \cdots + x_n}{n} = \frac{120 + 105 + \cdots + 116}{10} = 124,7 \text{ clients par jour}$$

REMARQUE

Lorsqu'on calcule des mesures sur des variables, on n'arrondit pas trop les résultats. En général, on laisse, dans les mesures, un chiffre de plus après la virgule que dans les données brutes. Les mesures calculées sur des variables discrètes peuvent en particulier contenir des chiffres après la virgule.

1.4.2.2 Les données regroupées par valeurs

Soit X: une variable quantitative discrète dont les données se présentent sous la forme d'un tableau où elles sont classées par valeurs. Supposons que la taille de l'échantillon soit n et qu'il y ait k valeurs différentes pour cette variable ; alors, la moyenne d'un tel échantillon de données est :

$$\overline{x} = \frac{\sum (\text{valeur}) \times (\text{sa fréquence absolue})}{\text{taille de l'échantillon}} = \frac{\sum_{i=1}^{k} x_i f_i}{n}$$

EXEMPLE 1.14

Reprenons les données de l'exemple 1.8 (*voir la page 10*), où X est le nombre d'accidents de travail par semaine.

Réponse : La moyenne de cet échantillon est alors égale à :

$$\overline{x} = \frac{(0) \times (4) + (1) \times (2) + \cdots + (6) \times (3)}{40} = 3{,}025 \text{ accidents par semaine}$$

1.4.2.3 Les données regroupées par classes

Supposons que nous soyons devant un tableau où les données provenant d'un échantillon sont regroupées par classes. Pour calculer la moyenne de cet échantillon, nous allons alors utiliser une formule approximative, où chaque classe est associée à son centre. Nous utilisons également la même formule que dans le cas où les données sont regroupées par valeurs. Si nous notons par m_1 le milieu de la $n$ième classe, et que nous supposons que la taille de l'échantillon soit n et qu'il y ait k classes, alors la moyenne de l'échantillon est :

$$\overline{x} = \frac{\sum_{i=1}^{k} m_i f_i}{n}$$

EXEMPLE 1.15

Si nous reprenons le tableau de l'exemple 1.9 (*voir la page 11*), où X est la recette quotidienne d'un petit magasin, nous constatons que nous lui avions ajouté une colonne à gauche présentant le milieu des classes.

Distribution des 40 journées selon les recettes du magasin		
m_i	Recettes quotidiennes ($)	Fréquences absolues
55	[10 ; 100[	5
145	[100 ; 190[	3
235	[190 ; 280[	11
325	[280 ; 370[	6
415	[370 ; 460[	11
505	[460 ; 550[	3
595	[550 ; 640]	1
	Total	$n = 40$

EXEMPLE 1.15 (*suite*)

Réponse : Alors, la moyenne de cet échantillon est :

$$\bar{x} = \frac{\sum_{i=1}^{7} m_i f_i}{n} = \frac{(55) \times (5) + \cdots + (595) \times (1)}{40} = 298 \ \$$$

REMARQUE

Dans le cas où la variable X est mesurée sur une population de taille N, alors sa moyenne sera notée :

$$\mu_X = \frac{\sum_{i=1}^{N} x_i}{N}$$

dans le cas des données brutes. Cependant, de façon pratique, travailler sur une population est tellement rare que nous allons réserver ces annotations aux variables aléatoires qui seront traitées dans leur aspect théorique dans les chapitres 3 et 4.

1.4.2.4 Une importante propriété de la moyenne de l'échantillon

Soit X : une variable quantitative dont la moyenne de l'échantillon est $\bar{x}$, et soit Y : une autre variable quantitative transformée linéaire de X, c'est-à-dire que $Y = a + b \times X$, où a et b sont des constantes réelles. Alors la moyenne de l'échantillon de Y sera égale à $\bar{y} = a + b \times \bar{x}$.

EXEMPLE 1.16

Soit X : le nombre d'heures pendant lesquelles un étudiant travaille à temps partiel par semaine. Supposons qu'à partir d'un échantillon d'étudiants, nous ayons pu trouver qu'en moyenne, le nombre d'heures travaillées par ces étudiants est égal à $\bar{x} = 14,5$ heures/semaine. Si le salaire horaire est de 10 \$ et que les patrons de ces étudiants leur offrent 30 \$ par semaine pour leurs déplacements, quel est le gain net moyen hebdomadaire de ces étudiants ?

Réponse : Posons Y : le gain net hebdomadaire de ces étudiants ; alors $Y = 30 + 10 \times X$, donc le gain moyen hebdomadaire de cet échantillon d'étudiants est égal à :

$$\bar{y} = 30 + 10 \times \bar{x} = 30 + 10 \times 14,5 = 175 \ \$$$

1.4.3 La médiane

DÉFINITION 1.15

La **médiane** est la valeur de la variable qui divise l'échantillon en deux groupes d'effectifs égaux. Parmi les données, 50 % d'entre elles sont inférieures ou égales à la médiane et 50 % d'entre elles sont supérieures ou égales à la médiane. Cette dernière est calculée pour des variables qualitatives ordinales et pour des variables quantitatives. La médiane d'une variable X est notée $Med(X)$ ou $\tilde{x}$.

Le calcul de la médiane est basé sur l'ordre des observations et non sur leur valeur. Contrairement à la moyenne, la médiane est insensible aux données extrêmes. Dans le cas où les données sont très différentes, la médiane est une meilleure mesure de tendance centrale.

Nous allons à présent décrire les façons de calculer une médiane dans le cas d'une variable qualitative ordinale, de données quantitatives en vrac ou regroupées par valeurs, ou de données regroupées par classes.

1.4.3.1 Une variable qualitative ordinale

Puisque les modalités d'une telle variable sont déjà ordonnées par nature, alors, pour déterminer la médiane, on calcule $l = (50\%) \times n$, et donc:

$$Med(X) = \tilde{x} = \begin{cases} \dfrac{x_{(l)} + x_{(l+1)}}{2} & \text{si } l \text{ est un entier} \\ x_{(l)+1} & \text{si } l \text{ n'est pas un entier} \end{cases}$$

où $x_{(l)+1}$ signifie l'observation occupant le rang immédiatement supérieur à l.

EXEMPLE 1.17

Reprenons les données de l'exemple 1.5 (*voir la page 7*), où X est le niveau de scolarité.

Réponse: Ici, $n = 50$ et $l = (50\%) \times n = 25$ est un entier, alors:

$$Med(X) = \tilde{x} = \frac{x_{(25)} + x_{(26)}}{2} = \frac{S + S}{2} = S$$

Le niveau de scolarité médian de cet échantillon est le niveau secondaire. Ce qui veut dire que, dans cet échantillon, 50% des adultes ont un niveau de scolarité secondaire ou moins et 50%, un niveau de scolarité secondaire ou plus.

REMARQUE

Il est possible de coder les modalités de cette variable avec des chiffres croissants qui permettraient de calculer la médiane plus simplement.

1.4.3.2 Les données quantitatives en vrac ou regroupées par valeurs

Il est nécessaire d'ordonner d'abord les données par ordre croissant avant d'appliquer la même procédure que pour les variables qualitatives ordinales. Voici un exemple pour chacun de ces deux cas.

EXEMPLE 1.18

Reprenons les données de l'exemple 1.13 (*voir la page 15*), où la variable est le nombre de clients qui se présentent quotidiennement au magasin. Les données en vrac étaient les suivantes.

$$120 \quad 105 \quad 90 \quad 201 \quad 196 \quad 65 \quad 88 \quad 163 \quad 103 \quad 116$$

Réponse: En les ordonnant, on obtient:

$$65 \quad 88 \quad 90 \quad 103 \quad 105 \quad 116 \quad 120 \quad 163 \quad 196 \quad 201$$

Ici, $n = 10$ et $l = (50\%) \times n = 5$ est un entier, alors:

$$Med(X) = \tilde{x} = \frac{x_{(5)} + x_{(6)}}{2} = \frac{105 + 116}{2} = 110,5$$

EXEMPLE 1.18 (*suite*)

ce qui veut dire qu'à partir de cet échantillon, on peut affirmer qu'au cours de 50 % des journées, ce magasin reçoit 110,5 clients ou moins par jour, alors qu'au cours de 50 % des journées, il reçoit 110,5 clients ou plus.

EXEMPLE 1.19

Reprenons les données de l'exemple 1.8 (*voir la page 10*), où X est le nombre d'accidents de travail par semaine. Nous allons transformer quelque peu le tableau des données, où les modalités de la variable sont regroupées par valeurs, en ajoutant une donnée supplémentaire.

Distribution des 41 semaines selon le nombre d'accidents	
Nombre d'accidents par semaine	**Fréquences absolues**
0	4
1	2
2	10
3	7
4	10
5	4
6	4
Total	$n = 41$

Réponse : Ici, $n = 41$ et $l = (50\%) \times n = 20,5$ n'est pas un entier, alors :

$$Med(X) = \tilde{x} = x_{(20,5)+1} = x_{(21)} = 3$$

c'est-à-dire que dans cet échantillon, au cours d'au moins 50 % des semaines, on observe 3 accidents ou moins par semaine et qu'au cours de 50 % des semaines, on observe 3 accidents ou plus par semaine.

1.4.3.3 Les données regroupées par classes

Dans le cas où on dispose d'un tableau de fréquences complet (y compris les fréquences cumulées) des données regroupées par classes, il faut d'abord déterminer la classe médiane, qui est la classe où les fréquences cumulées égalent ou dépassent pour la première fois 50 %. Cette classe aura la forme $C_m = [b_{inf}; b_{sup}[$. On obtient alors la médiane par interpolation à l'intérieur de cette classe médiane pour en arriver à la formule suivante :

$$Med(X) = \tilde{x} = b_{inf} + \frac{\left(0,5 - F_{(m-1)}\right)}{f_{r,m}} \times A_m$$

où :

- b_{inf} est la borne inférieure de la classe médiane ;
- $F_{(m-1)}$ est la fréquence relative cumulée avant la classe médiane ;
- $f_{r,m}$ est la fréquence relative de la classe médiane ;
- A_m est l'amplitude de la classe médiane.

EXEMPLE 1.20

Reprenons le tableau de l'exemple 1.9 (*voir la page 11*), où X est la recette quotidienne d'un petit magasin.

Réponse : La classe médiane est :

$$C_m = [b_{inf}\,;\,b_{sup}[\ = [280\,;\,370[$$

où :
- $b_{inf} = 280$,
- $F_{(m-1)} = 0{,}4750$,
- $f_{r,m} = 0{,}1500$,
- $A_m = 90$,

ce qui donne une médiane égale à :

$$\tilde{x} = b_{inf} + \frac{\left(0{,}5 - F_{(m-1)}\right)}{f_{r,m}} \times A_m = 280 + \frac{(0{,}5 - 0{,}4750)}{0{,}1500} \times 90 = 295\ \$$$

Ainsi, si on se base sur cet échantillon de données, 50 % des recettes quotidiennes de ce petit magasin sont inférieures ou égales à 295 \$ et 50 % des recettes quotidiennes sont supérieures ou égales à 295 \$.

REMARQUE

Si, pour une variable quantitative X, les trois mesures de tendance centrale sont presque égales, on dit alors que la variable est symétrique ; n'importe laquelle de ces mesures peut alors être utilisée comme mesure de cette tendance centrale. S'il y a un grand écart entre ces mesures, on doit alors privilégier la médiane ou les modes.

1.5 Les mesures de position

Nous avons déjà abordé la médiane comme mesure de tendance centrale. Elle peut également être une **mesure de position**, car elle permet de diviser une série d'observations en deux groupes qui contiennent chacun 50 % de données. Nous allons maintenant définir différentes mesures de position qui permettent d'autres découpages d'une série d'observations.

1.5.1 Les quartiles

Lorsqu'on veut diviser les données en quatre groupes contenant chacun 25 % des observations, on utilise alors des mesures appelées **quartiles**.

Voici leur notation :

- Q_1 : le 1er quartile ; à sa gauche se trouvent 25 % des observations ;
- Q_2 : le 2e quartile ; il correspond à la médiane, qu'on note $Q_2 = Med(X)$;
- Q_3 : le 3e quartile ; à sa gauche se trouvent 75 % des observations.

Il est possible de les calculer en suivant les trois cas de calcul pour une variable quantitative. Nous allons à présent décrire les façons de calculer les quartiles dans le cas de données brutes ou en vrac, de données regroupées par valeurs ou de données regroupées par classes.

1.5.1.1 Les données brutes ou en vrac

Dans ce premier cas, nous devons suivre les étapes suivantes.

Étape 1 : Les données sont ordonnées en ordre croissant.

Étape 2 : On calcule l'indice $l = (i\%) \times (n)$, où i est le pourcentage correspondant à la mesure voulue et n est le nombre d'observations.

Étape 3 : a) Si l n'est pas un entier, alors le $n$ième quartile est égal à l'observation occupant la position immédiatement supérieure à l.

b) Si l est un entier, alors le $n$ième quartile est la moyenne des observations occupant les positions l et $(l + 1)$.

EXEMPLE 1.21

Soit $n = 12$ et les observations sont :

$$-2 \quad -3 \quad 10 \quad 12 \quad 120 \quad 11 \quad 4 \quad 8 \quad 6 \quad 13 \quad 130 \quad 200$$

Réponse :

Étape 1 : $-3 \quad -2 \quad 4 \quad 6 \quad 8 \quad 10 \quad 11 \quad 12 \quad 13 \quad 120 \quad 130 \quad 200$

Étape 2 : Si on veut déterminer Q_1, on calcule $l_1 = (25\%) \times (12) = 3$.
Si on veut déterminer Q_2, on calcule $l_2 = (50\%) \times (12) = 6$.
Si on veut déterminer Q_3, on calcule $l_3 = (75\%) \times (12) = 9$.

Étape 3 : Puisque l_1 est un entier, alors $Q_1 = \dfrac{\text{la 3}^{e}\text{ obs.} + \text{la 4}^{e}\text{ obs.}}{2} = \dfrac{4+6}{2} = 5$.

Puisque l_2 est un entier, alors $Q_2 = \dfrac{\text{la 6}^{e}\text{ obs.} + \text{la 7}^{e}\text{ obs.}}{2} = \dfrac{10+11}{2} = 10,5$.

Puisque l_3 est un entier, alors $Q_3 = \dfrac{\text{la 9}^{e}\text{ obs.} + \text{la 10}^{e}\text{ obs.}}{2} = \dfrac{13+120}{2} = 66,5$.

EXEMPLE 1.22

Soit $n = 10$ et les observations sont :

$$3 \quad 10 \quad 12 \quad 8 \quad 6 \quad 100 \quad 15 \quad 6 \quad 3 \quad 14$$

Réponse :

Étape 1 : $3 \quad 3 \quad 6 \quad 6 \quad 8 \quad 10 \quad 12 \quad 14 \quad 15 \quad 100$

Étape 2 : Si on veut déterminer Q_1, on calcule $l_1 = (25\%) \times (10) = 2,5$.
Si on veut déterminer Q_2, on calcule $l_2 = (50\%) \times (10) = 5$.
Si on veut déterminer Q_3, on calcule $l_3 = (75\%) \times (10) = 7,5$.

Étape 3 : Puisque l_1 n'est pas un entier, alors $Q_1 = \text{la 3}^{e}\text{ observation} = 6$.

Puisque l_2 est un entier, alors $Q_2 = \dfrac{\text{la 5}^{e}\text{ obs.} + \text{la 6}^{e}\text{ obs.}}{2} = \dfrac{8+10}{2} = 9$.

Puisque l_3 n'est pas un entier, alors $Q_3 = \text{la 8}^{e}\text{ observation} = 14$.

> **REMARQUE**
>
> La procédure que nous avons choisi de décrire pour trouver les quartiles représente une convention parmi d'autres. Il n'existe pas de consensus sur la méthode à utiliser pour déterminer les quartiles ; ainsi, si l'on utilise différents logiciels, les valeurs que l'on trouvera peuvent diverger de l'un à l'autre. Par exemple, prenons la série en vrac suivante : 1 3 6 10 15 21 28 36. Les calculatrices TI-83 et plus et les logiciels suivants produiront différents résultats.

Valeurs des quartiles d'un ensemble de données selon différents logiciels			
Logiciel	Q_1	Q_2	Q_3
SPSS	3,75	12,5	26,25
SAS	4,5	12,5	24,5
STATDISK	4,5	12,5	24,5
Excel	5,25	12,5	22,75
R	5,25	12,5	22,75
Splus	5,25	12,5	22,75
Minitab	3,75	12,5	26,25
TI-83 et plus	4,5	12,5	24,5

Heureusement, dans la pratique, les tailles des échantillons sont très grandes, ce qui fait que ces fluctuations n'ont presque aucun impact sur l'analyse des données.

1.5.1.2 Les données regroupées par valeurs

Pour les données regroupées par valeurs, on suit la même démarche que dans le cas des données en vrac, en éliminant cependant l'étape 1, devenue inutile, puisque les données sont en général déjà en ordre croissant.

> **EXEMPLE 1.23**
>
> Si nous reprenons le tableau de l'exemple 1.19 (*voir la page 19*), nous pouvons déterminer les trois quartiles de la variable X : le nombre d'accidents par semaine.
>
> **Réponse :**
>
> Étape 2 : Si on veut déterminer Q_1, on calcule $l_1 = (25\%) \times (41) = 10,25$.
> Si on veut déterminer Q_2, on calcule $l_2 = (50\%) \times (41) = 20,5$.
> Si on veut déterminer Q_3, on calcule $l_3 = (75\%) \times (41) = 30,75$.
>
> Étape 3 : Puisque l_1 n'est pas un entier, alors $Q_1 =$ la 11e observation = 2.
> Puisque l_2 n'est pas un entier, alors $Q_2 =$ la 21e observation = 3.
> Puisque l_3 n'est pas un entier, alors $Q_3 =$ la 31e observation = 4.
>
> - $Q_1 = 2$ signifie que, dans cet échantillon, au cours d'au moins 25 % des semaines, on a observé 2 accidents par semaine ou moins.
>
> - $Q_2 = 3$ signifie que, dans cet échantillon, au cours d'au moins 50 % des semaines, on a observé 3 accidents par semaine ou moins.
>
> - $Q_3 = 4$ signifie que, dans cet échantillon, au cours d'au moins 75 % des semaines, on a observé 4 accidents par semaine ou moins.

1.5.1.3 Les données regroupées par classes

La même démarche sera suivie pour calculer la médiane quand les données sont regroupées par classes. Il faut alors déterminer la classe où le pourcentage relatif à chaque quartile a été dépassé, puis effectuer une interpolation à l'intérieur de cette classe. On aboutit à la même formule que celle de la médiane, où seul le pourcentage doit être adapté.

EXEMPLE 1.24

Si nous reprenons les données de l'exemple 1.9 (*voir la page 11*) et de l'exemple 1.20 (*voir la page 20*), nous pourrons déterminer les trois quartiles de la variable X, soit les recettes quotidiennes d'un petit magasin, puis interpréter ces mesures.

Réponse :

a) Pour déterminer le premier quartile, les fréquences relatives cumulées ont dépassé 25 % pour la première fois au niveau de la classe [190 ; 280[; donc :

$$Q_1 = 190 + \frac{(0,25 - 0,20)}{0,275} \times 90 = 206,36 \ \$$$

ce qui signifie que, dans cet échantillon de données, au cours de 25 % des journées, les recettes quotidiennes de ce petit magasin ont été de 206,36 $ ou moins.

b) Pour déterminer le deuxième quartile (on refait alors les étapes du calcul de la médiane), les fréquences relatives cumulées ont dépassé 50 % pour la première fois au niveau de la classe [280 ; 370[; donc :

$$Q_2 = 280 + \frac{(0,50 - 0,475)}{0,150} \times 90 = 295 \ \$$$

ce qui signifie que, dans cet échantillon de données, au cours d'environ 50 % des journées, les recettes quotidiennes de ce petit magasin ont été de 295 $ ou moins.

c) Pour déterminer le troisième quartile, les fréquences relatives cumulées ont dépassé 75 % pour la première fois au niveau de la classe [370 ; 460[; donc :

$$Q_3 = 370 + \frac{(0,75 - 0,625)}{0,275} \times 90 = 410,91 \ \$$$

ce qui signifie que, dans cet échantillon de données, au cours d'environ 75 % des journées, les recettes quotidiennes de ce petit magasin ont été de 410,91 $ ou moins.

Les quartiles, qui servent à mesurer des positions, sont également utiles pour détecter des données aberrantes dans toute série de données. Cette détection se fait à l'aide d'un graphique appelé **diagramme de quartiles** (*box plot*) ou encore **tracé en rectangle et moustaches** (on voit aussi **boîte à moustaches**, **hamac** et **diagramme à moustaches**, selon les auteurs). Son principe consiste à calculer les quartiles de la série et deux limites acceptables. Soit une limite inférieure $L_{inf} = Q_1 - 1,5 \times (Q_3 - Q_1)$ et une limite supérieure $L_{sup} = Q_3 + 1,5 \times (Q_3 - Q_1)$. Toute observation qui ne se trouve pas entre ces deux limites est jugée aberrante et doit être exclue de la série avant toute analyse des données. Il est à noter qu'on tente de faire une interprétation de la présence des données aberrantes éventuelles en fin d'analyse, le cas échéant.

EXEMPLE 1.25

Soit la série de données déjà ordonnée suivante :

8 12 20 27 30 32 35 36 40 40 40 40 41 42 45 47 50 52 61 89 101

($n = 21$ observations). Déterminons s'il y a des données aberrantes dans cette série à l'aide d'un diagramme de quartiles.

Réponse : Les différentes mesures de cette variable sont obtenues à l'aide du logiciel Minitab.

Statistiques descriptives des données observées						
Variable	n	Moyenne	Écart-type	Q_1	Médiane	Q_3
C2	21	42,29	21,63	31	40	48,5

Cela signifie que $Q_1 = 31$ et $Q_3 = 48,5$. On a donc $L_{inf} = Q_1 - 1,5 \times (Q_3 - Q_1) = 4,75$ et $L_{sup} = Q_3 + 1,5 \times (Q_3 - Q_1) = 74,75$.

Ainsi, il y a deux données aberrantes dans cette série : ce sont 89 et 101 (signalées par un ×), comme l'illustre le diagramme de quartiles ci-dessous.

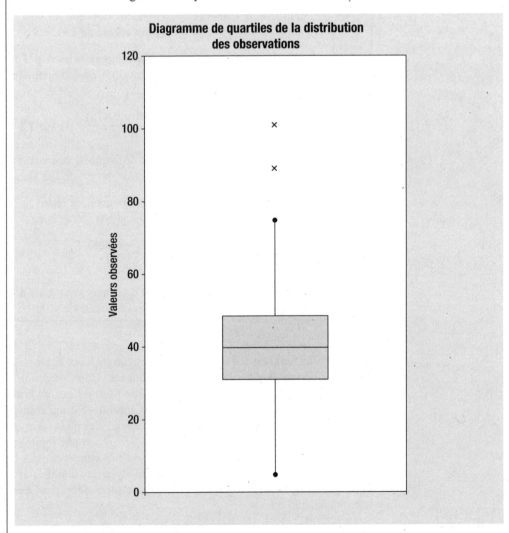

Diagramme de quartiles de la distribution des observations

REMARQUE

Une donnée aberrante peut avoir un effet catastrophique sur la moyenne, sur l'écart-type et même sur l'allure générale de la distribution des données.

1.5.2 Les autres mesures de position

Quelquefois, il faut découper une série d'observations en 5, en 10 ou en 100 groupes comptant chacun le même pourcentage d'observations. Dans le cas de cinq groupes, on parle alors des **quintiles** V_1, V_2, V_3 et V_4. Entre deux quintiles consécutifs, il y a 20% d'observations. Dans le cas de 10 groupes, on parle des **déciles** D_1, D_2, ..., D_9. Entre deux déciles consécutifs, il y a 10% d'observations. Dans le cas de 100 groupes, on parle des **centiles** C_1, C_2, ..., C_{99}. Entre deux centiles consécutifs, il y a 1% d'observations. Le calcul de ces différentes mesures de position est identique à ce qu'on a fait pour déterminer les quartiles, seul le pourcentage de la mesure doit être adapté chaque fois. Voici un exemple de cas où les données sont regroupées par classes.

EXEMPLE 1.26

Reprenons les données de l'exemple 1.24 (*voir la page 23*). Nous pourrons déterminer le 2e quintile, le 7e décile et le 95e centile de la variable X: les recettes quotidiennes d'un petit magasin, puis interpréter chacune de ces mesures.

Réponse: Les fréquences cumulées dépassent pour la première fois 40% au niveau de la classe [190; 280[; ainsi, le deuxième quintile est égal à:

$$V_2 = 190 + \frac{(0,40 - 0,20)}{0,275} \times 90 = 255,45 \text{ \$}$$

Cela signifie que, dans cet échantillon de données, au cours d'environ 40% des journées, les recettes quotidiennes de ce petit magasin ont été de 255,45 $ ou moins.

Les fréquences relatives cumulées dépassent pour la première fois 70% au niveau de la classe [370; 460[; ainsi, le septième décile est égal à:

$$D_7 = 370 + \frac{(0,70 - 0,625)}{0,275} \times 90 = 394,55 \text{ \$}$$

Cela signifie que, dans cet échantillon de données, au cours d'environ 70% des journées, les recettes quotidiennes de ce petit magasin ont été de 394,55 $ ou moins.

Les fréquences relatives cumulées dépassent pour la première fois 95% au niveau de la classe [460; 550[; ainsi, le 95e centile est égal à:

$$C_{95} = 460 + \frac{(0,95 - 0,90)}{0,075} \times 90 = 520 \text{ \$}$$

Cela signifie que, dans cet échantillon de données, au cours d'environ 95% des journées, les recettes quotidiennes de ce petit magasin ont été de 520 $ ou moins.

1.6 Les mesures de dispersion

Rappelons que nous travaillons avec des données issues d'un échantillon et que cet échantillon est choisi au hasard, mais qu'il est tout de même censé refléter ce qui se passe dans la population.

Cela signifie que le comportement d'une variable diffère d'un échantillon à l'autre, mais nous espérons néanmoins qu'il correspond bien au profil de cette variable dans la population. En effet, lorsque nous manipulons une variable mesurable et que nous nous concentrons uniquement sur ses mesures de tendance centrale, nous perdons de vue la variabilité des données entourant ces mesures centrales. Il est donc utile de se servir des mesures de dispersion qui, jumelées aux mesures de tendance centrale, vont nous donner une idée plus exacte de l'ensemble de ce que nous aurions observé dans une série d'échantillons. Une description de quelques-unes de ces mesures de dispersion nous semble à présent essentielle. Nous présentons ici l'étendue, la variance, l'écart-type et le coefficient de variation.

1.6.1 L'étendue

DÉFINITION 1.16

L'**étendue** (E) est la différence entre la valeur la plus élevée et la plus faible d'un échantillon.

L'étendue est la mesure de dispersion la plus simple à calculer. Lorsqu'on a une variable quantitative X, mesurée sur un échantillon de taille n, alors l'étendue est égale à :

$$E = \text{la plus grande donnée} - \text{la plus petite donnée} = X_{max} - X_{min}$$

Puisque l'étendue est basée seulement sur les deux observations extrêmes, elle est très peu utilisée dans les applications.

1.6.2 La variance

DÉFINITION 1.17

La **variance** (s^2) mesure la dispersion des valeurs observées autour de leur moyenne. Des valeurs rapprochées donneront une plus petite variance, alors que des données très éloignées donneront une plus grande variance.

La variance d'une variable mesurée sur un échantillon est égale à la moyenne des carrés des écarts qui séparent chaque observation de la moyenne de l'échantillon. Son calcul diffère selon la nature des données. On la note s^2 lorsqu'on travaille avec un échantillon, comme nous le faisons dans le présent chapitre. Nous verrons au chapitre 6 la variance σ^2 de la population. Voyons maintenant comment calculer la variance dans le cas où les données sont en vrac, regroupées par valeurs ou regroupées par classes.

1.6.2.1 Les données en vrac

Soit X : une variable quantitative mesurée sur un échantillon de taille n et dont les valeurs sont x_1, x_2, ..., x_n ; alors, la variance de l'échantillon est :

$$s_X^2 = \frac{1}{n-1} \sum_{i=1}^{n} (x_i - \overline{x})^2$$

La sommation de la formule est divisée par $(n - 1)$ pour que cette variance de l'échantillon constitue une bonne estimation de la variance de toute la population (ce que nous verrons plus en détail au chapitre 6). La variance se prête mal à l'interprétation, car, en raison de son calcul, son unité est égale au carré de l'unité de la variable X. Si, par exemple, X est égal au nombre d'enfants par ménage, alors l'unité de la variance serait (nombre d'enfants)^2, ce qui est difficile à interpréter.

La variance est surtout utile lorsqu'on a une variable mesurée dans plusieurs groupes (analyse de la variance), lorsqu'on veut comparer plusieurs variables mesurées sur le même échantillon, ou encore comme étape de calcul pour calculer d'autres mesures.

EXEMPLE 1.27

Soit X: une variable quantitative mesurée sur un échantillon de taille $n = 6$. Les valeurs suivantes ont été obtenues:

$$-2 \quad 5 \quad 10 \quad 7 \quad 8 \quad 8$$

Réponse: Alors $\bar{x} = 6$ et la variance de cet échantillon sera égale à:

$$s_X^2 = \frac{(-2-6)^2 + (5-6)^2 + \ldots + (8-6)^2}{6-1} = 18$$

1.6.2.2 Les données regroupées par valeurs

Soit X: une variable quantitative mesurée sur un échantillon de taille n, et dont les k valeurs sont $x_1, x_2, \ldots, x_k$ avec des fréquences absolues respectivement égales à $f_1, f_2, \ldots, f_k$. Alors, la variance de X dans cet échantillon est égale à:

$$s_X^2 = \frac{\sum_{i=1}^{k}(x_i - \bar{x})^2 f_i}{n-1}$$

EXEMPLE 1.28

Si nous reprenons le tableau de l'exemple 1.8 (*voir la page 10*), nous pouvons déterminer la variance de la variable X: le nombre d'accidents par semaine.

Réponse: Nous avons trouvé que la moyenne de cette variable est $\bar{x} = 3{,}025$; donc, sa variance sera égale à:

$$s_X^2 = \frac{\sum_{i=1}^{k}(x_i - \bar{x})^2 f_i}{n-1} = \frac{(0-3{,}025)^2 \times 4 + \ldots + (6-3{,}025)^2 \times 3}{39}$$

$$= 2{,}74 \ (\text{accidents/semaine})^2$$

1.6.2.3 Les données regroupées par classes

Soit maintenant X, une variable quantitative mesurée sur un échantillon de taille n, et dont les observations sont regroupées en k classes avec des fréquences absolues respectivement égales à $f_1, f_2, \ldots, f_k$ et dont les milieux des classes sont respectivement égaux à $m_1, m_2, \ldots, m_k$. Alors, la variance de l'échantillon de cette variable est:

$$s_X^2 = \frac{\sum_{i=1}^{k}(m_i - \bar{x})^2 f_i}{n-1}$$

EXEMPLE 1.29

En reprenant les données du tableau de l'exemple 1.9 (*voir la page 11*), nous devons déterminer la variance de la variable X, soit les recettes quotidiennes d'un petit magasin.

Réponse: Nous avions trouvé que la moyenne de la variable était $\bar{x} = 298$ \$. Alors la variance de cet échantillon est égale à :

$$s_X^2 = \frac{\sum_{i=1}^{k}(m_i - \bar{x})^2 f_i}{n-1} = \frac{(55-298)^2 \times 5 + \ldots + (595-298)^2 \times 1}{39} = 20\ 021,54\ (\$)^2$$

1.6.3 L'écart-type

DÉFINITION 1.18

L'**écart-type** (s) mesure la dispersion des valeurs observées autour de leur moyenne. Des valeurs rapprochées donneront un plus petit écart-type, alors que des données très éloignées donneront un plus grand écart-type.

L'**écart-type** d'une variable quantitative mesurée sur un échantillon est égal à la racine carrée de sa variance. Son unité de mesure étant la même que celle de la variable, l'écart-type se prête alors aisément à l'interprétation et est considéré comme la mesure de dispersion par excellence. Quand on faisait encore les calculs à la main, la variance en statistique descriptive n'était alors qu'une étape de calcul pour déterminer l'écart-type. À présent que nous utilisons des calculatrices et des logiciels, tout est programmé, et on ne mentionne jamais la variance comme telle.

EXEMPLE 1.30

Reconsidérons les données des exemples 1.27, 1.28 et 1.29 (*voir les pages 27 et 28*).

Réponse: L'écart-type de l'échantillon pour ces trois exemples, où nous avons calculé les variances des échantillons, est respectivement égal à :

- $s_X = \sqrt{18} = 4,24$ pour les données de l'exemple 1.27, où les données sont en vrac.

- $s_X = \sqrt{2,74} = 1,655$ accidents/semaine pour les données de l'exemple 1.28, où les données sont regroupées par valeurs.

- $s_X = \sqrt{20\ 021,54} = 141,497$ \$ pour les données de l'exemple 1.29, où les données sont regroupées par classes.

1.6.3.1 L'interprétation de l'écart-type de l'échantillon

Lorsque la distribution des données (histogramme, polygone de fréquences ou autre) prend la forme d'une cloche et que la taille de l'échantillon est supérieure à 100, on doit s'attendre à ce qu'environ 68 % des données observées soient comprises entre la moyenne plus ou moins un écart-type, et à ce qu'environ 95 % des données observées soient comprises entre la moyenne plus ou moins deux écarts-types. Si on respecte ces conditions, on peut estimer l'écart-type par la formule suivante :

$$s_X \approx \frac{\text{étendue de } X}{4}$$

La justification de cette formule sera présentée plus en détail au chapitre 4, lorsque nous verrons la variable normale.

1.6.3.2 Une importante propriété de l'écart-type de l'échantillon

Soit X : une variable quantitative dont l'échantillon a pour écart-type s_X, et soit Y : une autre variable quantitative telle que $Y = a + b \times X$, où a et b sont des constantes réelles. Alors, l'écart-type de l'échantillon de Y sera égal à $s_Y = |b| \times s_X$.

EXEMPLE 1.31

Reprenons le contexte de l'exemple 1.16 (*voir la page 17*), où X est le nombre d'heures pendant lesquelles un étudiant travaille à temps partiel par semaine. Supposons qu'à partir d'un échantillon d'étudiants on ait pu trouver que l'écart-type du nombre d'heures travaillées par ces étudiants est égal à $s_X = 3,2$ heures/semaine.

Réponse : Si le salaire horaire est de 10 $ et que les patrons de ces étudiants leur offrent 30 $ par semaine pour leurs déplacements, quel est l'écart-type du gain net hebdomadaire de ces étudiants ? Posons Y, le gain net hebdomadaire de ces étudiants, alors $Y = 30 + 10 \times X$; donc, l'écart-type du gain net de cet échantillon d'étudiants sera égal à $s_Y = 10 \times s_X = 32$ $/semaine.

1.6.4 Le coefficient de variation

DÉFINITION 1.19

Le **coefficient de variation** (CV_X) permet de comparer la dispersion par rapport à la moyenne de deux variables ou plus ayant des unités différentes mesurées sur le même échantillon ou sur des échantillons différents.

Nous avons déjà mentionné que l'unité de l'écart-type d'une variable est la même que celle des données et que cela le rend plus facile à interpréter que la variance. Toutefois, si on veut comparer la dispersion de deux variables ou plus ayant des unités différentes mesurées sur le même échantillon ou sur des échantillons différents, il faut définir une mesure de dispersion sans unité. Cette mesure est le coefficient de variation. Pour un échantillon de données dont la moyenne est non négative, on définit le coefficient de variation d'une variable X sous forme de pourcentage :

$$CV_X = \frac{s_X}{\bar{x}} \times 100\ \%$$

Le coefficient de variation est le rapport de l'écart-type sur la moyenne, exprimé en pourcentage. Dans un seul échantillon de données, si le coefficient de variation de X est inférieur à 15 %, on dit que la variable est homogène dans cet échantillon ; sinon, on dit qu'elle est hétérogène.

Si on a deux échantillons (sur une ou deux variables) ou plus, alors l'échantillon (ou la variable) qui a le plus petit coefficient de variation est le plus homogène.

EXEMPLE 1.32

Nous avons pris un échantillon de taille $n = 50$ d'hommes d'âge adulte, et nous avons mesuré leur poids et leur taille. Les résultats sont résumés dans le tableau suivant.

Moyenne et écart-type des deux variables		
Variable	**Moyenne**	**Écart-type**
X : taille	$\bar{x} = 173{,}59$ cm	$s_X = 7{,}86$ cm
Y : poids	$\bar{y} = 78{,}42$ kg	$s_Y = 11{,}98$ kg

Réponse : Pour comparer l'homogénéité de ces deux variables, nous allons utiliser leur coefficient de variation :

$$CV_X = \frac{7{,}86}{173{,}59} \times 100\ \% = 4{,}53\ \%$$

$$CV_Y = \frac{11{,}98}{78{,}42} \times 100\ \% = 15{,}28\ \%$$

Donc, la taille des hommes adultes est plus homogène que leur poids. Cela correspond à notre intuition du phénomène. Par exemple, il est très rare de voir deux hommes adultes dont l'un serait deux fois plus grand que l'autre, alors qu'il est fréquent de voir un homme adulte dont le poids est le double de celui d'un autre.

EXEMPLE 1.33

Pour comparer les distributions des blessures graves dans le basketball et dans le soccer, on a sélectionné au hasard 25 cégeps où ces sports se pratiquent dans un programme sport-études. Pour les étudiants masculins, on a obtenu les données suivantes relatives aux nombres de blessures graves par année dans ces deux sports.

Basketball : 1 2 4 4 7 3 3 2 4 5 2 4 3 5 3 4 4 3 6 5 5 6 4 6 5

Soccer : 1 7 7 6 1 2 6 1 7 2 1 3 2 7 5 6 1 7 4 1 5 7 6 3 2

Réponse : Pour comparer ces deux échantillons, calculons d'abord leurs mesures statistiques de base.

Statistiques descriptives des données observées						
Variable	n	**Moyenne**	**Écart-type**	Q_1	**Médiane**	Q_3
Basketball	25	4	1,472	3	4	5
Soccer	25	4	2,449	1,5	4	6,5

EXEMPLE 1.33 (*suite*)

On voit que leur moyenne et leur médiane sont égales à 4 ; donc, si on se limitait aux mesures de tendance centrale, on conclurait à une similitude de ces deux distributions. Mais en comparant leur écart-type et leur coefficient de variation, on voit que les données sur le soccer sont plus dispersées. Cela peut aussi être confirmé par les graphiques suivants.

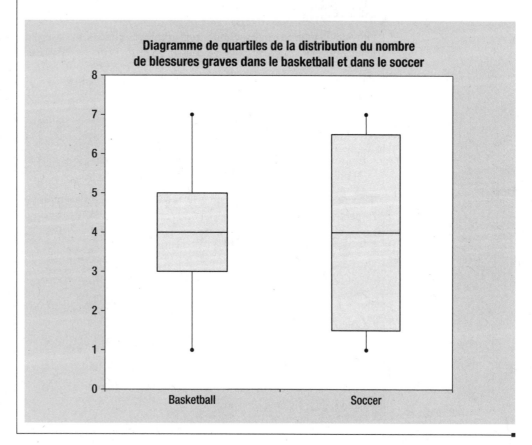

Diagramme de quartiles de la distribution du nombre de blessures graves dans le basketball et dans le soccer

1.6.5 La cote *Z*

DÉFINITION 1.20

La **cote *Z*** est une mesure associée à une observation et qui donne une idée sur sa position par rapport à la moyenne du groupe en unités d'écart-type.

Sa formule est la suivante :

$$Z = \frac{x - \overline{x}}{s_X}$$

où :

- x est la valeur de l'observation ;
- $\overline{x}$ est la moyenne de l'échantillon des données ;
- s_X est l'écart-type de la variable X dans l'échantillon.

REMARQUE

Les valeurs des cotes Z se situent grosso modo entre -3 et 3. Elles servent surtout à comparer la performance de deux individus (ou plus) provenant de groupes différents. Elles étaient populaires en sciences de l'éducation, tout comme les cotes R qui en découlent.

EXEMPLE 1.34

On veut évaluer le rendement de trois employés choisis au hasard dans une usine au regard du temps que chacun prend pour assembler un ordinateur.

- Le premier employé : Son temps est de 67 minutes ; le temps moyen de son groupe est de 78 minutes avec un écart-type de 12,7 minutes.

- Le deuxième employé : Son temps est de 70 minutes ; le temps moyen de son groupe est de 81 minutes avec un écart-type de 15,1 minutes.

- Le troisième employé : Son temps est de 75 minutes ; le temps moyen de son groupe est de 79 minutes avec un écart-type de 10,7 minutes.

Réponse : Pour pouvoir comparer le rendement des trois employés, calculons leurs cotes Z respectives.

- Cote Z du premier employé :

$$Z_1 = \frac{67 - 78}{12,7}$$
$$= -0,866$$

- Cote Z du deuxième employé :

$$Z_2 = \frac{70 - 81}{15,1}$$
$$= -0,728$$

- Cote Z du troisième employé :

$$Z_3 = \frac{75 - 79}{10,7}$$
$$= -0,374$$

Les trois employés ont un rendement en dessous de la moyenne, mais le rendement du premier employé est meilleur que celui des deux autres, puisque sa cote Z est la plus basse et que son temps d'assemblage se situe à 0,866 écart-type sous la moyenne de son groupe.

Une fois que l'on connaît les outils nécessaires à l'examen de la tendance centrale, de la dispersion, de la distribution des données et des valeurs extrêmes ou aberrantes, on pourrait croire qu'il suffit d'en appliquer les formules de façon mécanique. Cependant, dans toute analyse de données, il est primordial d'avoir une pensée critique.

Lors de l'utilisation des outils présentés dans ce chapitre, il est important de ne négliger aucun facteur susceptible d'influer sur les conclusions d'une étude, par exemple, la représentativité ou la source des données, au risque d'en diminuer la qualité. Il est donc essentiel de savoir bien se servir de ces outils, mais surtout de bien réfléchir à ce que l'on étudie.

Résumé

Terme	Définition	Formule
Classe	Intervalle de données	
Formule de Sturges	Détermination du nombre de classes à former lorsqu'on veut grouper des données	$K = 1 + \dfrac{10}{3} \log(n)$
Amplitude d'une classe	Différence entre les bornes d'une classe	$A = \dfrac{X_{max} - X_{min}}{K}$
Écart-type d'un échantillon	Mesure de dispersion	$s_X = \sqrt{\displaystyle\sum_{i=1}^{n} \dfrac{(x_i - \bar{x})^2}{n-1}}$
Coefficient de variation d'un échantillon	Mesure de variabilité relative	$CV_X = \dfrac{s_X}{\bar{x}} \times 100\ \%$
Cote Z	Mesure de la position d'une observation par rapport à la moyenne de l'échantillon en unités d'écart-type	$Z = \dfrac{x - \bar{x}}{s_X}$
Mesures de tendance centrale	Moyenne, médiane et mode	
Mesures de dispersion	Étendue, écart-type et coefficient de variation	
Mesures de position	Quartiles, déciles, centiles et cote Z	

Exercices

1. Une enquête auprès des abonnés du journal *Le Droit* de Gatineau comportait 50 questions relatives aux caractéristiques des abonnés et à leurs centres d'intérêt. Les cinq questions suivantes en sont extraites. Déterminez si elles permettent de fournir des données qualitatives ou quantitatives, puis indiquez l'échelle de mesure appropriée dans chaque cas.

a) Quel est votre âge ?

b) Quel est votre sexe ?

c) Quand avez-vous commencé à lire le journal *Le Droit* ? Au secondaire, au cégep, à l'université, au début de votre carrière professionnelle, plus tard ?

d) Depuis combien de temps occupez-vous votre poste actuel ?

e) Quel sport préférez-vous ?

2. Le directeur d'un magasin d'appareils électroniques dispose du tableau de données ci-contre sur les 162 minichaînes audio en stock et prêtes à être vendues.

Distribution des données sur les 162 minichaînes audio en stock					
Modèle	Prix ($)	Qualité sonore	Nombre de lecteurs de CD	Qualité de la bande FM	Nombre d'unités en stock
AM	350	B	3	C	30
J1	500	B	3	B	20
J2	250	TB	3	B	15
Pa	200	C	2	TB	12
R	200	B	2	B	2
Sh	230	B	1	B	5
S1	360	TB	4	C	10
S2	600	E	5	E	23
Y1	450	TB	2	B	34
Y2	550	TB	3	B	11

C : correcte ; B : bonne ; TB : très bonne ; E : excellente

Examinez le tableau, puis répondez aux questions suivantes.

a) Quelle est la population?

b) Quelles sont les variables qualitatives? les variables quantitatives?

c) Quelles sont les échelles des variables?

d) Quelle est la taille de l'échantillon?

3. Reprenez le tableau de l'exercice 2, puis effectuez les étapes suivantes.

a) Pour chacune des variables, tracez un graphique approprié.

b) Déterminez les mesures de tendance centrale appropriées de chacune des variables.

c) Pour chacune des mesures de tendance centrale que vous avez déterminées en b), précisez celle qui convient le mieux à chacune des variables.

4. Nommez les types des variables suivantes, puis précisez leur échelle de mesure.

a) Ventes annuelles

b) Taille d'une cannette de bière (petite, moyenne, grande)

c) Classification des employés (échelons 1 à 10)

d) Bénéfice par action

e) Méthode de paiement (argent liquide, chèque, carte de débit, carte de crédit)

5. Reprenez le tableau de l'exercice 2, puis effectuez les étapes suivantes.

En supposant que les données proviennent d'une succursale choisie au hasard parmi 1650 succursales de ce groupe:

a) déterminez, si possible, les mesures de dispersion des variables;

b) interprétez chacune des mesures de dispersion que vous avez calculées;

c) indiquez la variable la plus dispersée.

6. Les données suivantes sont des distances (en kilomètres) parcourues par des chauffeurs de taxi d'Ottawa durant une journée de travail de 10 heures.

390	394	387	400	450	286	392	405	300	260
300	320	159	500	324	342	453	230	435	397
378	453	503	378	300	365	239	289	435	398
465	349	470	498	406	349	451	399	376	368
340	387	299	321	302	397	394	387	397	383
403	300	389	406	423	300	311	377	390	402

a) Regroupez ces données par classes, puis dressez un tableau de fréquences complet.

b) Tracez l'histogramme et le polygone de fréquences de ces données.

c) Déterminez les mesures de tendance centrale de cette variable à partir des données regroupées.

7. Reprenez le tableau de l'exercice 6a), puis effectuez les étapes suivantes.

a) Déterminez les quartiles de la variable étudiée.

b) Tracez la courbe de fréquences relatives cumulées.

c) Tracez le diagramme de quartiles de ces données. Y a-t-il des données aberrantes? Justifiez votre réponse.

8. Les données suivantes ont trait au contenu (en millilitres) des cannettes d'une certaine marque de soda.

460	460	480	480	490	500	480	460	450	460
480	500	490	480	460	450	460	480	490	440
480	460	440	460	480	490	500	490	510	460
500	500	470	460	430	430	470	480	490	500
470	480	490	500	490	470	510	440	475	487
491	510	434	480	480	490	500	490	500	487
500	470	476	450	480	490	500	500	470	490
487	497	490	496	479					

a) Regroupez ces données par classes, puis dressez un tableau de fréquences complet.

b) Tracez l'histogramme et le polygone de fréquences de ces données.

c) Déterminez les mesures de tendance centrale de cette variable à partir des données regroupées.

9. Reprenez le tableau de fréquences de l'exercice 8, puis effectuez les étapes suivantes.

a) Déterminez les quartiles de la variable étudiée.

b) Tracez la courbe de fréquences relatives cumulées.

c) Tracez le diagramme de quartiles de ces données. Y a-t-il des données aberrantes? Justifiez votre réponse.

10. Reprenez le tableau de fréquences de l'exercice 8, puis effectuez les étapes suivantes.

a) Déterminez les mesures de dispersion de la variable étudiée.

b) Si ces cannettes devaient contenir exactement 500 mL, utilisez les valeurs des mesures calculées et les graphiques construits aux exercices 8, 9 et 10 pour juger du respect de ce critère.

11. Voici un échantillon des données :

| 5,4 | 4,6 | 7,2 | 4,4 | 3,5 | 8,9 | 10,3 | 2,6 | 5,8 |
| 4,2 | 4,6 | 3,5 | 8,9 | 10,3 | 11,5 | 3,5 | 5,8 | |

À partir de ces données, déterminez :

a) la moyenne de l'échantillon ;

b) les quartiles ;

c) le 45e centile.

12. Contrairement aux adultes, les enfants ont tendance à se souvenir des histoires sous la forme d'une séquence d'actions plutôt que d'un récit global. Une chercheuse a demandé à 50 enfants de lui raconter un film donné, en prenant soin de noter le nombre de « et puis » énoncés dans leur résumé. Voici ses résultats :

18	15	22	19	18	17	18	20	17	12
16	16	17	21	23	18	20	21	20	20
15	18	17	19	20	23	22	10	17	19
19	21	20	18	18	24	11	19	21	16
17	15	19	20	18	18	40	18	19	16

Examinez les données, puis exécutez ces étapes.

a) Regroupez ces données par valeurs.

b) Tracez un graphique approprié aux données.

c) Déterminez les mesures de tendance centrale.

d) Regroupez ensuite ces données par classes et déterminez leurs mesures de tendance centrale.

e) Interprétez les différences observées entre ces mesures lorsque les données sont regroupées par valeurs et lorsqu'elles sont regroupées par classes.

13. Soit l'échantillon de données suivant.

14	15	20	21	23	16	22	19	18	19
16	21	22	23	12	25	19	24	24	23
18	17	23	24	16	16	19	22	22	26
25	19	24	21	20	20	17	16	25	20

a) Groupez ces données par classes.

b) Dressez un tableau de fréquences complet.

c) Déterminez les mesures de tendance centrale de ces données à partir des données regroupées, puis interprétez-les.

d) Déterminez les mesures de dispersion de ces données à partir des données regroupées, puis interprétez-les.

14. Le tableau suivant présente la distribution de deux échantillons de mesures sur deux variables : le revenu et les résultats obtenus lors d'un examen de statistique.

Distribution des personnes selon le revenu et les résultats d'examen			
Revenu (k$)	Fréquences absolues	Résultats d'examen	Fréquences absolues
[0 ; 25[	60	[0 ; 30[	2
[25 ; 50[	33	[30 ; 40[	5
[50 ; 75[	20	[40 ; 50[	6
[75 ; 100[	6	[50 ; 60[	13
[100 ; 125[	4	[60 ; 70[	32
[125 ;150[	2	[70 ; 80[	78
[150 ; 175[	1	[80 ; 90[	43
[175 ; 200]	1	[90 ; 100]	21
Total	$n = 127$	Total	$n = 200$

a) Tracez un histogramme pour chacune de ces variables.

b) Calculez les mesures de tendance centrale à partir des données regroupées de chacune de ces variables, puis expliquez-les.

c) Laquelle de ces variables est la plus dispersée ? Justifiez votre réponse à l'aide de graphiques et de mesures.

15. Les données suivantes ont trait à un échantillon de salaires annuels (en milliers de dollars) de fonctionnaires fédéraux ayant de grandes responsabilités.

145	134	123	144	131	93	141	140	138	134
118	157	137	113	112	124	127	148	151	142
138	95	165	141	145	114	102	142	162	160
178	170	138	155	104	132	124	143	165	138
136	173	148	123	138	127	135	154	116	157

a) Regroupez ces données par classes.

b) Dressez un tableau de fréquences complet.

c) Déterminez les quartiles et les mesures de position suivantes : D_7, C_{65}, V_2, V_4 et C_{95}, puis interprétez-les.

16. Les données suivantes ont trait à un échantillon de 50 mesures du nombre d'heures d'utilisation d'un ordinateur par mois, à la maison, par des enfants de moins de 16 ans.

```
 40,1   17,5  100,4   50,9   37,4   50,7  112,6  69,1
 38,0   30,7   38,1   40,8  125,0  142,8   59,4  49,2
 39,9   46,1  111,1  113,5   48,1   46,1   83,8  57,6
  8,3  113,3  117,1  110,3   36,2  117,6   92,8  82,8
119,5  112,9   82,1  110,7  114,0   99,2   84,4  95,7
 87,2   96,1  115,7  105,9   84,7   93,9   73,7  63,1
 76,1   73,1
```

a) Regroupez ces données par classes, puis effectuez un tableau de fréquences complet.

b) Tracez la courbe de fréquences relatives cumulées.

c) Tirez une conclusion quant à l'utilisation de l'ordinateur à la maison par cette catégorie d'enfants, en supposant que l'échantillon soit représentatif de la population. Justifiez votre réponse en utilisant une lecture sur la courbe de fréquences relatives cumulées.

17. Les données suivantes ont trait à l'âge (en années) d'un échantillon de 40 personnes ayant participé au demi-marathon de Boston.

```
49  33  40  37  56  44  46  57
55  32  50  52  43  64  40  46
24  30  37  43  31  43  50  36
61  27  44  35  31  43  52  43
66  31  50  72  26  59  21  47
```

a) Regroupez ces données par classes, puis dressez un tableau de fréquences complet.

b) En supposant que cet échantillon soit représentatif de tous les participants, utilisez les méthodes graphiques étudiées dans ce chapitre pour analyser ces données et pour donner des renseignements utiles aux organisateurs du demi-marathon.

c) Quel fait important pouvez-vous souligner au sujet des participants de moins de 30 ans ?

18. Soit un échantillon aléatoire de moyenne $\bar{x} = 100$ et d'écart-type $s_X = 12$. Déterminez ce qui arrive à $\bar{x}$ et à s_X :

a) si on ajoute 10 à chaque observation de l'échantillon ;

b) si chaque observation de l'échantillon est multipliée par 10.

19. Soit X : une variable définie sur un échantillon aléatoire de 106 données, qui prend des valeurs entre 6 et 21.

Distribution des données selon la variable X			
Variable X	Fréquences absolues	Variable X	Fréquences absolues
6	1	14	6
7	1	15	8
8	6	16	14
9	9	17	5
10	5	18	1
11	14	19	1
12	18	20	2
13	12	21	3

a) Déterminez les quartiles, la moyenne et l'écart-type de cet échantillon.

b) Tracez un diagramme de quartiles de la distribution.

c) Expliquez la présence ou l'absence de données aberrantes.

20. Parmi les ventes mensuelles de deux vendeurs, on a sélectionné six mois au hasard et obtenu les résultats suivants (en milliers de dollars).

Distribution des ventes mensuelles selon les vendeurs						
Vendeur 1	72	79	81,2	84,3	85	75
Vendeur 2	107	102	98	109	67	55

a) Déterminez les mesures de tendance centrale et de dispersion pour chaque vendeur.

b) Quel vendeur réalise les ventes mensuelles les plus stables ? Justifiez votre réponse.

21. Une boîte contient 40 pilules pesant chacune 3,1 g ; 35 pilules pesant chacune 3,3 g ; 12 pilules pesant chacune 3,4 g ; et 40 pilules pesant chacune 3 g. Déterminez la médiane et le poids moyen de ces pilules.

22. Un échantillon aléatoire de cinq mesures sur la résistance d'un circuit électrique (en ohms) a donné les résultats suivants.

$$54 \quad 46 \quad 70 \quad 44 \quad 36$$

a) Déterminez la moyenne de cet échantillon ainsi que ses quartiles.

b) Déterminez le 35e centile.

23. Un médecin a noté, pour un échantillon de ses patients, le nombre de visites qu'ils ont effectuées à son cabinet au cours des six derniers mois. Il a obtenu les résultats suivants.

```
2  0  1  2  4  3  5  6  2  3
3  4  0  2  6  0  2  3  4  5
3  4  3  3  4  4  5  0  3  1
1  1  3  4  5  3  2  2  2  1
4  2  0  2  1  1  1  2  2  2
2  3  3  3  3  3  4  5  2  1
5  2  3  3  5  6  1  1  1  1
2  3  3  5  3  2  0  0  0  0
6  3  4  3  2  1  6  3  2  1
1  1  1  1  1  4  3  0  1  1
```

a) Regroupez ces données par valeurs.

b) Tracez le graphique le plus approprié à ces données.

c) Déterminez la moyenne, le mode et la médiane de cette variable.

24. Le tableau suivant donne la distribution du quotient intellectuel d'un échantillon de personnes.

Distribution des 1903 personnes selon le quotient intellectuel	
Quotient intellectuel	**Fréquences absolues**
[90 ; 100[	230
[100 ; 110[	432
[110 ; 120[	459
[120 ; 130[	543
[130 ; 140[	124
[140 ; 150[	89
[150 ; 160]	26
Total	$n = 1903$

a) Déterminez les quartiles de cette variable.

b) Quelles sont les valeurs des mesures de position suivantes : C_{85}, V_2, D_7 ?

c) Une secte n'accepte que des personnes ayant un quotient intellectuel parmi les 5 % les plus élevés.

Quel est le quotient intellectuel minimum requis pour faire partie de cette secte ?

25. On a lancé un dé biaisé (truqué) 1000 fois et on a compté le nombre de fois où on a obtenu chaque face. Les résultats sont notés dans le tableau suivant.

Distribution des 1000 lancers de dé selon la face obtenue	
Face	**Fréquences absolues**
1	38
2	144
3	342
4	287
5	164
6	25
Total	$n = 1000$

a) Effectuez un graphique à partir de ce tableau.

b) Déterminez puis interprétez les mesures de tendance centrale de cette variable.

c) Déterminez puis interprétez les mesures de dispersion de cette variable.

26. Le tableau suivant donne la distribution des revenus hebdomadaires d'un échantillon de salariés d'une certaine compagnie.

Distribution des 81 salariés selon le revenu hebdomadaire	
Revenu hebdomadaire ($)	**Fréquences absolues**
[350 ; 400[	8
[400 ; 450[	10
[450 ; 500[	16
[500 ; 550[	14
[550 ; 600[	13
[600 ; 650[	12
[650 ; 1000[	6
[1000 ; 1800]	2
Total	$n = 81$

a) Déterminez les trois quartiles de la variable.

b) Tracez le diagramme de quartiles de la distribution.

c) Y a-t-il des données aberrantes ? Justifiez votre réponse.

27. Le tableau suivant donne la distribution de la résistance à la compression, en kilogrammes par centimètre cube, de deux types de ciment fabriqués par deux compagnies différentes.

Distribution des types de ciment de deux compagnies selon la résistance à la compression		
Résistance à la compression (kg/cm3)	Fréquences absolues (ciment A)	Fréquences absolues (ciment B)
[70 ; 80[	28	45
[80 ; 90[	46	20
[90 ; 100[	78	5
[100 ; 110[	49	21
[110 ; 120]	25	50
Total	$n = 226$	$n = 141$

a) Déterminez le coefficient de variation de la résistance à la compression de chaque type de ciment.

b) Le contrat sera octroyé à la compagnie qui fabrique le ciment le plus homogène. Selon vous, quelle compagnie obtiendra le contrat? Justifiez votre réponse.

28. Le tableau suivant représente la distribution des charges, en tonnes, supportées par les 60 câbles que fabriquent 3 usines différentes.

Distribution des 60 câbles fabriqués par 3 usines selon les charges supportées			
Charge (tonnes)	Fréquences absolues (usine A)	Fréquences absolues (usine B)	Fréquences absolues (usine C)
[9 ; 9,4[	2	4	4
[9,4 ; 9,8[	5	9	10
[9,8 ; 10,2[	12	10	16
[10,2 ; 10,6[	17	12	5
[10,6 ; 11[	14	5	5
[11 ; 11,6[	6	15	7
[11,6 ; 12,6[	3	2	3
[12,6 ; 13,6]	1	3	10
Total	$n = 60$	$n = 60$	$n = 60$

a) Déterminez la moyenne et l'écart-type de la charge supportée par chacun des types de câbles.

b) Selon vous, à quelle usine va-t-on accorder le contrat? Justifiez votre réponse.

29. Dans un sondage, on a demandé à des élèves d'indiquer la raison principale qui leur a fait opter pour leur cégep plutôt qu'un autre. On a obtenu les résultats suivants.

Distribution des 1829 élèves selon la raison du choix de leur cégep	
Raison du choix du cégep	Fréquences absolues
La qualité de l'enseignement	534
C'est le cégep le plus proche	456
Tous mes amis y vont	317
C'est le seul à offrir mon option	297
Sans raison précise	225
Total	$n = 1829$

a) Quelle est la variable? Quelle est son échelle?

b) Ajoutez les fréquences relatives à ce tableau.

c) Représentez les données sous forme de diagramme à secteurs.

30. Le tableau suivant donne la distribution des logements selon la superficie, en mètres carrés, par résident.

Distribution des 280 logements selon la superficie occupée par résident			
Superficie par résident (m²)	Fréquences absolues	Fréquences relatives	Fréquences relatives cumulées
[25 ; 50[	23		
[50 ; 75[	45		
[75 ; 100[	79		
[100 ; 125[	82		
[125 ; 150[	25		
[150 ; 175[	14		
[175 ; 200]	12		
Total	$n = 280$		

a) Remplissez le tableau, puis déterminez la moyenne et l'écart-type de cette variable.

b) Interprétez les mesures calculées en a).

c) Déterminez la médiane de cette variable et interprétez-la dans le contexte de ce problème.

31. Dans le tableau suivant, on trouve les évaluations de 38 recrues de la Ligue nationale de football (NFL). On y voit leur position, leur poids en livres, leur vitesse (le nombre de secondes qu'il leur faut pour parcourir 40 verges) et leur note globale sur 10.

Distribution de 38 recrues de la NFL selon la position, le poids, la vitesse et la note				
Recrue	**Position**	**Poids (lb)**	**Vitesse (s)**	**Note**
Peter	Arr.	194	4,53	9
Plaxico	Arr.	231	4,52	8,8
Sylvester	Arr.	216	4,59	8,3
Ted	Arr.	199	4,36	8,1
Laveranues	Arr.	192	4,29	8
Dez	Arr.	218	4,49	7,9
Jerry	Arr.	221	4,55	7,4
Ron	Arr.	206	4,47	7,1
Travis	L.D.	169	4,37	7
Kaulana	L.D.	175	4,43	7
Leander	L.D.	194	4,51	6,9
Chad	L.D.	197	4,56	6,6
Manula	L.D.	217	4,6	6,5
Ryan	L.D.	173	4,57	6,4
Mark	L.D.	199	4,57	6,2
Blame	L.D.	322	5,38	7,4
Richard	L.D.	303	5,18	7
Damion	L.D.	317	5,34	6,8
Jeno	L.D.	330	5,46	6,7
Todd	Av.	334	5,18	6,3
Dennis	Av.	308	5,32	6,1
Anthony	Av.	310	5,28	6
Darrell	Av.	318	5,37	6
Danny	Av.	321	5,25	6
Sherrod	Av.	295	5,34	5,8
Trevor	Av.	328	5,31	5,3

Distribution de 38 recrues de la NFL selon la position, le poids, la vitesse et la note (*suite*)				
Recrue	**Position**	**Poids (lb)**	**Vitesse (s)**	**Note**
Cosey	Av.	320	5,64	5
Al	L.O.	304	5,2	5
Josh	L.O.	325	4,95	8,5
Stockar	L.O.	361	5,5	8
Chris	L.O.	315	5,39	7,8
Adrien	L.O.	307	4,98	7,6
John	L.O.	326	5,2	7,3
Marvel	L.O.	320	5,36	7,1
Michael	L.O.	287	5,05	6,8
Bobby	L.O.	332	5,26	6,8
Darneil	L.O.	334	5,55	6,4
Marco	L.O.	312	5,15	6,3

Arr. : arrière (secondeur, demi ou maraudeur) ; L.D. : ligne défensive (ailier ou plaqueur) ; Av. : avant (demi ou receveur) ; L.O. : ligne offensive (centre, bloqueur ou garde).

Utilisez un logiciel statistique pour faire une étude de chacune de ces variables, en produisant un tableau qui résume les statistiques descriptives et un graphique.

32. Une compagnie a compilé l'âge de 100 employés ayant plus de 15 ans d'expérience et a obtenu ces données.

```
50  40  44  49  44  41  45  38  48  43
45  47  42  47  50  42  49  43  46  45
44  48  44  43  40  47  49  41  42  38
46  46  47  49  46  48  39  51  58  45
47  43  44  52  46  43  48  46  45  44
45  48  44  53  44  49  41  48  39  46
43  36  52  49  42  47  51  45  40  41
50  41  46  45  44  50  43  45  42  47
44  47  49  44  43  42  53  50  46  46
49  48  54  50  40  42  37  41  51  51
```

a) Regroupez ces données par classes, puis dressez le tableau de fréquences complet.

b) Tracez l'histogramme.

c) Tracez le polygone de fréquences.

d) Déterminez les mesures de tendance centrale et de dispersion de cette variable.

33. Afin d'étudier le taux d'acide urique dans le sang, en milligrammes par litre (mg/L), on a fait des prélèvements sur un échantillon de patients. Les résultats sont présentés dans le tableau suivant.

Distribution des 1023 patients selon le taux d'acide urique	
Taux d'acide urique (mg/L)	**Fréquences absolues**
[50 ; 55[	31
[55 ; 60[	42
[60 ; 65[	49
[65 ; 70[	123
[70 ; 75[	150
[75 ; 80[	258
[80 ; 85[	110
[85 ; 90[	98
[90 ; 95[	92
[95 ; 100]	70
Total	$n = 1023$

a) Calculez la moyenne et l'écart-type de cette variable.

b) Quelle serait la cote Z d'un patient ayant enregistré 63 mg/L?

c) Déterminez les mesures suivantes: C_{55}, Q_1, V_2 et D_8. Donnez ensuite leur signification dans ce contexte.

34. On a mesuré la pression systolique, en millimètres de mercure (mm Hg), d'un échantillon de 14 patients; on a ainsi obtenu les résultats suivants.

$$138 \quad 130 \quad 135 \quad 140 \quad 120 \quad 125 \quad 120$$
$$130 \quad 132 \quad 144 \quad 140 \quad 143 \quad 130 \quad 150$$

a) Déterminez les mesures de dispersion de ce groupe.

b) Faites un diagramme de quartiles de ces données.

c) Déterminez le pourcentage des données qui sont comprises entre la moyenne plus ou moins un écart-type.

35. Dans un projet visant la réduction du temps d'attente dans son service d'urgence, l'Hôpital général pour enfants d'Ottawa a tenté d'appliquer deux scénarios. Le premier scénario consiste à diriger les patients vers une file d'attente unique, à partir de laquelle ils sont ensuite orientés vers trois médecins. Le second scénario consiste à diriger les patients vers trois files d'attente distinctes, au bout desquelles ils sont servis par un médecin.

On a mesuré le temps d'attente, en minutes, de 10 patients choisis au hasard dans chacun des deux groupes et on a obtenu les résultats suivants.

File unique: 65 66 67 68 71 73 74 77 70 75

Files multiples: 42 54 58 62 67 77 85 93 108 45

a) Faites une étude complète (mesures, graphiques, commentaires, etc.) de ces données.

b) Déterminez le meilleur scénario et justifiez votre réponse.

36. Pour étudier l'effet sur la croissance d'arbres fruitiers d'un certain traitement par pesticide, on a mesuré l'augmentation de la taille, en mètres, de deux types d'arbres après 5 ans. Le premier groupe est le « groupe contrôle », constitué d'arbres non traités, et le second groupe, le « groupe traitement », constitué d'arbres traités par ce pesticide. On a obtenu les données suivantes.

Groupe contrôle:

3,2 1,9 3,6 4,6 4,1 5,1 5,5 4,8 2,9 4,9

3,9 6,9 6,8 6,1 6,9 6,5 5,5 5,2 4,2 6,3

Groupe traitement:

4,1 2,5 4,5 3,6 2,8 5,1 2,9 5,1 1,2 1,6

6,4 6,8 6,5 5,8 2,9 5,8 3,3 6,1 5,3 6,1

a) Faites une étude complète (mesures, graphiques, commentaires, etc.) de ces données.

b) En vous servant de ces données, justifiez l'avantage d'utiliser ou non le pesticide pour faire croître les arbres.

37. Les données suivantes ont trait à la circonférence de la tête, en centimètres, des bébés âgés de trois mois, pour les garçons et pour les filles.

Garçons:

40,1 39,8 40,5 41,2 42,6 40,9 35,5 35,8 41,1
41,7 41,4 42,2 42,3 43,2 42,2 42,4 43,2 39,9
40,9 40,8 43,8 41,7 41,6 40,4 42,1 41,2 30,7
41,9 40,3 40,2 41,1 39,8 39,2 42,8 41,1 40,0
42,2 42,6 41,1 39,2 40,9 40,2 42,8 41,7 45,7

Filles:

39,3 40,2 41,3 38,1 39,1 39,6 40,6 38,6 40,5
40,6 40,3 39,5 40,7 38,3 40,7 40,3 39,3 38,4
42,3 39,9 40,0 40,7 41,0 38,6 43,7 40,1 41,0
40,8 40,3 40,2 34,4 41,0 40,9 39,6 37,8 38,9
38,3 36,3 41,2 42,1 36,4 41,6 42,1 39,6 37,8

a) Tracez un polygone de fréquences pour chacun de ces groupes sur les mêmes axes.

b) Indiquez les ressemblances et les différences entre ces deux groupes à l'aide d'analyses graphiques.

c) Appuyez ces analyses graphiques à l'aide de mesures pertinentes.

38. Les tableaux suivants donnent les mesures de la pression systolique (PAS) dans un échantillon de 40 hommes et dans un échantillon de 40 femmes.

Distribution des 40 hommes selon leur pression systolique	
Pression systolique des hommes (mm Hg)	**Fréquences absolues**
[90 ; 100[	1
[100 ; 110[	4
[110 ; 120[	17
[120 ; 130[	12
[130 ; 140[	5
[140 ; 150[	0
[150 ; 160]	1
Total	$n = 40$

Distribution des 40 femmes selon leur pression systolique	
Pression systolique des femmes (mm Hg)	**Fréquences absolues**
[80 ; 100[	9
[100 ; 120[	24
[120 ; 140[	5
[140 ; 160[	1
[160 ; 180[	0
[180 ; 200]	1
Total	$n = 40$

a) Ajoutez à chacun de ces tableaux les colonnes des fréquences relatives et cumulées.

b) Tracez une courbe de fréquences relatives cumulées pour chacun de ces deux groupes.

c) Déterminez les mesures de tendance centrale pour chacun de ces deux groupes.

d) Déterminez les mesures de dispersion pour chacun de ces deux groupes, puis classez-les en ordre croissant de variabilité.

e) Repérez toute donnée aberrante pour chacune de ces distributions.

f) Enlevez les données aberrantes, le cas échéant, puis refaites les étapes c) et d) ; expliquez la différence.

39. On a noté l'âge d'acteurs et d'actrices au moment où ils ont remporté leur premier oscar.

Acteurs :

32	36	51	33	35	55
76	37	40	60	56	49
43	43	42	41	39	31
45	46	36	37	32	53
61	45	39	42	32	38
48	40	62	44	56	46
47	60	40			

Actrices :

50	35	26	41	61	49
74	30	41	35	42	26
35	35	61	34	30	31
39	26	33	44	80	28
21	38	33	33	31	41
37	34	26	60	24	37
27	34	25			

Utilisez des diagrammes de quartiles et d'autres mesures afin de comparer ces deux distributions.

CHAPITRE **2**

Les axiomes des probabilités et le dénombrement

À la fin de ce chapitre, vous serez en mesure :

- de poser les axiomes des probabilités ;

- de comprendre les principes du dénombrement ;

- de manipuler les probabilités conditionnelles et de comprendre leurs applications dans les tests cliniques et industriels ;

- d'utiliser la formule de Bayes et de comprendre ses applications.

Blaise Pascal (1623-1662)

Blaise Pascal est un grand mathématicien, théologien et inventeur français. Fils d'un comptable de Clermont-Ferrand, il a inventé la machine à calculer. Il est également l'un des précurseurs du calcul des probabilités, avec Pierre de Fermat (1601-1665). C'est en son honneur que la célèbre École d'été des probabilités de Saint-Flour (France) s'est installée en Auvergne, sa région natale. On peut encore admirer aujourd'hui, au Musée Blaise-Pascal, à Clermont-Ferrand, les planches où ce grand mathématicien a annoté ses réflexions ainsi que ses correspondances avec Fermat.

A u chapitre 1, nous avons vu les méthodes qui permettent de procéder à la description d'un ensemble de données. Si l'on vise à décrire les résultats d'une expérience donnée, ces méthodes suffisent. Cependant, si l'on cherche plutôt à prendre les informations obtenues à partir d'une expérience et à tenter de les généraliser à tous les types d'objets étudiés, ces méthodes s'avèrent insuffisantes, puisqu'elles ne s'appliqueront qu'au tri des données. D'autres outils sont alors nécessaires pour préparer le terrain en vue d'appliquer les résultats à une population, c'est-à-dire de les généraliser à toute cette population.

Ces outils, que nous allons à présent aborder, ont pour base la théorie des probabilités, une branche des mathématiques fondamentale à l'étude de tous les phénomènes aléatoires. Personne ne sait exactement quand la notion de hasard ou de probabilité a fait son apparition, mais elle remonte sans doute à la Préhistoire. En effet, des dés à six faces, mais non symétriques, rappelant les osselets, ont été trouvés lors de fouilles archéologiques en Asie mineure. On a également retrouvé en Égypte des dés à quatre faces datant de plus de 2000 ans av. J.-C.

Nous savons par ailleurs qu'au cours de l'histoire et du passage des civilisations, les humains ont toujours manifesté un vif intérêt pour les jeux de hasard. L'avènement de la probabilité comme discipline mathématique est néanmoins relativement récent. C'est à la suite des travaux de Blaise Pascal, de Pierre de Fermat, de Christian Huygens (1629-1695) et de Daniel Bernoulli (1700-1782) que Pierre-Simon de Laplace (1749-1827), Siméon Denis Poisson (1781-1840), Carl Friedrich Gauss (1777-1855) et d'autres ont formalisé la théorie des probabilités, permettant ainsi l'extension de son usage à différentes disciplines.

2.1 L'expérience aléatoire

Commençons par une définition mathématique de ce que, dans la vie de tous les jours, nous appelons le «hasard», mais que nous nommerons, dans notre contexte mathématique, l'«expérience aléatoire».

DÉFINITION 2.1

Une **expérience aléatoire** est une expérience dont on connaît les issues possibles sans pouvoir en prédire exactement le résultat final.

EXEMPLE 2.1

- On lance deux dés équilibrés et on observe la somme des nombres obtenus.

- On tire au hasard une carte d'un jeu et on s'intéresse à sa valeur ou à sa couleur.

Dans toute expérience aléatoire, on peut cerner d'avance l'ensemble de tous les résultats possibles de cette expérience.

DÉFINITION 2.2

L'ensemble de tous les résultats possibles d'une expérience se nomme **espace échantillonnal** ou **espace fondamental** et on le note S (*sampling space*).

EXEMPLE 2.2

Pour chacune des expériences aléatoires de l'exemple 2.1, on a:

- S: L'ensemble des nombres entiers compris entre 2 et 12 $= \{n \in \mathbb{N} \mid 2 \leq n \leq 12\}$;

- $S = \{p, ca, c, t\}$ où p est une carte de pique, ca est une carte de carreau, c est une carte de cœur et t est une carte de trèfle.

DÉFINITION 2.3

Toute partie de l'espace échantillonnal (S) s'appelle un **événement**. On réserve les premières lettres de l'alphabet en majuscules, A, B, C, ..., à la notation des événements. (Rappelons que, généralement, les dernières lettres de l'alphabet en minuscules servent à noter les variables.)

EXEMPLE 2.3

Pour chacune des expériences aléatoires de l'exemple 2.1, on a :

- $S = \{(x, y)\mid x; y = 1, \ldots, 6\}$ et A : Obtenir une somme égale à 4 $= \{(1, 3); (2, 2); (3, 1)\}$ $= \{(x, y)\mid x + y = 4\}$;

- B : Obtenir une carte rouge $= \{ca; c\}$.

2.2 Le diagramme de Venn et l'algèbre des événements

L'ensemble de tous les résultats possibles S d'une expérience aléatoire est représenté par un rectangle, et chaque événement l'est par un cercle inclus dans le rectangle. Cette représentation graphique, appelée **diagramme de Venn**, permet la visualisation simple de l'algèbre des événements. Nous allons introduire des événements particuliers, tels que l'événement impossible ainsi que des événements complémentaires, qui vont nous servir à illustrer les autres types de relations pouvant exister entre plusieurs événements, comme leur intersection ou leur union.

2.2.1 L'événement impossible

DÉFINITION 2.4

Un événement qui ne se réalise jamais est appelé **événement impossible** et est noté Ø.

EXEMPLE 2.4

On lance deux dés équilibrés. Soit F : Obtenir une somme égale à 15. F est un événement impossible et on dit que $F = \emptyset$.

2.2.2 Les événements contraires ou complémentaires

DÉFINITION 2.5

On dit que deux **événements** sont **contraires** ou **complémentaires** si, lorsque l'un se produit, l'autre ne se produit pas, et également si, lorsque l'un ne se produit pas, l'autre se produit. On accole le symbole « prime » (′) à la lettre représentant l'événement : A' est l'événement complémentaire de A et se produit si et seulement si A ne se produit pas.

Le diagramme de Venn suivant représente un événement et son événement complémentaire.

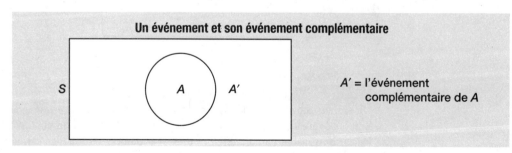

Un événement et son événement complémentaire

S

A A'

A' = l'événement complémentaire de A

EXEMPLE 2.5

Un couple a trois enfants ; selon leur sexe, l'ensemble des cas possibles est :

$$S = \{ \mathit{fff}; \mathit{ffg}; \mathit{fgf}; \mathit{gff}; \mathit{ggf}; \mathit{gfg}; \mathit{fgg}; \mathit{ggg} \}$$

Soit A : Avoir au moins deux filles. On a alors $A = \{\mathit{fff}; \mathit{fgf}; \mathit{gff}; \mathit{ffg}\}$.

Ainsi, l'événement complémentaire A' correspond à «Avoir moins de deux filles», ce qui donne $A' = \{\mathit{gfg}; \mathit{fgg}; \mathit{ggg}; \mathit{ggf}\}$.

EXEMPLE 2.6

On lance une pièce de monnaie 20 fois. Soit A : Obtenir au moins une face. On voit que cet événement consiste à avoir soit une face, soit deux faces, et ainsi de suite jusqu'à 20 faces. Il est très long d'énumérer les cas possibles ; pensez au temps que cela prendrait si on lançait la pièce 1000 fois ! Au lieu de considérer A, il est plus pratique de considérer son complémentaire, A' : Ne jamais obtenir face. Il est alors simple d'énumérer le seul cas possible, puisqu'on obtient toujours pile, quel que soit le nombre de lancers.

REMARQUE

Certains auteurs notent le complémentaire d'un événement A par A_c.

2.2.3 L'inclusion d'un événement

On dit que l'événement A est **inclus** dans l'événement B si tout élément de A est dans B ; on note cela $A \subset B$. Ainsi, le fait que l'événement A s'est produit implique que B a aussi eu lieu.

2.2.4 L'intersection de deux événements

Pour deux événements A et B, on définit leur intersection comme étant l'ensemble des réalisations de l'expérience aléatoire qui sont à la fois dans A et dans B ; on la note $A \cap B$. Le diagramme suivant représente l'intersection de deux événements.

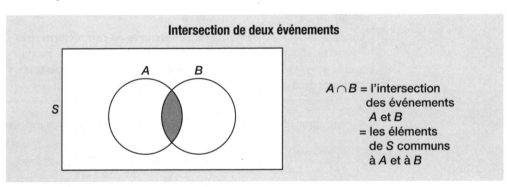

Intersection de deux événements

$A \cap B$ = l'intersection des événements A et B = les éléments de S communs à A et à B

EXEMPLE 2.7

On réalise une expérience aléatoire consistant à tirer au hasard une carte d'un jeu de 52 cartes. Soit les événements A : Tirer un as et B : Tirer un trèfle. Si on veut avoir A et B, on doit prendre les cartes qui sont en même temps dans A et dans B, et donc les cartes qui sont à la fois un as et un trèfle, ce qui donne $A \cap B$: Tirer un as de trèfle.

2.2.5 Les événements mutuellement exclusifs ou disjoints

Deux événements A et B sont **mutuellement exclusifs ou disjoints** s'ils ne peuvent se produire simultanément. Ils sont tels que $A \cap B = \varnothing$. On dit également que ces événements sont **incompatibles**.

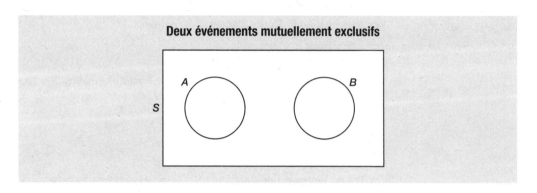

Deux événements mutuellement exclusifs

EXEMPLE 2.8

Dans le contexte de l'exemple 2.7, soit R : Tirer une carte rouge. B et R sont mutuellement exclusifs, car aucune carte ne peut être à la fois un trèfle et rouge. Donc, $B \cap R = \varnothing$.

REMARQUE

Deux événements complémentaires sont incompatibles, mais le contraire n'est pas nécessairement vrai.

2.2.6 L'union de deux événements

Pour deux événements A et B, on définit leur **union** comme étant l'ensemble des réalisations de l'expérience aléatoire qui sont soit dans A, soit dans B, soit dans les deux à la fois ; on la note $A \cup B$. Lors de l'union de deux événements A et B, au moins un de ces événements se réalise.

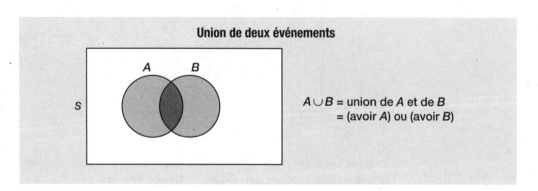

Union de deux événements

$A \cup B$ = union de A et de B
= (avoir A) ou (avoir B)

EXEMPLE 2.9

On reprend l'exemple 2.7. Si on veut avoir A ou avoir B, il faut tirer une carte qui est soit un as, soit un trèfle. Donc, $A \cup B$: Tirer un as ou un trèfle.

REMARQUE

En probabilité, la conjonction « ou » est de nature inclusive. Dans l'exemple 2.9, on peut tirer soit une carte qui est un as seulement, soit une carte qui est un trèfle seulement, soit une carte qui est à la fois un as et un trèfle.

On doit utiliser la conjonction « et » pour décrire l'intersection d'événements et la conjonction « ou » inclusif pour décrire l'union d'événements.

EXEMPLE 2.10

Soit une expérience aléatoire dont l'espace échantillonnal est $S = \{a, b, c, d, e, f, g, h\}$.

Soit $A = \{d, e, f, g\}$, $B = \{a, b, g\}$ et $C = \{c, d, f, h\}$.

On a :

- A' : le complémentaire de $A = \{a, b, c, h\}$;
- $A \cap B$: l'intersection de A et de B : (avoir A) et (avoir B) = $\{g\}$;
- $A \cup B$: (avoir A) ou (avoir B) = $\{a, b, d, e, f, g\}$;
- $A \cap B'$: (avoir A) et (ne pas avoir B) = $\{d, e, f\}$;
- $B \cap A'$: (avoir B) et (ne pas avoir A) = $\{a, b\}$;
- C' : le complémentaire de $C = \{a, b, e, g\}$;
- $C \cap B = \varnothing$. (Ces deux événements sont mutuellement exclusifs ou incompatibles ou disjoints.)

Les opérations d'intersection et d'union des événements possèdent les propriétés suivantes :

- la commutativité : $A \cap B = B \cap A$ et $A \cup B = B \cup A$;
- l'associativité : $(A \cap B) \cap C = A \cap (B \cap C)$ et $(A \cup B) \cup C = A \cup (B \cup C)$;
- la distributivité : $(A \cup B) \cap C = (A \cap C) \cup (B \cap C)$ et $(A \cap B) \cup C = (A \cup C) \cap (B \cup C)$.

Cette dernière propriété est illustrée dans le diagramme de Venn suivant.

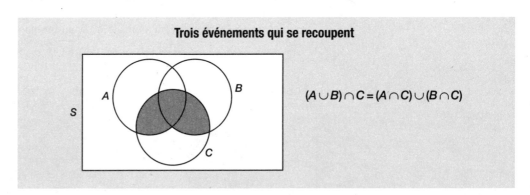

Trois événements qui se recoupent

$$(A \cup B) \cap C = (A \cap C) \cup (B \cap C)$$

Il existe aussi des propriétés liant les opérations d'intersection, d'union et de complémentarité d'événements, connues sous le nom de **lois de Morgan** :

$$(A \cap B)' = A' \cup B' \text{ et } (A \cup B)' = A' \cap B'$$

DÉFINITION 2.6

On appelle **partition de S** toute suite d'événements $A_1, A_2, \ldots, A_n$ disjoints deux à deux et dont la réunion constitue S. En d'autres termes, $\bigcup_{i=1}^{n} A_i = S$ et $A_i \cap A_j = \emptyset$ lorsque $i \neq j$, où $\bigcup$ désigne l'union de plusieurs événements.

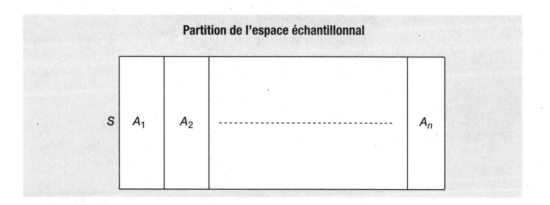

Partition de l'espace échantillonnal

EXEMPLE 2.11

Soit S: L'ensemble des étudiants d'un cégep, G: L'ensemble des garçons et F: L'ensemble des filles. Alors G et F constituent une partition de S, car:

$$G \cup F = S \text{ et } G \cap F = \emptyset$$

EXEMPLE 2.12

Soit S: L'ensemble des articles assemblés par les trois ouvriers d'une petite usine. On suppose que chaque article est assemblé par un ouvrier unique. Si on pose A: Les articles assemblés par le premier ouvrier, B: Les articles assemblés par le deuxième ouvrier et C: Les articles assemblés par le troisième ouvrier, alors les événements A, B et C forment une partition de S.

2.3 Les axiomes des probabilités

Comme il existe différentes façons de définir une probabilité, nous en avons choisi trois, que nous illustrerons au moyen d'exemples: la probabilité personnelle ou subjective, la probabilité fréquentielle et la probabilité classique.

2.3.1 La probabilité personnelle ou subjective

Comme son nom l'indique, la probabilité personnelle ou subjective est la manière dont une personne évalue les chances qu'une chose se produise dans son domaine d'expertise, sans assise scientifique, comme on le fait couramment et spontanément au quotidien. Puisqu'elle est personnelle, la valeur de cette probabilité change d'une personne à l'autre.

EXEMPLE 2.13

Vous vous apprêtez à subir une opération chirurgicale, et votre chirurgien vous annonce que l'opération a 60 % de chances de réussir. Lorsque vous consultez un autre chirurgien, le même jour, celui-ci déclare que les chances de réussite de l'opération sont de 90 %.

2.3.2 La probabilité fréquentielle

La probabilité fréquentielle se base sur le fait que l'on peut répéter une expérience aléatoire dans les mêmes conditions un grand nombre de fois et observer la fréquence relative à laquelle un événement s'est réalisé tout le long de ces répétitions. On assimilera alors la probabilité de cet événement à sa fréquence relative à long terme.

EXEMPLE 2.14

On lance un dé équilibré et on observe les faces obtenues. Le tableau suivant résume les fréquences relatives en fonction du nombre (n) de répétitions.

Distribution des lancers d'un dé selon les faces obtenues						
Nombre de répétitions	Face 1	Face 2	Face 3	Face 4	Face 5	Face 6
$n = 50$	7/50	8/50	6/50	9/50	10/50	10/50
$n = 100$	16/100	14/100	16/100	17/100	18/100	19/100
$n = 1000$	165/1000	168/1000	167/1000	169/1000	166/1000	165/1000

On voit que plus le nombre de répétitions augmente, plus ces fréquences relatives deviennent semblables et plus elles se rapprochent de la valeur qu'intuitivement on pouvait prédire, c'est-à-dire que la probabilité d'obtenir une face donnée quand on lance un dé équilibré est de 1 chance sur 6. Ce résultat est la conséquence d'une loi qu'on appelle la **loi des grands nombres**, qui stipule que si on répète une expérience aléatoire un grand nombre de fois dans des conditions similaires et que les répétitions sont indépendantes (terme qui sera précisé plus loin dans ce chapitre), alors la probabilité d'un événement lié à cette expérience est égale à la limite des fréquences relatives de cet événement lorsque le nombre de répétitions devient de plus en plus grand. Autrement dit :

$$P(A) = \lim_{n \to \infty} \frac{N(A)}{n}$$

où $N(A)$ est le nombre de fois qu'on a observé cet événement A et n est le nombre de répétitions de l'expérience.

L'inconvénient de cette méthode, c'est l'obligation de répéter la même expérience indéfiniment dans les mêmes conditions. Ce n'est pas toujours possible : on n'a qu'à penser aux expériences faites sur des êtres humains où, en général, on ne dispose que de quelques sujets, ou encore à des expériences industrielles très onéreuses.

2.3.3 La probabilité classique

La probabilité classique est la définition d'une probabilité en langage mathématique, c'est-à-dire sous la forme d'une fonction. Soit une expérience aléatoire dont l'ensemble des résultats possibles est S.

DÉFINITION 2.7

On appelle «probabilité» toute application $P: S \rightarrow \mathbb{R}$ satisfaisant aux trois axiomes suivants :

- **Axiome 1 :** $0 \leq P(A) \leq 1$ pour n'importe quel événement $A \subset S$. Cela assure que toute probabilité est comprise entre 0 et 1.
- **Axiome 2 :** $P(S) = 1$. Pour n'importe quelle expérience aléatoire, il est certain que l'on obtiendra un de ses résultats possibles et pas autre chose.
- **Axiome 3 :** Pour toute suite d'événements mutuellement exclusifs $A_1, A_2, \ldots, A_n$, on a :

$$P\left(\bigcup_{i=1}^{n} A_i\right) = \sum_{i=1}^{n} P(A_i)$$

Si on prend des événements qui se ne recoupent pas, c'est-à-dire qui sont mutuellement exclusifs, la probabilité de l'ensemble est égale à la somme de leurs probabilités respectives.

On constate par cette définition que la probabilité classique ne comporte pas les défauts des deux premières (probabilité personnelle et probabilité fréquentielle) : elle est impersonnelle, donc indépendante du bon vouloir d'un individu, même expert en son domaine, et elle ne nécessite aucune répétition d'expérience.

Les principales propriétés d'une probabilité sont les suivantes :

- **Propriété 1 :** $P(A') = 1 - P(A)$ pour tout événement A.

  Preuve : $S = A \cup A'$. De plus, A et A' sont mutuellement exclusifs ; donc, d'après les axiomes 2 et 3 de la définition 2.7, on a $1 = P(S) = P(A \cup A') = P(A) + P(A') \Rightarrow P(A') = 1 - P(A)$.

- **Propriété 2 :** $P(A \cup B) = P(A) + P(B) - P(A \cap B)$ pour deux événements quelconques A et B.

  Preuve : $A \cup B = (A \cap B') \cup (A \cap B) \cup (B \cap A')$ et les trois événements $A \cap B'$, $A \cap B$ et $B \cap A'$ sont mutuellement exclusifs, comme le montre le diagramme de Venn suivant.

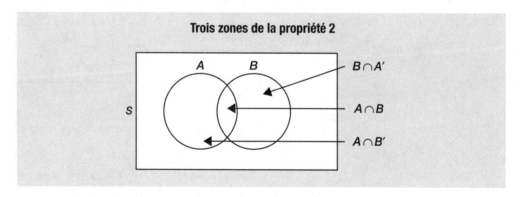

Trois zones de la propriété 2

Donc, d'après l'axiome 3 de la définition 2.7, on a :

$$P(A \cup B) = P(A \cap B') + P(A \cap B) + P(B \cap A') \tag{2.1}$$

D'autre part :

$$P(A) = P(A \cap B') + P(A \cap B) \Rightarrow P(A \cap B') = P(A) - P(A \cap B) \tag{2.2}$$

De la même manière, on a :

$$P(B) = P(B \cap A') + P(A \cap B) \Rightarrow P(B \cap A') = P(B) - P(A \cap B) \tag{2.3}$$

En insérant les équations 2.2 et 2.3 dans l'équation 2.1, on obtient ce qu'on voulait démontrer.

EXEMPLE `2.15`

Une grande usine de montage de véhicules automobiles a récemment décelé deux graves défauts de fabrication dans quelques-uns de ses modèles. On estime à 3 % la probabilité qu'une voiture choisie au hasard présente le premier défaut, à 5 % celle qu'elle présente le second et à 2 % celle qu'elle présente les deux. En choisissant une voiture au hasard dans cette usine, on doit déterminer la probabilité qu'elle présente au moins un de ces défauts.

Réponse : Soit E : Une voiture présente le premier défaut et F : Une voiture présente le second défaut.

On a $P(E) = 0,05$, $P(F) = 0,03$ et $P(E \cap F) = 0,02$. On en déduit alors que la probabilité qu'une voiture présente l'un ou l'autre de ces défauts est :

$$P(E \cup F) = P(E) + P(F) - P(E \cap F) = 0,05 + 0,03 - 0,02 = 0,06$$

Il y a donc 6 % de risques qu'une voiture soit défectueuse.

- **Propriété 3 :**

$$P(A \cup B \cup C) = P(A) + P(B) + P(C) - P(A \cap B) - P(B \cap C) - P(A \cap C) + P(A \cap B \cap C)$$

C'est une extension de la propriété 2 à trois événements A, B et C quelconques.

Preuve : Soit le diagramme de Venn suivant.

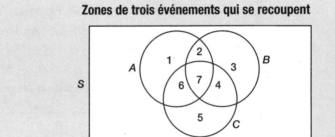

Zones de trois événements qui se recoupent

On voit dans ce diagramme que $A \cup B \cup C$ est formé de sept zones (Z_i) mutuellement exclusives ; donc :

$$P(A \cup B \cup C) = \sum_{i=1}^{7} P(Z_i)$$

D'autre part, on a chacune des égalités suivantes :

$$P(A) = P(Z_1) + P(Z_2) + P(Z_7) + P(Z_6)$$
$$P(B) = P(Z_3) + P(Z_2) + P(Z_7) + P(Z_4)$$
$$P(C) = P(Z_5) + P(Z_6) + P(Z_7) + P(Z_4)$$
$$P(A \cap B) = P(Z_2) + P(Z_7)$$
$$P(B \cap C) = P(Z_7) + P(Z_4)$$
$$P(A \cap C) = P(Z_6) + P(Z_7)$$
$$P(A \cap B \cap C) = P(Z_7)$$

Il s'ensuit que :

$$P(A) + P(B) + P(C) - P(A \cap B) - P(B \cap C) - P(A \cap C) + P(A \cap B \cap C)$$
$$= P(Z_1) + P(Z_2) + P(Z_3) + P(Z_4) + P(Z_5) + P(Z_6) + P(Z_7) = P(A \cup B \cup C)$$

C'est ce qu'il fallait démontrer.

EXEMPLE 2.16

Soit la population d'une grande ville, dont 17 % des habitants lisent le journal A, 35 % lisent le journal B, 27 %, le journal C, 10 %, les journaux A et B, 12 %, les journaux B et C, 8 %, les journaux A et C, et 2 %, les journaux A, B et C.

a) Quelle est la proportion des habitants de cette ville qui lisent au moins un de ces trois journaux ?

b) Quelle est la proportion des habitants de cette ville qui lisent les journaux B ou C, mais pas le journal A ?

Réponse :

a) On a $P(A) = 0,17$; $P(B) = 0,35$; $P(C) = 0,27$; $P(A \cap B) = 0,10$; $P(B \cap C) = 0,12$; $P(A \cap C)$
$= 0,08$ et $P(A \cap B \cap C) = 0,02$.

Alors P(lire au moins un de ces journaux) est :

$$P(A \cup B \cup C) = P(A) + P(B) + P(C) - P(A \cap B) - P(A \cap C) - P(B \cap C)$$
$$+ P(A \cap B \cap C)$$
$$= 0,17 + 0,35 + 0,27 - 0,10 - 0,08 - 0,12 + 0,02 = 0,51 = 51 \%$$

b) Selon le diagramme de Venn de la propriété 3, les habitants qui lisent seulement les journaux B ou C sont ceux qui constituent les zones 3, 4 et 5 ; ce sont donc ceux qui lisent au moins un des trois journaux moins ceux qui lisent le journal A, ce qui fait 51 % − 17 % = 34 %.

2.4 Les événements équiprobables

Dans la grande majorité des expériences aléatoires, on suppose que les événements sont équiprobables, c'est-à-dire que tous les résultats possibles ont les mêmes chances de se réaliser. Cela ouvre la voie à une définition très naturelle d'une probabilité dans le cas où le nombre des cas possibles est fini ou dénombrable. En posant $N(S)$: le nombre de cas possibles et $N(A)$: le nombre de cas où un événement A se réalise, c'est-à-dire le nombre de cas favorables à A, alors la probabilité que A se réalise est égale à :

$$P(A) = \frac{N(A)}{N(S)}$$

Cette façon de définir une probabilité vérifie les trois axiomes de la définition. Elle vérifie l'axiome 1, car $0 \leq N(A) \leq N(S)$. Elle vérifie l'axiome 2 et l'axiome 3, car :

$$N\left(\bigcup_{i=1}^{n} A_i\right) = \sum_{i=1}^{n} N(A_i)$$

pour toute suite d'événements mutuellement exclusifs.

EXEMPLE 2.17

On lance deux dés équilibrés et on s'intéresse à la somme des faces obtenues. On a $N(S) = 36$ et A : La somme des deux dés est égale à $5 = \{(1, 4); (4, 1); (2, 3); (3, 2)\}$. Donc, $N(A) = 4$ cas favorables à A et, par conséquent :

$$P(A) = \frac{N(A)}{N(S)} = \frac{4}{36} = \frac{1}{9}$$

Malheureusement, il n'est pas toujours aussi simple de calculer $N(S)$ et $N(A)$, d'où la nécessité de trouver des méthodes efficaces pour calculer ces nombres dans la plupart des situations. C'est ce que nous allons entreprendre dans la section suivante.

2.5 Les principes de base du dénombrement

Nous allons énoncer ici plusieurs principes et méthodes utiles pour dénombrer les cas possibles ou les cas favorables à un événement et, par la suite, pour calculer la probabilité de cet événement dans le contexte d'une équiprobabilité.

2.5.1 Le principe de multiplication

Il arrive souvent que l'on souhaite mener plusieurs expériences aléatoires de manière consécutive. Se pose alors la question de savoir de combien de façons possibles on peut s'y prendre. C'est grâce au **principe de multiplication**, que nous allons décrire ici, que l'on trouve la réponse à cette question. Supposons qu'on veuille faire k expériences aléatoires de façon successive.

- La première expérience peut se réaliser de n_1 façons possibles.
- La deuxième expérience peut se réaliser de n_2 façons possibles.
- La k-ième expérience peut se réaliser de n_k façons possibles.

Alors, les k expériences aléatoires peuvent se réaliser séquentiellement (l'une après l'autre) de $n_1 \times n_2 \times \cdots \times n_k$ façons possibles.

EXEMPLE 2.18

Au restaurant, une personne doit choisir une entrée parmi les quatre entrées offertes, un plat parmi les trois plats principaux offerts, un dessert parmi les cinq desserts au menu et une boisson parmi huit boissons offertes. De combien de façons peut-elle composer son repas ?

Réponse : La personne a quatre façons de choisir son entrée, trois façons de choisir son plat principal, cinq façons de choisir son dessert et huit façons de choisir sa boisson, ce qui fait $4 \times 3 \times 5 \times 8 = 480$ compositions possibles.

EXEMPLE 2.19

Une urne contient six jetons noirs et sept jetons rouges. On tire successivement deux jetons au hasard et sans remise.

a) De combien de façons peut-on s'y prendre ?
b) Quelle est la probabilité que les jetons tirés soient de couleurs différentes ?

EXEMPLE 2.19 (*suite*)

Réponse:

a) Le premier jeton peut être tiré de 13 façons différentes et le deuxième, de 12 façons, puisqu'on ne remet pas le premier jeton tiré dans l'urne, ce qui fait, d'après le principe de multiplication, $N(S) = 13 \times 12 = 156$.

b) Soit E: Les deux jetons sont de couleurs différentes = {(noir, rouge); (rouge, noir)}. Donc, $N(E) = 6 \times 7 + 7 \times 6 = 84$ et, par conséquent:

$$P(E) = \frac{N(E)}{N(S)} = \frac{84}{156} \approx 0,5385$$

2.5.2 Le principe d'addition

Si, avec le principe de multiplication, l'on effectue toutes les expériences de manière successive, il arrive aussi qu'en présence de plusieurs expériences aléatoires, on souhaite déterminer le nombre de façons d'effectuer l'une ou l'autre de ces expériences. On se sert alors du **principe d'addition**, que nous allons décrire ici.

Soit k expériences aléatoires, dont la première expérience peut se réaliser de n_1 façons possibles, la deuxième expérience peut se réaliser de n_2 façons possibles et la k-ième expérience peut se réaliser de n_k façons possibles. Alors, le nombre de façons de réaliser l'une ou l'autre de ces expériences est $N(S) = n_1 + n_2 + \cdots + n_k$.

EXEMPLE 2.20

À bord d'un paquebot, on dispose de 5 drapeaux rouges et de 6 drapeaux jaunes. Combien de signaux de détresse peut-on former avec ces drapeaux, si chaque signal est constitué de 3 drapeaux, dont au moins 1 de chaque couleur, et si les drapeaux de même couleur doivent être placés côte à côte?

Réponse: On peut former des signaux avec soit 1 drapeau rouge et 2 drapeaux jaunes, soit 1 drapeau jaune et 2 drapeaux rouges. Cela donne, d'après les principes d'addition et de multiplication: $5 \times 6 \times 5 + 6 \times 5 \times 4 = 150 + 120 = 270$ signaux de détresse différents.

2.5.3 Le diagramme en arbre (arborescence)

En sciences humaines ou en biologie, on utilise souvent le **diagramme en arbre**, ou **arborescence**, pour décrire de manière visuelle le déroulement d'une ou de plusieurs expériences. C'est ce que nous allons faire au moyen des trois exemples suivants.

EXEMPLE 2.21

On s'intéresse à deux gènes, l'un relatif à la pigmentation de la peau, présent chez les humains ayant un allèle T (dominant) et un allèle t (récessif), et l'autre relatif à la coloration des cheveux chez les humains ayant un allèle M (dominant) et un allèle m (récessif). Supposons que les deux parents aient tous deux le génotype TtMm.

a) Dressez une arborescence décrivant les génotypes possibles de leurs enfants.

b) Quelle est la probabilité que ce couple ait un enfant qui soit dominant dans les deux gènes?

EXEMPLE 2.21 (*suite*)

Réponse:

a) Génotypes possibles des enfants

Peau de la mère	Peau du père	Cheveux de la mère	Cheveux du père	Génotype des enfants
			M	TTMM
		M	m	TTMm
	T		M	TTmM
		m	m	TTmm
T			M	TtMM
		M	m	TtMm
	t		M	TtmM
		m	m	Ttmm
			M	tTMM
		M	m	tTMm
	T		M	tTmM
		m	m	tTmm
t			M	ttMM
		M	m	ttMm
	t		M	ttmM
		m	m	ttmm

b) Soit D: L'enfant est dominant dans les deux gènes. Pour que D se réalise, il suffit que, dans le génotype de l'enfant, l'allèle T et l'allèle M soient présents, ce qui fait que:

$$P(D) = \frac{N(D)}{N(S)} = \frac{9}{16}$$

EXEMPLE 2.22

Reprenons les questions de l'exemple 2.21, mais en supposant cette fois que le génotype du père soit Ttmm et que celui de la mère soit ttMm.

Réponse:

a) Génotypes possibles des enfants

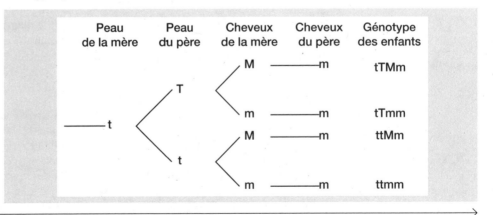

Peau de la mère	Peau du père	Cheveux de la mère	Cheveux du père	Génotype des enfants
		M	m	tTMm
	T	m	m	tTmm
t		M	m	ttMm
	t	m	m	ttmm

EXEMPLE 2.22 (*suite*)

b) Ici, on a $P(D) = \dfrac{N(D)}{N(S)} = \dfrac{1}{4}$.

EXEMPLE 2.23

Un couple a trois enfants.

a) Dressez un diagramme en arbre donnant toutes les possibilités en ce qui a trait au sexe des enfants.

b) Quelle est la probabilité que ce couple ait exactement deux filles?

Réponse:

a) Sexes possibles des enfants

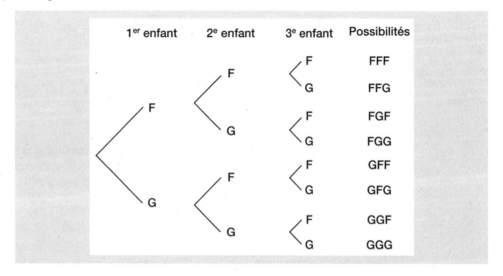

b) Soit A: Le couple a exactement deux filles. On voit dans cette arborescence que:

$$P(A) = \frac{N(A)}{N(S)} = \frac{3}{8}$$

2.5.4 La permutation d'objets distincts

Rappelons d'abord ce qu'on nomme la **factorielle d'un nombre entier positif**. Soit n: un nombre entier positif. On appelle « factorielle de n» le produit de tous les entiers non nuls qui sont inférieurs ou égaux à n. Ainsi, la factorielle de n est $n(n-1)(n-2) \cdots 2 \cdot 1$, et on la note $n!$. Par exemple, $5! = 5 \times 4 \times 3 \times 2 \times 1 = 120$. Par convention $0! = 1$.

La factorielle d'un nombre se manipule aisément lors des divisions de plusieurs factorielles, au moyen de la relation suivante:

$$n! = n(n-1)(n-2) \cdots (n-k)!$$

pour tout entier positif k inférieur à n.

Par exemple :

$$\frac{(n-2)!}{n!} = \frac{(n-2)!}{n(n-1)(n-2)!} = \frac{1}{n(n-1)}$$

Toutes les calculatrices offrent une fonctionnalité qui permet de calculer les factorielles des nombres entiers qui ne dépassent pas 70. Sinon, on utilise une formule approximative appelée **formule de Stirling**[1] :

$$n! \approx (2\pi n)^{1/2} n^n e^{-n}$$

Si on l'applique par exemple pour $n = 40$, on obtient $40! = 8{,}159\ 152\ 832 \times 10^{47}$ et la formule de Stirling donne :

$$(2\pi 40)^{1/2} 40^{40} e^{-40} = 8{,}142\ 172\ 645 \times 10^{47}$$

Comme les factorielles sont des produits, elles se prêtent bien à des simplifications lorsqu'il s'agit de leurs fractions. Par exemple :

$$\frac{10!}{8!} = 10 \times 9 = 90$$

ou encore :

$$\frac{(2n+1)!}{n!} = \frac{(2n+1)(2n)(2n-1)(2n-2) \cdots (n+1)n(n-1)(n-2) \cdots 1}{n!}$$
$$= (2n+1)(2n) \cdots (n+1)$$

Lorsqu'on a des objets distincts, on s'intéresse au nombre de manières de les ordonner sans répétition (les agencements). L'ordre est donc important dans chacun de ces agencements. Chaque agencement s'appelle une **permutation**. Lorsqu'on a n éléments distincts, il y a $n!$ permutations possibles. On note ce nombre $P_n = n!$.

EXEMPLE 2.24

Soit 3 objets distincts a, b et c. De combien de façons peut-on les aligner ?

Réponse : On peut faire :

$$\text{abc, acb, bac, bca, cab, cba}$$

ce qui donne 6 façons différentes d'aligner 3 objets distincts. Chaque alignement est une permutation ; dans cet exemple, il y a 6 permutations possibles. Cette mise en situation illustre la règle énoncée précédemment, $P_n = n!$, car $6 = 3!$ (factorielle de 3).

EXEMPLE 2.25

On veut former des mots de passe de 4 lettres en utilisant les lettres « a », « b », « c » et « d », sans répétition de la même lettre.

a) Combien de mots de passe peut-on former ?

b) Combien de ces mots de passe commencent par « d » ?

c) Quelle est la probabilité de tomber au hasard sur un mot de passe commençant par « d » ?

---

1. James Stirling, *Methods Differentialis* (1730), ou William Feller, *An Introduction to Probability Theory and its Applications*, vol. I, New York, John Wiley & Sons, 1957.

EXEMPLE 2.25 (suite)

Réponse :

a) Les lettres étant différentes, $N(S) = 4! = 24$ mots de passe différents.

b) Soit D : Le mot de passe commence par « d ». Il n'y a plus que 3 positions libres où on peut permuter les 3 lettres restantes. Donc, $N(D) = 3! = 6$.

c) $P(D) = \dfrac{N(D)}{N(S)} = \dfrac{6}{24} = \dfrac{1}{4}$

EXEMPLE 2.26

Un groupe de 7 Français, 3 Américains et 5 Canadiens en randonnée dans le parc de la Gatineau veulent faire une photo de groupe sur une rangée.

a) De combien de façons peuvent-ils s'y prendre s'ils ne font aucune distinction de nationalité ?

b) De combien de façons peuvent-ils s'y prendre s'ils veulent placer côte à côte les participants de même nationalité ?

c) Quelle est la probabilité que la situation décrite en b) se réalise si on laisse la rangée se former au hasard ?

Réponse :

a) Ici, il y a seulement 15 personnes à permuter, ce qui donne $15! = 1\ 307\ 674\ 368\ 000$ façons différentes.

b) Il faut permuter les 7 Français, ce qui donne 7! façons possibles.
Il faut permuter les 3 Américains, ce qui donne 3! possibilités.
Il faut permuter les 5 Canadiens, ce qui donne 5! possibilités.
Il faut ensuite permuter les 3 groupes de nationalités, ce qui donne 3! possibilités.
D'après le principe de multiplication, cela peut générer $7!3!5!3! = 21\ 772\ 800$ possibilités.

c) On a $N(S) = 15!$ lorsqu'on aligne les participants sans distinction de nationalité, et si on note E l'événement décrit en b), on a $N(E) = 21\ 772\ 800$, donc :

$$P(E) = \frac{N(E)}{N(S)} = \frac{21\ 772\ 800}{15!} = 0,000\ 016\ 65$$

2.5.5 Les arrangements

Lorsqu'on a un ensemble d'objets distincts et qu'on cherche à en ordonner un sous-ensemble, on parle alors d'**arrangement**, que l'on note A. Lorsqu'on dispose de n objets distincts et qu'on veut en extraire k à la fois ($0 \le k \le n$) et les aligner, on peut s'y prendre de $\dfrac{n!}{(n-k)!}$ façons différentes.

Chacune de ces façons est un arrangement de k éléments choisis parmi n éléments distincts. On note ce nombre :

$$A_k^n = \frac{n!}{(n-k)!}$$

REMARQUE

Lorsque $k = n$, le nombre de permutations devient égal au nombre d'arrangements et on a $P_n = A_n^n = n!$.

EXEMPLE 2.27

On dispose de 5 objets distincts a, b, c, d et e. De combien de façons peut-on en extraire 2 à la fois et les aligner ?

Réponse : On peut avoir les cas suivants :

$$ab, ba, ac, ca, ad, da, ae, ea, bc, cb, bd, db, be, eb, cd, dc, ce, ec, de, ed$$

ce qui fait 20 façons différentes, chacune de ces façons étant un arrangement de 2 objets choisis parmi 5 objets distincts.

De là, on peut illustrer la règle énoncée plus haut :

$$A_k^n = \frac{n!}{(n-k)!} = \frac{\text{permutations du nombre total}}{\text{permutation du nombre qu'on n'extrait pas}} = \frac{5!}{3!} = 20$$

REMARQUE

Dans les permutations et les arrangements, l'ordre des éléments est important.

EXEMPLE 2.28

Le tableau de bord d'une voiture présente 10 positions où des circuits électriques peuvent être assemblés. Si chaque circuit électrique occupe une position, de combien de façons peut-on placer 4 circuits électriques distincts dans les 10 positions ?

Réponse : Le premier circuit peut être placé dans l'une des 10 positions, le deuxième circuit, dans l'une des 9 positions restantes, le troisième circuit, dans l'une des 8 positions restantes, et finalement le quatrième circuit peut aller dans l'une des 7 positions restantes. Donc, d'après le principe de multiplication, on trouve :

$$10 \times 9 \times 8 \times 7 = \frac{10!}{6!} = A_4^{10} = 5040 \text{ façons de faire le montage}$$

EXEMPLE 2.29

Dans un jeu impliquant 20 élèves de même calibre, on veut octroyer 5 prix, aucun élève ne pouvant recevoir plus d'un prix. De combien de façons peut-on répartir les prix ?

Réponse : Le premier prix peut être attribué de 20 façons, le deuxième prix, de 19 façons, et ainsi de suite, ce qui fait, d'après le principe de multiplication :

$$20 \times 19 \times 18 \times 17 \times 16 = \frac{20!}{15!} = A_5^{20} = 1\,860\,480 \text{ façons de répartir les prix}$$

REMARQUE

Dans les calculatrices, l'arrangement de r éléments choisis parmi n éléments distincts est souvent noté $nPr = A_r^n$.

2.5.6 Les combinaisons

Lorsqu'on a un ensemble d'objets distincts qu'on ne cherche pas à ordonner, mais dont on veut plutôt extraire un sous-ensemble sans répétition, l'ordre devient alors accessoire. On appelle alors chaque tirage une **combinaison**. Lorsqu'on dispose de n objets distincts et qu'on veut en choisir k à la fois ($0 \leq k \leq n$), on peut s'y prendre de $\dfrac{n!}{k!(n-k)!}$ façons différentes.

Chacune de ces façons est alors une combinaison de k éléments choisis parmi n éléments distincts. On note ce nombre C_k^n ou :

$$\binom{n}{k} = \frac{n!}{k!(n-k)!}$$

EXEMPLE 2.30

On dispose de 5 objets distincts a, b, c, d et e. De combien de façons peut-on en choisir 2 à la fois ?

Réponse : On peut avoir les paires suivantes :

$$(a, b), (a, c), (a, d), (a, e), (b, c), (b, d), (b, e), (c, d), (c, e), (d, e)$$

Il y a 10 façons possibles de choisir une paire d'objets parmi 5 objets distincts.

Cela permet d'illustrer la règle énoncée précédemment :

$$C_k^n = \frac{n!}{k!(n-k)!} = \frac{\text{factorielle du nombre d'objets total}}{(\text{factorielle du nombre tiré})(\text{factorielle du reste})} = \frac{5!}{2!3!} = 10$$

REMARQUE

Dans les calculatrices et les logiciels, le nombre de combinaisons de r éléments choisis parmi n éléments distincts se note souvent :

$$nCr = \binom{n}{r}$$

Le nombre de manières de choisir k éléments parmi n éléments distincts est le même quand on choisit $(n-k)$ parmi n éléments :

$$\binom{n}{k} = \binom{n}{n-k}$$

ce qui est évident si on applique la formule.

EXEMPLE 2.31

Lors du tirage de la loterie Lotto Max, on tire au hasard 7 nombres parmi 49 ; donc, le nombre de combinaisons possibles est :

$$N(S) = \binom{49}{7} = \frac{49!}{7!42!} = 85\,900\,584$$

Si on pose A : Avoir 4 bons numéros, et si $N(A)$ est le nombre de façons d'avoir 4 numéros parmi les 7 numéros tirés et 3 numéros parmi les 42 autres numéros non tirés, on a :

$$N(A) = \binom{7}{4}\binom{42}{3} = 401\,800$$

EXEMPLE 2.31 (suite)

Donc :

$$P(A) = \frac{N(A)}{N(S)} = \frac{401\,800}{85\,900\,584} = 0,004\,678$$

c'est-à-dire moins de 5 chances sur 1000.

EXEMPLE 2.32

Dans un laboratoire, le chercheur dispose d'une cage contenant 20 rats, dont 8 sont castrés. Il en choisit 4 au hasard.

a) Combien de choix le chercheur a-t-il ?

b) Quelle est la probabilité que, parmi les 4 rats choisis, 2 soient castrés ?

c) Quelle est la probabilité de choisir au moins 2 rats castrés ?

Réponse :

a) Il s'agit de choisir 4 rats au hasard parmi les 20 ; il existe donc :

$$N(S) = \binom{20}{4} = \frac{20!}{4!16!} = 4845 \text{ choix possibles}$$

b) Soit B : Avoir exactement 2 rats castrés parmi les 4 rats tirés, donc en tirer 2 parmi les 8 castrés et 2 parmi les 12 non castrés. On obtient :

$$N(B) = \binom{8}{2}\binom{12}{2}$$

et, par conséquent :

$$P(B) = \frac{N(B)}{N(S)} = \frac{1848}{4845} = 0,3814$$

c) Soit C : Avoir au moins 2 rats castrés parmi les 4 rats tirés, c'est-à-dire avoir 2, 3 ou 4 rats castrés. On va calculer la probabilité de C', c'est-à-dire la probabilité d'avoir moins de 2 rats castrés parmi les 4 rats tirés, soit d'avoir 0 ou 1 rat castré parmi les 4 choisis :

$$P(C') = \frac{N(C')}{N(S)} = \frac{\binom{8}{0}\binom{12}{4}+\binom{8}{1}\binom{12}{3}}{\binom{20}{4}} = \frac{(1)(495)+(8)(220)}{4845} = 0,4654$$

Donc, $P(C) = 1 - P(C') = 1 - 0,4654 - 0,5346$.

EXEMPLE 2.33

Une boîte contient 8 boules blanches, 6 boules rouges et 7 boules noires. On en choisit 5 au hasard.

a) Combien de possibilités y a-t-il ?

b) Quelle est la probabilité que, parmi les 5 boules tirées, il y en ait 2 blanches, 1 rouge et 2 noires ?

EXEMPLE 2.33 (*suite*)

Réponse:

a) Il s'agit de choisir 5 boules parmi un ensemble de 21. Il existe donc:

$$N(S) = \binom{21}{5} = \frac{21!}{5!16!} = 20\,349 \text{ possibilités}$$

b) Soit F: Avoir 2 boules blanches, 1 boule rouge et 2 boules noires parmi les 5 boules tirées; alors:

$$P(F) = \frac{N(F)}{N(S)} = \frac{\binom{8}{2}\binom{6}{1}\binom{7}{2}}{\binom{21}{5}} = \frac{3528}{20\,349} = 0,1734$$

2.5.7 Les permutations d'objets partiellement distinguables

Il arrive que les objets d'un ensemble ne soient pas tous distincts et qu'on veuille les changer réciproquement de place. On parle alors de **permutation d'objets partiellement distinguables**. Si on a n objets, dont n_1 sont de type 1, n_2 sont de type 2, ... n_k sont de type K, alors le nombre de façons de permuter ces n objets est:

$$\binom{n}{n_1\, n_2\, \cdots\, n_K} = \frac{n!}{n_1!\,n_2!\,\cdots\,n_K!}$$

avec $\displaystyle\sum_{i=1}^{K} n_i = n$.

EXEMPLE 2.34

De combien de manières peut-on agencer les 10 lettres qui forment le mot «HURLUBERLU»?

Réponse: Ce mot contient 10 lettres: 3 «U», 2 «L», 2 «R», 1 «H», 1 «B» et 1 «E». Ces 10 lettres occupant 10 positions, il suffit donc de choisir 3 positions parmi ces 10 pour mettre les «U», 2 positions parmi les 7 restantes pour mettre les «L», 2 positions parmi les 5 restantes pour mettre les «R», une position parmi les 3 restantes pour mettre le «H», une position parmi les 2 restantes pour mettre le «B»; automatiquement il va rester une position pour mettre le «E».

On obtient, d'après le principe de multiplication:

$$\binom{10}{3}\binom{7}{2}\binom{5}{2}\binom{3}{1}\binom{2}{1}\binom{1}{1} = \frac{10}{3!7!}\frac{7!}{2!5!}\frac{5!}{2!3!}\frac{3!}{1!2!}\frac{2!}{1!1!}\frac{1!}{1!0!}$$

$$= \frac{10!}{3!2!2!1!1!1!}$$

$$= 151\,200$$

Chacune de ces façons est une permutation d'objets partiellement distinguables.

EXEMPLE 2.35

On a créé un tableau en appliquant 3 bandes minces, 4 bandes moyennes et 5 bandes larges. Combien de tableaux peut-on créer avec ces mêmes bandes en modifiant leur ordre?

Réponse: Le nombre de possibilités est $\begin{pmatrix} 12 \\ 3\ 4\ 5 \end{pmatrix} = \dfrac{6!}{3!4!5!} = 27\ 720$ tableaux différents.

EXEMPLE 2.36

On donne des jetons portant les chiffres 2, 2, 2, 0, 0, 3 à un enfant qui ne connaît pas encore la signification des chiffres. S'il s'amuse à les aligner, quelle est la probabilité qu'il forme le nombre 002 223 au hasard?

Réponse: Le nombre de possibilités est:

$$N(S) = \begin{pmatrix} 6 \\ 3\ 2\ 1 \end{pmatrix} = \frac{6!}{3!2!1!} = 60 \text{ possibilités}$$

et, parmi celles-ci, il n'y en a qu'une seule qui forme le nombre 002 223. Donc, la probabilité d'avoir ce nombre formé par hasard est:

$$\frac{1}{N(S)} = \frac{1}{60}$$

2.6 La formule du binôme et la formule multinomiale

Nous avons déjà défini les permutations, les arrangements et les combinaisons. C'est à ces dernières que revient la palme de l'utilité pratique, que ce soit en cryptographie, dans le traitement d'images, etc. Les combinaisons se retrouvent aussi dans les manipulations des puissances des polynômes. Dans cette section, nous allons poser les bases des outils mathématiques qui vont nous être utiles dans le chapitre 3 pour définir les lois des variables discrètes.

On connaît bien les identités remarquables suivantes:

$$(a+b)^2 = a^2 + 2ab + b^2 = \begin{pmatrix} 2 \\ 0 \end{pmatrix}a^2 + \begin{pmatrix} 2 \\ 1 \end{pmatrix}ab + \begin{pmatrix} 2 \\ 2 \end{pmatrix}b^2$$

De la même façon:

$$(a+b)^3 = a^3 + 3a^2b + 3ab^2 + b^3 = \begin{pmatrix} 3 \\ 0 \end{pmatrix}a^3 + \begin{pmatrix} 3 \\ 1 \end{pmatrix}a^2b + \begin{pmatrix} 3 \\ 2 \end{pmatrix}ab^2 + \begin{pmatrix} 3 \\ 3 \end{pmatrix}b^3$$

De manière générale, on a:

$$(a+b)^n = \begin{pmatrix} n \\ 0 \end{pmatrix}a^n + \begin{pmatrix} n \\ 1 \end{pmatrix}a^{n-1}b + \begin{pmatrix} n \\ 2 \end{pmatrix}a^{n-2}b^2 + \cdots + \begin{pmatrix} n \\ n \end{pmatrix}b^n = \sum_{k=0}^{n}\begin{pmatrix} n \\ k \end{pmatrix}a^{n-k}b^k \quad (2.4)$$

Cette égalité s'appelle la «formule du binôme».

Preuve: Lorsque $n = 1$, la relation 2.4 donne:

$$(a+b)^1 = \begin{pmatrix} 1 \\ 0 \end{pmatrix}a^1b^0 + \begin{pmatrix} 1 \\ 1 \end{pmatrix}a^0b^1 = a + b$$

Supposons que la relation 2.4 soit vraie pour $n - 1$. On obtient maintenant :

$$(a + b)^n = (a + b)(a + b)^{n-1}$$

$$= (a + b) \sum_{i=1}^{n-1} \binom{n-1}{i} a^{n-1-i} b^i$$

$$= \sum_{i=1}^{n-1} \binom{n-1}{i} a^{n-i} b^i + \sum_{i=1}^{n-1} \binom{n-1}{i} a^{n-1-i} b^{i+1}$$

Posons $k = i$ dans la première sommation et $k = i + 1$ dans la seconde sommation, ce qui donne :

$$(a + b)^n = \sum_{k=0}^{n-1} \binom{n-1}{k} a^{n-k} b^k + \sum_{k=1}^{n} \binom{n-1}{k-1} a^{n-k} b^k$$

$$= a^n + \sum_{k=1}^{n-1} \binom{n-1}{k} a^{n-k} b^k + \sum_{k=1}^{n-1} \binom{n-1}{k-1} a^{n-k} b^k + b^n$$

$$= a^n + \sum_{k=1}^{n-1} \left\{ \binom{n-1}{k} + \binom{n-1}{k-1} \right\} a^{n-k} b^k + b^n$$

$$= a^n + \sum_{k=1}^{n-1} \binom{n}{k} a^{n-k} b^k + b^n$$

$$= \sum_{k=0}^{n} \binom{n}{k} a^{n-k} b^k$$

Dans cette preuve, on a utilisé la relation suivante, dont la démonstration est laissée en exercice :

$$\binom{n}{k} = \binom{n-1}{k-1} + \binom{n-1}{k} \text{ pour tout } 1 \le k \le n$$

REMARQUE

Dans l'égalité du binôme, la somme des exposants de a et de b est toujours égale à l'entier positif n.

EXEMPLE 2.37

Quel est le coefficient de $x^3 y^2$ dans le développement de $(3x + 2y)^5$?

Réponse : D'une part, si on pose $a = 3x$ et $b = 2y$, la formule du binôme donne :

$$(a + b)^5 = \sum_{k=0}^{5} \binom{5}{k} a^{5-k} b^k$$

Donc, le coefficient de $a^3 b^2$ est $\binom{5}{2}$.

D'autre part, $a^3 b^2 = (3x)^3 (2y)^2 = 3^3 2^2 x^3 y^2$, d'où le coefficient complet de $x^3 y^2$ est :

$$\binom{5}{2} 3^3 2^2 = 1080$$

Si on applique la formule du binôme pour différentes valeurs de n, ligne par ligne, et qu'on ne considère que les coefficients, on forme ce qu'on appelle le **triangle de Pascal**.

Ce qu'on a fait pour développer la puissance n-ième de la somme de deux nombres et aboutir à la formule du binôme, on peut le faire pour la puissance n-ième de la somme de k nombres et aboutir à ce qu'on appelle la **formule multinomiale**, qui a la forme suivante :

$$(x_1 + x_2 + \cdots + x_k)^n = \sum_{n_1 + n_2 + \cdots + n_k = n} \binom{n}{n_1 n_2 \cdots n_k} x_1^{n_1} x_2^{n_2} \cdots x_k^{n_k}$$

Cette formule signifie que l'on effectue une sommation sur tous les entiers positifs $(n_1, n_2, ..., n_k)$ tels que leur somme est égale à n.

EXEMPLE 2.38

On a :

$$(x + y + z)^{10} = \sum_{n_1 + n_2 + n_3 = 10} \binom{10}{n_1 n_2 n_3} x^{n_1} y^{n_2} z^{n_3}$$

Le coefficient de $x^3 y^3 z^4$ dans ce développement est :

$$\binom{10}{3\ 3\ 4} = \frac{10!}{3!3!4!} = 4200$$

2.7 Les probabilités conditionnelles

On possède souvent une information ou une expertise avant même d'effectuer le calcul de la probabilité d'un événement. On se demande alors à quel point l'usage de cette information va se refléter sur la valeur de la probabilité de cet événement. C'est ce qu'on appelle la « probabilité conditionnelle ». Soit A et B : deux événements quelconques liés à une expérience aléatoire. On appelle la quantité suivante **probabilité conditionnelle** de A sachant que B s'est réalisé :

$$P(A|B) = \frac{P(A \cap B)}{P(B)} = \frac{N(A \cap B)}{N(B)}$$

avec $P(B) > 0$ ou $N(B) > 0$.

EXEMPLE 2.39

Un sac contient 12 jetons : 3 jetons numérotés « 1 », 2 jetons numérotés « 2 », 5 jetons numérotés « 3 » et 2 jetons numérotés « 4 ». On en tire 2 jetons sans remise. Soit A : La somme des jetons est 5 = {(2, 3); (4, 1); (3, 2); (1, 4)}. On a alors :

$$P(A) = P(2, 3) + P(4, 1) + P(3, 2) + P(1, 4) = \frac{2}{12}\frac{5}{11} + \frac{2}{12}\frac{3}{11} + \frac{5}{12}\frac{2}{11} + \frac{3}{12}\frac{2}{11} = \frac{32}{132}$$

Supposons maintenant que l'on sache d'une manière ou d'une autre que le premier jeton est un 3 ; alors, la seule possibilité que A se réalise dans ce cas est de tirer un jeton portant le numéro 2 au deuxième tirage, ce qui donne $P(2) = 2/11$. Ainsi, $P(A)$ passe de 32/132 à 2/11 parce qu'on

EXEMPLE 2.39 (*suite*)

possède une information supplémentaire liée à l'expérience. C'est ce qu'on appelle la « probabilité conditionnelle » de A sachant qu'un autre événement s'est réalisé.

Formalisons maintenant ce que nous venons d'observer. Si on pose B: Le premier jeton tiré est 3, on a:

$$P(B) = \frac{5}{12} \text{ et } P(A \cap B) = P\{(3,2)\} = \frac{5}{12}\frac{2}{11} = \frac{10}{132}$$

et:

$$\frac{P(A \cap B)}{P(B)} = \frac{10/132}{5/12} = \frac{2}{11}$$

est la probabilité conditionnelle de A sachant que B s'est réalisé.

EXEMPLE 2.40

Lors d'un marathon, les concurrents étaient composés de 10 Marocains, 7 Kenyans, 18 Éthiopiens et 25 Européens. Un organisateur a trouvé le chandail d'un coureur. Si le nom figurant sur le chandail n'est pas celui d'un Européen, quelle est la probabilité qu'il soit celui d'un Marocain? On suppose que les noms renseignent parfaitement sur l'origine ethnique du coureur.

Réponse: Soit M: Le chandail appartient à un Marocain, et E: Le chandail appartient à un Européen. On veut ainsi calculer:

$$P(M|E') = \frac{P(M \cap E')}{P(E')}$$
$$= \frac{N(M \cap E')}{N(E')}$$
$$= \frac{10}{35} = \frac{2}{7}$$

car $M \cap E' = M$.

EXEMPLE 2.41

Un couple a trois enfants. Quelle est la probabilité qu'il ait au moins un garçon, sachant que l'aînée est une fille?

Réponse: Soit A: Avoir au moins un garçon, B: L'aînée est une fille et S: L'ensemble des cas possibles pour ce couple = $\{fff, ffg, fgf, gff, ggf, gfg, fgg, ggg\}$. On a $N(A \cap B) = 3$ et $N(B) = 4$, donc:

$$P(A|B) = \frac{N(A \cap B)}{N(B)} = \frac{3}{4}$$

La probabilité de A seulement sera égale à:

$$P(A) = \frac{N(A)}{N(S)} = \frac{7}{8}$$

On peut voir dans cet exemple que $P(A|B)$ n'est pas toujours plus grande que $P(A)$.

EXEMPLE 2.42

Une étude a porté sur le lien entre les classes de revenu des chefs de ménage et le tabagisme. Les résultats sont résumés dans le tableau suivant.

Distribution des 6549 chefs de ménage selon le revenu et le tabagisme				
Tabagisme	**Classe de revenu**			**Total**
	B : Revenu faible	**M : Revenu moyen**	**H : Revenu élevé**	
F : Fumeur	634	332	247	1213
F' : Non-fumeur	1846	1622	1868	5336
Total	2480	1954	2115	$n = 6549$

À partir des données de ce tableau, lorsqu'on choisit au hasard une personne de la cohorte qui a participé à cette étude, on veut estimer les probabilités :

a) que cette personne fume, sachant qu'elle fait partie de la classe de revenu élevé ;

b) que cette personne fasse partie de la classe de revenu élevé, sachant qu'elle fume ;

c) que cette personne fume ou fasse partie de la classe de revenu moyen.

Réponse :

a) On calcule :

$$P(F|H) = \frac{P(F \cap H)}{P(H)} = \frac{N(F \cap H)}{N(H)} = \frac{247}{2115} = 0,1168$$

c'est-à-dire que cette probabilité est d'environ 11 %.

b) On calcule la probabilité conditionnelle inverse :

$$P(H|F) = \frac{P(F \cap H)}{P(F)} = \frac{N(F \cap H)}{N(F)} = \frac{247}{1213} = 0,2036$$

c'est-à-dire que cette probabilité est estimée à environ 20 %.

c) Il s'agit de la probabilité de l'union de deux événements :

$$P(F \cup M) = P(F) + P(M) - P(F \cap M) = \frac{1213}{6549} + \frac{1954}{6549} - \frac{332}{6549} = 0,4329$$

2.8   L'indépendance des événements

Deux événements A et B sont dits **indépendants en probabilité** ou tout simplement **indépendants** lorsque la connaissance de la réalisation de l'un ne modifie pas la probabilité conditionnelle de l'un par rapport à l'autre. Autrement dit, $P(A|B) = P(A)$. Or, cette égalité implique que :

$$\frac{P(A \cap B)}{P(B)} = P(A) \Rightarrow P(A \cap B) = P(A) \times P(B)$$

C'est cette dernière égalité qu'on utilise le plus souvent pour définir deux événements indépendants. Ainsi, soit A et B : deux événements d'une expérience aléatoire. On dit qu'ils sont indépendants si et seulement si $P(A \cap B) = P(A) \times P(B)$.

EXEMPLE 2.43

On tire au hasard une carte d'un jeu de cartes. Soit D: La carte est un trèfle et A: La carte est un as. On a alors:

$$P(D) = \frac{13}{52} = \frac{1}{4}, \; P(A) = \frac{4}{52} = \frac{1}{13} \text{ et } P(A \cap D) = P(\text{Tirer un as trèfle}) = \frac{1}{52}$$

On voit bien que $P(A \cap D) = P(A)P(D)$. Ces deux événements sont donc indépendants.

EXEMPLE 2.44

Soit deux événements A et B indépendants tels que $P(A) = 0{,}35$ et $P(B) = 0{,}6$. On doit déduire la probabilité que ni A ni B ne se réalisent.

Réponse: On veut calculer $P(A' \cap B') = P\big((A \cup B)'\big)$, d'après la loi de Morgan et $P\big((A \cup B)'\big) = 1 - P(A \cup B)$. Or:

$$\begin{aligned} P(A \cup B) &= P(A) + P(B) - P(A \cap B) \\ &= P(A) + P(B) - P(A)P(B) \\ &= 0{,}35 + 0{,}60 - 0{,}35 \times 0{,}6 = 0{,}74 \end{aligned}$$

car A et B sont indépendants. On obtient ainsi $P(A' \cap B') = 1 - 0{,}74 = 0{,}26$.

THÉORÈME 2.1

Si deux événements A et B sont indépendants, alors A' et B, A et B' et A' et B' sont aussi indépendants.

Preuve: Nous allons faire la preuve pour A' et B. On a:

$$P(A' \cap B) = P(B) - P(A \cap B) = P(B) - P(A)P(B)$$

par indépendance de A et B, ce qui donne:

$$P(A' \cap B) = P(B)(1 - P(A)) = P(B)P(A')$$

Cela prouve que si A et B sont indépendants, alors il en est de même pour A' et B. La même approche peut être adoptée pour démontrer les autres indépendances.

REMARQUE

Ce théorème permet de répondre à la question de l'exemple 2.44 de façon plus simple. Puisque A et B sont indépendants, alors A' et B' le sont aussi et:

$$P(A' \cap B') = P(A')P(B') = 0{,}65 \times 0{,}4 = 0{,}26$$

Soit A, B et C: trois événements d'une expérience aléatoire. On dit qu'ils sont indépendants s'ils sont indépendants deux à deux et s'ils sont indépendants ensemble, ou que:

$$\begin{aligned} P(A \cap B) &= P(A)P(B) \\ P(A \cap C) &= P(A)P(C) \\ P(B \cap C) &= P(B)P(C) \\ P(A \cap B \cap C) &= P(A)P(B)P(C) \end{aligned}$$

REMARQUE

K événements $A_1, A_2, ..., A_K$ sont dits indépendants si, pour tout sous-ensemble $A_p, ..., A_r$, on a $P(A_p \cap \cdots \cap A_r) = P(A_p) \cdots P(A_r)$.

EXEMPLE 2.45

On reprend l'exemple 2.43, et soit aussi l'événement N: La carte est noire. Les événements A, D et N sont-ils indépendants?

Réponse: D'une part, on a:

$$P(N) = \frac{1}{2}$$

$$P(A \cap N) = P(\text{Avoir un as noir}) = \frac{2}{52} = \frac{1}{26} = P(A) \times P(N)$$

D'autre part, on a:

$$P(D \cap N) = P(\text{Avoir une carte de trèfle noire})$$
$$= P(\text{Avoir une carte de trèfle})$$
$$= \frac{13}{52} \neq P(D) \times P(N) = \frac{1}{8}$$

Il est donc inutile de continuer; on doit plutôt conclure que ces trois événements ne sont pas indépendants.

EXEMPLE 2.46

Soit un système électrique constitué de 3 composantes en série. En supposant que ces composantes soient indépendantes et que la probabilité que chacune d'elles fonctionne soit celle qui est indiquée dans le schéma suivant, on doit trouver la probabilité que le courant passe de A vers B.

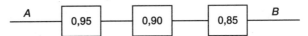

Réponse: Pour que le courant passe de A vers B, il faut que les trois composantes fonctionnent; donc, par indépendance, la probabilité que cela se produise est égale à $(0,95) \times (0,90) \times (0,85)$ $= 0,7268$.

EXEMPLE 2.47

Soit un système électrique constitué de 8 composantes indépendantes et dont la probabilité qu'une composante tombe en panne est illustrée sur le schéma suivant. Quelle est la probabilité que le courant passe de A vers B?

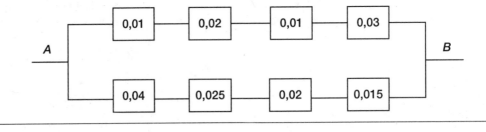

EXEMPLE 2.47 (*suite*)

Réponse: Soit E: Le courant passe par les composantes du haut, et F: Le courant passe par les composantes du bas. Alors, pour que le courant passe de A vers B, il faut avoir E ou F, donc $P(E \cup F) = P(E) + P(F) - P(E \cap F) = P(E) + P(F) - P(E) \times P(F)$, car E et F sont indépendants. Or, $P(E) = 0,99 \times 0,98 \times 0,99 \times 0,97 = 0,9317$ et $P(F) = 0,96 \times 0,975 \times 0,98 \times 0,985 = 0,9035$. Donc, finalement, la probabilité que le courant passe de A vers B est $P(E \cup F) = 0,9934$.

2.9 Les probabilités totales

On a vu que la probabilité conditionnelle d'un événement A sachant qu'un autre événement B s'est réalisé est:

$$P(A|B) = \frac{P(A \cap B)}{P(B)}$$

Mais, dans certaines situations, il est plus facile de calculer directement $P(A|B)$ que $P(A \cap B)$; on peut alors utiliser la relation suivante:

$$P(A \cap B) = P(A|B)P(B)$$

Plus généralement, on peut démontrer la relation du théorème 2.2, appelée **règle des probabilités totales**, dans le cas d'une partition de S formée de deux événements complémentaires.

THÉORÈME 2.2

Soit A et B: deux événements quelconques associés à une expérience aléatoire tels que $P(A) > 0$ et $P(B) > 0$; alors:

$$P(A) = P(A|B)P(B) + P(A|B')P(B')$$

Preuve: On a $A = (A \cap B) \cup (A \cap B')$, et ces deux derniers événements sont incompatibles; alors, $P(A) = P(A \cap B) + P(A \cap B') = P(A|B)P(B) + P(A|B')P(B')$.

EXEMPLE 2.48

Soit deux urnes, l'une contenant 5 boules rouges et 6 boules blanches, et l'autre contenant 6 boules rouges, 8 boules blanches et 4 boules jaunes. On transfère une boule de l'urne 1 vers l'urne 2 et ensuite on tire une boule au hasard dans l'urne 2. Quelle est la probabilité que la boule tirée de l'urne 2 soit rouge?

Réponse: Cette probabilité va bien sûr dépendre de la boule qui a été transférée de l'urne 1 vers l'urne 2. Soit T_R: La boule transférée est rouge, et R_2: La boule tirée de l'urne 2 est rouge. Alors, $R_2 = (R_2 \cap T_R) \cup (R_2 \cap T_{R'})$ et ces deux derniers événements sont mutuellement exclusifs. Donc, $P(R_2) = P(R_2 \cap T_R) + P(R_2 \cap T_{R'})$.

Or:

$$P(R_2 \cap T_R) = P(R_2|T_R)P(T_R) = \frac{7}{19}\frac{5}{11}$$

On a 5 chances sur 11 de transférer une boule rouge; une fois que la boule rouge est transférée, on a 19 boules dans l'urne 2, dont 7 sont rouges.

EXEMPLE 2.48 (*suite*)

De la même façon, on a :

$$P(R_2 \cap T_{R'}) = P(R_2|T_{R'})P(T_{R'}) = \frac{6}{19}\frac{6}{11}$$

ce qui donne :

$$P(R_2) = P(R_2 \cap T_R) + P(R_2 \cap T_{R'}) = \frac{35}{209} + \frac{36}{209} = \frac{71}{209}$$

2.10 L'application des probabilités conditionnelles au risque relatif et au diagnostic dans des tests cliniques

À présent que nous avons vu la manipulation des probabilités conditionnelles, nous allons passer en revue quelques-unes de leurs applications dans le domaine des tests cliniques, puis des tests industriels. On utilise souvent la notion des probabilités conditionnelles dans le secteur de la santé pour évaluer l'efficacité des tests ou les risques relatifs.

DÉFINITION 2.8

Afin de valider l'efficacité de certains tests, on peut calculer :

- la sensibilité du test, qui est égale à la probabilité que le test soit positif sur les personnes malades : $P(T+|M)$;
- la spécificité du test, qui est égale à la probabilité de ne pas détecter la maladie lorsqu'elle est absente : $P(T-|M')$;
- la fausse positivité du test, qui est égale à la probabilité que le test soit positif alors que la personne n'est pas malade : $P(T+|M')$;
- la fausse négativité du test, qui est égale à la probabilité que le test ne détecte pas la maladie alors qu'elle est présente : $P(T-|M)$.

EXEMPLE 2.49

Une compagnie pharmaceutique a mis sur pied une nouvelle méthode pour détecter une certaine maladie. Pour évaluer son efficacité, elle a procédé à une étude clinique sur deux groupes de personnes, l'un formé de personnes atteintes de la maladie (M) et l'autre formé de personnes non atteintes (M'). Les résultats sont résumés dans le tableau suivant.

Distribution des 1000 personnes selon les résultats à un test clinique			
Résultat	M : personnes atteintes de la maladie	M' : personnes non atteintes de la maladie	Total
Test positif ($T+$)	395	34	429
Test négatif ($T-$)	55	516	571
Total	450	550	1000

À partir de ce tableau, on peut estimer les probabilités conditionnelles suivantes :

- La sensibilité du test est :

$$P(T+|M) = \frac{N(T+ \cap M)}{N(M)} = \frac{395}{450} = 87,78\ \%$$

EXEMPLE 2.49 (*suite*)

Bien sûr, il est souhaitable qu'elle soit la plus proche possible de 100 %.

• La spécificité du test est :

$$P(T-|M') = \frac{N(T-\cap M')}{N(M')} = \frac{516}{550} = 93,82 \%$$

Il est souhaitable qu'elle soit aussi la plus proche possible de 100 %.

• La fausse positivité du test est :

$$\alpha = P(T+|M') = \frac{N(T+\cap M')}{N(M')} = \frac{34}{550} = 6,18 \%$$

• La fausse négativité du test est :

$$\beta = P(T-|M) = \frac{N(T-\cap M)}{N(M)} = \frac{55}{450} = 12,22 \%$$

Il est ici souhaitable que la fausse positivité et la fausse négativité soient le plus près possible de 0 %.

Il arrive souvent qu'une tranche d'une population soit exposée à un phénomène qu'on soupçonne être un facteur aggravant de la condition physique des personnes. Pour mesurer l'effet d'un tel facteur, on utilise une quantité appelée **risque relatif** :

$$RR = \frac{P(C|E)}{P(C|E')}$$

Si $RR \approx 1$, on peut en conclure que le facteur n'a pas d'effet significatif.

EXEMPLE 2.50

On veut vérifier si l'exposition à la fumée secondaire a un effet sur le risque de souffrir ou non du cancer du poumon. Pour ce faire, on prend un échantillon de non-fumeurs exposés (E) à la fumée secondaire au travail et on les suit sur une période de temps. On dénombre parmi ce groupe le nombre de personnes qui ont manifesté des symptômes de cancer du poumon. On fait de même avec un autre échantillon de personnes non exposées (E') à la fumée secondaire au travail.

On obtient les résultats suivants.

Distribution des 876 participants à un test clinique selon la manifestation de symptômes du cancer du poumon			
Exposition à la fumée secondaire	**C : symptômes du cancer du poumon**	**C' : pas de symptômes du cancer du poumon**	**Total**
E : personnes exposées	19	212	213
E' : personnes non exposées	13	632	645
Total	32	844	876

EXEMPLE 2.50 (*suite*)

À partir de ce tableau, on peut estimer les probabilités conditionnelles suivantes :

• La probabilité d'être atteinte de cancer parmi les personnes exposées à la fumée secondaire est :

$$P(C|E) = \frac{N(C \cap E)}{N(E)} = \frac{19}{231}$$

• La probabilité d'être atteinte de cancer parmi les personnes non exposées à la fumée secondaire est :

$$P(C|E') = \frac{N(C \cap E')}{N(E')} = \frac{13}{645}$$

Alors, pour mesurer l'impact de l'exposition à la fumée secondaire sur le développement de ce type de cancer, on utilise la mesure suivante, appelée « risque relatif » :

$$RR = \frac{P(C|E)}{P(C|E')}$$

Si $RR \approx 1$, on peut en conclure que le facteur n'a pas d'effet significatif. Mais si $RR > 1$, alors la personne exposée a plus de risques d'être atteinte de la maladie qu'une autre qui n'y est pas exposée. Ici, on a :

$$RR = \frac{19/231}{13/645} = 4,08$$

Cela signifie qu'une personne exposée à la fumée secondaire a quatre fois plus de risques d'être atteinte du cancer du poumon qu'une personne non exposée.

2.11 La formule de Bayes

Lorsqu'on dispose d'une partition de S (l'ensemble des cas possibles d'une expérience aléatoire) et que l'on connaît une multitude de probabilités conditionnelles d'un certain événement dans chacun des éléments de cette partition, il arrive qu'on cherche à déterminer les probabilités conditionnelles inverses. Dans ce cas, il faut faire appel à une formule appelée **formule de Bayes** :

$$P(A_j|E) = \frac{P(E \cap A_j)}{P(E)} = \frac{P(E|A_j)P(A_j)}{\sum_{i=1}^{n} P(E|A_i)P(A_i)}$$

EXEMPLE 2.51

On s'intéresse à une maladie présente dans une population S. Soit M : Les personnes atteintes de cette maladie ; et M' : Les personnes non atteintes de cette maladie. Une compagnie pharmaceutique a mis au point un procédé pour détecter la présence ou non de cette maladie. Soit alors $T+$: Le test est positif. On peut schématiser la situation par le diagramme de Venn suivant.

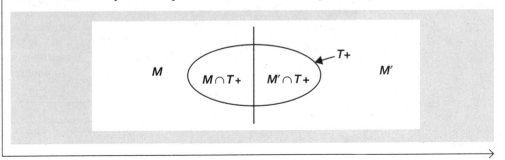

EXEMPLE 2.51 *(suite)*

Supposons que l'on connaisse la probabilité qu'une personne soit atteinte de la maladie, $P(M) = 0,15$, et les probabilités conditionnelles suivantes : la probabilité que le test soit positif chez les personnes atteintes, à savoir $P(T+|M) = 0,90$, et la probabilité de la fausse positivité, $P(T+|M') = 0,13$.

Dans une première étape, déterminons $P(T+)$.

On voit dans le diagramme qui précède que $T+ = (T+ \cap M) \cup (T+ \cap M')$ et ces deux derniers événements sont mutuellement exclusifs ; donc, $P(T+) = P(T+ \cap M) + P(T+ \cap M')$. Or :

$$P(T+|M) = \frac{P(T+ \cap M)}{P(M)} \Rightarrow P(T+ \cap M) = P(T+|M)P(M)$$

De la même façon, on démontre que $P(T+ \cap M') = P(T+|M')P(M')$, d'où :

$$P(T+) = P(T+|M)P(M) + P(T+|M')P(M') = 0,90 \times 0,15 + 0,13 \times 0,85 = 0,2455$$

Le test donne des résultats positifs chez 24,55 % de cette population.

À présent, supposons qu'on veuille calculer la probabilité conditionnelle suivante : sachant que le test a été positif chez une personne choisie au hasard, quelle est la probabilité que cette personne soit malade ? On veut donc déterminer $P(M|T+)$. Or :

$$P(M|T+) = \frac{P(M \cap T+)}{P(T+)} = \frac{P(T+|M)P(M)}{P(T+)} = \frac{P(T+|M)P(M)}{P(T+|M)P(M) + P(T+|M')P(M')}$$

C'est la formule de Bayes dans le cas où une partition de S est constituée de deux événements complémentaires. Ici, on a :

$$P(M|T+) = \frac{0,90 \times 0,15}{0,2455} = 0,5498 \approx 0,55$$

ce qui veut dire que si le test a détecté la présence de la maladie, il n'y a que 55 % de chances que la personne soit réellement malade.

EXEMPLE 2.52

Dans une usine, trois ouvriers assemblent toutes les pièces fabriquées S (chaque pièce n'est assemblée que par un seul ouvrier). Soit les événements suivants (*voir le diagramme de Venn*) :

- A : Les pièces sont assemblées par le 1er ouvrier ;
- B : Les pièces sont assemblées par le 2e ouvrier ;
- C : Les pièces sont assemblées par le 3e ouvrier ;
- D : Les pièces sont défectueuses.

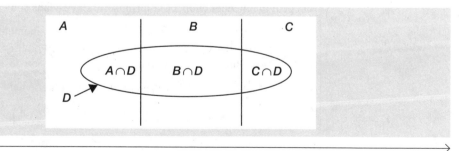

EXEMPLE 2.52 (*suite*)

Supposons qu'on connaisse les probabilités suivantes :

- $P(A)$ = la probabilité qu'une pièce soit assemblée par le 1er ouvrier = 0,35 ;
- $P(B)$ = la probabilité qu'une pièce soit assemblée par le 2e ouvrier = 0,45 ;
- $P(C)$ = la probabilité qu'une pièce soit assemblée par le 3e ouvrier = 0,20.

On connaît également les probabilités conditionnelles suivantes :

- $P(D|A)$ = la probabilité qu'une pièce choisie au hasard soit défectueuse sachant qu'elle provient de A = 0,05 ;
- $P(D|B)$ = la probabilité qu'une pièce choisie au hasard soit défectueuse sachant qu'elle provient de B = 0,07 ;
- $P(D|C)$ = la probabilité qu'une pièce choisie au hasard soit défectueuse sachant qu'elle provient de C = 0,04.

Ce qui nous intéresse, tout d'abord, c'est de quantifier le pourcentage de pièces défectueuses. On voit que, d'après le diagramme de Venn :

$$D = (D \cap A) \cup (D \cap B) \cup (D \cap C)$$

et ces événements sont mutuellement exclusifs, ce qui donne :

$$P(D) = P(D \cap A) + P(D \cap B) + P(D \cap C)$$

Or :

$$P(D|A) = \frac{P(D \cap A)}{P(A)} \Rightarrow P(D \cap A) = P(D|A)P(A)$$

De la même façon, on démontre que :

$$P(D \cap B) = P(D|B)P(B) \text{ et } P(D \cap C) = P(D|C)P(C)$$

d'où :

$$P(D) = P(D|A)P(A) + P(D|B)P(B) + P(D|C)P(C)$$
$$= 0,05 \times 0,35 + 0,07 \times 0,45 + 0,04 \times 0,2$$
$$= 0,057$$

Cela veut dire que 5,7 % des pièces assemblées sont défectueuses.

Maintenant, on veut calculer la probabilité conditionnelle suivante : sachant qu'on tire une pièce défectueuse au hasard, quelle est la probabilité qu'elle ait été assemblée par l'ouvrier B ?

$$P(B|D) = \frac{P(B \cap D)}{P(D)} = \frac{P(D|B)P(B)}{P(D|A)P(A) + P(D|B)P(B) + P(D|C)P(C)} = \frac{0,07 \times 0,45}{0,057} = 0,5526$$

C'est la formule de Bayes dans le cas où on a une partition de S formée de trois parties.

On peut maintenant énoncer la formule de Bayes dans son contexte général.

Soit une partition $A_1, A_2, ..., A_n$ de S et soit E un événement quelconque de S. Supposons que l'on connaisse les probabilités individuelles $P(A_i)$ pour $i = 1, ..., n$ et les probabilités conditionnelles suivantes $P(E|A_i)$ pour $i = 1, ..., n$ et que l'on désire en première étape calculer $P(E)$.

On a $E = \bigcup_{i=1}^{n} (E \cap A_i)$ et ces événements sont mutuellement exclusifs. Donc :

$$P(E) = \sum_{i=1}^{n} P(E \cap A_i)$$

EXEMPLE 2.52 (*suite*)

D'autre part, $P(E \cap A_i) = P(E|A_i)P(A_i)$ pour tout $i = 1, ..., n$, d'où :

$$P(E) = \sum_{i=1}^{n} P(E|A_i)P(A_i)$$

C'est la formule des probabilités totales dans le cas d'une partition générale de S.

En deuxième lieu, on veut calculer une des probabilités conditionnelles $P(A_j|E)$ pour un $j = 1, ..., n$.

On a alors, en utilisant ce qui précède, la formule de Bayes générale :

$$P(A_j|E) = \frac{P(E \cap A_j)}{P(E)} = \frac{P(E|A_j)P(A_j)}{\sum_{i=1}^{n} P(E|A_i)P(A_i)}$$

On peut aussi schématiser la formule de Bayes par un diagramme en arbre.

EXEMPLE 2.53

Soit une population d'enfants où la répartition de la couleur des cheveux du père est la suivante : 55 % des enfants ont un père aux cheveux châtains, 20 %, un père aux cheveux noirs, 15 %, un père aux cheveux blonds et 10 %, un père aux cheveux roux. Supposons par ailleurs que 25 % des enfants de pères aux cheveux châtains aient des cheveux blonds, que 5 % des enfants de pères aux cheveux noirs aient des cheveux blonds, que 65 % des enfants de pères aux cheveux blonds aient des cheveux blonds et que 10 % des enfants de pères aux cheveux roux aient des cheveux blonds.

a) Dressez un diagramme en arbre qui décrit la situation.

b) Quelle est la probabilité qu'un enfant choisi au hasard dans cette population ait des cheveux blonds ?

c) Quelle est la probabilité que le père soit blond sachant que l'enfant est blond ?

Réponse :

a) Couleurs possibles des cheveux

   Soit C : Le père a les cheveux châtains, N : Le père a les cheveux noirs, B : Le père a les cheveux blonds, R : Le père a les cheveux roux et E : L'enfant a les cheveux blonds.

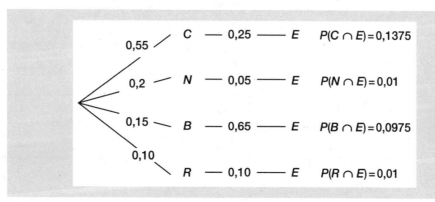

EXEMPLE 2.53 (suite)

b) Soit C : Le père a les cheveux châtains, N : Le père a les cheveux noirs, B : Le père a les cheveux blonds, R : Le père a les cheveux roux et E : L'enfant a les cheveux blonds. D'après le texte, on a $P(C) = 0,55$; $P(N) = 0,20$; $P(B) = 0,15$ et $P(R) = 0,10$. On sait aussi que $P(E|C) = 0,25$; $P(E|N) = 0,05$; $P(E|B) = 0,65$ et $P(E|R) = 0,1$.

Alors, on obtient :

$$P(E) = P(C \cap E) + P(N \cap E) + P(B \cap E) + P(R \cap E)$$
$$= 0,255$$

c) La probabilité que le père soit blond sachant que l'enfant est blond est :

$$P(B|E) = \frac{P(B \cap E)}{P(E)} = \frac{0,0975}{0,255}$$
$$= 0,3824$$

Résumé

Terme	Formule ou définition
$N(S)$	Nombre de cas possibles
$N(A)$	Nombre de cas favorables à un événement A
Probabilité d'un événement A (dans les cas d'équiprobabilité)	$P(A) = \dfrac{N(A)}{N(S)}$
Permutation de n objets distincts	$n!$
Combinaison de k objets choisis parmi n objets distincts	$C_k^n = \begin{pmatrix} n \\ k \end{pmatrix} = \dfrac{n!}{k!(n-k)!}$
Arrangement de k objets choisis parmi n objets distincts	$A_k^n = \dfrac{n!}{(n-k)!}$
Formule du binôme	$(a+b)^n = \displaystyle\sum_{k=0}^{n} \begin{pmatrix} n \\ k \end{pmatrix} a^{n-k} b^k$
Formule du trinôme	$(a+b+c)^n = \displaystyle\sum_{k_1+k_2+k_3=n} \begin{pmatrix} n \\ k_1 \ k_2 \ k_3 \end{pmatrix} a^{k_1} b^{k_2} c^{k_3}$
Probabilité conditionnelle d'un événement A sachant que l'événement B a eu lieu	$P(A|B) = \dfrac{P(A \cap B)}{P(B)}$
Formule de Bayes lorsqu'on a une partition $E_1, \ldots, E_l$ de S	$P(E_j|B) = \dfrac{P(B|E_j)P(E_j)}{\displaystyle\sum_{i=1}^{l} P(B|E_i)P(E_i)}$

Exercices

1. Une expérience aléatoire consiste à tirer au hasard une carte d'un jeu de cartes. Soit les événements suivants : N : Tirer une carte noire, F : Tirer une figure (roi, dame, valet), et C : Tirer un cœur.

   a) Décrivez les événements suivants dans vos mots et, pour chacun, donnez le nombre de résultats favorables : C', $F \cap C$, $N \cup F$ et $C \cap N$.

   b) Calculez la probabilité des événements en a).

2. Une ville de 250 000 habitants compte trois grands magasins : A, B et C. Voici les proportions des clients qui font leurs emplettes dans chacun de ces magasins :

   A : 11 % C : 8 % A et C : 3 % A, B, C : 1 %

   B : 25 % A et B : 8 % B et C : 4 %

   a) Combien de personnes sont des clients d'au moins un de ces magasins ?

   b) Trouvez le nombre de personnes qui ne fréquentent aucun de ces magasins.

3. Soit l'espace échantillonnal $S = \{a, b, c, d, e, f, g, h, i\}$ et les événements $A = \{a, b, c\}$; $B = \{d, e, f, i\}$ et $C = \{g, h\}$. Décrivez en compréhension les événements suivants :

   a) $A \cup B \cup C$; $A \cap B$; $A \cap C$; $B \cap C$.
   Que peut-on dire de A, de B et de C ?

   b) $(A \cup B) \cap C$; $(A \cap B)' \cup C$.

4. Dans le parc de la Gatineau, on classe les arbres selon leur degré d'infection par des parasites comme suit : 35 % sont gravement infectés, 17 % sont moyennement infectés, 10 % sont faiblement infectés et le reste n'est pas infecté.

   a) Faites un diagramme de Venn qui représente le degré d'infection des arbres du parc de la Gatineau.

   b) Si on sélectionne un arbre au hasard dans ce parc, quelle est la probabilité qu'il soit au moins moyennement infecté ?

5. Parmi les patients atteints d'hypertension, soit les événements A : Le patient a un surpoids ; B : Le patient est fumeur, et C : Le patient a eu une crise cardiaque.

   a) Tracez un diagramme de Venn qui représente les événements A, B et C.

   b) Expliquez dans vos mots la signification de $A \cap B'$; $(A \cup B) \cap C$; $A \cap B \cap C$ et $A' \cup (B \cap C)$.

6. Parmi les situations suivantes, quels sont les événements mutuellement exclusifs (disjoints) ?

   a) A : Le fils de Jean a la malaria ; B : La fille de Jean est porteuse du gène de la malaria.

   b) A : 60 % des graines semées ont germé ; B : 85 % des graines semées ont germé.

   c) A : Un patient a le VIH ; B : Un patient fait de la fièvre.

   d) A : Le groupe sanguin est A ; B : Le groupe sanguin est B.

7. On lance une pièce de monnaie trois fois et on note le côté obtenu à chaque lancer.

   a) Décrivez en extension l'espace échantillonnal S.

   b) Décrivez en extension les événements suivants et calculez leur probabilité.

   A : Obtenir exactement deux piles

   B : N'obtenir que des faces

   C : Obtenir plus de piles que de faces

   D : Obtenir autant de piles que de faces

   E : Obtenir moins de quatre piles

8. Soit A et B : deux événements tels que $P(A) = 0,5$, $P(B) = 0,4$ et $P(A \cup B) = 0,85$. Déterminez les probabilités suivantes.

   a) $P(A \cap B)$

   b) $P(A' \cup B)$

   c) $P(A' \cup B')$

9. Soit A, B et C : des événements mutuellement exclusifs tels que $P(A) = 0,3$, $P(B) = 0,4$ et $P(C) = 0,2$. Déterminez les probabilités suivantes.

   a) $P(A \cup B \cup C)$ c) $P(A' \cap B' \cap C')$

   b) $P(A \cap B \cap C)$ d) $P\big((A \cup B) \cap C'\big)$

10. On tire au hasard un nombre parmi les 1000 premiers nombres entiers positifs non nuls $\{1, 2, \ldots, 1000\}$. Quelle est la probabilité que ce nombre soit divisible par 4 ? par 5 ? par 20 ?

11. Parmi les articles provenant de trois fournisseurs, des échantillons sont classés comme conformes ou non conformes aux spécifications du marché. On a obtenu le tableau suivant.

Distribution des articles selon leur conformité		
	Conformes	Non conformes
Fournisseur 1	220	15
Fournisseur 2	260	34
Fournisseur 3	360	64

Parmi tous ces échantillons, on en a tiré un au hasard. Soit, alors, les événements suivants :

A : L'échantillon provient du fournisseur 2

B : L'échantillon est conforme

Déterminez les probabilités des événements suivants.

a) $A' \cap B$, A' et $A \cup B$

b) $B' \cap A$, B' et $A' \cup B'$

c) A sachant que B

12. Soit deux événements indépendants A et B tels que $P(A) = 0,7$ et $P(B) = 0,2$. Déterminez les probabilités suivantes.

a) $P(A \cup B)$

b) $P(A \cap B)$

c) $P(A' \cup B')$

13. Soit deux événements tels que $P(A) = 0,6$, $P(B) = 0,5$ et $P(A \cap B) = 0,2$.

a) A et B sont-ils mutuellement exclusifs ?

b) A et B sont-ils indépendants ?

c) Déterminez $P(A' \cup B')$.

14. Soit deux événements A et B tels que $P(A) = 0,2$, $P(B) = 0,4$ et $P(A|B) + P(B|A) = 0,75$. Déterminez $P(A \cap B)$.

15. Combien de nombres de 6 chiffres pouvez-vous former ? Combien d'entre eux contiennent le chiffre 5 au moins une fois ?

16. Au Québec, de nombreuses plaques d'immatriculation sont formées de 3 lettres suivies de 3 chiffres.

a) Combien de plaques différentes peut-on former de cette façon ?

b) Combien de ces plaques comportent des lettres différentes et des chiffres différents ?

c) Combien de ces plaques comportent des voyelles différentes et des chiffres différents ?

17. Vous devez tirer 4 cartes d'un jeu régulier de 52 cartes. Combien de possibilités existe-t-il si :

a) le tirage se fait avec remise ?

b) le tirage se fait sans remise ?

18. Un examen à choix multiples est composé de 10 questions. Chaque question a 5 choix de réponses, dont un seul est correct. Si une personne répond au hasard à cet examen, quelle est la probabilité qu'elle choisisse toutes les bonnes réponses ?

19. Sachant que $6\,670\,125 = 3^2 \times 5^3 \times 7^2 \times 11^2$, combien de diviseurs ce nombre admet-il ?

20. Combien de nombres de 4 chiffres pouvez-vous former en utilisant les chiffres 1, 2, 3, 4, 5 et 6 sans répétition ?

21. Un étage d'un hôtel compte 15 chambres numérotées de 1 à 15. On veut peindre ces portes de la façon suivante : 5 portes en rouge, 4 en jaune, 3 en bleu et 3 en blanc.

a) De combien de façons peut-on le faire ?

b) Si on peint les portes au hasard, quelle est la probabilité que les portes de même couleur se retrouvent les unes à la suite des autres ?

22. Si on range au hasard sur une tablette 4 manuels de statistique, 5 manuels d'informatique, 2 manuels de biologie et 6 manuels de français, quelle est la probabilité que les manuels de statistique se retrouvent ensemble ?

23. Marie a 15 copines. Elle décide d'en inviter 10 à son anniversaire.

a) De combien de façons peut-elle faire ses invitations ?

b) Si deux de ses copines sont de très bonnes amies et que Marie ne peut pas les inviter l'une sans l'autre, de combien de façons peut-elle faire ses invitations ?

c) Si deux de ses copines ne s'entendent pas du tout et que Marie ne peut donc pas les inviter ensemble, de combien de façons peut-elle faire ses invitations ?

24. Un étudiant peut consacrer 0, 1 ou 2 heures à la préparation de son examen de statistique chaque soir. Trouvez le nombre de façons différentes dont l'étudiant peut se préparer en 6 heures réparties sur 4 soirs consécutifs.

25. Dans une expérience contrôlée, 18 patients doivent être répartis au hasard dans trois groupes suivant des diètes distinctes. De combien de façons cette répartition peut-elle se faire, si on sait que chaque diète doit être suivie par 6 patients?

26. On suppose qu'une plante admette trois allèles pour la coloration de ses fleurs: le rouge, le jaune et le blanc. Le rouge est dominant sur le jaune et le blanc, le jaune est dominant sur le blanc. Soit une plante avec un allèle rouge et un allèle blanc croisée avec une plante ayant un allèle jaune et un allèle blanc.

   a) Tracez un diagramme en arbre pour décrire les cas qui peuvent résulter de ce croisement.

   b) Quelle est la probabilité que le croisement donne une floraison rouge?

   c) Quelle est la probabilité que le croisement donne une floraison jaune?

27. Un ingénieur veut tester l'effet combiné de la température, de la pression et de la concentration d'un catalyseur sur le rendement d'une substance chimique. Il peut utiliser 4 niveaux de température, 5 niveaux de pression et 3 niveaux de concentration du catalyseur. De combien de façons peut-il faire ses tests?

28. Combien de nombres entiers compris entre 200 et 999 sont constitués de chiffres différents?

29. Tracez un diagramme en arbre pour trouver le nombre de manières d'agencer 3 lettres différentes à partir de A, B, C et D.

30. Dans un concert, 4 hommes et 4 femmes veulent s'asseoir sur une rangée.

   a) Combien de possibilités y a-t-il?

   b) De combien de façons peut-on alterner les hommes et les femmes?

   c) S'il y avait 4 hommes et 5 femmes, de combien de façons les hommes et les femmes pourraient-ils alterner?

31. On donne les lettres suivantes à un singe:

   S S T T T I I A U Q E

   Quelle est la probabilité qu'il forme au hasard le mot «STATISTIQUE»?

32. Une pizzeria offre 14 garnitures de pizza. Un client peut choisir de une à cinq garnitures. Combien de pizzas peut-il composer?

33. Un grand restaurant offre 14 choix d'apéritifs, 5 choix d'entrées, 8 choix de plats principaux et 5 choix de desserts. Les clients doivent choisir 1 apéritif, 1 ou 2 entrées, 1 plat principal et de 0 à 3 desserts. Combien de commandes différentes peuvent être faites?

34. a) Combien de mots de passe de 5 lettres peut-on former?

   b) Combien de mots de passe de 5 lettres différentes peut-on former s'ils commencent et finissent par une voyelle?

35. Une expérience consiste à suivre le retour au gîte de 12 oiseaux appartenant à 3 espèces différentes: 2 appartiennent à l'espèce A, 4 appartiennent à l'espèce B et 6 appartiennent à l'espèce C. Si l'on observe la séquence d'arrivée des espèces à leur gîte:

   a) combien existe-t-il de possibilités?

   b) quelle est la probabilité que les 2 oiseaux appartenant à l'espèce A arrivent les premiers à leur gîte?

36. Quel est le coefficient de x^{46} dans le développement de $(1 + x^5 + x^9)^{100}$?

37. Quel est le coefficient de x^{24} dans le développement de $(1 + x^3 + x^6)^{36}$?

38. Démontrez que $\displaystyle\sum_{k=0}^{n} \binom{n}{k} = 2^n$.

39. Démontrez que $\displaystyle\sum_{k=0}^{n} \binom{n}{k}^2 = \binom{2n}{n}$.

40. Déterminez le coefficient de x^3y^4 dans le développement de $(2x + y)^{12}$.

41. Déterminez le coefficient de $x^2y^3z^2$ dans le développement de $(2x - y + 3z)^7$.

42. Soit le tableau suivant sur les résultats d'un test d'évaluation auquel ont participé un échantillon aléatoire de 750 sujets souffrant d'une maladie et un autre échantillon aléatoire de 1100 sujets non atteints de cette maladie.

Distribution des sujets selon la présence ou l'absence d'une maladie et le résultat d'un test de dépistage			
Résultat du test	Présence de maladie	Absence de maladie	Total
Positif	590		
Négatif		1025	
Total			

a) Remplissez le tableau et déduisez-en la valeur du taux de la fausse positivité du test.

b) Déterminez la spécificité du test.

43. En 2007, on a établi les statistiques suivantes sur les familles époux-épouse au Canada :

• dans 76,3 % de ces familles, l'homme avait un revenu ;
• dans 63,2 % de ces familles, la femme avait un revenu ;
• dans 56,5 % de ces familles, l'homme et la femme avaient un revenu.

Répondez aux questions suivantes.

a) Quelles sont les chances que la femme ait un revenu et que l'homme n'en ait pas ?

b) Quelles sont les chances que ni la femme ni l'homme n'aient un revenu ?

c) Quelles sont les chances que la femme ou l'homme aient un revenu ?

d) Quelles sont les chances que l'homme ait un revenu si son épouse en a un ?

e) Quelles sont les chances que l'homme n'ait pas de revenu sachant que son épouse en a un ?

44. Les personnes atteintes de sida souffrent généralement de complications respiratoires. Une étude a été menée sur un des facteurs de risque, le tabagisme. Sur les 2009 personnes qui ont participé à l'étude, 1000 sont des fumeurs, 1500 ont des complications respiratoires, et, parmi les fumeurs, 90 % ont des complications respiratoires. Calculez le risque relatif attribuable au facteur tabagisme et interprétez-le.

45. Soit le système électrique en série-parallèle à trois compartiments illustré ci-après, dont les composantes sont indépendantes quant à la probabilité que chacune d'elles fonctionne. Quelle est la probabilité que le courant passe de A vers B ?

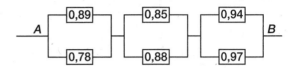

46. Soit le système électrique illustré ci-après, dont les composantes sont indépendantes quant à la probabilité que chacune d'elles ne fonctionne pas. Quelle est la probabilité que le courant passe de A vers B ?

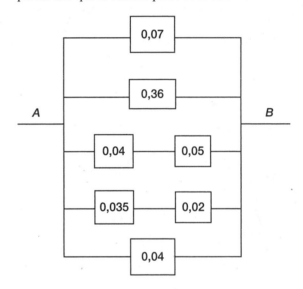

47. Soit une urne A contenant 5 billes noires et 4 billes rouges, et une urne B contenant 3 billes rouges et 6 billes noires. On transfère au hasard une bille de l'urne A vers l'urne B, puis on tire au hasard une bille de l'urne B. Calculez la probabilité que la bille tirée de l'urne B soit rouge.

48. Un ordinateur peut générer des suites aléatoires de chiffres en utilisant les chiffres de 0 à 9 avec répétitions du même chiffre admises. Quel nombre minimal de ces chiffres doit-on générer pour avoir la certitude à 80 % que le chiffre 3 apparaîtra au moins une fois dans la suite ?

49. On lance deux dés équilibrés, un jaune et un rouge. Soit les événements suivants : A : Le dé jaune donne la face 3, 4 ou 5, B : Le dé rouge donne la face 1 ou 2 et C : La somme des faces des deux dés est égale à 7. Démontrez que A, B et C sont indépendants.

50. Trois joueurs, *A*, *B* et *C*, jouent dans cet ordre à lancer à tour de rôle une pièce de monnaie équilibrée. Le premier qui obtient pile gagne et le jeu s'arrête. Calculez la probabilité qu'a chaque joueur de gagner.

51. On estime à 30 % le pourcentage des Canadiens adultes âgés de 60 à 65 ans qui ont fumé sur de longues périodes durant leur vie. On sait aussi que, parmi ces personnes, 63 % ont manifesté les symptômes d'une certaine forme de cancer du poumon, alors que seulement 11 % des non-fumeurs de la même catégorie d'âge en sont atteints. On sélectionne au hasard un Canadien âgé de 60 à 65 ans.

a) Quelle est la probabilité qu'il souffre d'une forme de cancer du poumon ?

b) Sachant que la personne sélectionnée souffre d'un cancer du poumon, quelle est la probabilité que ce soit une personne qui fume ?

52. On veut tester un nouveau type de pesticide sur trois types d'arbres fruitiers ; 38 % des arbres sont de type *A*, 27 % sont de type *B* et 35 % sont de type *C*. Ce pesticide est efficace à 90 % sur les arbres de type *A*, à 85 % sur ceux de type *B* et à 75 % sur ceux de type *C*. On sélectionne un arbre au hasard et on note que le pesticide lui a été bénéfique. Quelle est la probabilité qu'il s'agisse d'un arbre de type *B* ?

53. Pour des raisons génétiques, la myopie est plus fréquente chez les hommes que chez les femmes : 5 % des hommes et 0,25 % des femmes souffrent de myopie. Si une population est composée de 40 % d'hommes et de 60 % de femmes, quel pourcentage de cette population est myope ?

54. Supposons qu'un test médical ait 92 % de chances de détecter une maladie lorsque la personne est réellement malade et 94 % de chances d'indiquer que la maladie est absente lorsque la personne est réellement saine. Supposons aussi que 10 % de la population soit atteinte de cette maladie. On choisit une personne au hasard et le test indique qu'elle n'est pas atteinte. Quelle est la probabilité que cette personne soit atteinte de la maladie ?

55. Une urne U_1 contient 2 boules blanches, une urne U_2 contient 2 boules rouges, une urne U_3 contient 2 boules blanches et 2 boules rouges et une urne U_4 contient 3 boules blanches et une boule rouge. La probabilité de choisir l'urne U_1, U_2, U_3 ou U_4 est respectivement 1/2, 1/4, 1/8 et 1/8. Une urne est choisie et on en tire une boule.

a) Déterminez la probabilité que la boule tirée soit blanche.

b) Sachant que la boule tirée est blanche, déterminez la probabilité qu'elle soit tirée de l'urne U_3.

56. Une personne peut se rendre au travail en train, en métro ou en voiture. Elle a l'habitude de prendre sa voiture deux jours sur cinq, le train un jour sur cinq et le métro deux jours sur cinq. La probabilité qu'elle arrive en retard au travail est de 3 % si elle prend le métro, de 4 % si elle prend le train et de 9 % si elle prend sa voiture.

a) Quelle est la probabilité que cette personne arrive en retard au travail ?

b) Si cette personne arrive en retard, quelle est la probabilité qu'elle ait pris sa voiture ?

57. Une urne *A* contient 6 boules rouges et 5 boules vertes, et une urne *B* en contient 7 rouges et 3 vertes. On transfère deux boules de l'urne *A* vers l'urne *B*. Ensuite, on tire une boule au hasard de l'urne *B*. Quelle est la probabilité que cette boule soit verte ?

58. Une urne *A* contient 4 boules rouges, 3 boules vertes et 6 boules jaunes ; une urne *B* contient 4 boules rouges, 4 boules blanches et 6 boules vertes ; une urne *C* contient 5 boules rouges, 6 boules vertes et 3 boules jaunes ; et finalement, une urne *D* contient 2 boules rouges, 8 boules vertes et 4 boules blanches. On choisit une urne au hasard et on en tire deux boules. Quelle est la probabilité que ces deux boules soient de la même couleur ?

59. On estime que 10 % d'une certaine population est porteuse du virus du VIH. Si on note *M* le fait qu'une personne est malade, on dispose d'un test, dont la vraie positivité est $P(T+|M) = 0,96$ et dont la vraie négativité est $P(T-|M') = 0,99$. Déterminez les probabilités suivantes : $P(M|T-)$ et $P(M'|T+)$. Quelles sont leurs significations ?

60. Aux États-Unis, on estime que 54 % de la population est d'origine européenne, 28 %, d'origine afro-américaine, et le reste, de descendance latino-américaine. Une certaine maladie génétique est présente dans la population d'origine européenne, avec un taux de 0,02 %, alors que ce taux est de 1,02 % dans la population d'origine afro-américaine, et de 0,98 % dans la population de descendance latino-américaine.

a) Quel est le taux de propagation de cette maladie aux États-Unis ?

b) On sélectionne une personne au hasard dans ce pays et on trouve qu'elle n'est pas atteinte de cette maladie. Quelle est la probabilité qu'elle soit d'origine européenne?

61. On suppose que la probabilité d'avoir une fille ou un garçon à chaque naissance est la même. Un docteur prévoit le sexe des enfants à naître. Il se trompe 1 fois sur 20 lorsqu'il s'agit d'un garçon et 1 fois sur 12 lorsqu'il s'agit d'une fille. Aujourd'hui, il vient de dire à Charlotte qu'elle va avoir un garçon. Quelle est la probabilité qu'il se trompe?

62. Soit 13 chaises numérotées de 1 à 13; 6 filles et 7 garçons y ont pris place au hasard. Quelle est la probabilité que la chaise 6 soit occupée par une fille?

63. Soit A, B et C: trois événements d'une expérience aléatoire. Prouvez que:

$$P(A \cup B \cup C) \leq P(A) + P(B) + P(C)$$

64. Une urne contient 1000 jetons rouges numérotés de 1 à 1000 et 1750 jetons noirs numérotés de 1 à 1750. Un jeton est tiré au hasard de cette urne et son numéro est divisible par 3. Quelle est la probabilité que son numéro soit aussi divisible par 5?

65. Dans une certaine population, 5% des hommes et 0,28% des femmes sont myopes. On suppose que le pourcentage des hommes est le même que celui des femmes.

a) Quelle est la probabilité qu'une personne choisie au hasard soit myope?

b) On a choisi au hasard une personne de cette population et elle est myope. Quelle est la probabilité qu'elle soit une femme?

66. Si, dans une expérience aléatoire, deux événements A et B sont indépendants, et que B et C sont aussi indépendants, A et C sont-ils aussi indépendants? Si oui, prouvez-le; sinon, donnez un contre-exemple.

67. Les maladies M_1, M_2 et M_3 causent un effet indésirable E avec une probabilité de 0,5, de 0,7 et de 0,9 respectivement. Si 5% de la population est atteinte de la maladie M_1, 4%, de la maladie M_2, et 6%, de la maladie M_3, quel est le pourcentage de la population qui a eu l'effet indésirable E? On suppose que seules ces maladies causent cet effet indésirable et qu'une personne ne peut pas être atteinte de plus d'une de ces maladies.

68. On lance un dé équilibré deux fois. Sachant que le deuxième lancer a donné un 6, quelle est la probabilité que le premier lancer ait aussi donné un 6?

69. Une urne contient 7 jetons rouges et 13 bleus. On tire au hasard 2 jetons de cette urne et on les élimine sans regarder leur couleur. Ensuite, on tire un nouveau jeton. Quelle est la probabilité que ce jeton soit rouge?

70. Prouvez que $P(A|B) > P(A)$, si et seulement si $P(B|A) > P(B)$.

71. On lance 3 dés équilibrés une seule fois. Quelle est la probabilité d'obtenir trois faces différentes?

72. Dans une salle d'urgence d'un hôpital, on veut réduire le nombre de médecins de 32 à 28. Le gestionnaire prétend que les 4 médecins à éliminer ont été choisis aléatoirement. Cependant, il s'agit des 4 médecins les plus âgés de l'équipe.

a) Calculez la probabilité de choisir au hasard les 4 médecins les plus âgés parmi les 32 médecins.

b) Cette probabilité est-elle trop faible pour que l'on puisse soupçonner le gestionnaire de faire de la discrimination selon l'âge?

73. Chaque numéro d'assurance sociale est composé de 9 chiffres. Quelle est la probabilité qu'en générant 9 chiffres au hasard on puisse former votre numéro d'assurance sociale?

74. Un couple a 8 enfants.

a) Combien de possibilités y a-t-il quant à la composition de cette famille en ce qui concerne le sexe des enfants?

b) Si ce couple a 4 garçons et 4 filles, combien de possibilités y a-t-il quant à la composition de cette famille en ce qui concerne le sexe des enfants?

c) Quelle est la probabilité que ce couple ait 4 garçons et 4 filles?

75. Un généticien a obtenu un résultat surprenant lorsqu'il a sélectionné au hasard 20 nouveau-nés et a trouvé que son groupe était formé de 10 garçons et de 10 filles. Il essaie d'expliquer ce constat par le fait que choisir une fille ou un garçon représente la même probabilité.

a) Si 20 nouveau-nés sont choisis au hasard, combien de permutations sont possibles en ce qui concerne leur sexe?

b) Combien de ces permutations contiennent exactement 10 filles et 10 garçons?

c) Quelle est la probabilité d'avoir 10 garçons et 10 filles si on choisit au hasard 20 nouveau-nés?

d) Expliquez l'erreur du généticien. Justifiez votre réponse.

76. Le tableau suivant donne la distribution de 100 patients selon qu'ils souffrent de migraine ou non, et selon qu'ils ont pris du Liprol ou un placebo.

Distribution des 100 patients selon qu'ils souffrent ou non de migraine et le médicament qu'ils utilisent			
État	**Liprol**	**Placebo**	**Total**
Migraine	15	65	
Pas de migraine	17	3	
Total			

a) Si on sélectionne un sujet au hasard, quelle est la probabilité qu'il souffre de migraine?

b) Si on sélectionne deux sujets au hasard, quelle est la probabilité qu'ils aient tous les deux pris un placebo?

c) Si on sélectionne un sujet au hasard, quelle est la probabilité qu'il souffre de migraine, sachant qu'il a pris le placebo?

d) Si on sélectionne un sujet au hasard, quelle est la probabilité qu'il ait pris le placebo, sachant qu'il souffre de migraine?

77. Le tableau suivant donne la distribution des résultats d'un test susceptible de détecter l'usage de marijuana chez les personnes atteintes du sida.

Distribution des sujets selon l'usage de marijuana et les résultats d'un test de détection de cette substance		
Résultat	**Présence de marijuana**	**Absence de marijuana**
Test positif	119	24
Test négatif	3	154
Total		

a) Déterminez la fausse positivité de ce test et interprétez votre résultat.

b) Déterminez la fausse négativité de ce test et interprétez votre résultat.

c) Déterminez la vraie positivité de ce test et interprétez votre résultat.

d) Déterminez la vraie négativité de ce test et interprétez votre résultat.

e) Déterminez la sensibilité de ce test et interprétez votre résultat.

f) Déterminez la spécificité de ce test et interprétez votre résultat.

g) En utilisant tous vos résultats, commentez l'efficacité de ce test.

CHAPITRE 3

Les variables aléatoires discrètes

À la fin de ce chapitre, vous serez en mesure :

- de saisir la notion de variable aléatoire discrète ;

- de calculer les paramètres d'une variable aléatoire discrète quelconque ;

- de reconnaître et d'appliquer les lois de probabilités discrètes usuelles ;

- d'appliquer ces concepts dans des situations concrètes.

A près la réalisation d'une expérience aléatoire, il arrive qu'on veuille en quantifier les résultats possibles. On fait alors appel à des fonctions réelles définies sur l'ensemble fondamental. Ces fonctions, appelées «variables aléatoires», peuvent être discrètes ou continues. Dans le présent chapitre, nous allons traiter exclusivement des variables aléatoires discrètes. Lorsqu'on manipule une variable discrète, il n'est pas suffisant d'admettre son caractère aléatoire. Il faut aussi être capable de prévoir les valeurs qu'elle peut prendre. Pour ce faire, on utilise deux fonctions : la fonction de masse (densité de probabilité) et la fonction cumulative des probabilités (ou de répartition).

1 Quelques généralités sur les variables aléatoires discrètes

Dans une expérience aléatoire, l'espace échantillonnal est l'ensemble de tous les résultats possibles S ; il n'est pas nécessairement constitué de nombres. Par exemple, quand on lance une pièce de monnaie cinq fois, les résultats possibles sont des suites de piles ou de faces telles que PFPPF, PPPFP, … Mais, en statistique, on est généralement intéressé par des résultats numériques associés à une expérience aléatoire. Ainsi, dans l'exemple que nous venons de donner, on peut vouloir connaître le nombre de faces obtenu si on lance cette pièce de monnaie cinq fois. C'est ce que permet de faire une variable aléatoire réelle.

DÉFINITION 3.1

Une **variable aléatoire réelle** est une variable associée à une expérience aléatoire qui permet d'associer un nombre réel à tout résultat possible de cette expérience. Les variables aléatoires réelles sont notées X, Y, Z, soit les dernières lettres de l'alphabet en majuscules.

Lorsqu'on mène une expérience aléatoire dont l'ensemble des résultats possibles est S, il est difficile d'en décrire les résultats si les éléments de S ne sont pas des nombres réels. Dans ce chapitre, nous allons aborder le cas où l'on peut associer un nombre réel à chaque élément de S.

DÉFINITION 3.2

Une **variable aléatoire discrète** est une fonction ayant comme domaine l'espace échantillonnal S et comme image un sous-ensemble fini ou dénombrable de nombres réels. On la note $X : S \xrightarrow[s \to X(s) = x]{} \mathbb{R}$.

3.1.1 La fonction de masse

L'ensemble des valeurs d'une variable aléatoire discrète est appelé **support** (ou champ) de X; il est noté $Supp_X$ et est constitué d'un ensemble (fini ou infini dénombrable) de valeurs différentes. À chaque variable aléatoire, on peut associer une fonction des probabilités appelée **fonction de masse** ou « fonction densité de probabilité », qui dresse les probabilités de chacune des valeurs de X. Toute valeur x de X permet de faire correspondre $f(x) = P(X = x)$. Cette fonction doit vérifier les deux conditions suivantes :

$$0 \leq f(x) \leq 1 \tag{3.1}$$

$$\sum_{x \in Supp_X} f(x) = 1 \tag{3.2}$$

EXEMPLE 3.1

Un couple décide d'avoir des enfants jusqu'à ce qu'il ait un enfant de chaque sexe ou trois enfants au maximum. Soit X : la variable aléatoire qui indique le nombre de filles que pourrait avoir ce couple. Déterminez $Supp_X$ et la fonction de masse (fonction densité de probabilité) de X.

Réponse : Soit f : L'enfant est une fille et g : L'enfant est un garçon. L'espace échantillonnal est $S = \{fff, ggg, gf, fg, ffg, ggf\}$.

Ainsi, $X = 0$ si le couple n'a aucune fille, $X = 1$ si le couple a exactement une fille, $X = 2$ si le couple a exactement deux filles et $X = 3$ si le couple a exactement trois filles. De là, on trouve $X = 0$ pour ggg, $X = 1$ pour gf, fg et ggf, $X = 2$ pour ffg et $X = 3$ pour fff; donc $Supp_X = \{0, 1, 2, 3\}$. Le tableau suivant indique la fonction de masse de X.

Fonction de masse de X					
X	**0**	**1**	**2**	**3**	**Total**
$f(x) = P(X = x)$	1/8	1/2 + 1/8 = 5/8	1/8	1/8	1

Ainsi, on aura, par exemple :

$$P\{X = 1\} = P\{gf\} + P\{fg\} + P\{ggf\} = \left(\frac{1}{2}\right)\left(\frac{1}{2}\right) + \left(\frac{1}{2}\right)\left(\frac{1}{2}\right) + \left(\frac{1}{2}\right)\left(\frac{1}{2}\right)\left(\frac{1}{2}\right) = \frac{5}{8}$$

Une urne contient 6 boules rouges, 5 boules blanches et 4 boules jaunes. On en tire 5 sans remise et on note U le nombre de boules jaunes parmi les 5 tirées. Déterminez $Supp_U$ et la fonction de masse (fonction densité de probabilité) de U.

Réponse: On peut tirer 0, 1, 2, 3 ou 4 boules jaunes; donc $Supp_U = \{0, 1, 2, 3, 4\}$ et, pour tout $0 \leq u \leq 4$, on a:

$$f(u) = P(U = u)$$

$$= \frac{\left(\begin{array}{c}\text{nombre de façons de tirer } u \\ \text{parmi les 4 boules jaunes}\end{array}\right)\left(\begin{array}{c}\text{nombre de façons de tirer } (5-u) \\ \text{parmi les autres boules}\end{array}\right)}{\text{nombre de façons de tirer 5 parmi les 15 boules}}$$

$$= \frac{\binom{4}{u}\binom{11}{5-u}}{\binom{15}{5}}$$

On obtient le tableau suivant.

			Fonction de masse de U			
U	0	1	2	3	4	Total
$f(u) = P(U=u)$	$\frac{\binom{4}{0}\binom{11}{5}}{\binom{15}{5}} = \frac{462}{3003}$	$\frac{\binom{4}{1}\binom{11}{4}}{\binom{15}{5}} = \frac{1320}{3003}$	$\frac{\binom{4}{2}\binom{11}{3}}{\binom{15}{5}} = \frac{990}{3003}$	$\frac{\binom{4}{3}\binom{11}{2}}{\binom{15}{5}} = \frac{220}{3003}$	$\frac{\binom{4}{4}\binom{11}{1}}{\binom{15}{5}} = \frac{11}{3003}$	1

3.1.2 La fonction cumulative des probabilités

Comme nous venons de le voir dans les deux exemples précédents, pour toute variable aléatoire discrète dont le support est fini, on peut dresser un tableau dans lequel il est possible d'énumérer les probabilités de chacune des valeurs de X.

On peut aussi associer à toute variable aléatoire discrète X une **fonction de répartition**, ou **fonction cumulative des probabilités**, définie comme suit:

$$F(x) = P(X \leq x) = \sum_{y \leq x} P(X = y)$$

Nous allons illustrer cette fonction dans les exemples 3.3 et 3.4.

Reprenons les données de l'exemple 3.1 (*voir la page 88*). La fonction F, comme son nom l'indique, est une fonction qui cumule des probabilités. Nous allons l'inscrire dans une ligne qui s'ajoute au tableau commencé, ce qui donne le tableau complet suivant.

EXEMPLE 3.3 (*suite*)

Fonctions de masse et cumulative de X					
X	**0**	**1**	**2**	**3**	**Total**
$f(x) = P(X = x)$.	1/8	5/8	1/8	1/8	1
$F(x) = P(X \leq x)$	1/8	3/4	7/8	1	

On peut aussi représenter F comme une fonction définie par parties de la façon suivante :

$$F(x) = \begin{cases} 0 & \text{si } x < 0 \\ \dfrac{1}{8} & \text{si } 0 \leq x < 1 \\ \dfrac{3}{4} & \text{si } 1 \leq x < 2 \\ \dfrac{7}{8} & \text{si } 2 \leq x < 3 \\ 1 & \text{si } x \geq 3 \end{cases}$$

Donc, le graphique de F est une courbe croissante en escalier de 0 à 1.

EXEMPLE 3.4

On applique la même méthode qu'à l'exemple 3.3 au tableau de l'exemple 3.2 (*voir la page 89*).

Fonctions de masse et cumulative de U						
U	**0**	**1**	**2**	**3**	**4**	**Total**
$f(u)$ $= P(U = u)$	$\dfrac{\binom{4}{0}\binom{11}{5}}{\binom{15}{5}}$ $= \dfrac{462}{3003}$	$\dfrac{\binom{4}{1}\binom{11}{4}}{\binom{15}{5}}$ $= \dfrac{1320}{3003}$	$\dfrac{\binom{4}{2}\binom{11}{3}}{\binom{15}{5}}$ $= \dfrac{990}{3003}$	$\dfrac{\binom{4}{3}\binom{11}{2}}{\binom{15}{5}}$ $= \dfrac{220}{3003}$	$\dfrac{\binom{4}{4}\binom{11}{1}}{\binom{15}{5}}$ $= \dfrac{11}{3003}$	1
$F(u)$ $= P(U \leq u)$	$\dfrac{462}{3003}$	$\dfrac{1782}{3003}$	$\dfrac{2772}{3003}$	$\dfrac{2992}{3003}$	1	

On peut aussi exprimer F sous forme d'une fonction définie par parties, comme suit :

$$F(x) = \begin{cases} 0 & \text{si } x < 0 \\ \dfrac{462}{3003} & \text{si } 0 \leq x < 1 \\ \dfrac{1782}{3003} & \text{si } 1 \leq x < 2 \\ \dfrac{2772}{3003} & \text{si } 2 \leq x < 3 \\ \dfrac{2992}{3003} & \text{si } 3 \leq x < 4 \\ 1 & \text{si } x \geq 4 \end{cases}$$

REMARQUE

Si on connaît la fonction cumulative F, on peut en déduire la fonction de masse (densité de probabilité) en posant $f(x) = P(X = x) = P(X \leq x) - P(X \leq y) = F(x) - F(y)$, où y est la valeur de X immédiatement inférieure à x.

EXEMPLE 3.5

Dans l'exemple précédent, supposons qu'on connaisse F sans connaître f. On pourrait faire le calcul suivant :

$$P(X = 2) = F(2) - F(1)$$
$$= \frac{2772}{3003} - \frac{1782}{3003}$$
$$= \frac{990}{3003}$$

3.2 La médiane

On appelle «médiane d'une variable aléatoire discrète X» la première valeur a de X telle que $F(a) > 0,50$. Dans le cas où F atteint 50 % pour une certaine valeur de X, alors la médiane est le point milieu entre cette valeur et la valeur suivante.

EXEMPLE 3.6

Dans l'exemple 3.3 (*voir la page 89*), la médiane est 1, car F atteint 50 % pour la première fois lorsque $X = 1$. Soit maintenant la variable Y définie comme suit.

Fonctions de masse et cumulative de Y						
Y	–2	0	2	5	8	20
$f(y) = P(Y = y)$	0,2	0,15	0,15	0,2	0,17	0,13
$F(y) = P(Y \leq y)$	0,2	0,35	0,5	0,7	0,87	1

Alors, la médiane est égale à 3,5, car la fonction cumulative atteint 50 % exactement lorsque $X = 2$. La médiane est donc le point milieu entre 2 et 5.

3.3 L'espérance mathématique

Par définition, le propre d'une variable aléatoire est qu'elle varie. Ce que l'**espérance mathématique** nous permet de trouver à son propos, c'est une mesure de tendance centrale. On peut la déterminer une fois que l'on connaît sa fonction de masse.

Soit X : une variable aléatoire discrète, dont le support est $Supp_X$; on appelle **moyenne** ou **moment d'ordre un** ou encore **espérance mathématique de X** la quantité :

$$E(X) = \sum_{x \in Supp_X} xf(x) = \sum_{x \in Supp_X} xP(X = x)$$

On la note aussi μ_X.

Nous allons maintenant illustrer le calcul de l'espérance mathématique dans l'exemple 3.7.

EXEMPLE 3.7

Dans l'exemple 3.1 (*voir la page 88*), on avait X: le nombre de filles que pourrait avoir le couple; on avait donc le tableau de fonction de masse suivant.

Fonction de masse de X					
X	0	1	2	3	Total
$f(x) = P(X = x)$	1/8	5/8	1/8	1/8	1

Alors,

$$\mu_X = E(X) = (0) \times \left(\frac{1}{8}\right) + (1) \times \left(\frac{5}{8}\right) + (2) \times \left(\frac{1}{8}\right) + (3) \times \left(\frac{1}{8}\right) = 1,25$$

Ce couple peut donc espérer avoir entre une et deux filles (mais plus proche de une que de deux).

REMARQUE

La valeur de l'espérance mathématique d'une variable aléatoire discrète n'est pas nécessairement un nombre entier, comme en témoigne l'exemple précédent.

EXEMPLE 3.8

Dans l'exemple 3.2 (*voir la page 89*), on avait U: le nombre de boules jaunes parmi les 5 tirées.

Fonction de masse de U						
U	0	1	2	3	4	Total
$f(u)$ $= P(U = u)$	$\dfrac{\binom{4}{0}\binom{11}{5}}{\binom{15}{5}}$ $= \dfrac{462}{3003}$	$\dfrac{\binom{4}{1}\binom{11}{4}}{\binom{15}{5}}$ $= \dfrac{1320}{3003}$	$\dfrac{\binom{4}{2}\binom{11}{3}}{\binom{15}{5}}$ $= \dfrac{990}{3003}$	$\dfrac{\binom{4}{3}\binom{11}{2}}{\binom{15}{5}}$ $= \dfrac{220}{3003}$	$\dfrac{\binom{4}{4}\binom{11}{1}}{\binom{15}{5}}$ $= \dfrac{11}{3003}$	1

Alors:

$$\mu_U = E(U)$$
$$= \left(\frac{462}{3003}\right) \times (0) + \left(\frac{1320}{3003}\right) \times (1) + \left(\frac{990}{3003}\right) \times (2) + \left(\frac{220}{3003}\right) \times (3) + \left(\frac{11}{3003}\right) \times (4)$$
$$= 1,3333$$

REMARQUE

L'analogie entre l'espérance mathématique d'une variable et le centre de gravité d'un système de points cher aux physiciens est manifeste. L'espérance mathématique d'une variable aléatoire est la mesure de tendance centrale par excellence et elle se calcule de la même façon que la moyenne arithmétique des données expérimentales, à la différence qu'on remplace les fréquences relatives par des probabilités.

THÉORÈME 3.1

Soit a et b : deux constantes réelles et X : une variable aléatoire discrète ; alors $Y = a + bX$, qui est une transformation linéaire de la variable X, est aussi une variable aléatoire discrète et $E(Y) = a + b \times E(X)$.

On peut également écrire cette relation sous la forme $\mu_Y = a + b \times \mu_X$.

Preuve :
$$
\begin{aligned}
E(Y) &= \sum_{y \in Supp_Y} y P(Y = y) \\
&= \sum_{x \in Supp_X} (a + bx) P(X = x) \\
&= a \sum_{x \in Supp_X} P(X = x) + b \sum_{x \in Supp_X} x P(X = x) \\
&= a + bE(X)
\end{aligned}
$$

Dans cette démonstration, nous avons utilisé le fait que $x \in Supp_X$ est équivalent à $y \in Supp_Y$, car $x \in Supp_X \Leftrightarrow y = a + bx \in Supp_Y$.

REMARQUE

De cette relation, on peut voir que si on pose $b = 0$, alors $E(a) = a$ (l'espérance d'une constante est une constante), et que si on pose $a = 0$, alors $E(bX) = bE(X)$.

EXEMPLE 3.9

Soit X : le nombre d'heures (fluctuant) travaillées par semaine par un étudiant. Supposons que cette variable ait comme fonction de masse celle qui est donnée dans le tableau suivant.

Fonction de masse de X					
X	10	13	15	18	Total
$f(x) = P(X = x)$	0,30	0,23	0,15	0,32	1

On obtient alors :

$$
\begin{aligned}
\mu_X = E(X) &= (10) \times (0,3) + (13) \times (0,23) + (15) \times (0,15) + (18) \times (0,32) \\
&= 14 \text{ heures}
\end{aligned}
$$

L'étudiant peut donc espérer travailler en moyenne 14 heures par semaine.

Supposons à présent que son employeur lui offre un salaire horaire de 10 $ et une indemnité de déplacement hebdomadaire de 15 $. Son revenu brut hebdomadaire sera égal à $Y = 15 + 10 \times X$, qui aura comme espérance mathématique ou moyenne à long terme $\mu_Y = 15 + 10\mu_X = 15 + 10 \times 14 = 155$ $. L'étudiant peut donc espérer recevoir 155 $ par semaine.

REMARQUE

Soit X: une variable aléatoire discrète dont la fonction de masse est f. Alors, on peut calculer d'une manière générale l'espérance de n'importe quelle autre variable $Y = g(X)$. On pose $E(Y) = \displaystyle\sum_{x \in Supp_X} f(x)g(x)$.

EXEMPLE 3.10

Si on reprend la variable X de l'exemple 3.9 (*voir la page 93*) et qu'on pose $Y = \sqrt{X}$, alors on obtient:

$$E(Y) = \sum_{x \in Supp_X} \sqrt{x}\, f(x)$$

$$= \sqrt{10} \times (0,30) + \sqrt{13} \times (0,23) + \sqrt{15} \times (0,15) + \sqrt{18} \times (0,32) = 3,72$$

THÉORÈME 3.2

Soit n variables aléatoires quelconques $X_1, X_2, \ldots, X_n$ et leur somme:

$$T = X_1 + X_2 + \cdots + X_n = \sum_{i=1}^{n} X_i$$

Alors, $E(T) = \displaystyle\sum_{i=1}^{n} E(X_i)$ ou bien $\mu_T = \displaystyle\sum_{i=1}^{n} \mu_{X_i}$.

En résumé, on peut dire que la moyenne d'une somme est égale à la somme des moyennes.

Preuve: Nous allons faire la démonstration pour la somme de deux variables aléatoires discrètes; nous pourrons ensuite facilement généraliser par récurrence.

Soit X et Y: deux variables aléatoires discrètes, dont nous allons supposer l'espérance respective finie, et soit $T = X + Y$: leur somme. On obtient donc:

$$E(T) = \sum_{t \in Supp_T} t P(T = t)$$

$$= \sum_{x+y \in Supp_T} (x+y) P(T = x+y)$$

$$= \sum_{x \in Supp_X} \sum_{y \in Supp_Y} (x+y) P\big[(X=x) \cap (Y=y)\big]$$

$$= \sum_{x \in Supp_X} \sum_{y \in Supp_Y} x P\big[(X=x) \cap (Y=y)\big] + \sum_{y \in Supp_Y} \sum_{x \in Supp_X} y P\big[(X=x) \cap (Y=y)\big]$$

$$= \sum_{x \in Supp_X} x \sum_{y \in Supp_Y} P\big[(X=x) \cap (Y=y)\big] + \sum_{y \in Supp_Y} y \sum_{x \in Supp_X} P\big[(X=x) \cap (Y=y)\big]$$

$$= \sum_{x \in Supp_X} x P(X=x) + \sum_{y \in Supp_Y} y P(Y=y)$$

$$= E(X) + E(Y)$$

Dans cette démonstration, nous avons pu permuter les doubles sommations, car nous avons supposé ces sommes comme étant finies. Nous avons utilisé les résultats suivants, qui donnent les fonctions de probabilités marginales de chacune des variables lorsqu'on les traite conjointement:

$$\sum_{y \in Supp_Y} P\big[(X=x) \cap (Y=y)\big] = P(X=x)$$

$$\sum_{x \in Supp_X} P\big[(X=x) \cap (Y=y)\big] = P(Y=y)$$

THÉORÈME 3.2 (*suite*)

Plus généralement encore, si $S = a_1 X_1 + a_2 X_2 + \cdots + a_n X_n + b$, alors :

$$E(S) = a_1 E(X_1) + a_2 E(X_2) + \cdots + a_n E(X_n) + b$$

On définit aussi le moment d'ordre 2 d'une variable aléatoire discrète X comme étant l'espérance de son carré, c'est-à-dire :

$$E(X^2) = \sum_{x \in Supp_X} x^2 f(x) = \sum_{x \in Supp_X} x^2 P(X = x)$$

3.4 La variance et l'écart-type

Comme dans le cas de la statistique descriptive, une fois que l'on a déterminé les mesures de tendance centrale, en particulier l'espérance mathématique, on cherche ensuite à mesurer la variabilité des données entourant cette moyenne, soit la variance et l'écart type. Nous allons procéder ainsi pour toute variable aléatoire discrète dont on connaît l'espérance mathématique. On appelle **variance** d'une variable aléatoire le moment d'ordre 2 de l'écart entre la variable et son espérance. On la note $\mathrm{var}(X) = E[(X - \mu_X)^2] = E(X^2) - (E(X))^2$. On peut aussi la noter σ_X^2. C'est pour cette raison qu'on dit que la variance de X est égale à la moyenne des carrés moins le carré de la moyenne.

REMARQUE

On aurait pu mesurer l'écart moyen des valeurs de X et son espérance par $E(|X - \mu_X|)$, mais l'usage de la valeur absolue alourdirait les démonstrations mathématiques qui en découlent. De plus, cette mesure n'est pas dérivable.

EXEMPLE 3.11

Reprenons l'exemple 3.9 (*voir la page 93*). Soit X : le nombre d'heures hebdomadaires travaillées par un étudiant.

Fonction de masse de X					
X	10	13	15	18	Total
$f(x) = P(X = x)$	0,30	0,23	0,15	0,32	1

On avait trouvé $E(X) = 14$ heures. On a maintenant :

$$E(X^2) = (10^2) \times (0,30) + (13^2) \times (0,23) + (15^2) \times (0,15) + (18^2) \times (0,32)$$

$$= 206,3 \text{ (heures)}^2$$

Donc, $\sigma_X^2 = \mathrm{var}(X) = E(X^2) - \left(E(X)\right)^2 = 206,3 - 14^2 = 10,3$ (heures)^2.

Nous voyons dans cet exemple que l'unité de la variance est l'unité de la variable au carré, ce qui ne donne généralement aucun sens à la variance.

REMARQUE

Pour les physiciens, l'analogie entre la variance et le moment d'inertie est manifeste, ce qui explique son choix comme mesure de dispersion.

THÉORÈME 3.3

Soit X : une variable aléatoire quelconque, et soit $Y = a + b \times X$, où a et b sont des constantes réelles. Alors, $\text{var}(Y) = b^2 \times \text{var}(X)$. On peut également noter cela de la façon suivante :

$$\sigma_Y^2 = b^2 \times \sigma_X^2$$

Preuve :

$$
\begin{aligned}
\text{var}(Y) &= E\left[(Y - \mu_Y)^2\right] \\
&= E\left[(a + bX - a - b\mu_X)^2\right] &&\text{Par linéarité de l'espérance} \\
&= E\left[b^2(X - \mu_X)^2\right] \\
&= b^2 E\left[(X - \mu_X)^2\right] &&\text{Par linéarité de l'espérance} \\
&= b^2 \,\text{var}(X)
\end{aligned}
$$

EXEMPLE 3.12

Soit X : une variable dont la variance est égale à 40, et soit $Y = 2 - 3 \times X$; alors :

$$
\begin{aligned}
\text{var}(Y) &= (-3)^2 \times \text{var}(X) = 9 \times 40 \\
&= 360
\end{aligned}
$$

THÉORÈME 3.4

Soit n variables aléatoires indépendantes $X_1, X_2, \ldots, X_n$ et leur somme :

$$S = X_1 + X_2 + \cdots + X_n = \sum_{i=1}^{n} X_i$$

On trouve alors $\text{var}(S) = \sum_{i=1}^{n} \text{var}(X_i)$.

Si, en plus, ces variables ont la même fonction densité de probabilité, alors leurs variances seront égales à une même valeur $\text{var}(X)$ et on aura alors $\text{var}(S) = n \times \text{var}(X)$.

La notion d'indépendance des variables dépasse le niveau de cet ouvrage. C'est pour cette raison qu'on supposera dorénavant tout ensemble de variables comme étant constitué de variables indépendantes.

Les variances s'additionnent, quel que soit le signe devant les X_i, pourvu que les variables soient indépendantes.

Plus généralement, pour n variables aléatoires indépendantes $X_1, X_2, \ldots, X_n$, si on pose $W = a_1 X_1 + a_2 X_2 + \cdots + a_n X_n + b$, alors :

$$\text{var}(W) = a_1^2 \,\text{var}(X_1) + a_2^2 \,\text{var}(X_2) + \ldots + a_n^2 \,\text{var}(X_n)$$

EXEMPLE 3.13

Soit X_1, X_2 et X_3 : trois variables indépendantes dont les variances sont égales respectivement à 6, 9 et 16, et soit $Y = 2 \times X_1 - 3 \times X_2 - 6 \times X_3 - 12$.

Alors, $\text{var}(Y) = (2)^2 \times \text{var}(X_1) + (-3)^2 \times \text{var}(X_2) + (-6)^2 \times \text{var}(X_3)$.

On obtient $\text{var}(Y) = 681$.

THÉORÈME 3.5

Soit n variables aléatoires indépendantes $X_1, X_2, \ldots, X_n$ ayant la même fonction densité de probabilité qu'une variable aléatoire X et soit leur moyenne arithmétique :

$$\overline{X} = \frac{X_1 + X_2 + \cdots + X_n}{n}$$

Alors, $\text{var}(\overline{X}) = \dfrac{\sigma_X^2}{n}$.

Preuve : Il s'agit seulement d'un cas particulier du théorème 3.4, lorsque les constantes $a_i = \dfrac{1}{n}$ pour $i = 1, \ldots, n$.

On appelle **écart-type** d'une variable aléatoire X la racine carrée de sa variance et on le note $\sigma_X = \sqrt{\text{var}(X)}$.

EXEMPLE 3.14

Reprenons l'exemple 3.9 (*voir la page 93*), dans lequel X est le nombre d'heures hebdomadaires travaillées par un étudiant. Nous avions trouvé $\sigma_X^2 = 10{,}3$ (heures)^2, ce qui fait que l'écart-type de cette variable sera égal à :

$$\sigma_X = \sqrt{10{,}3} = 3{,}21 \text{ heures}$$

REMARQUE

L'unité de l'écart-type est la même que celle de la variable, ce qui fait de l'écart-type la mesure de dispersion par excellence.

THÉORÈME 3.6

Soit X : une variable aléatoire quelconque, et $Y = a + b \times X$, où a et b sont des constantes réelles. Alors, $\sigma_Y = |b| \times \sigma_X$.

Preuve : Il s'agit d'une conséquence directe du théorème 3.3.

EXEMPLE 3.15

Soit X : une variable aléatoire dont l'écart-type est égal à 3,5, et soit une autre variable aléatoire $Y = 2 - 3 \times X$. Alors :

$$\sigma_Y = |-3| \times \sigma_X = 3 \times 3{,}5 = 10{,}5$$

THÉORÈME 3.7

Soit n variables aléatoires indépendantes $X_1, X_2, \ldots, X_n$ ayant la même fonction densité de probabilité qu'une variable aléatoire X et soit leur somme :

$$S = X_1 + X_2 + \cdots + X_n = \sum_{i=1}^{n} X_i$$

On a alors $\sigma_S = \sqrt{n} \times \sigma_X$.

THÉORÈME 3.8

Soit n variables aléatoires indépendantes $X_1, X_2, \ldots, X_n$ ayant la même fonction densité de probabilité qu'une variable aléatoire X et soit leur moyenne arithmétique :

$$\overline{X} = \frac{X_1 + X_2 + \cdots + X_n}{n}$$

On a alors :

$$\sigma_{\overline{X}} = \frac{\sigma_X}{\sqrt{n}}$$

Preuve : Il s'agit d'une conséquence du théorème 3.5.

REMARQUE

Dans le cas de variables aléatoires, on appelle **échantillon de taille n** tout ensemble de n variables aléatoires $X_1, X_2, \ldots, X_n$ indépendantes et identiquement distribuées (i. i. d.).

L'écart-type est la mesure de dispersion par excellence pour les variables aléatoires. On l'utilise aussi pour délimiter les intervalles 4-sigma, à savoir les valeurs de X qui se retrouvent dans l'intervalle $[\mu_X - 2\sigma_X ; \mu_X + 2\sigma_X]$, ou pour calculer le coefficient de variation théorique de la variable :

$$CV_X = \frac{\sigma_X}{\mu_X} \times 100\ \%$$

Plus généralement, on peut utiliser la formule de Tchebychev, qui affirme ce qui suit :

Pour toute variable aléatoire X ayant une moyenne μ_X et un écart-type σ_X finis, on a :

$$P(-k\sigma_X \leq X - \mu_X \leq k\sigma_X) \geq 1 - \frac{1}{k^2}$$

Par exemple, si on prend $k = 3$, cette formule indique que si on veut que l'écart qui sépare les valeurs de X de leur moyenne soit inférieur à trois écarts-types, la probabilité que cela se produise dépasse :

$$1 - \frac{1}{3^2} = 0,89$$

Nous allons maintenant passer en revue les lois discrètes les plus usuelles. Cela nous permettra, lorsque nous rencontrerons l'une d'elles, de faire l'économie du calcul de ses moments afin de nous attarder à l'interprétation des résultats. Toutes les lois discrètes décrites dans ce manuel font à la fois partie du programme collégial des sciences de la nature et du programme universitaire en génie.

3.5 La loi uniforme

Il arrive souvent dans la pratique qu'on manipule un processus où toutes les issues ont la même importance : il n'y a qu'à penser à un tirage aléatoire d'un numéro parmi les 30 invités à une fête d'anniversaire. On dit alors de cette expérience qu'elle suit une loi aléatoire discrète et **uniforme**.

Soit une expérience aléatoire qui admet N résultats possibles. Si ces résultats sont équiprobables, on peut alors définir une variable aléatoire X discrète telle que sa fonction de masse est :

$$f(x) = P(X = x) = \begin{cases} \dfrac{1}{N} & \text{si } 1 \leq x \leq N \\ 0 & \text{sinon} \end{cases}$$

On appelle cette variable une **variable aléatoire discrète et uniforme** et on dit que X suit une loi $Unif(N)$.

THÉORÈME 3.9

Soit X : une variable qui suit une loi $Unif(N)$; alors :

$$E(X) = \frac{N+1}{2} \text{ et } var(X) = \frac{(N^2-1)}{12}$$

Preuve :
$$E(X) = \sum_{x=1}^{N} xP(X=x) = \sum_{x=1}^{N} \frac{x}{N} = \frac{1}{N} \sum_{x=1}^{N} x = \frac{N(N+1)}{2N} = \frac{N+1}{2}$$

$$E(X^2) = \sum_{x=1}^{N} x^2 P(X=x) = \sum_{x=1}^{N} \frac{x^2}{N} = \frac{N(N+1)(2N+1)}{6N} = \frac{(N+1)(2N+1)}{6}$$

Après quelques manipulations algébriques, on obtient :

$$\sigma_X^2 = var(X) = E(X^2) - \left[E(X) \right]^2$$
$$= \frac{(N^2-1)}{12}$$

REMARQUE

Dans la démonstration précédente, nous avons utilisé les relations suivantes :

$$\sum_{k=1}^{n} k = \frac{n(n+1)}{2} \text{ et } \sum_{k=1}^{n} k^2 = \frac{n(n+1)(2n+1)}{6}$$

Lorsque X suit une loi discrète uniforme dans un intervalle quelconque a, b, avec a et b des nombres entiers, on note cette variable $U(a, b)$ et sa fonction de masse est alors telle que :

$$f(x) = P(X=x) = \begin{cases} \dfrac{1}{b-a+1} & \text{si } a \leq x \leq b \\ 0 & \text{sinon} \end{cases}$$

et alors :

$$E(X) = \frac{a+b}{2} \text{ et } var(X) = \frac{(b-a+1)^2 - 1}{12}$$

Par exemple, pour une variable Y discrète et uniforme $U(10, 20)$, alors :

$$E(Y) = \frac{10+20}{2} = 15 \text{ et } var(Y) = \frac{(20-10+1)^2 - 1}{12} = 10$$

EXEMPLE 3.16

Une roulette américaine a 38 cases numérotées. Si on pose X : le numéro de la case qui va sortir, alors X suit $Unif(38)$, car chacune des cases a la même chance de sortir, et :

$$P(X=x) = \frac{1}{38}$$

pour n'importe quelle case.

EXEMPLE 3.16 *(suite)*

Alors, $E(X) = \dfrac{38+1}{2} = 19,5$ et $\text{var}(X) = \dfrac{38^2-1}{12} = 120,25$ et $\sigma_X = 10,97$.

EXEMPLE 3.17

Lorsqu'on lance un dé équilibré et qu'on pose X: la face obtenue, alors X est une variable aléatoire uniforme qui suit $Unif(6)$:

$$P(X = k) = \frac{1}{6} \text{ pour } k = 1, \dots, 6$$

$$E(X) = \frac{6+1}{2} = 3,5$$

$$\text{var}(X) = \frac{(6^2-1)}{12} = \frac{35}{12}$$

3.6 La loi de Bernoulli

Dans plusieurs situations, lors d'une expérience aléatoire, on peut obtenir soit le résultat recherché, appelé «succès», soit un résultat autre, appelé «échec». On suppose que $P(\text{succès}) = p$ avec p constante. Par conséquent, $P(\text{échec}) = q = 1 - p$. Dans ces conditions, on peut définir une variable aléatoire discrète binaire telle que:

$$X = \begin{cases} 1 \text{ si succès} \\ 0 \text{ si échec} \end{cases} \text{ ayant comme loi } P(X = 1) = p \text{ et } P(X = 0) = q$$

Cette variable X s'appelle **variable de Bernoulli** et on dit que X suit une loi $\beta(1, p)$. On peut résumer sa fonction de masse (fonction densité de probabilité) dans un tableau.

Fonction de masse d'une variable de Bernoulli			
X	**0**	**1**	**Total**
$f(x) = P(X = x)$	q	p	1

THÉORÈME 3.10

Soit X: une variable qui suit une loi $\beta(1, p)$, alors $E(X) = p$ et $\sigma_X^2 = \text{var}(X) = pq$.

Preuve: $E(X) = 0 \times q + 1 \times p = p$; $E(X^2) = 0^2 \times q + 1^2 \times p = p$.

Donc, $\text{var}(X) = E(X^2) - [E(X)]^2 = p - p^2 = p(1-p) = pq$.

EXEMPLE 3.18

Un médicament peut avoir ou ne pas avoir d'effets indésirables. Soit:

$$X = \begin{cases} 1 \text{ si effets indésirables} \\ 0 \text{ si pas d'effets indésirables} \end{cases} \text{ et } P(X = 1) = 0,30 \,; P(X = 0) = 0,70$$

Alors, $E(X) = 0,3$ et $\text{var}(X) = 0,21$.

EXEMPLE 3.19

On lance un dé équilibré. On gagne lorsqu'on obtient un «6» (ce qui se traduit par un «succès»); donc, on peut définir une variable de Bernoulli en posant:

$$X = \begin{cases} 1 \text{ si face « 6 »} \\ 0 \text{ si face autre que « 6 »} \end{cases}$$

Alors, $P(X=1) = \dfrac{1}{6}$ et $P(X=0) = \dfrac{5}{6}$, d'où $E(X) = \dfrac{1}{6}$ et $\mathrm{var}(X) = \dfrac{5}{36}$.

3.7 La loi binomiale

Supposons que l'on répète la même expérience de Bernoulli $\beta(1, p)$ n fois de façon indépendante; alors, on se retrouve avec n variables de Bernoulli aléatoires $X_1, X_2, \ldots, X_n$ indépendantes et de même loi:

$$X_i = \begin{cases} 1 \text{ si succès au } n\text{-ième essai} \\ 0 \text{ si échec au } n\text{-ième essai} \end{cases} \quad \text{pour } i = 1, \ldots, n$$

Si on pose $X = X_1 + X_2 + \cdots + X_n$, alors X est égale au nombre de coups gagnants parmi les n répétitions et X peut prendre les valeurs $0, 1, \ldots, n$.

Soit alors un nombre entier k tel que $0 \le k \le n$. L'événement $X = k$ signifie que parmi les n répétitions, on a eu k succès et $(n-k)$ échecs. Comme il faut choisir k positions parmi les n pour positionner les succès, et puisque les répétitions sont indépendantes, on obtient la formule de la loi de probabilités:

$$P(X=k) = \binom{n}{k} p^k q^{n-k}$$

Une telle variable X s'appelle **variable binominale** de paramètres n et p; on dit alors que X suit une loi $\beta(n, p)$.

Pour montrer qu'il s'agit bien d'une loi de probabilités, il suffit d'appliquer la formule du binôme:

$$(a+b)^n = \sum_{k=0}^{n} \binom{n}{k} a^k b^{n-k}$$

en posant $a = p$ et $b = q$. On obtient:

$$1 = (p+q)^n = \sum_{k=0}^{n} \binom{n}{k} p^k q^{n-k} = \sum_{k=0}^{n} P(X=k)$$

ce qui prouve les deux conditions d'une loi des probabilités.

THÉORÈME 3.11

Soit X: une variable qui suit une loi $\beta(n, p)$. Alors $\mu_X = E(X) = np$ et $\sigma_X^2 = \mathrm{var}(X) = npq$.

Preuve: Nous allons en faire la démonstration en utilisant deux méthodes.

Méthode 1: C'est une conséquence du fait que $X = X_1 + X_2 + \cdots + X_n$ et que les X_i sont indépendantes et identiques à une variable de Bernoulli Y dont $E(Y) = p$ et $\mathrm{var}(Y) = pq$; donc, $E(X) = nE(Y) = np$ et $\mathrm{var}(X) = n\,\mathrm{var}(Y) = npq$.

THÉORÈME 3.11 (*suite*)

Méthode 2 : Il s'agit du calcul direct de l'espérance avec la formule du binôme :

$$E(X) = \sum_{k=0}^{n} kP(X=k) = \sum_{k=0}^{n} k \binom{n}{k}^{pk} q^{n-k} = \sum_{k=0}^{n} k \frac{n!}{k!(n-k)!} p^k q^{n-k}$$

$$= \sum_{k=0}^{n} \frac{n!}{(k-1)!(n-k)!} p^k q^{n-k} = np \sum_{k=0}^{n} \binom{n-1}{k-1} p^{k-1} q^{n-k}$$

$$= np$$

car cette dernière somme est égale à 1.

Maintenant, on a :

$$E(X^2) = \sum_{k=0}^{n} k^2 P(X=k) = \sum_{k=0}^{n} \left[k(k-1) + k \right] P(X=k) = \sum_{k=0}^{n} k(k-1)P(X=k) + E(X)$$

Or :

$$\sum_{k=0}^{n} k(k-1)P(X=k) = \sum_{k=0}^{n} k(k-1) \binom{n}{k} p^k q^{n-k}$$

$$= \sum_{k=0}^{n} \frac{n!}{(k-2)!(n-k)!} p^k q^{n-k}$$

$$= n(n-1)p^2 \sum_{k=0}^{n} \frac{(n-2)!}{(k-2)!(n-k)!} p^{k-2} q^{n-k}$$

$$= n(n-1)p^2$$

car, encore une fois, la dernière somme est égale à 1, d'où on tire, finalement :

$$E(X^2) = n(n-1)p^2 + E(X) = n(n-1)p^2 + np$$

et, par conséquent, $\text{var}(X) = E(X^2) - \left(E(X) \right)^2 = n(n-1)p^2 + np - n^2 p^2 = npq$.

REMARQUE

Pour appliquer la loi binomiale, il faut satisfaire à quatre conditions :

1. La probabilité de succès est constante comme pour la loi de Bernoulli.
2. Le nombre de répétitions est constant et connu d'avance.
3. Les répétitions sont indépendantes.
4. On s'intéresse au nombre de succès parmi les n répétitions.

REMARQUE

Soit X : une variable qui suit une loi $\beta(n, p)$, alors $Y = n - X$ donne le nombre d'échecs parmi les n répétitions et est une variable $\beta(n, q)$ où $q = 1 - p$.

EXEMPLE 3.20

À chaque naissance, on a soit un succès : « Avoir une fille », ou un échec : « Avoir un garçon » ; donc, $P(\text{succès}) = 1/2$ et $P(\text{échec}) = 1/2$. On suppose que ces probabilités ne changent pas avec les naissances. Soit un couple ayant cinq enfants. Posons X : le nombre de filles parmi ces cinq enfants.

EXEMPLE 3.20 (*suite*)

On constate que X suit une loi $\beta(n, p)$ de paramètres $n = 5$ et $p = 0,5$:

$$P(X = k) = \binom{5}{k}(0,5)^k (0,5)^{5-k} = \binom{5}{k}(0,5)^5 \text{ pour tout } k = 0, 1, \ldots, 5$$

$$E(X) = np = 5(0,5) = 2,5 \text{ et } var(X) = npq = 5(0,5)(0,5) = 1,25$$

REMARQUE

Ce manuel faisant déjà grandement appel à l'usage de calculatrices et de logiciels de statistiques, on laissera de côté les tables des variables discrètes, que ce soit la loi binomiale ou les autres.

EXEMPLE 3.21

Lors d'une inspection de contrôle de qualité dans une usine, on a prélevé 10 pièces au hasard. On suppose que la probabilité qu'une pièce soit défectueuse est égale à 0,02. Déterminez la probabilité, parmi les 10 pièces contrôlées, qu'au moins une soit défectueuse.

Réponse : En supposant que le nombre de pièces fabriquées soit très élevé, le fait de choisir les pièces au hasard assure l'indépendance des répétitions. Soit X : le nombre de pièces défectueuses parmi les 10 pièces contrôlées ; alors X suit une loi $\beta(n, p)$ de paramètres $n = 10$ et $p = 0,02$.

On fait le calcul suivant :

$$P(X \geq 1) = 1 - P(X = 0) = 1 - \binom{10}{0}(0,02)^0 (0,98)^{10} = 0,1829$$

THÉORÈME 3.12

Soit X et Y : deux variables indépendantes suivant une loi binomiale $\beta(n, p)$ et $\beta(m, p)$ respectivement. Alors, leur somme $S = X + Y$ est binomiale $\beta(n + m, p)$.

Preuve : Soit un entier k tel que $0 \leq k \leq n + m$, car :

$$\sum_{l=0}^{k} \binom{n}{l}\binom{m}{k-l} = \binom{n+m}{k}$$

3.8 La loi multinomiale

Lorsqu'on mène plusieurs expériences aléatoires simultanément, on doit être en mesure de calculer le nombre de fois que chacune s'est produite : la **loi multinomiale** fournit cette information. La loi multinomiale est très importante en biologie statistique et en sciences humaines, surtout quand on manipule des caractéristiques qualitatives et qu'on s'intéresse à leurs répétitions.

Considérons une expérience aléatoire donnant une partition de S en k événements.

- L'événement E_1 se produit avec une probabilité p_1 ;
- l'événement E_2 se produit avec une probabilité p_2 ;
- … ;
- l'événement E_k se produit avec une probabilité p_k, avec :

$$\sum_{j=1}^{k} p_j = 1$$

On répète cette expérience n fois de manières indépendantes, et soit :
- X_1 : le nombre de fois que E_1 s'est produit parmi ces n répétitions ;
- X_2 : le nombre de fois que E_2 s'est produit parmi ces n répétitions ;
- … ;
- X_k : le nombre de fois que E_k s'est produit parmi ces n répétitions.

Alors :

$$P(X_1 = x_1, X_2 = x_2, \ldots, X_k = x_k) = \binom{n}{x_1 \ x_2 \ \ldots \ x_k} p_1^{x_1} p_2^{x_2} \cdots p_k^{x_k}$$

avec

$$\binom{n}{x_1 \ x_2 \ \ldots \ x_k} = \frac{n!}{x_1! x_2! \ \ldots \ x_k!}$$

Le vecteur $(X_1, X_2, \ldots, X_k)$ suit une loi multinomiale de paramètres $(n, p_1, \ldots, p_k)$. C'est une généralisation de la loi binomiale qui ne s'applique qu'à des partitions de S formées de deux événements. Cette loi est fréquemment utilisée dans les applications avec des variables qualitatives.

Propriété

Soit X_i : le nombre de fois que l'événement de type E_i s'est produit lors d'une loi multinomiale ; alors X_i suit une loi binomiale de paramètres n et p_i. Par conséquent, $E(X_i) = np_i$ et $\text{var}(X_i) = np_i q_i$.

EXEMPLE 3.22

Lors d'un traitement avec un antibiotique, un patient peut avoir trois réactions :
- R_1 : « irradiation des germes » avec probabilité $p_1 = 0{,}68$;
- R_2 : « infection persistante » avec probabilité $p_2 = 0{,}22$;
- R_3 : « effets indésirables graves » avec probabilité $p_3 = 0{,}10$.

Si on soigne $n = 150$ patients choisis au hasard avec cet antibiotique et qu'on pose :
- X_1 : le nombre de patients parmi les n qui ont eu la réaction R_1 ;
- X_2 : le nombre de patients parmi les n qui ont eu la réaction R_2 ;
- X_3 : le nombre de patients parmi les n qui ont eu la réaction R_3 ;

alors, on a :

$$P(X_1 = k_1, X_2 = k_2, X_3 = k_3) = \binom{150}{k_1 \ k_2 \ k_3} 0{,}68^{k_1} \times 0{,}22^{k_2} \times 0{,}1^{k_3}$$

Ainsi, par exemple, $E(X_2) = 150 \times 0{,}22 = 33$, c'est-à-dire qu'on doit s'attendre à ce que 33 patients en moyenne aient la réaction R_2 parmi les 150 patients choisis au hasard et traités avec cet antibiotique.

3.9 La loi géométrique

Soit une loi de Bernoulli de paramètre p, qu'on veut répéter de façon indépendante jusqu'au premier succès. Ce qui est qualifié d'aléatoire, c'est le nombre de répétitions indépendantes nécessaires pour obtenir un premier succès. Si on pose X : le nombre d'essais à réaliser pour obtenir le premier succès, alors X peut prendre les valeurs 1, 2, … Et si on prend un nombre entier k tel que $1 \le k < \infty$, alors l'événement $(X = k)$ signifie qu'on a eu $(k-1)$ échecs et que le dernier essai est le premier succès.

Cela donne $P(X = k) = q^{k-1}p$ et on dit que la variable aléatoire X suit une **loi géométrique** de paramètre p; on la note $G(p)$.

Soit X: une variable qui suit une loi $G(p)$; alors, $E(X) = \dfrac{1}{p}$, $\text{var}(X) = \dfrac{q}{p^2}$ et $P(X > k) = q^k$.

Preuve: La preuve se base sur les sommes des séries géométriques infinies convergentes. Supposons que $0 < p < 1$, donc que $0 < q < 1$:

$$E(X) = \sum_{k=1}^{\infty} kP(X = k) = \sum_{k=1}^{\infty} kq^{k-1}p = p\sum_{k=1}^{\infty} kq^{k-1} = p\left(\sum_{k=0}^{\infty} q^k\right)'$$

$$= p\left(\frac{1}{1-q}\right)' = p\frac{1}{(1-q)^2} = \frac{p}{p^2} = \frac{1}{p}$$

D'autre part, $E(X^2) = \sum_{k=1}^{\infty} k^2 P(X = k) = \sum_{k=1}^{\infty} \left[k(k-1) + k\right]q^{k-1}p = p\sum_{k=1}^{\infty} k(k-1)q^{k-1} + E(X).$

Or, $p\sum_{k=1}^{\infty} k(k-1)q^{k-1} = pq\left(\sum_{k=0}^{\infty} q^k\right)'' = pq\left(\frac{1}{1-q}\right)'' = pq\frac{2}{(1-q)^3} = \frac{2pq}{p^3} = \frac{2q}{p^2}.$

Après quelques manipulations algébriques, on aboutit au fait que:

$$E(X^2) = \frac{1}{p^2} + \frac{q}{p^2}$$

et donc que:

$$\text{var}(X) = E(X^2) - (E(X))^2 = \frac{q}{p^2}$$

Finalement:

$$P(X > k) = \sum_{i=k+1}^{\infty} P(X = i) = p\sum_{i=k+1}^{\infty} q^{i-1} = p\frac{q^k}{1-q} = q^k$$

Soit X: une variable aléatoire discrète qui suit une loi $G(p)$; alors, $P(X > b\,|\,X > a) = P(X > b - a)$ pour tout couple de nombres entiers positifs tels que $0 < a < b$ (cette probabilité conditionnelle ne dépend que de l'écart qui sépare b et a et non de la valeur de ces variables). On dit alors que la variable géométrique n'a pas de mémoire.

Preuve: Soit X: une variable distribuée selon une loi $G(p)$; si on prend deux entiers positifs tels que $0 < a < b$, on a:

$$P(X > b | X > a) = \frac{P((X > a) \cap (X > b))}{P(X > a)} = \frac{P(X > b)}{P(X > a)} = \frac{q^b}{q^a} = q^{b-a}$$

$$= P(X > b - a)$$

Reprenons le cas du jeu de la roulette américaine (*voir l'exemple 3.16 à la page 99*). On a vu que la probabilité du succès à chaque essai est $p = 1/38$.

EXEMPLE 3.23 (*suite*)

Soit X: le nombre d'essais nécessaires pour gagner (succès) une première fois; alors, X suit une loi $G(p)$ et:

$$P(X = k) = \left(\frac{37}{38}\right)^{k-1}\left(\frac{1}{38}\right) \text{ pour tout } k = 1, 2, \ldots$$

De plus, $E(X) = 1/p = 38$, c'est-à-dire qu'il faut en moyenne jouer 38 fois pour espérer gagner (succès) une première fois, ce qui est intuitivement compréhensible.

D'autre part:

$$\text{var}(X) = \frac{q}{p^2} = 1406$$

ce qui donne un écart-type égal à $\sigma_X = \sqrt{1406} = 37,5$. Il s'agit donc d'une variable très hétérogène.

EXEMPLE 3.24

Supposons que, lors de la transmission d'un signal, il y ait deux possibilités: soit que ce signal arrive correctement au destinataire, ce qui se produit dans 99 % des cas, soit qu'il arrive déformé, ce qui se produit dans 1 % des cas. Quel est l'écart-type du nombre de signaux à transmettre pour avoir un premier signal déformé? On suppose l'indépendance entre les signaux.

Réponse: Soit X: le nombre de signaux nécessaires pour avoir un premier signal déformé; alors, X suit une loi $G(p)$ de paramètre $p = 0,01$. Donc:

$$\text{var}(X) = \frac{q}{p^2} = \frac{0,99}{0,01^2} = 9900$$

et, par suite, l'écart-type de X est égal à $\sigma_X = \sqrt{9900} = 99,5$.

3.10 La loi binomiale négative

La **loi binomiale négative** est une généralisation de la loi géométrique. On veut maintenant répéter une expérience de Bernoulli de paramètre p de façon indépendante, jusqu'à avoir r succès avec $r \geq 1$. Si on pose X: le nombre de répétitions indépendantes nécessaires pour avoir r succès, la variable X peut prendre les valeurs r, $r + 1$, …, et, pour tout k tel que $r \leq k < \infty$, on a l'événement $(X = k)$: avoir $(r - 1)$ succès dans les $(k - 1)$ premiers essais et avoir un succès au dernier essai. Il faut choisir les $(r - 1)$ positions parmi les $(k - 1)$ premiers essais pour permettre ces succès. Cela donne:

$$P(X = k) = \binom{k-1}{r-1} q^{k-r} p^r$$

On appelle X une variable binomiale négative de paramètres r et p, qu'on note $BN(r; p)$.

REMARQUE

Dans le cas où $r = 1$, on a $BN(1; p) = G(p)$.

THÉORÈME 3.15

Soit X: une variable binomiale négative de paramètres r et p, $BN(r; p)$; alors:

$$E(X) = \frac{r}{p} \quad \text{et} \quad \text{var}(X) = \frac{rq}{p^2}$$

Preuve: Nous allons faire la démonstration en utilisant deux méthodes.

Méthode 1: Soit X: une variable binomiale négative de paramètres r et p, $BN(r; p)$; on peut voir cette variable binomiale négative comme une somme de r variables géométriques indépendantes, dont chacune s'intéresse au nombre de répétitions d'une variable de Bernoulli pour avoir un succès. Ces formules en découlent.

Méthode 2: En effectuant un calcul direct, on a:

$$E(X) = \sum_{k=r}^{\infty} kP(X = k) = \sum_{k=r}^{\infty} k \binom{k-1}{r-1} p^r q^{k-r}$$

Or:

$$k \binom{k-1}{r-1} = \frac{k!}{(r-1)!(k-r)!} = r \binom{k}{r}$$

Donc:

$$E(X) = \frac{r}{p} \sum_{k=r}^{\infty} \binom{k}{r} p^{r+1} q^{k-r} = \frac{r}{p}$$

La dernière sommation est égale à 1, car c'est la somme de toutes les probabilités d'avoir $(r + 1)$ succès parmi $(k + 1)$ répétitions d'une expérience de Bernoulli. On peut effectuer la même démarche pour calculer le second moment de X, en prenant soin de poser $k^2 = k(k + 1) - k$ à l'intérieur de la sommation. On obtient:

$$E(X^2) = \sum_{k=r}^{\infty} k(k+1)P(X = k) - E(X)$$

$$= \sum_{k=r}^{\infty} k(k+1) \binom{k-1}{r-1} p^r q^{k-r} - E(X)$$

$$= \sum_{k=r}^{\infty} \frac{(k+1)!}{(r-1)!(k-r)!} p^r q^{k-r} - E(X)$$

$$= \frac{r(r+1)}{p^2} \sum_{k=r}^{\infty} \binom{k+1}{r+1} p^{r+2} q^{k-r} - E(X)$$

$$= \frac{r(r+1)}{p^2} - \frac{r}{p}$$

$$= \frac{r(r+1) - rp}{p^2}$$

Il en découle:

$$\text{var}(X) = \frac{r(r+1) - rp}{p^2} - \left(\frac{r}{p} \right)^2 = \frac{rq}{p^2}$$

Encore une fois, la somme qui intervient dans ce calcul est égale à 1, car c'est la somme de toutes les probabilités d'avoir $(r + 2)$ succès parmi $(k + 2)$ répétitions de Bernoulli indépendantes.

EXEMPLE 3.25

Dans une certaine population, le pourcentage de personnes albinos est de 2 %. Des gens font la queue pour entrer dans un musée de façon indépendante les uns des autres. Quelle est la probabilité que la centième personne à entrer dans le musée soit la troisième personne albinos ?

Réponse : Soit X : le nombre de personnes qui doivent entrer dans le musée pour arriver à la troisième personne albinos. Alors, il est clair que X est une variable binomiale négative de paramètres $r = 3$ et $p = 0,02$. Donc :

$$P(X = 100) = \binom{100 - 1}{3 - 1}(0,02)^3(0,98)^{97} = 0,005\ 468$$

EXEMPLE 3.26

Certaines des machines d'un atelier mécanique tombent en panne de façon indépendante, au taux de 7,5 % par jour. Quelle est la probabilité que la cinquième panne se produise le vingtième jour du mois ?

Réponse : Soit X : le nombre de jours du mois qui doivent passer avant que la cinquième panne se produise dans cet atelier. Alors, X est une variable binomiale négative de paramètres $r = 5$ et $p = 0,075$. Donc :

$$P(X = 20) = \binom{20 - 1}{5 - 1}(0,075)^5(0,925)^{15} = 0,002\ 856$$

Note historique : La distribution de cette loi est qualifiée de « binomiale négative » pour la raison suivante :

Soit la fonction $g(u) = (1 - u)^{-r}$, qui est un binôme avec un exposant négatif $(-r)$. En appliquant le développement de Maclaurin à cette fonction, on obtient :

$$g(u) = \sum_{k=0}^{\infty} \frac{g^{(k)}(0)}{k!}u^k = \sum_{k=0}^{\infty} \binom{r+k-1}{r-1}u^k$$

Si on pose $l = k + r \Rightarrow k = l - r$, alors :

$$g(u) = \sum_{l=r}^{\infty} \binom{l-1}{r-1}u^{l-r}$$

On reconnaît la forme d'une loi binomiale négative de paramètres $q = u$ et à laquelle manque le terme $p^r = (1 - u)^r$. En particulier, on vérifie que la somme des probabilités d'une loi binomiale négative est égale à 1, car :

$$\sum_{l=r}^{\infty} \binom{l-1}{r-1}u^{l-r}(1-u)^r = (1-u)^r g(u) = (1-u)^r(1-u)^{-r} = 1$$

3.11 La loi hypergéométrique

Dans le cas où une population est composée de deux strates, l'une contenant les individus qui possèdent le caractère étudié et l'autre, les individus qui ne le possèdent pas, nous devons utiliser l'une des techniques d'échantillonnage (*voir le chapitre 5*) qui consistent à extraire un échantillon de taille n d'une population de taille N (supposée finie), en choisissant successivement et sans remise chacun des éléments de cet échantillon. Soit un ensemble fondamental constitué de N objets, dont N_1 sont de type 1 et $N_2 = N - N_1$ sont de type 2. On tire au hasard et sans remise n objets de cet ensemble fondamental.

Soit donc X: le nombre d'objets de type 1 parmi les n objets tirés. Alors, X peut prendre n'importe quelle valeur entre 0 et min (N_1, n). De plus, sa fonction de masse est telle que:

$$P(X = x) = \frac{\binom{N_1}{x}\binom{N_2}{n-x}}{\binom{N}{n}}.$$

pour tout x tel que $0 \leq x \leq \min \{N_1, n\}$. X s'appelle «variable hypergéométrique de paramètres (n, N_1, N_2)» et on la note $\text{Hyp}(n, N_1, N_2)$.

THÉORÈME 3.16

Soit X: une loi $\text{Hyp}(n, N_1, N_2)$; alors:

$$E(X) = np \text{ et } \text{var}(X) = npq\left(\frac{N-n}{N-1}\right) \text{ où } p = \frac{N_1}{N} \text{ et } q = \frac{N_2}{N} = 1 - p$$

On interprète généralement p comme une probabilité de succès pour faire le parallèle avec la loi binomiale.

Preuve:

$$E(X) = \sum_{k \in Supp_X} k \frac{\binom{N_1}{k}\binom{N_2}{n-k}}{\binom{N}{n}}$$

$$= \sum_{k \in Supp_X} k \frac{N_1!}{k!(N_1-k)!} \frac{\binom{N_2}{n-k}}{\binom{N}{n}\binom{N-1}{n-1}}$$

$$= \frac{n}{N} \sum_{x \in Supp_X} \frac{N_1(N_1-1)!}{(k-1)!(N_1-k)!} \frac{\binom{N_2}{n-k}}{\binom{N-1}{n-1}}$$

$$= \frac{nN_1}{N} \sum_{x \in Supp_X} \frac{\binom{N_1-1}{k-1}\binom{N_2}{n-k}}{\binom{N-1}{n-1}}$$

$$= n\left(\frac{N_1}{N}\right) = np$$

La dernière somme est égale à 1, car c'est la somme des probabilités de tous les cas où il est possible de tirer $(n-1)$ éléments parmi $(N-1)$.

THÉORÈME 3.16 (*suite*)

Pour prouver la formule de la variance, remarquons d'abord que :

$$E(X^2) = E(X(X-1)) + E(X)$$

Or :

$$\operatorname{var}(X) = E(X^2) - (E(X))^2 = E(X(X-1)) + E(X) - (E(X))^2$$

$$= \frac{n(n-1)N_1(N_1-1)}{N(N-1)} + n\left(\frac{N_1}{N}\right) - n^2\frac{N_1^2}{N^2}$$

$$= \frac{n(n-1)N_1(N_1-1)N + nN_1N(N-1) - (N-1)n^2N_1^2}{N^2(N-1)}$$

dont le numérateur peut être factorisé sous la forme $nN_1(N-N_1)(N-n) = nN_1N_2(N-n)$, ce qui fait que la variance de X est égale à :

$$\operatorname{var}(X) = \frac{nN_1N_2(N-n)}{N^2(N-1)} = npq\left(\frac{N-n}{N-1}\right)$$

où on a posé $p = \dfrac{N_1}{N}$ et $q = \dfrac{N_2}{N}$.

REMARQUE

Le terme $\dfrac{N-n}{N-1}$ qui apparaît dans la formule de la variance s'appelle « facteur de correction » et est dû au fait que les répétitions des tirages ne sont pas indépendantes. Ce terme peut être négligé lorsque $n < 5\%$ de N, car, dans ce cas, il se rapproche de 1.

EXEMPLE 3.27

Parmi un lot de 10 catalyseurs, dont 6 sont à haute teneur en acidité et les 4 autres, à faible teneur en acidité, un ingénieur en sélectionne 3 au hasard pour faire un test sur la formulation d'un nouveau médicament.

a) Déterminez la probabilité qu'aucun catalyseur à faible teneur en acidité ne soit sélectionné.

b) Déterminez la probabilité qu'il y ait 2 catalyseurs à haute teneur en acidité parmi les 3 sélectionnés.

Réponse : Si on pose X : le nombre de catalyseurs à haute teneur en acidité parmi les trois sélectionnés, alors X suit une loi $\operatorname{Hyp}(n, N_1, N_2)$ de paramètres $n = 3$, $N_1 = 6$ et $N_2 = 4$.

a) $\quad P(X=3) = \dfrac{\dbinom{6}{3}\dbinom{4}{0}}{\dbinom{10}{3}} = \dfrac{20}{120} = \dfrac{1}{6}$

b) $\quad P(X=2) = \dfrac{\dbinom{6}{2}\dbinom{4}{1}}{\dbinom{10}{3}} = \dfrac{60}{120} = \dfrac{1}{2}$

EXEMPLE 3.28

L'urne A contient 5 boules rouges et 4 boules vertes, et l'urne B contient 8 boules rouges et 7 boules vertes. On transfère 2 boules de l'urne A vers l'urne B, puis on tire une boule de l'urne B. Quelle est la probabilité que cette boule soit rouge?

Réponse: Soit R_i: i boules rouges sont transférées de l'urne A vers l'urne B, pour $i = 0, 1, 2$. Alors, si on applique la formule des probabilités totales, la probabilité que la boule tirée de l'urne B soit rouge est égale à:

$$P(R) = P(R|R_0)P(R_0) + P(R|R_1)P(R_1) + P(R|R_2)P(R_2)$$

$$= \frac{8}{17}\frac{\binom{5}{0}\binom{4}{2}}{\binom{9}{2}} + \frac{9}{17}\frac{\binom{5}{1}\binom{4}{1}}{\binom{9}{2}} + \frac{10}{17}\frac{\binom{5}{2}\binom{4}{0}}{\binom{9}{2}}$$

$$= \frac{8\times 6}{17\times 36} + \frac{9\times 5\times 4}{17\times 36} + \frac{10\times 10}{17\times 36}$$

$$= 0,5359$$

THÉORÈME 3.17

Soit X et Y: deux variables binomiales indépendantes de mêmes paramètres $\beta(n, p)$. Alors, la variable X sachant que $X + Y = m$ est une variable hypergéométrique de paramètres $N = 2n$, $N_1 = n$ et $N_2 = n$.

Preuve: On sait, d'après le théorème 3.12, que $S = X + Y$ est une variable binomiale $\beta(2n, p)$. Maintenant, soit un nombre entier k, compris entre 0 et $\min(n, m)$; alors:

$$P(X = k|X + Y = m) = \frac{P((X = k)\cap(X + Y = m))}{P(X + Y = m)}$$

$$= \frac{P(X = k)\times P(Y = m - k)}{P(X + Y = m)}$$

$$= \frac{\binom{n}{k}p^k q^{n-k}\binom{n}{m-k}p^{m-k}q^{n-m+k}}{\binom{2n}{m}p^m q^{2n-m}}$$

$$= \frac{\binom{n}{k}\binom{n}{m-k}}{\binom{2n}{m}}$$

ce qu'il fallait démontrer.

Le terme «hypergéométrique» provient d'une série introduite par le mathématicien suisse Euler, de la forme suivante:

$$1 + \frac{ab}{c}x + \frac{a(a+1)b(b+1)}{2!c(c+1)}x^2 + \frac{a(a+1)(a+2)b(b+1)(b+2)}{3!c(c+1)(c+2)}x^3 + \cdots$$

THÉORÈME 3.17 (*suite*)

Cette série englobe plusieurs types d'autres développements en séries connus. En attribuant aux constantes a, b et c des valeurs particulières, on donne naissance à une série qu'on peut rencontrer dans les cours de calcul. Par exemple, si on pose $a = 1$ et b et c égaux, on aboutit à la série géométrique classique $1 + x + x^2 + x^3 + \cdots$.

D'autre part, si on pose $a = -n$, $b = -r$ et $c = s - n + 1$ et qu'on multiplie la série par :

$$\frac{\dbinom{s}{n}}{\dbinom{N}{n}}$$

alors le coefficient de x^k sera :

$$\frac{\dbinom{r}{k}\dbinom{s}{n-k}}{\dbinom{N}{n}}$$

d'où le qualificatif « hypergéométrique ».

3.12 La loi de Poisson

La **loi de Poisson** fait partie d'un concept plus large appelé « processus de Poisson ». On s'intéresse à un phénomène qui se produit en moyenne λ (*lambda*) fois par unité (de temps, de surface, de volume, de masse…). La variable X indique le nombre de fois que ce phénomène se produit durant un intervalle de s unités : c'est la loi de Poisson, nommée ainsi en l'honneur du mathématicien français Siméon Denis Poisson (1781-1840).

Pour appliquer cette loi, il faut s'assurer que l'on satisfait aux deux postulats suivants :

- homogénéité : la probabilité qu'un événement se produise dans un intervalle infinitésimal de largeur Δs est égale à $\lambda \Delta s$;
- indépendance : si on considère deux intervalles qui ne se recoupent pas, alors il y a indépendance entre le nombre des événements qui se produisent dans chacun d'eux.

Alors, la fonction de masse de la variable X est :

$$P(X = k) = \frac{(\lambda s)^k e^{-\lambda s}}{k!} \quad \text{pour} \ \ k = 0, 1, \ldots, \infty$$

et on la note $P(\lambda s)$, où s est la largeur (en unités) de l'intervalle dans lequel on travaille. Si on ne s'intéresse qu'à un intervalle de longueur de 1 unité, alors $s = 1$.

REMARQUE

La loi de Poisson est très importante dans les applications comportant un phénomène d'attente. Par exemple, elle sert dans la gestion des feux de circulation, dans la modélisation des systèmes téléphoniques, électriques, bancaires, etc. Bref, elle intervient dans la modélisation et la simulation de tous les systèmes où existe un partage de ressources.

THÉORÈME 3.18

Soit X : une variable aléatoire suivant une loi $P(\lambda s)$; alors, $E(X) = \text{var}(X) = \lambda \times s$.

Preuve :

$$E(X) = \sum_{k=0}^{\infty} kP(X=k) = \sum_{k=1}^{\infty} k\frac{(\lambda s)^k}{k!}e^{-\lambda s} = e^{-\lambda s}\sum_{k=1}^{\infty}\frac{(\lambda s)^k}{(k-1)!} = (\lambda s)e^{-\lambda s}\sum_{k=1}^{\infty}\frac{(\lambda s)^{k-1}}{(k-1)!} = \lambda s$$

car :

$$e^{-\lambda s}\sum_{k=1}^{\infty}\frac{(\lambda s)^{k-1}}{(k-1)!} = 1$$

Le même raisonnement que celui qu'on a tenu dans le calcul de la variance d'une loi binomiale peut servir à calculer la variance d'une loi de Poisson. Ce calcul est laissé en exercice à l'étudiant.

EXEMPLE 3.29

Un standardiste reçoit en moyenne 2,5 appels à l'heure. Si les appels arrivent selon un modèle de Poisson :

a) déterminez la probabilité que ce standardiste reçoive 12 appels durant une période de quatre heures ;

b) calculez l'espérance et l'écart-type du nombre d'appels reçus par ce standardiste durant une journée de huit heures.

Réponse : Ici, on a $\lambda = 2,5$ appels/h.

a) Soit X : le nombre d'appels reçus durant quatre heures. Alors, X suit une loi de Poisson $P(\lambda s)$ de paramètres $\lambda = 2,5$, $s = 4$ h et donc :

$$P(X=12) = \frac{(\lambda s)^{12}e^{-\lambda s}}{12!} = \frac{10^{12}e^{-10}}{12!} = 0,0948$$

b) Ici, $s = 8$, donc $E(X) = \text{var}(X) = 8 \times 2,5 = 20$ et $\sigma_X = \sqrt{20}$.

EXEMPLE 3.30

Dans une culture de cellules, on assiste en moyenne à une mutation de cellules dans chaque lot de 1000 cellules. Si le nombre de cellules mutantes obéit à un modèle de Poisson :

a) déterminez la probabilité d'observer trois mutations dans une culture contenant 3500 cellules ;

b) déterminez l'espérance et la variance du nombre de cellules mutantes observées dans une culture de 100 000 cellules.

Réponse : Ici, on a 1 mutation/1000 cellules, donc l'unité est 1000 cellules.

a) Soit X : le nombre de cellules mutantes parmi 3500 cellules. Alors, X suit une loi de Poisson $P(\lambda s)$ de paramètre $\lambda s = 3,5$ et :

$$P(X=3) = \frac{(\lambda s)^3 e^{-\lambda s}}{3!} = \frac{3,5^3 e^{-3,5}}{3!} = 0,215\,785$$

b) Ici, $s = 100$, d'où $E(X) = \text{var}(X) = \lambda s = 100$ cellules mutantes.

THÉORÈME 3.19

Soit n variables aléatoires $X_1, X_2, \ldots, X_n$ de Poisson, indépendantes et de paramètres respectifs $\lambda_1, \lambda_2, \ldots, \lambda_n$; alors, leur somme :

$$S = \sum_{i=1}^{n} X_i$$

est aussi une variable de Poisson de paramètre :

$$\lambda = \sum_{i=1}^{n} \lambda_i$$

Preuve : Pour des raisons de simplification, nous ferons la démonstration dans le cas où $n = 2$ et $s = 1$. Soit $S = X_1 + X_2$, où X_1 et X_2 sont des variables indépendantes et de Poisson de paramètres respectifs λ_1 et λ_2. Alors, l'événement $\{S = n\} = \bigcup_{k=0}^{n} \{X_1 = k\} \cap \{X_2 = n - k\}$ et ces événements sont indépendants ; donc :

$$P\{S = n\} = \sum_{k=0}^{n} P\{K_1 = k\} \times P\{K_2 = n - k\}$$

$$= \sum_{k=0}^{n} e^{-\lambda_1} \frac{\lambda_1^k}{k!} e^{-\lambda_2} \frac{\lambda_2^{n-k}}{(n-k)!}$$

$$= e^{-(\lambda_1 + \lambda_2)} \sum_{k=0}^{n} \frac{\lambda_1^k}{k!} \frac{\lambda_2^{n-k}}{(n-k)!}$$

$$= \frac{e^{-(\lambda_1 + \lambda_2)}(\lambda_1 + \lambda_2)^n}{n!}$$

Cette dernière égalité est obtenue par la formule du binôme. Cela prouve que S est une variable de Poisson de paramètre $\lambda = \lambda_1 + \lambda_2$.

EXEMPLE 3.31

L'échangeur Turcot à Montréal est un carrefour où la circulation de trois autoroutes, les A10, A15 et A20, peut être modélisée comme une variable de Poisson d'une moyenne de 2400 véhicules à l'heure pour la A20, de 1800 véhicules à l'heure pour la A15 et de 1200 véhicules à l'heure pour la A10. Quelle est la probabilité qu'on assiste durant une minute au passage de 100 véhicules dans cet échangeur ?

Réponse : Puisqu'on s'intéresse à une période d'une minute, alors $s = 1$. Les trois variables X, Y et Z qui indiquent le nombre de véhicules arrivant par chacune de ces autoroutes sont indépendantes ; donc, leur somme $S = X + Y + Z$ est une variable de Poisson d'une moyenne de $\lambda = 40 + 30 + 20 = 90$ véhicules à la minute.

Par conséquent, $P(S = 100) = \dfrac{\lambda^{100}}{100!} e^{-\lambda} = 0{,}023\,32$.

THÉORÈME 3.20

Soit deux variables aléatoires de Poisson X et Y, indépendantes de paramètres respectifs λ_1 et λ_2. Alors, la variable X, sachant que $X + Y = n$, est une variable binomiale de paramètres n et p, avec :

$$p = \frac{\lambda_1}{\lambda_1 + \lambda_2}$$

THÉORÈME 3.20 (*suite*)

Preuve : Selon le théorème 3.19, $X + Y$ est une variable de Poisson de paramètre $\lambda = \lambda_1 + \lambda_2$. Soit un entier k compris entre 0 et n ; alors :

$$P(X = k \mid X + Y = n) = \frac{P\big((X = k) \cap (X + Y = n)\big)}{P(X + Y = n)}$$

$$= \frac{P(X = k) \times P(Y = n - k)}{P(X + Y = n)}$$

$$= \frac{\dfrac{\lambda_1^k e^{-\lambda_1}}{k!} \dfrac{\lambda_2^{n-k} e^{-\lambda_2}}{(n-k)!}}{\dfrac{(\lambda_1 + \lambda_2)^n e^{-(\lambda_1 + \lambda_2)}}{n!}}$$

$$= \frac{n!}{k!(n-k)!} \frac{\lambda_1^k \lambda_2^{n-k}}{(\lambda_1 + \lambda_2)^n}$$

$$= \binom{n}{k} \left(\frac{\lambda_1}{\lambda_1 + \lambda_2}\right)^k \left(\frac{\lambda_2}{\lambda_1 + \lambda_2}\right)^{n-k}$$

$$= \binom{n}{k} p^k q^{n-k}$$

C'est ce qu'il fallait démontrer.

REMARQUE

Puisque $(X \mid X + Y = n)$ est une variable binomiale $\beta(n, p)$, alors :

$$E(X \mid X + Y = n) = np = \frac{n\lambda_1}{\lambda_1 + \lambda_2}$$

EXEMPLE 3.32

Les patients arrivant à l'urgence d'un hôpital sont classés en deux catégories, A et B, selon la gravité de leur cas. Supposons que les patients de la catégorie A arrivent selon une loi de Poisson de paramètre $\lambda_1 = 20$ patients à l'heure, que les patients de la catégorie B arrivent selon une loi de Poisson de paramètre $\lambda_2 = 5$ patients à l'heure, et que les deux catégories soient indépendantes. À la fin d'un quart de travail de huit heures, le gestionnaire ne connaît que le nombre total de patients qui ont été accueillis à l'urgence, soit $n = 350$ patients. S'il veut retrouver le nombre de patients classés soit dans la catégorie A, soit dans la catégorie B, il peut utiliser le théorème 3.20 pour calculer les probabilités de chaque possibilité. Il peut aussi, par exemple, calculer l'espérance de Y, qui indique le nombre de patients de la catégorie B sachant que $X + Y = 350$ et aboutir à :

$$E(Y \mid X + Y = 350) = 350 \times p = 350 \times \frac{\lambda_2}{\lambda_1 + \lambda_2} = 70$$

Le théorème 3.19 a montré que si on fait la somme des variables aléatoires de Poisson indépendantes, on obtient une variable aléatoire de Poisson dont le paramètre est égal à la somme des

EXEMPLE 3.32 (*suite*)

paramètres. Mais on peut aussi décomposer une variable de Poisson en plusieurs variables de Poisson indépendantes – un processus très utile dans les applications.

THÉORÈME 3.21

Soit un phénomène qui se produit selon une loi de Poisson de paramètre λ et pour lequel les événements peuvent être décomposés en k types; chaque type se produit avec une probabilité p_i telle que:

$$\sum_{i=1}^{k} p_i = 1$$

Alors, si on pose X_i: le nombre de fois que les événements de type i se produisent, chaque X_i est une variable de Poisson de paramètre λp_i et toutes les variables X_i sont indépendantes.

EXEMPLE 3.33

Les appels téléphoniques arrivent à un autocommutateur selon une loi de Poisson d'une moyenne de $\lambda = 40$ appels/minute. Ces appels sont alors acheminés vers quatre serveurs avec des probabilités respectives $p_1 = 0,2$, $p_2 = 0,3$, $p_3 = 0,35$ et $p_4 = 0,15$.

Alors, si on note X_i le nombre d'appels acheminés vers le serveur i:

- X_1 suit une loi de Poisson de paramètre $\lambda_1 = 40 \times 0,2 = 8$ appels/minute;
- X_2 suit une loi de Poisson de paramètre $\lambda_2 = 40 \times 0,3 = 12$ appels/minute;
- X_3 suit une loi de Poisson de paramètre $\lambda_3 = 40 \times 0,35 = 14$ appels/minute;
- X_4 suit une loi de Poisson de paramètre $\lambda_4 = 40 \times 0,15 = 6$ appels/minute;

et, en plus, ces quatre variables sont indépendantes.

3.13 L'approximation d'une loi binomiale par une loi de Poisson

Soit X: une variable aléatoire binomiale de paramètres n et p. Nous avons vu que, pour tout k compris entre 0 et n:

$$P(X = k) = \binom{n}{k} p^k q^{n-k}$$

Mais, pour de grandes valeurs de n, le calcul de $n!$ est impossible (essayez avec votre calculatrice de calculer 100!). Il est donc très utile de développer des approximations à la loi binomiale lorsque n devient grand. C'est pour cette raison que, en statistique, on utilise souvent la variable de Poisson pour modéliser les événements rares de Bernoulli.

THÉORÈME 3.22

Si X: une variable $\beta(n, p)$ de paramètres $n \geq 30$, $p \leq 0,10$ et $np < 5$, alors on peut approximer X par une loi de Poisson de paramètre $\lambda = np$.

THÉORÈME 3.22 (*suite*)

Preuve : Soit X : une variable suivant une loi $\beta(n, p)$; alors, pour tout k compris entre 0 et n, on a, en posant $\lambda = np$:

$$P(X = k) = \binom{n}{k} p^k q^{n-k}$$

$$= \frac{n!}{k!(n-k)!} \left(\frac{\lambda}{n}\right)^k \left(1 - \frac{\lambda}{n}\right)^{n-k}$$

$$= \frac{n(n-1)\cdots(n-k+1)}{n^k} \frac{\lambda^k}{k!} \frac{\left(1 - \dfrac{\lambda}{n}\right)^n}{\left(1 - \dfrac{\lambda}{n}\right)^k}$$

Or, si n est grand et $p = \dfrac{\lambda}{n}$ est petit, on a :

$$\lim_{n \to \infty} \left(1 - \frac{\lambda}{n}\right)^n \approx e^{-\lambda}$$

et

$$\frac{n(n-1)\cdots(n-k+1)}{n^k} \approx 1 \text{ et } \left(1 - \frac{\lambda}{n}\right)^k \approx 1$$

d'où :

$$P(X = k) \approx \frac{\lambda^k}{k!} e^{-\lambda}$$

Cela prouve que, dans ce cas, X est approximativement une variable de Poisson de paramètre $\lambda = n \times p$.

EXEMPLE 3.34

Soit X : une variable binomiale de paramètres $n = 40$ et $p = 0{,}05$.

a) Déterminez $P(X = 5)$ en utilisant la formule de la loi binomiale.

b) Déterminez $P(X = 5)$ en utilisant l'approximation de Poisson.

Réponse :

a) $P(X = 5) = \binom{40}{5}(0{,}05)^5(0{,}95)^{35} = 0{,}034\,15$

b) On peut utiliser l'approximation de Poisson, car $n = 40 > 30$, $p = 0{,}05 < 0{,}10$ et $n \times p = 2 < 5$. Ainsi, on peut considérer X comme une variable de Poisson de paramètre $\lambda = n \times p = 2$. Alors :

$$P(X = 5) \approx \frac{2^5}{5!} e^{-2} = 0{,}0361$$

On voit, par cet exemple, que l'approximation d'une loi binomiale par une loi de Poisson est très bonne quand les conditions sont respectées.

Résumé

Loi	Fonction de masse $P(X = x)$	Espérance	Variance
Loi uniforme $Unif(N)$	$\dfrac{1}{N}$ pour $1 \leq x \leq N$ avec $x = 1, \ldots, N$	$\dfrac{N+1}{2}$	$\dfrac{(N^2-1)}{12}$
Loi binomiale $\beta(n, p)$	$\dbinom{n}{x} p^x q^{n-x}$ avec $x = 0, \ldots, N$	$n \times p$	$n \times p \times q$
Loi géométrique $G(p)$	pq^{x-1} avec $x = 1, 2, \ldots$	$\dfrac{1}{p}$	$\dfrac{q}{p^2}$
Loi binomiale négative $BN(r, p)$	$\dbinom{x-1}{r-1} p^r q^{x-r}$ avec $x = r, r+1, \ldots$	$\dfrac{r}{p}$	$\dfrac{rq}{p^2}$
Loi hypergéométrique $Hyp(n, N_1, N_2)$	$\dfrac{\dbinom{N_1}{x}\dbinom{N_2}{n-x}}{\dbinom{N}{n}}$ avec $x = 0, \ldots, \min(n, N_1)$	$\dfrac{nN_1}{N}$ avec $N = N_1 + N_2$	$\dfrac{nN_1 N_2 (N-n)}{N^2(N-1)}$
Loi de Poisson $P(\lambda s)$	$\dfrac{(\lambda s)^x e^{-\lambda s}}{x!}$ avec $x = 0, 1, \ldots$	λs	λs

Exercices

1. Soit une variable discrète X dont la fonction de masse est donnée dans le tableau suivant.

Fonction de masse de X					
X	0	1	2	3	4
$f(x)$	0,1	0,2	0,1	0,2	c

Trouvez la constante c, l'espérance mathématique, la variance et l'écart-type de X.

2. Le tableau suivant donne la distribution de la variable X décrivant le nombre de femelles dans les hordes de singes.

Fonction de masse de X					
X	1	2	3	4	5
$f(x) = P(X = x)$	0,1	0,15	0,5	k	0,15

Trouvez k, puis déterminez l'espérance et l'écart-type de X.

3. Soit X: une variable aléatoire discrète dont la fonction de répartition (cumulative) des probabilités est:

$$F(x) = \begin{cases} 0 & \text{si } x < 1 \\ 0,7 & \text{si } 1 \leq x < 2 \\ 0,9 & \text{si } 2 \leq x < 3 \\ 1 & \text{si } x \geq 3 \end{cases}$$

a) Déterminez la fonction de masse de X.

b) Déterminez les probabilités suivantes: $P(X < 4)$; $P(X > 7)$ et $P(1 < X < 5)$.

c) Calculez l'espérance, la variance et l'écart-type de X.

4. Soit X: une variable aléatoire binomiale $B(n; p)$ de paramètres $n = 20$ et $p = 0,3$.

a) Déterminez $P(X > 3)$; $P(X > 18)$; $P(X = 7)$ et $P(2 \leq X \leq 4)$.

b) Déterminez l'espérance et l'écart-type de X.

5. Soit une variable aléatoire discrète X dont la fonction de masse est donnée dans le tableau suivant.

Fonction de masse de X					
X	-2	-1	0	1	2
$f(x) = P(X = x)$	1/8	3/8	1/8	2/8	1/8

a) Déterminez les probabilités suivantes : $P(X \leq 2)$; $P(-1 \leq X \leq 1)$; $P(X \leq -1$ ou $X = 2)$.

b) Déterminez la fonction cumulative des probabilités de X et tracez son graphique.

6. Soit X : une variable aléatoire discrète dont la fonction de masse est :

$$f(x) = P(X = x) = \frac{2x+1}{25} \text{ pour } x = 0, 1, 2, 3, 4$$

a) Déterminez les probabilités suivantes : $P(1 \leq X < 4)$; $P(X > -2)$ et $P(X \leq 1)$.

b) Déterminez la fonction cumulative des probabilités de X et tracez son graphique.

7. Soit X : une variable aléatoire discrète dont la fonction de masse est :

$$f(x) = P(X = x) = \left(\frac{8}{7}\right)\left(\frac{1}{2}\right)^x \text{ pour } x = 1, 2, 3$$

a) Vérifiez que f est une fonction de masse.

b) Déterminez les probabilités suivantes : $P(0 \leq X < 2)$; $P(X > 0)$ et $P(0 < X \leq 2)$.

c) Déterminez la fonction cumulative des probabilités de X et tracez son graphique.

8. Quand une usine lance un nouveau produit sur le marché, elle s'attend à l'une de trois réactions :

- il est très bien accueilli par la clientèle, ce qui se produit dans 30 % des cas, et alors l'usine génère un revenu annuel de 20 millions de dollars ;
- il est accueilli tièdement par la clientèle, ce qui se produit dans 50 % des cas, et alors l'usine génère un revenu annuel de 5 millions de dollars ;
- le reste du temps, il est mal accepté par la clientèle, et alors l'usine subit une perte de 3 millions de dollars annuellement.

Si on appelle X : le revenu annuel de cette usine :

a) déterminez la fonction de masse de X ;

b) déduisez l'espérance et l'écart-type de X.

9. Le nombre X de circuits défectueux dans un multiprocesseur est une variable aléatoire discrète dont la fonction de masse est donnée dans le tableau suivant.

Fonction de masse de X						
X	1	2	3	4	5	6
$f(x) = P(X = x)$	0,3	0,2	0,2	0,1	0,1	0,1

a) Déterminez la fonction cumulative des probabilités de X.

b) Calculez l'espérance, la médiane et l'écart-type de X.

10. Soit X : une variable aléatoire discrète dont la fonction de répartition (cumulative) est :

$$F(x) = P(X \leq x) = \begin{cases} 0 & \text{si } x < 0 \\ 0,90 & \text{si } 0 \leq x < 1 \\ 0,95 & \text{si } 1 \leq x < 2 \\ 0,97 & \text{si } 2 \leq x < 3 \\ 1 & \text{si } x \geq 3 \end{cases}$$

a) Déterminez le support de X.

b) Déterminez la fonction de masse de X.

c) Calculez l'espérance, la médiane et l'écart-type de X.

11. Une maladie contagieuse, les oreillons, se propage dans une école primaire, touchant 10 % des élèves. Un pédiatre examine 3 enfants durant sa première heure de travail. Soit X : le nombre d'enfants ayant les oreillons. En supposant l'indépendance de cette maladie entre les enfants :

a) tracez un diagramme en arbre pour trouver la fonction densité de probabilité de X ;

b) déduisez-en la probabilité que, parmi ces 3 enfants, aucun n'ait cette infection, ainsi que la probabilité qu'au plus un enfant soit infecté.

12. Pour le lancer d'un dé non équilibré à 7 faces (0 à 6), on obtient la fonction de masse suivante.

Fonction de masse de X							
X	0	1	2	3	4	5	6
$f(x) = P(X = x)$	$4p$	$3p$	$2p$	$2p$	p	p	p

a) Déterminez la valeur de p.

b) Déduisez-en l'espérance et l'écart-type de X.

13. Le nombre de commandes quotidiennes X reçues par le service d'expédition d'une compagnie admet la fonction de masse donnée dans le tableau suivant.

Fonction de masse de X							
X	5	6	8	10	14	16	25
$P(X=x)$	0,05	0,12	0,20	0,24	0,17	0,14	0,08

a) Déterminez l'espérance et l'écart-type de X.

b) Déterminez la médiane de X.

c) Si chaque commande coûte à la compagnie 350 $ et que les frais fixes pour chaque jour sont de 2750 $, quel est le profit quotidien moyen de cette compagnie lorsque le prix de vente est de 520 $ par commande ?

14. Soit X: le numéro de la face obtenue lorsqu'on lance un dé équilibré.

a) Déterminez la fonction de masse de X.

b) Déterminez l'espérance et l'écart-type de X.

15. Soit X: une variable aléatoire discrète dont la fonction de masse est donnée dans le tableau suivant.

Fonction de masse de X						
X	1	2	4	6	8	10
$P(X=x)$	0,05	0,15	0,10	0,30	0,25	0,15

Soit maintenant $Y = \ln(X)$.

a) Déterminez la fonction de masse de Y.

b) Déterminez l'espérance et l'écart-type de Y.

16. Pour les données de l'exercice 15, soit $Z = 3 \times Y - 9$.

a) Déterminez la fonction de masse de Z.

b) Déterminez l'espérance et l'écart-type de Z.

17. On lance deux dés équilibrés et on note D la différence des faces obtenues.

a) Déterminez la fonction de masse de D.

b) Quelles sont les valeurs de l'espérance et de l'écart-type de D ?

18. Un manufacturier dispose d'une machine achetée à 165 000 $; un an plus tard, il prévoit la vendre 150 000 $, 170 000 $ ou 200 000 $ avec une probabilité respective de 0,50, de 0,35 et de 0,15. Déterminez le profit qu'il espère tirer de sa vente.

19. Soit X: la dette moyenne (en milliers de dollars) des cégépiens à l'obtention de leur diplôme et Y: le salaire annuel (en milliers de dollars) des cégépiens la première année de leur embauche. On suppose pour X et Y les fonctions de masse respectives suivantes.

Fonction de masse de X						
X	0	15	20	25	30	35
$P(X=x)$	0,10	0,35	0,20	0,10	0,15	0,10

Fonction de masse de Y						
Y	0	35	40	45	48	55
$P(Y=y)$	0,15	0,25	0,25	0,15	0,15	0,05

Si on prend un cégépien au hasard qui consacre 20 % de son revenu au remboursement de sa dette et qu'on suppose que les intérêts soient nuls, en combien d'années peut-il espérer rembourser sa dette ?

20. Soit X et Y: deux variables aléatoires discrètes et indépendantes, où X suit une loi binomiale de paramètres $n = 20$ et $p = 0,23$ et Y suit une loi géométrique de paramètre $p = 0,45$. Déterminez $P(X + Y = 3)$.

21. Soit X, Y et Z: trois variables aléatoires discrètes indépendantes; X est distribuée selon une loi de Poisson de paramètre λ, Y, selon une loi binomiale de paramètres n et p, et Z, selon une loi uniforme $Unif(N)$. Soit également $V = Z + X + Y$; déterminez l'espérance et la variance de V.

22. Soit X, Y et Z: trois variables aléatoires discrètes indépendantes distribuées selon une loi géométrique de paramètre p et soit $T = \min(X, Y, Z)$. Déterminez $P(T > 10)$.

23. Vérifiez si les expériences suivantes sont de type binomial. Si oui, trouvez les paramètres de la loi binomiale qui s'applique; si non, dites pourquoi.

a) On s'intéresse au nombre d'enfants de rang 2 parmi les 10 dernières naissances dans un hôpital. Selon Statistique Canada, 33 % des naissances sont des enfants de rang 2.

b) On prend 12 familles au hasard et on s'intéresse au nombre d'enfants dans la famille.

24. Si deux personnes porteuses du gène de l'albinisme sont mariées, chacun de leurs enfants a une probabilité de 0,25 d'être albinos. Si ce couple a 5 enfants, quelle est la probabilité qu'exactement 2 d'entre eux soient albinos ?

25. Au Canada, on estime que seulement 17 % des questionnaires sont retournés lorsqu'on effectue un sondage par la poste. Une maison de sondage a expédié un questionnaire à 30 personnes choisies au hasard. Soit X : le nombre de personnes parmi ces 30 qui retourneront le questionnaire.

a) X réunit-elle les conditions requises pour être qualifiée de variable binomiale ? Justifiez votre réponse.

b) Calculez l'espérance et l'écart-type de X.

c) Quelle est la probabilité que la maison de sondage reçoive au plus deux questionnaires ?

26. Dans une grande école, 35 % des étudiants fument. On choisit 14 étudiants au hasard.

a) Quelles sont les chances qu'il y ait un seul non-fumeur dans l'échantillon ?

b) Quelles sont les chances que 8 étudiants sur les 14 fument ?

c) Calculez et interprétez l'espérance et l'écart-type du nombre de fumeurs qu'on pourrait observer parmi les 14 étudiants.

27. Soit X : une variable aléatoire discrète uniformément distribuée $Unif(40)$. Déterminez sa fonction de masse, son espérance et son écart-type.

28. Supposons que la longueur X des ondes des radiations en photosynthèse soit uniformément distribuée sur les entiers compris entre 675 et 700 nanomètres.

a) Déterminez la fonction de masse de X.

b) Déterminez l'espérance et la variance de X.

29. On étudie les effets des pissenlits sur les récoltes. Dans une certaine région, le nombre moyen de pissenlits par mètre carré est de 2. Trouvez la probabilité d'observer au moins 3 pissenlits dans 3 mètres carrés. Supposez une distribution de Poisson pour les pissenlits.

30. Le nombre moyen de décès attribuables au cancer du poumon dans une certaine population est de 10 par année. Le nombre de décès causés par cette maladie suit une distribution de Poisson. Quelle est la probabilité que, durant un mois, on observe au moins un décès causé par cette maladie ?

31. On tire 5 cartes d'un jeu de 52 cartes au hasard et sans remise. Quelle est la probabilité de tirer au moins une dame ?

32. Si on lance un dé équilibré 3 fois, quelle est la probabilité d'obtenir au plus une fois un 6 ?

33. On lance un dé équilibré 10 fois. Quelle est la probabilité d'obtenir exactement 3 fois un 1, 4 fois un 6, 2 fois un 5 et 1 fois un 4 ?

34. Dans une ville, 10 des 25 juges sont contre l'avortement, 9 sont pour et les 6 autres sont indécis. On sélectionne au hasard un comité de 6 juges parmi les 25.

a) Quelle est la probabilité que les 6 juges sélectionnés soient pour l'avortement ?

b) Quelle est la probabilité que les 6 juges sélectionnés aient la même opinion à propos de l'avortement ?

35. On sélectionne au hasard deux objets d'un lot sans remise. Décrivez l'ensemble des possibilités dans les cas suivants.

a) Le lot est constitué des éléments $\{a, b, c, d\}$.

b) Le lot contient 20 piles dont 3 sont défectueuses.

36. Selon une enquête faite en 2009 au Québec, 75 % des personnes interrogées ont répondu « Oui » à la question : « Est-ce que, d'après vous, l'obésité des enfants est un problème grave ? » Calculez la probabilité que, sur 12 personnes choisies au hasard parmi cette population, exactement 7 aient répondu « Oui » à cette question.

37. L'ataxie télangiectasie (AT) est un désordre neurologique qui attaque le système immunitaire et cause une vieillesse prématurée. Lorsque les deux membres d'un couple ont le gène de l'AT, leurs enfants ont 20 % de risques d'avoir la maladie. Considérons 15 couples dont les deux membres ont le gène AT. Quelle est la probabilité que plus de 2 de ces 15 couples aient des enfants atteints de cette maladie ?

38. Un pharmacien dispose de 12 comprimés d'un certain médicament. La date de péremption de deux de ces comprimés étant atteinte, ils ne sont plus efficaces. On choisit au hasard 5 comprimés parmi les 12. Quelle est la probabilité qu'exactement un d'entre eux ne soit pas efficace ?

39. Un certain jour, dans un certain hôpital, il y a eu 10 naissances, dont 6 de garçons. Quelle est la probabilité que les 6 premiers nouveau-nés soient tous des garçons ?

40. Deux cartes sont tirées sans remise d'un jeu de cartes. Trouvez les probabilités de tirer les cartes suivantes :

a) deux cartes de cœur ;

b) une carte de cœur ;

c) une carte de cœur au premier tirage et un as au deuxième tirage.

41. Vingt vendeurs ayant les mêmes qualités sont candidats à une promotion au sein de leur compagnie. Parmi eux, 12 sont des hommes et 8 sont des femmes. La compagnie veut choisir au hasard 7 vendeurs parmi les 20. Quelle est la probabilité qu'il y ait exactement 3 femmes parmi les 7 personnes choisies ?

42. Lorsque vous partez au travail, chaque matin, la probabilité qu'un certain feu de circulation soit vert est de 0,3. En supposant que la circulation soit indépendante d'un matin à l'autre :

a) sur 10 matins, quelle est la probabilité que ce feu de circulation soit vert exactement 2 fois ? 0 fois ?

b) sur 30 matins, quel nombre de fois pouvez-vous espérer que ce feu soit vert ?

43. Un système électronique est constitué de 30 circuits intégrés indépendants. Chacun de ces circuits a une probabilité de 0,015 d'être défectueux. Le système est opérationnel lorsqu'il y a au plus deux circuits défectueux. Quelle est la probabilité que ce système soit opérationnel ?

44. La ligne téléphonique d'une agence de voyages est occupée 30 % de la journée.

a) Sur 20 appels, quelle est la probabilité qu'au moins 2 appels aient été concluants ? Quelle hypothèse avez-vous faite ?

b) Sur 30 appels, quels sont l'espérance et l'écart-type du nombre de fois où la ligne a été occupée ?

45. Dans un processus de fabrication, une machine a un taux d'articles défectueux de 7 %. Si chaque article est inspecté après sa fabrication, déterminez la probabilité que :

a) le 1er article défectueux soit le 15e inspecté ;

b) le 5e article défectueux soit le 20e inspecté.

46. Le nombre de fautes dans un livre est distribué selon une loi de Poisson. Si ce livre de 400 pages contient 600 fautes, quelle est la probabilité qu'une page choisie au hasard contienne plus de 2 fautes ?

47. Dans un lot de 25 téléviseurs, dont 5 sont en panne, on sélectionne au hasard 8 téléviseurs.

a) Quelle est la probabilité que, parmi ces 8 téléviseurs, il y en ait au moins 2 en panne ?

b) Déterminez l'espérance et l'écart-type des téléviseurs en panne parmi les 8 téléviseurs qui sont sélectionnés.

48. Parmi les disques durs vendus par un magasin, 12 % d'une certaine marque sont retournés durant la durée de leur garantie. Parmi ceux qui sont retournés, 65 % sont réparés et le reste est remplacé. Supposons qu'un magasin ait acheté 40 de ces disques durs. Quelle est la probabilité qu'il doive réparer au plus 2 disques durs durant leur garantie ?

49. Une compagnie a 1200 employés âgés de moins de 50 ans. Supposons que 25 % de cette tranche de la population soit porteuse d'un gène qui indique un risque d'accident vasculaire.

a) Si on choisit au hasard 20 employés de cette compagnie, quelle est la probabilité qu'il y ait au moins 2 porteurs de ce gène parmi eux ?

b) Quels sont l'espérance et l'écart-type du nombre d'employés porteurs de ce gène, pour un échantillon de 40 employés ?

50. Soit une variable de Poisson X telle que $P(X = 0)$ = 0,07. Déterminez la moyenne et l'écart-type de X.

51. Le nombre de défauts de fabrication dans un type de tissu est distribué selon une variable de Poisson d'une moyenne de 0,3 défaut par mètre carré.

a) Quelle est la probabilité qu'il y ait exactement 3 défauts dans 20 mètres carrés de ce tissu ?

b) Quelle est la probabilité qu'il y ait plus de 2 défauts de fabrication dans 15 mètres carrés de ce tissu ?

52. La probabilité qu'un aigle chasse un lièvre durant une journée est de 0,13. Supposons que la chasse de cet aigle soit indépendante d'un jour à l'autre.

a) Quelle est la probabilité que le deuxième lièvre tué le soit au 5e jour de chasse ?

b) Quelle est la probabilité que l'aigle doive attendre plus de 10 jours pour capturer son premier lièvre ?

53. Le nombre de courriels reçus par un ingénieur d'Hydro-Québec est distribué selon une loi de Poisson avec une moyenne de 12 courriels à l'heure.

a) Quelle est la probabilité qu'un ingénieur d'Hydro-Québec reçoive plus que 3 courriels durant un intervalle de 10 minutes ?

b) Quelle est la probabilité qu'il reçoive 20 courriels durant une période de 2,5 heures ?

54. Dans un magasin, on garde 500 téléviseurs en stock, dont 25 sont défectueux, 250 sont usagés et les autres sont neufs. Si on sélectionne au hasard 5 téléviseurs dans ce magasin, quelle est la probabilité d'en avoir exactement 2 défectueux et 2 usagés ?

55. Dans un certain cégep, 16 % des étudiants ont obtenu un A, 32 %, un B, 30 %, un C, 10 %, un D et le reste, un E. Si on sélectionne au hasard 20 étudiants de ce cégep, quelle est la probabilité d'avoir exactement 5 étudiants ayant obtenu un A, 8 ayant obtenu un B, 3 ayant obtenu un C et au moins 2 ayant obtenu un D ?

56. Les clients arrivent à un supermarché selon une distribution de Poisson avec une moyenne de 4 clients à la minute ; 35 % de ces clients n'achètent rien, 25 % paient comptant, 20 % paient avec une carte bancaire et les autres paient par chèque. Quelle est la probabilité que, durant un intervalle de 5 minutes, on observe 7 clients qui paient comptant, 5 qui paient avec une carte bancaire et 3 qui paient par chèque ?

57. Dans la région d'Ottawa-Gatineau, les tremblements de terre de magnitude 5 et plus sur l'échelle de Richter se produisent en moyenne 1,2 fois tous les 10 ans et se distribuent selon une loi de Poisson. Quelle est la probabilité qu'une personne de 70 ans ait observé au moins 3 tremblements de terre de cette magnitude ?

58. Dans une main de poker de 5 cartes tirées d'un jeu de 52 cartes, quelle est la probabilité d'avoir :

a) une quinte royale (une suite de cinq cartes du 10 à l'as, de la même couleur) ?

b) une quinte flush (une suite de cinq cartes de la même couleur) ?

c) un carré (quatre cartes de la même valeur et une autre carte) ?

d) une main pleine (une paire et un brelan) ?

e) une couleur (cinq cartes de la même couleur qui ne se suivent pas) ?

f) une suite (cinq cartes consécutives pas nécessairement de la même couleur) ?

g) un brelan (trois cartes de même valeur et deux autres cartes) ?

h) une double paire (deux paires de même valeur et une autre carte) ?

i) une paire (deux cartes de même valeur et trois autres cartes) ?

59. Revenu Canada estime que la probabilité qu'un citoyen remplisse correctement sa déclaration de revenus est de 0,26 ; que la probabilité qu'il fasse des erreurs qui l'avantagent est de 0,45 ; que la probabilité qu'il fasse des erreurs qui avantagent le gouvernement est de 0,15, et que la probabilité qu'il fasse les deux types d'erreurs est de 0,14.

a) Si on sélectionne au hasard 15 déclarations de revenus, quelle est la probabilité d'en trouver 6 correctement remplies, 3 contenant des erreurs qui avantagent le citoyen, 4 des erreurs qui avantagent le gouvernement et 2 contenant les deux types d'erreurs ?

b) Si on sélectionne 1000 déclarations de revenus au hasard, combien doit-on espérer en trouver de correctement remplies ?

60. Le nombre de brisures dans un câble de fibre optique est en moyenne de 0,7 par 1000 mètres.

a) Sur quelle loi de probabilités doit-on se baser ?

b) Calculer la probabilité d'avoir au moins deux brisures dans un câble à fibre optique de 3 kilomètres de longueur.

61. La probabilité qu'un joueur de basket-ball rate son lancer est de 0,06. En supposant que les lancers soient indépendants :

a) quelle est la probabilité qu'il rate 3 lancers sur 40 lancers ?

b) quelle est la probabilité que son troisième lancer raté survienne au quarantième lancer ?

62. On lance deux pièces de monnaie équilibrées, et soit X : le nombre de faces obtenues.

a) Déterminez la fonction de masse de X.

b) Si on lance ces deux pièces 7 fois, quelle est la probabilité d'avoir 2 fois zéro face, 3 fois une face et 2 fois deux faces ?

63. Refaites l'exercice 62 pour 3 pièces de monnaie équilibrées.

64. Un inspecteur en contrôle de qualité estime à 95 % la probabilité qu'une batterie réponde aux spécifications du marché.

a) Si on sélectionne au hasard 40 batteries, quelle est la probabilité qu'on y trouve entre 2 et 5 batteries qui ne répondent pas aux spécifications ?

b) Quelle est la probabilité que la première batterie qui ne répond pas aux spécifications du marché soit la dixième inspectée ?

c) Quelle est la probabilité que la cinquième batterie qui ne répond pas aux spécifications du marché soit la trentième inspectée ?

65. Un enfant sur quarante vient au monde avec une malformation des oreilles. Durant un mois, on a fait un suivi des naissances dans un hôpital.

a) Quelle est la probabilité que la première malformation des oreilles soit observée sur le cinquième nouveau-né ?

b) Quelle est la probabilité que la cinquième malformation des oreilles soit observée sur le treizième nouveau-né ?

66. Dans une centrale nucléaire, les grandes pannes se produisent avec une moyenne de 0,5 panne par année et se distribuent selon une loi de Poisson.

a) Quelle est la probabilité que durant les 4 prochaines années, on observe au moins 3 grandes pannes ?

b) Quelle est la probabilité que durant les 10 prochaines années, on observe entre 4 et 7 grandes pannes ?

67. Chez les chimpanzés d'Afrique de l'Ouest, on observe un certain parasite qu'on appelle Barbour. En moyenne, on a recensé 35 de ces parasites par chimpanzé.

a) Quelle est la probabilité qu'on trouve plus que 40 parasites sur un chimpanzé choisi au hasard ?

b) Quelle est la probabilité qu'on trouve entre 60 et 80 parasites sur deux chimpanzés choisis au hasard ?

68. Le responsable du service aux consommateurs d'une compagnie de téléphone estime que 75 % des pannes résidentielles sont réparables le même jour.

a) Sur les 20 pannes enregistrées durant une journée, quelle est la probabilité qu'au moins 13 soient réparées dans cette journée ? Quelle hypothèse pouvez-vous faire ?

b) Quel nombre de pannes peut-on espérer réparer dans une journée où on a observé 200 pannes ?

69. On tire 5 cartes d'un jeu de 52 cartes. Quelle est la probabilité :

a) d'obtenir exactement 3 cartes noires ?

b) d'obtenir exactement 2 as ?

c) d'obtenir 5 rois ?

d) de n'obtenir aucune carte de cœur ?

70. Un concessionnaire dispose de 40 voitures, dont 25 sont des compactes. Quelle est la probabilité que, sur les 10 prochaines ventes :

a) au moins 5 soient des compactes ?

b) toutes soient des compactes ?

c) entre 4 et 8 soient des compactes ?

71. Soit X : une variable de Poisson de paramètre $\lambda = 3$, et Y : une variable binomiale de paramètres $n = 20$ et $p = 0,45$. En supposant que X et Y soient indépendantes, déterminez $P(X + Y = 3)$.

72. Soit X : une variable géométrique de paramètre $p = 0,34$, Y : une variable de Poisson de paramètre $\lambda = 2,5$ et Z : une variable binomiale de paramètres $n = 10$ et $p = 0,15$. En supposant ces trois variables indépendantes, déterminez $P(X + Y + Z = 4)$.

73. Dans une certaine population, 0,4 % des personnes sont de type sanguin AB. Dans la dernière semaine, 250 personnes ont fait un don de sang.

a) Parmi ces 250 personnes, quelle est l'espérance du nombre de personnes de type AB ?

b) Quelle est l'approximation de la probabilité qu'au moins 14 de ces 250 personnes soient de type AB ? (Justifiez les étapes de vos calculs.)

74. Des moustiques volent dans une pièce. Chaque insecte quitte la pièce indépendamment des autres avec une probabilité de 0,002. Approximez la probabilité qu'exactement deux moustiques parmi les 1500 présents quittent la pièce.

75. La probabilité qu'une personne n'ayant reçu aucun traitement montre des symptômes de l'influenza est de 0,0019. Dans un échantillon de 863 personnes, approximez la probabilité qu'au moins 19 d'entre elles aient des symptômes de l'influenza.

76. Une compagnie d'assurance-vie a évalué que la probabilité qu'une personne de sexe masculin vive plus de

100 ans est de 0,0003. Approximez la probabilité que, parmi 10 000 hommes assurés avec cette compagnie, plus de 2 hommes vivent plus de 100 ans.

77. Le pourcentage de défectuosité dans une chaîne de montage est égal à 0,006. Parmi 100 articles choisis au hasard, déterminez la probabilité qu'il y ait :

a) exactement un article défectueux ;

b) au moins deux articles défectueux.

c) Recalculez les probabilités en a) et en b) en utilisant l'approximation de Poisson, puis commentez votre résultat.

78. Dans une population, on observe un bébé albinos toutes les 25 000 naissances.

a) Quelle est la probabilité approximative qu'il y ait au moins 5 bébés albinos dans les 100 000 prochaines naissances ?

b) Quelle est la probabilité approximative qu'il y ait entre 4 et 8 bébés albinos dans les 125 000 prochaines naissances ?

79. Dans un grand hôtel, le nombre de chambres vacantes par jour est de 32 en moyenne. Quelle est la probabilité que jeudi prochain, il y ait au moins 25 chambres vacantes ?

80. Mohammed et Gilles jouent une série de parties de backgammon jusqu'à ce que l'un d'eux en ait gagné 5. Supposons que la probabilité que Mohammed gagne soit égale à 0,54 et que les parties soient indépendantes.

a) Déterminez la probabilité que la série finisse à la huitième partie.

b) Si la série finit à la huitième partie, quelle est la probabilité que Gilles l'emporte ?

81. Les tremblements de terre au Japon se produisent en moyenne 5 fois par semaine et se distribuent selon une loi de Poisson. Quelle est la probabilité que l'on observe, au Japon, au moins 4 tremblements de terre durant une période de 10 jours ?

82. Pour estimer le nombre de truites dans un lac, on pêche 50 truites, on les marque et on les remet dans le lac. Plus tard, on pêche de nouveau 50 truites et on note que 2 d'entre elles sont marquées. À partir de cette expérience, estimez le nombre de truites dans ce lac (cette méthode est une version simple de ce qu'on appelle « estimation par capture-recapture »).

Indice : Soit n : le nombre de truites à estimer, et p_n : la probabilité d'avoir 2 truites marquées parmi les 50 qui sont pêchées. Trouvez la valeur n qui maximise p_n.

CHAPITRE 4

Les variables aléatoires continues

À la fin de ce chapitre, vous serez en mesure:

- de connaître les variables aléatoires continues en général;

- de distinguer les lois aléatoires continues usuelles;

- d'appliquer les lois aléatoires continues dans des contextes variés;

- de juger de la normalité ou de la non-normalité d'un ensemble de données expérimentales en utilisant des méthodes statistiques descriptives.

Pierre-Simon Laplace (1749-1827)

Né à Beaumont (Normandie),
Pierre-Simon Laplace a profondément
influencé la théorie des probabilités,
de la mécanique et des équations
différentielles. Protégé de D'Alembert,
puis de Napoléon Bonaparte, il a été élevé
au rang de marquis par Louis XVIII. Il
a établi les bases du théorème central
limite, pierre angulaire de la statistique
paramétrique.

Dans le chapitre précédent, nous avons introduit le concept de
variable aléatoire générale et traité des variables aléatoires discrètes. Ce chapitre est consacré aux variables aléatoires continues. Nous allons d'abord en faire une description générale, puis en
présenter les applications les plus usuelles. Les démonstrations feront
appel au calcul intégral, un préalable au cours de probabilités et statistiques dans les programmes de sciences de la nature et de sciences,
lettres et arts. Cependant, le contenu de ce chapitre peut également
servir aux étudiants dont le programme ne met pas l'accent sur les
démonstrations de théorèmes.

4.1 Quelques généralités sur les variables aléatoires continues

Une **variable aléatoire continue** est une variable qui peut prendre n'importe quelle valeur dans un intervalle raisonnable de l'ensemble des nombres réels $\mathbb{R}$.

À une telle variable, nous associons une fonction continue, sauf éventuellement en un nombre dénombrable de points, appelée «fonction densité de probabilité (f.d.p.) de X» et notée f_X telle que :

- $f_X(x) \geq 0$ pour tout x ;

- $\displaystyle\int_{-\infty}^{+\infty} f_X(x)\, dx = 1.$

Ces deux conditions sont semblables à celles imposées à la fonction de masse d'une variable aléatoire discrète, à cette différence que la sommation, dans ce cas, est remplacée par une intégrale.

EXEMPLE 4.1

Soit X : une variable aléatoire continue dont la fonction densité de probabilité est illustrée par le graphique suivant.

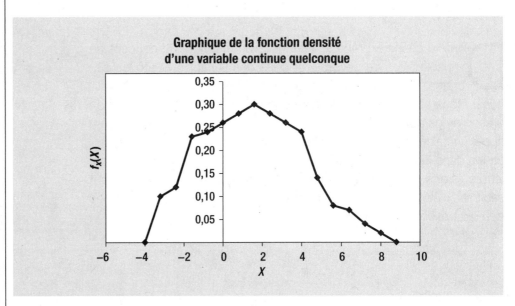

Cette fonction est positive ou nulle. Pour qu'il s'agisse d'une fonction densité de probabilité, il faut que la surface qu'elle délimite avec l'axe des x soit égale à 1.

EXEMPLE 4.2

Soit X : une variable aléatoire continue dont la fonction densité de probabilité est la suivante :

$$f_X(x) = \begin{cases} kx^3 & \text{si } 0 < x < 1 \\ 0 & \text{ailleurs} \end{cases}$$

Déterminez la valeur de k.

Réponse : Pour qu'il s'agisse d'une fonction densité de probabilité, il faut d'abord que la constante k soit positive, ce qui assure la non-négativité de f. On procède ensuite à la normalisation :

$$1 = \int_{-\infty}^{+\infty} f_X(x)\,dx = k\int_0^1 x^3\,dx = k\frac{1}{4} \Rightarrow k = 4$$

À une variable aléatoire continue X, on associe aussi une fonction de répartition, ou fonction cumulative de probabilités, notée F_X et définie comme suit :

$$F_X(a) = P(X \le a) = \int_{-\infty}^{a} f_X(x)\,dx$$

Cette fonction étant définie comme une intégrale, elle vérifie alors toutes les propriétés de l'intégrale d'une fonction positive indiquées ci-après :

- F_X est croissante et varie entre 0 et 1.
- $P(a < X \le b) = P(X \le b) - P(X \le a) = F_X(b) - F_X(a) = \int_a^b f_X(x)\,dx$ pour tout couple de réels (a, b) tels que $a \le b$.
- Si $a = b$, alors $P(X = a) = \int_a^a f_X(x)\,dx = 0$.

Selon cette dernière propriété, la possibilité que X prenne exactement une valeur donnée est nulle. Quand on travaille avec une variable aléatoire continue, les inégalités strictes ou larges deviennent identiques. On obtient donc les égalités suivantes :

$$P(a \le X \le b) = P(a < X \le b) = P(a \le X < b) = P(a < X < b)$$

EXEMPLE 4.3

Soit X : une variable aléatoire continue dont la fonction densité de probabilité est la suivante :

$$f_X(x) = \begin{cases} x & \text{si } 0 < x < 1 \\ 2 - x & \text{si } 1 \le x \le 2 \\ 0 & \text{ailleurs} \end{cases}$$

Déterminez sa fonction cumulative F_X.

Réponse : Traçons d'abord le graphique de f_X.

EXEMPLE 4.3 (*suite*)

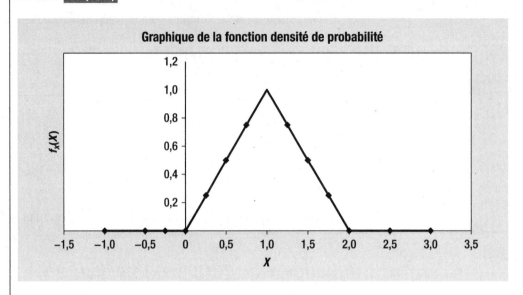

Graphique de la fonction densité de probabilité

À partir de ce graphique, nous pouvons évaluer la fonction de répartition par parties selon la position de a comme suit :

$$F_X(a) = P(X \leq a) = \int_{-\infty}^{a} f_X(x)\,dx = \begin{cases} 0 & \text{si } a \leq 0 \\ \int_0^a x\,dx = \dfrac{a^2}{2} & \text{si } 0 < a < 1 \\ \int_0^1 x\,dx + \int_1^a (2-x)\,dx & \text{si } 1 < a < 2 \\ 1 & \text{si } a \geq 2 \end{cases}$$

Le graphique de F_X est le suivant.

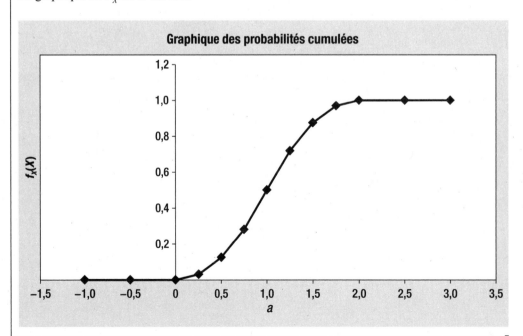

Graphique des probabilités cumulées

EXEMPLE 4.4

Soit X: une variable aléatoire continue dont la fonction densité de probabilité est la suivante:

$$f_X(x) = \begin{cases} \cos x & \text{si } 0 < x < \pi/2 \\ 0 & \text{ailleurs} \end{cases}$$

a) Déterminez sa fonction de répartition.

b) Déduisez-en $P\left(0 < X < \dfrac{\pi}{3}\right)$ et $P\left(X > \dfrac{\pi}{4}\right)$.

Réponse: Traçons d'abord le graphique de la fonction densité de probabilité de cette variable.

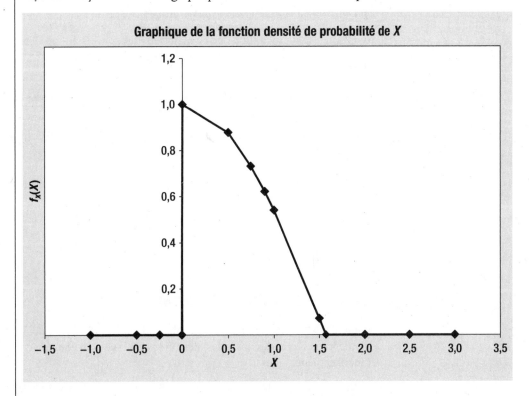

Graphique de la fonction densité de probabilité de X

a) $F_X(a) = P(X \le a) = \begin{cases} 0 & \text{si } a \le 0 \\ \displaystyle\int_0^a \cos x\, dx = \sin a & \text{si } 0 < a < \dfrac{\pi}{2} \\ 1 & \text{si } a \ge \dfrac{\pi}{2} \end{cases}$

b) $P\left(0 < X < \dfrac{\pi}{3}\right) = F_X\left(\dfrac{\pi}{3}\right) - F_X(0) = \sin\left(\dfrac{\pi}{3}\right) = 0,866$ et

$P\left(X > \dfrac{\pi}{4}\right) = 1 - P\left(X \le \dfrac{\pi}{4}\right) = 1 - F_X\left(\dfrac{\pi}{4}\right) = 1 - \sin\left(\dfrac{\pi}{4}\right) = 0,2929$

REMARQUE

Soit X: une variable aléatoire continue dont on connaît seulement la fonction de répartition F_X. Puisque par définition nous savons que $F_X(x) = P(X \le x) = \int_{-\infty}^{x} f_X(t)dt$, alors $F'_X(x) = f_X(x)$.

EXEMPLE 4.5

La fonction de répartition d'une variable aléatoire continue X qui donne la durée de vie (en années) d'un certain matériau est:

$$F_X(x) = \begin{cases} 1 - \dfrac{16}{x^2} & \text{lorsque } x \ge 4 \\ 0 & \text{ailleurs} \end{cases}$$

a) Déterminez la fonction densité de probabilité de X.

b) Quelle est la probabilité que ce matériau dure entre 7 ans et 10 ans?

Réponse:

a) La fonction densité de probabilité de la variable aléatoire X est:

$$f_X(x) = F'_X(x) = \begin{cases} \dfrac{32}{x^3} & \text{lorsque } x \ge 4 \\ 0 & \text{ailleurs} \end{cases}$$

b) $P(7 \le X \le 10) = F_X(10) - F_X(7) = \left(1 - \dfrac{16}{100}\right) - \left(1 - \dfrac{16}{49}\right)$

$$= 0,1665$$

4.2 L'espérance mathématique

Comme nous l'avons fait avec les variables aléatoires discrètes, nous allons définir les mesures de tendance centrale des variables aléatoires continues, en commençant par la moyenne ou l'espérance mathématique.

Soit X: une variable aléatoire continue dont la fonction densité de probabilité est f_X. On appelle «espérance mathématique» ou simplement «moyenne de X» la quantité:

$$\mu_X = E(X) = \int_{-\infty}^{+\infty} x f_X(x)\, dx$$

REMARQUE

Le calcul de l'intégrale précédente n'est possible que si la fonction densité de probabilité n'est pas nulle.

Nous allons illustrer le calcul de l'espérance mathématique en reprenant la fonction densité de probabilité des exemples précédents.

EXEMPLE 4.6

Dans l'exemple 4.3 (*voir la page 129*), on avait :

$$f_X(x) = \begin{cases} x & \text{si } 0 < x < 1 \\ 2 - x & \text{si } 1 \le x \le 2 \\ 0 & \text{ailleurs} \end{cases}$$

Alors, $\mu_X = E(X) = \int_{-\infty}^{+\infty} x f_X(x)\,dx = \int_0^1 x^2\,dx + \int_1^2 x(2-x)\,dx = \dfrac{1}{3} + \dfrac{2}{3} = 1.$

EXEMPLE 4.7

Dans l'exemple 4.4 (*voir la page 131*), on avait :

$$f_X(x) = \begin{cases} \cos x & \text{si } 0 < x < \pi/2 \\ 0 & \text{ailleurs} \end{cases}$$

Donc :

$$\mu_X = E(X) = \int_{-\infty}^{+\infty} x f_X(x)\,dx = \int_0^{\pi/2} x\cos x\,dx = \Big[x\sin x + \cos x \Big]_0^{\pi/2} = \frac{\pi}{2} - 1$$

cette intégrale se calculant par parties.

L'espérance mathématique d'une variable aléatoire continue possède les mêmes propriétés que celle d'une variable aléatoire discrète ; seule la façon de la calculer diffère. En particulier, si X est une variable aléatoire continue et que l'on pose $Y = a + bX$, alors $\mu_Y = a + b \times \mu_X$. On peut aussi calculer l'espérance mathématique de n'importe quelle autre variable $Y = g(X)$ en utilisant la relation générale $E(Y) = \int_{-\infty}^{+\infty} g(x) f_X(x)\,dx$.

EXEMPLE 4.8

En reprenant la variable X dont la fonction densité de probabilité est :

$$f_X(x) = \begin{cases} x & \text{si } 0 < x < 1 \\ 2 - x & \text{si } 1 \le x \le 2 \\ 0 & \text{ailleurs} \end{cases}$$

calculez l'espérance de $Y = g(X) = \sqrt{X}$.

Réponse :

$$\mu_Y = E(Y) = \int_{-\infty}^{+\infty} g(x) f_X(x)\,dx = \int_0^1 x\sqrt{x}\,dx + \int_1^2 \sqrt{x}(2-x)\,dx$$

$$= \int_0^1 x^{3/2}\,dx + 2\int_1^2 \sqrt{x}\,dx - \int_1^2 x^{3/2}\,dx = 0{,}9752$$

4.3 La variance et l'écart-type

Nous allons maintenant définir les deux principales mesures de dispersion d'une variable aléatoire continue, soit la variance et l'écart-type.

Soit X : une variable aléatoire continue ayant une fonction densité de probabilité f_X. On appelle « variance de X » la quantité suivante :

$$\text{var}(X) = \sigma_X^2 = E(X^2) - [E(X)]^2, \text{ où } E(X^2) = \int_{-\infty}^{+\infty} x^2 f_X(x)\, dx$$

Nous allons illustrer le calcul de la variance à partir des fonctions densité de probabilité vues précédemment.

EXEMPLE 4.9

On a :

$$f_X(x) = \begin{cases} x & \text{si } 0 < x < 1 \\ 2 - x & \text{si } 1 \leq x \leq 2 \\ 0 & \text{ailleurs} \end{cases}$$

Alors :

$$E(X^2) = \int_{-\infty}^{+\infty} x^2 f_X(x)\, dx = \int_0^1 x^3\, dx + \int_1^2 x^2 (2-x)\, dx = \frac{7}{6}$$

d'où :

$$\text{var}(X) = \sigma_X^2 = \frac{7}{6} - 1 = \frac{1}{6}$$

EXEMPLE 4.10

On a :

$$f_X(x) = \begin{cases} \cos x & \text{si } 0 < x < \pi/2 \\ 0 & \text{ailleurs} \end{cases}$$

Alors, après deux intégrations par parties, on obtient :

$$E(X^2) = \int_{-\infty}^{+\infty} x^2 f_X(x)\, dx = \int_0^{\pi/2} x^2 \cos x\, dx = \frac{\pi^2}{4} - 2$$

d'où :

$$\text{var}(X) = \sigma_X^2 = \left(\frac{\pi^2}{4} - 2 \right) - \left(\frac{\pi}{2} - 1 \right)^2 = \pi - 3$$

Comme pour une variable aléatoire discrète, l'écart-type d'une variable aléatoire continue est égal à la racine carrée de sa variance. On le note $\sigma_X = \sqrt{\text{var}(X)}$.

EXEMPLE 4.11

Dans les exemples 4.9 et 4.10, les écarts-types sont respectivement $\sqrt{\dfrac{1}{6}}$ et $\sqrt{\pi - 3}$.

REMARQUE

Les propriétés de la variance et de l'écart-type d'une variable aléatoire continue sont les mêmes que pour une variable aléatoire discrète. Seules les façons de les calculer diffèrent.

4.4 La médiane et les quartiles

Nous allons maintenant définir les mesures de position d'une variable aléatoire continue, en particulier la médiane, les quartiles et les centiles.

La médiane de la distribution de X est une valeur notée $m = Med(X)$ ou $\tilde{x}$, telle que $F_X(m) = 0{,}50$.

EXEMPLE 4.12

Reprenons l'exemple 4.3 (*voir la page 129*). On constate que $F_X(a) = 0{,}50$ lorsque $a = 1$; donc, la médiane de la distribution de cette variable est $m = Med(X) = 1$.

EXEMPLE 4.13

Reprenons à présent l'exemple 4.4 (*voir la page 131*). On a :

$$F_X(a) = P(X \leq a) = \begin{cases} 0 & \text{si } a \leq 0 \\ \int_0^a \cos x \; dx = \sin a & \text{si } 0 < a < \dfrac{\pi}{2} \\ 1 & \text{si } a \geq \dfrac{\pi}{2} \end{cases}$$

La médiane m de la distribution de cette variable est telle que $F_X(m) = \sin(m) = 0{,}50$; donc, $m = \arcsin(0{,}50) = 0{,}5236 \text{ rad} = \pi/6$.

D'une façon générale, on appelle le « $n$ième centile de X » une valeur notée C_n telle que $F_X(C_n) = n\,\%$.

Soit X : une variable aléatoire continue ayant F_X comme fonction cumulative de probabilités. Nous pouvons alors déterminer tous les quantiles de cette variable d'une façon immédiate avec la fonction de répartition.

EXEMPLE 4.14

Calculons quelques quartiles et centiles à partir des données de l'exemple 4.3 (*voir la page 129*).

a) Les quartiles :

   Le premier quartile, Q_1, est la valeur de X où la fonction de répartition atteint 25 %, ce qui donne :

$$F_X(Q_1) = \frac{Q_1^2}{2} = 0{,}25$$

   donc, $Q_1 = \sqrt{0{,}5} = 0{,}7071$.

EXEMPLE 4.14 (*suite*)

Le deuxième quartile correspond à la médiane, déjà calculée.

Le troisième quartile, Q_3, est la valeur de X où la fonction de répartition atteint 75%, ce qui donne :

$$F_X(Q_3) = 1 - \frac{(2 - Q_3)^2}{2} = 0,75$$

donc, $Q_3 = 2 - \sqrt{0,5} = 1,2929$.

b) Les centiles :

Le 65e centile, noté C_{65}, est tel que :

$$F_X(C_{65}) = 1 - \frac{(2 - C_{65})^2}{2} = 0,65$$

donc, $C_{65} = 2 - \sqrt{0,70} = 1,1633$.

Comme nous l'avons fait pour les variables aléatoires discrètes, nous allons à présent passer en revue les lois continues les plus courantes.

4.5 La loi continue uniforme

La loi continue la plus simple, appelée « loi uniforme continue », permet de gérer les phénomènes aléatoires continus qui se produisent dans un intervalle fini et dont tous les résultats possibles ont les mêmes chances de se produire. On appelle **loi** (ou variable) **continue uniforme** sur un intervalle $[a, b]$ toute variable X dont la fonction densité de probabilité est constante à l'intérieur de cet intervalle et nulle ailleurs, c'est-à-dire que :

$$f_X(x) = \begin{cases} h & \text{si } a < x < b \\ 0 & \text{ailleurs} \end{cases}$$

Pour qu'il s'agisse d'une fonction densité, il faut que h soit positif et que :

$$\int_{-\infty}^{+\infty} f_X(x)\, dx = \int_a^b h\, dx$$
$$= h(b - a) = 1$$

Il faut donc que :

$$h = \frac{1}{b - a}$$

Ainsi, la fonction densité de probabilité est égale à :

$$f_X(x) = \begin{cases} \dfrac{1}{b - a} & \text{si } a < x < b \\ 0 & \text{ailleurs} \end{cases}$$

Une telle variable est notée *Unif*($[a, b]$) ou simplement $U(a, b)$. Elle est aussi appelée « variable rectangulaire » par allusion à la forme du graphique de sa fonction densité de probabilité. Voici la courbe d'une loi uniforme $U(10, 30)$.

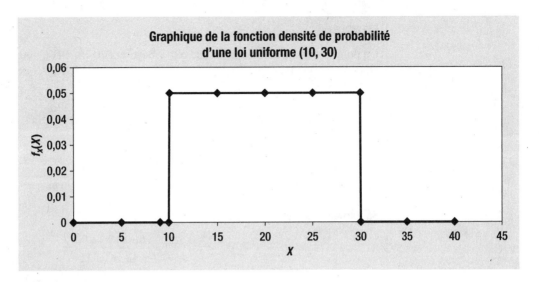

**Graphique de la fonction densité de probabilité
d'une loi uniforme (10, 30)**

THÉORÈME 4.1

Soit X: une variable continue uniforme $U(a, b)$; alors:

$$\mu_X = E(X) = \frac{a+b}{2} \text{ et } \sigma_X^2 = \text{var}(X) = \frac{(b-a)^2}{12}$$

Preuve: X suivant $U(a, b)$, alors:

$$f_X(x) = \begin{cases} \dfrac{1}{b-a} & \text{si } a < x < b \\ 0 & \text{ailleurs} \end{cases}$$

et:

$$\mu_X = E(X) = \int_{-\infty}^{+\infty} x f_X(x)\, dx = \frac{1}{b-a} \int_a^b x\, dx = \frac{b+a}{2}$$

D'autre part:

$$E(X^2) = \int_{-\infty}^{+\infty} x^2 f_X(x)\, dx = \frac{1}{b-a} \int_a^b x^2\, dx = \frac{b^2 + ab + a^2}{3}$$

d'où:

$$\sigma_X^2 = \text{var}(X) = E(X^2) - \left[E(X) \right]^2 = \frac{b^2 + ab + a^2}{3} - \left(\frac{b+a}{2} \right)^2 = \frac{(b-a)^2}{12}$$

La fonction cumulative de probabilités (ou fonction de répartition) d'une variable X continue uniforme $U(a, b)$ est la suivante:

$$F_X(c) = P(X \le c) = \int_{-\infty}^{c} f_X(x)\, dx = \begin{cases} 0 & \text{si } c < a \\ \dfrac{c-a}{b-a} & \text{si } a < c < b \\ 1 & \text{si } c \ge b \end{cases}$$

Nous pouvons utiliser cette fonction de répartition pour calculer n'importe quelle probabilité qui porte sur X. Par exemple, pour tout couple (c, d) dans l'intervalle (a, b), nous obtenons:

$$P(c \le X \le d) = F_X(d) - F_X(c) = \frac{d-c}{b-a}$$

EXEMPLE 4.15

Un point est choisi au hasard sur une règle mesurant 20 cm. Si on note X la position de ce point, alors X suit une loi continue $U(0, 20)$, dont la fonction densité de probabilité est la suivante :

$$f_X(x) = \begin{cases} \dfrac{1}{20} & \text{si } 0 < x < 20 \\ 0 & \text{ailleurs} \end{cases}$$

On obtient alors :

$$\mu_X = E(x) = \frac{b+a}{2} = \frac{20}{2} = 10 \text{ cm}$$

Sa variance est égale à :

$$\sigma_X^2 = \text{var}(X) = \frac{(b-a)^2}{12} = \frac{400}{12} = 33{,}33$$

et son écart-type est $\sigma_X = \sqrt{33{,}33} = 5{,}77$ cm. Si on voulait évaluer des probabilités de X, à titre d'exemple, on pourrait calculer :

$$P(5 < X < 15) = \frac{15-5}{20-0} = \frac{1}{2}$$

et

$$P(X > 18) = 1 - P(X < 18) = 1 - F_X(18) = 1 - \frac{18}{20} = 0{,}1$$

EXEMPLE 4.16

Chaque matin, vous arrivez à 8 h à votre arrêt d'autobus. L'heure de passage de l'autobus suit une loi uniformément distribuée entre 8 h et 8 h 30.

a) Quelle est la probabilité que l'autobus passe entre 8 h 10 et 8 h 15 une journée donnée ?

b) Sachant que vous attendez l'autobus depuis 10 minutes, quelle est la probabilité qu'il vous reste moins de 8 minutes à attendre ?

Réponse : Soit X : l'heure de passage de l'autobus. Alors, X suit une loi $U(0, 30)$.

a) $P(10 < X < 15) = \dfrac{15-10}{30}$

$\qquad\qquad\qquad = \dfrac{1}{6}$

b) $P(X < 18 | X > 10) = \dfrac{P(X < 18) \cap (X > 10)}{P(X > 10)}$

$\qquad\qquad\qquad = \dfrac{P(10 < X < 18)}{P(X > 10)}$

$\qquad\qquad\qquad = \dfrac{P(X < 18) - P(X < 10)}{1 - P(X < 10)}$

$\qquad\qquad\qquad = \dfrac{\dfrac{(18-10)}{30}}{1 - \dfrac{10}{30}} = \dfrac{8}{20} = 0{,}4$

4.6 La loi exponentielle

La **loi exponentielle** est une variable aléatoire continue étroitement liée à la variable de Poisson qui, elle, est discrète. Soit Y : une variable aléatoire distribuée selon un processus de Poisson de paramètre λ. Cette variable, qui fait office de compteur, indique le nombre de fois qu'un phénomène s'est produit. Par exemple, s'il s'agit d'un phénomène qui se produit dans le temps, nous pouvons le schématiser comme suit.

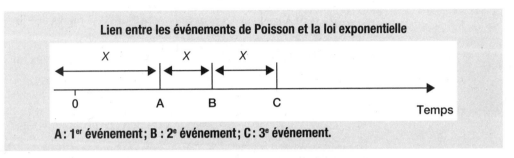

Lien entre les événements de Poisson et la loi exponentielle

A : 1er événement ; B : 2e événement ; C : 3e événement.

Si on définit X comme étant le temps qui sépare deux événements de Poisson consécutifs, on obtient le théorème 4.2.

THÉORÈME 4.2

Cette variable aléatoire X continue est distribuée selon une loi appelée « loi exponentielle de paramètre λ ». Sa fonction densité de probabilité est notée $\text{Exp}(\lambda)$:

$$f_X(x) = \begin{cases} \lambda e^{-\lambda x} & \text{si } x > 0 \\ 0 & \text{sinon} \end{cases}$$

Preuve : Supposons qu'un événement obéissant à un processus de Poisson Y se soit produit à un instant b, et soit l'intervalle $[b, b + x]$ où $x > 0$; d'autre part, soit X : une variable aléatoire qui représente le temps séparant deux événements consécutifs. Alors, $X > x$ signifie qu'il n'y a pas eu un tel événement dans l'intervalle $]b, b + x]$. Ainsi, $P(X > x) = P(Y = 0) = e^{-\lambda x}$; par conséquent, la fonction de répartition de la variable X est $F_X(x) = P(X \leq x) = 1 - P(X > x) = 1 - e^{-\lambda x}$ et, par suite, la fonction densité de probabilité de X est $f_X(x) = F'_X(x) = \lambda e^{-\lambda x}$ pour tout $x > 0$.

Voici la courbe d'une loi exponentielle avec $\lambda = 10$.

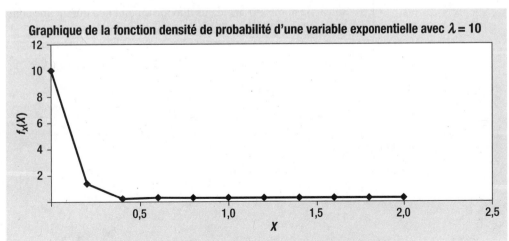

Graphique de la fonction densité de probabilité d'une variable exponentielle avec $\lambda = 10$

Propriété :

Soit X : une variable aléatoire distribuée selon une loi Exp(λ). Alors :

$$\mu_X = E(X) = \frac{1}{\lambda}, \ \text{var}(X) = \sigma_X^2 = \frac{1}{\lambda^2} \ \text{et} \ P(X > a) = e^{-\lambda a} \ \text{pour tout} \ a > 0$$

Preuve :

$$\mu_X = E(X) = \int_{-\infty}^{+\infty} x f_X(x) \, dx = \int_0^{+\infty} x \lambda e^{-\lambda x} \, dx = \frac{1}{\lambda} \ \text{(après une intégration par parties)}$$

$$E(X^2) = \int_{-\infty}^{+\infty} x^2 f_X(x) \, dx = \int_0^{+\infty} x^2 \ \lambda e^{-\lambda x} \, dx = \frac{2}{\lambda^2} \ \text{(après deux intégrations par parties)}$$

d'où :

$$\sigma_X^2 = \text{var}(X) = E(X^2) - \left[E(X)\right]^2 = \frac{1}{\lambda^2}$$

Maintenant, avec un nombre réel positif ($a > 0$), on obtient :

$$P(X > a) = \int_a^{+\infty} f_X(x) \, dx = \int_a^{+\infty} \lambda e^{-\lambda x} \, dx = e^{-\lambda a}$$

REMARQUE

La loi exponentielle est d'une grande importance pour les étudiants en génie électrique, informatique ou civil, car elle est couramment utilisée dans l'étude de la fatigue des instruments et dans la modélisation de la durée de vie de tout système avec partage de ressources.

EXEMPLE 4.17

Dans une certaine région, les accidents d'avion se produisent selon un processus de Poisson de moyenne $\lambda = 2,5$ accidents par année.

a) Quelle est la probabilité que, durant une année, on observe au moins trois accidents d'avion dans cette région ?

b) Quelle est la probabilité que le temps qui séparera les deux prochains accidents d'avion dans cette région soit inférieur à quatre mois ?

Réponse :

a) Soit X : le nombre d'accidents d'avion qui ont lieu durant une année dans cette région ; alors, X est une variable de Poisson de paramètre $\lambda = 2,5$.

$$P(X \geq 3) = 1 - P(X \leq 2) = 1 - \left[P(X = 0) + P(X = 1) + P(X = 2)\right] = 1 - e^{-\lambda}\left[1 + \lambda + \frac{\lambda^2}{2!}\right]$$

$$= 0,4562$$

EXEMPLE 4.17 (*suite*)

b) Soit maintenant Y : une variable qui mesure le temps qui sépare deux accidents d'avion consécutifs dans cette région. Alors, Y obéit à une loi exponentielle de paramètre $\lambda = 2,5$. On calcule la probabilité que Y soit inférieure à quatre mois, soit un tiers d'année :

$$P\left(Y < \frac{1}{3}\right) = 1 - P\left(Y > \frac{1}{3}\right) = 1 - e^{-\lambda/3} = 1 - e^{-2,5/3} = 0,5654$$

d'après l'une des propriétés de la variable exponentielle.

EXEMPLE 4.18

Les données statistiques montrent que la moyenne des décès dans un centre d'hébergement de longue durée est de 0,1 par jour selon un processus de Poisson. Si une personne est décédée aujourd'hui, quelle est la probabilité que le prochain décès ait lieu dans plus de deux semaines ?

Réponse : Soit X : le temps (en jours) entre deux décès consécutifs ; alors, X obéit à une loi exponentielle de paramètre $\lambda = 0,1$. On calcule $P(X > 14) = e^{-14\lambda} = e^{-1,4} = 0,2466$.

4.7 La loi normale

La loi normale est la loi continue la plus importante dans l'étude de tous les phénomènes aléatoires. Il en sera question au chapitre 5, lors de la formulation du célèbre théorème central limite à la base de toute la théorie de la statistique paramétrique. Cette loi sert à modéliser les phénomènes qui découlent de plusieurs événements aléatoires ; par exemple, toutes les variables de métabolisme de base de l'être vivant sont censées être normalement distribuées (poids, taille, taux de cholestérol…). Elle a été élaborée par Abraham de Moivre (1667-1754), qui étudiait le comportement d'une loi binomiale quand n devient de plus en plus grand. Ce sont Pierre-Simon Laplace (1749-1827) et Carl Friedrich Gauss (1777-1855) qui l'ont formalisée. C'est pour cette raison qu'on l'appelle parfois « loi de Laplace-Gauss ». Nous allons la décrire sous une forme particulière et sous une forme générale.

4.7.1 La loi normale centrée et réduite

Aussi appelée « variable normale standard », une variable aléatoire continue Z est dite « normalement distribuée centrée et réduite » si son espérance est nulle et sa variance, égale à l'unité, soit $\mu_Z = 0$ et $\sigma_Z^2 = 1$. Alors, sa fonction densité de probabilité est :

$$f_Z(z) = \frac{1}{\sqrt{2\pi}} e^{-\frac{z^2}{2}} \quad \text{pour tout } z \in \mathbb{R}$$

et présente un graphique en forme en cloche et symétrique par rapport à l'axe des ordonnées, comme illustré ci-après (*voir la page suivante*).

Pour la fonction densité de probabilité, la surface que la courbe délimite avec l'axe horizontal est égale à 1 et, en raison de la symétrie de part et d'autre de l'axe vertical (à 0), la surface qu'elle délimite avec cet axe est égale à 0,50. Cette variable normale centrée et réduite Z est notée $N(0, 1)$. Il existe une table qui indique les valeurs de sa fonction cumulative de probabilités (*voir la page 290*):

$$F_Z(t) = P(Z < t) = \int_{-\infty}^{t} f_Z(z)\, dz = \Phi(t)$$

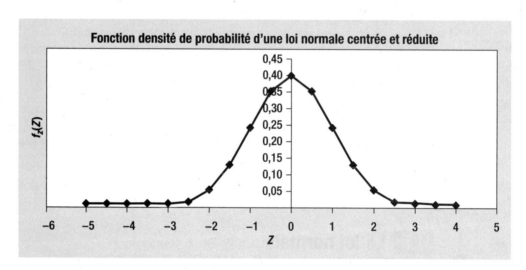

Fonction densité de probabilité d'une loi normale centrée et réduite

En raison de la symétrie de cette fonction cumulative, on obtient, pour tout $t > 0$, la relation $\Phi(-t) = 1 - \Phi(t)$.

EXEMPLE 4.19

Soit Z: une variable $N(0, 1)$. Évaluez les probabilités suivantes.

a) $P(0,17 < Z < 1,18)$

b) $P(-0,25 < Z < 2,14)$

c) $P(Z > 1,04)$

d) $P(-2,13 < Z < -1,15)$

Réponse: On consulte la table Fonction cumulative de la variable normale centrée et réduite (*voir la page 290*).

a) $P(0,17 < Z < 1,18) = \Phi(1,18) - \Phi(0,17) = 0,8810 - 0,5675 = 0,3135$

b) $\begin{aligned} P(-0,25 < Z < 2,14) &= \Phi(2,14) - \Phi(-0,25) \\ &= \Phi(2,14) - (1 - \Phi(0,25)) \\ &= \Phi(2,14) - 1 + \Phi(-0,25) \\ &= 0,9838 - 1 + 0,5987 = 0,5825 \end{aligned}$

c) $P(Z > 1,04) = 1 - P(Z < 1,04) = 1 - \Phi(1,04) = 1 - 0,8508 = 0,1492$

EXEMPLE 4.19 (*suite*)

d) $P(-2,13 < Z < -1,15) = \Phi(-1,15) - \Phi(-2,13)$
$$= (1 - \Phi(1,15)) - (1 - \Phi(2,13))$$
$$= \Phi(2,13) - \Phi(1,15)$$
$$= 0,9834 - 0,8749 = 0,1085$$

EXEMPLE 4.20

Soit Z : une variable $N(0, 1)$. Déterminez la valeur de a telle que :

a) $\Phi(a) = P(Z < a) = 0,87$;

b) $\Phi(a) = P(Z < a) = 0,14$;

c) $P(-a < Z < a) = 0,95$.

Réponse : On consulte la table Fonction cumulative de la variable normale centrée et réduite (*voir la page 290*).

a) Puisque $\Phi(a) > 0,50$, cela signifie que $a > 0$; on cherche donc, à l'intérieur de la table, la probabilité 0,87. Mais n'y figurent que deux valeurs qui l'entourent, soit 0,8686, qui correspond à $z_1 = 1,12$, et 0,8708, qui correspond à $z_2 = 1,13$.

Alors, la valeur qu'on cherche est égale à leur moyenne :

$$a = \frac{1,12 + 1,13}{2} = 1,125$$

Cela ne nécessite pas une interpolation entre les valeurs indiquées dans la table.

b) Ici, $\Phi(a) < 0,50$; cela signifie que a est négatif ; $-a$ est donc positif.

En utilisant la relation de symétrie de la fonction, on obtient $\Phi(-a) = 1 - \Phi(a) = 0,86$ et, en reproduisant la démarche suivie en a), on obtient $-a = 1,085$; donc, $a = -1,085$.

c) $P(-a < Z < a) = \Phi(a) - \Phi(-a) = 2\Phi(a) - 1 = 0,95$; donc, $\Phi(a) = 0,975$ et, en reproduisant la démarche suivie en a), on obtient $a = 1,96$.

4.7.2 La loi normale générale

Dans la pratique, les variables normales que nous manipulons ne sont ni centrées ni réduites, si bien qu'il n'est pas possible de se servir de tables similaires à celle que nous avons utilisée dans la section 4.7.1. Nous allons donc trouver un artifice de calcul qui nous permettra de transformer une loi normale générale en une loi centrée et réduite afin de pouvoir utiliser de telles tables.

On dit qu'une variable aléatoire continue X est normalement distribuée avec une moyenne μ_X et une variance σ_X^2, que l'on note $N(\mu_X, \sigma_X^2)$, lorsque sa fonction densité est égale à :

$$f_X(x) = \frac{1}{\sigma_X \sqrt{2\pi}} e^{-\frac{(x - \mu_X)^2}{2\sigma_X^2}}$$

pour tout x réel.

Le graphique suivant illustre la fonction densité de probabilité d'une loi normale de moyenne $\mu_X = 80$ et de variance $\sigma_X^2 = 81$.

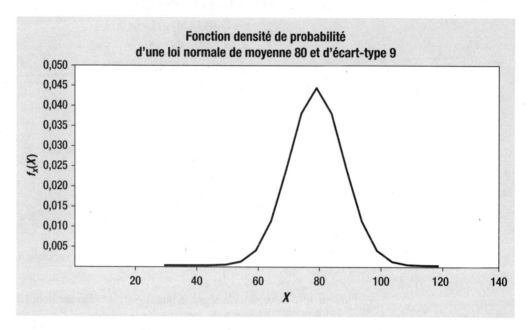

Nous avons vu précédemment que, pour manipuler une variable aléatoire normale centrée et réduite sans l'aide d'outils technologiques, nous avons besoin d'une table qui indique les valeurs de la fonction cumulative de cette loi. Cependant, il deviendrait fastidieux de constamment faire appel à de telles tables pour toutes les lois normales quelconques. Il faut donc savoir comment passer d'une loi normale générale à une loi normale centrée et réduite, pour ensuite utiliser la table fournie dans l'annexe.

Le théorème 4.3 décrit cette démarche.

THÉORÈME 4.3

Soit X: une variable aléatoire $N(\mu_X,\ \sigma_X^2)$.

En posant:

$$Z = \frac{X - \mu_X}{\sigma_X}$$

on transforme la variable X en une variable centrée et réduite $N(0, 1)$. On dit qu'on a «standardisé» la variable X.

REMARQUE

Lorsqu'on utilise des outils technologiques, il n'est pas nécessaire de standardiser des variables normales générales, puisque cette opération y est déjà programmée.

EXEMPLE 4.21

Soit X: une variable normalement distribuée de moyenne $\mu_X = 87$ et d'écart-type $\sigma_X = 9$.

Déterminez les probabilités suivantes.

a) $P(75 < X < 90)$

b) $P(X > 70)$

Réponse: On consulte la table Fonction cumulative de la variable normale centrée et réduite (*voir la page 290*).

a)
$$P(75 < X < 90) = P\left(\frac{75-87}{9} < \frac{X-87}{9} < \frac{90-87}{9}\right)$$
$$= P(-1,33 < Z < 0,33)$$
$$= \Phi(0,33) - \Phi(-1,33)$$
$$= \Phi(0,33) - 1 + \Phi(1,33)$$
$$= 0,6293 - 1 + 0,9082$$
$$= 0,5375$$

b)
$$P(X > 70) = 1 - P(X < 70)$$
$$= 1 - P\left(\frac{X-87}{9} < \frac{70-87}{9}\right)$$
$$= 1 - P(Z < -1,89)$$
$$= 1 - \Phi(-1,89)$$
$$= \Phi(1,89)$$
$$= 0,9706$$

REMARQUE

Une calculatrice TI-83 (ou un modèle plus performant) ou le logiciel R pourraient donner des résultats légèrement différents. La différence s'explique par les arrondissements effectués lors de la standardisation de la variable normale.

EXEMPLE 4.22

Dans une certaine population, le quotient intellectuel est normalement distribué avec une moyenne de 125 et un écart-type de 15.

a) Déterminez le pourcentage de cette population dont le quotient intellectuel est compris entre 110 et 160.

b) Une secte, qui recrute ses membres dans cette population, prétend qu'elle les choisit parmi les 5 % ayant le quotient intellectuel le plus élevé. Si cette prétention est vraie, quel est le quotient intellectuel minimum requis pour faire partie de cette secte?

EXEMPLE 4.22 (*suite*)

Réponse: On consulte la table Fonction cumulative de la variable normale centrée et réduite (*voir la page 290*).

Soit X: le quotient intellectuel de la population; alors, X est $N(125, 15^2)$.

a) $P(110 < X < 160) = P\left(\dfrac{110-125}{15} < Z < \dfrac{160-125}{15}\right)$

$= P(-1 < Z < 2,33)$

$= \Phi(2,33) - \Phi(-1)$

$= \Phi(2,33) - 1 + \Phi(1)$

$= 0,8314 = 83,14\ \%$

b) Ici, on cherche une valeur a telle que $P(X > a) = 0,05$, ce qui est équivalent à $P(X < a) = 0,95$, ou, en standardisant, on obtient:

$$\left(\dfrac{X-125}{15} < \dfrac{a-125}{15}\right) = P(Z < b) = 0,95 \text{ avec } b = \dfrac{a-125}{15}$$

Selon la table, b correspond à $1,645$; donc, $a = 125 + 15 \times 1,645 = 149,675$.

EXEMPLE 4.23

Une machine fabrique des tiges métalliques dont le diamètre est normalement distribué avec une moyenne de 150 mm et un écart-type de 0,15 mm.

a) Si on sélectionne au hasard une tige fabriquée par cette machine, quelle est la probabilité que son diamètre soit compris entre 149,7 mm et 150,3 mm?

b) Si on sélectionne au hasard 20 tiges parmi les tiges produites par cette machine, quelle est la probabilité que le diamètre d'exactement 17 d'entre elles soit compris entre 149,7 mm et 150,3 mm?

Réponse: On consulte la table Fonction cumulative de la variable normale centrée et réduite de l'annexe (*voir la page 290*).

Soit X: le diamètre d'une tige choisie au hasard; alors, X est $N(150; 0,15^2)$.

a) $P(149,7 < X < 150,3) = P\left(\dfrac{149,7-150}{0,15} < Z < \dfrac{150,3-150}{0,15}\right)$

$= \Phi(2) - \Phi(-2)$

$= 2\Phi(2) - 1 = 0,9544$

b) Si on pose p, la probabilité calculée en a), et Y: le nombre de tiges dont le diamètre est compris entre 149,7 mm et 150,3 mm parmi les 20 choisies au hasard, alors Y est une variable binomiale de paramètres $n = 20$ et $p = 0,9544$. On trouve alors:

$$P(Y = 17) = \binom{20}{17}(0,9544)^{17}(0,0456)^3 = 0,048\,89$$

> **THÉORÈME 4.4**
>
> Soit $X_1, X_2, \ldots, X_n$: n variables aléatoires indépendantes et normalement distribuées de moyennes respectivement égales à $\mu_1, \mu_2, \ldots, \mu_n$ et de variances respectivement égales à $\sigma_1^2, \sigma_2^2, \ldots, \sigma_n^2$. Alors, leur somme $S = X_1 + X_2 + \cdots + X_n$ est aussi normalement distribuée de moyenne $\mu_S = \mu_1 + \mu_2 + \cdots + \mu_n$ et de variance $\sigma_S^2 = \sigma_1^2 + \sigma_2^2 + \cdots + \sigma_n^2$.

> **EXEMPLE 4.24**
>
> Soit X : une variable $N(30, 16)$, et Y : une autre variable $N(14, 9)$; supposons ces deux variables indépendantes. Soit maintenant $T = X + Y$.
>
> Déterminez $P(T > 50)$.
>
> **Réponse :** Puisque X et Y sont indépendantes et normalement distribuées, alors T est aussi normalement distribuée de moyenne $\mu_T = 30 + 14 = 44$ et de variance $\sigma_T^2 = 16 + 9 = 25$; donc, $P(T > 50) = 0{,}1151$.

4.8 Les méthodes descriptives vérifiant la normalité d'une variable

Toutes les variables usuelles que nous avons décrites sont adaptées à des situations où il y a un problème à résoudre, que ce soit les variables discrètes du chapitre 3 ou les variables continues du présent chapitre. Jusqu'ici, à partir de la mise en situation d'un problème, nous avons pu déterminer la loi à appliquer, puis trouver sa fonction de masse ou fonction densité de probabilité, à l'exception de la variable aléatoire normale, pour laquelle nous avons obtenu la fonction densité de probabilité sans l'avoir démontrée, car nous l'avons trouvée par simulation. Et pourtant, il s'agit de la loi la plus importante en statistique. Par conséquent, il faut avoir un moyen de s'assurer de la normalité d'une variable aléatoire continue. En effet, dans la vraie vie, l'utilisateur doit lui-même déterminer la normalité ou la non-normalité de la variable qu'il manipule. C'est ce que les trois méthodes suivantes permettent de faire.

Basons-nous d'abord sur un échantillon de 100 observations prises au hasard sur la distance parcourue (en kilomètres) avec quatre litres d'essence par 100 voitures de même puissance.

40,3	45,0	40,9	41,1	48,9	40,8	34,0	41,2	46,1	40,7
36,7	41,3	45,2	40,6	36,9	40,5	37,2	41,4	41,5	37,6
44,5	40,5	41,6	37,9	44,2	40,4	41,7	41,7	44,0	38,2
40,2	41,9	40,0	41,9	39,9	42,2	42,3	39,7	39,6	39,1
42,5	43,0	39,5	38,8	42,6	43,4	39,3	38,4	42,8	43,7
40,3	40,8	36,5	40,4	44,5	40,6	40,1	42,2	42,4	43,3
45,0	35,8	41,3	37,1	41,0	41,6	41,0	42,7	43,0	39,8
41,0	41,2	44,7	41,4	41,1	41,8	39,9	39,6	40,7	38,5
41,1	44,3	40,7	41,0	37,9	44,1	42,0	39,2	38,8	43,5
43,9	40,9	36,9	37,8	43,8	38,0	40,8	39,0	42,1	40,9

- **Première méthode :** On construit l'histogramme des données brutes et on ajoute la courbe d'une loi normale au-dessus. Si tous deux présentent un profil similaire, cela prouve la normalité approximative de la variable.

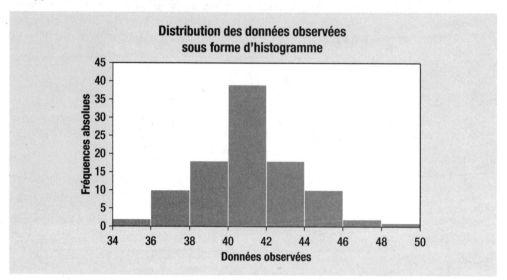

Le graphique démontre une grande similitude entre l'histogramme des données brutes et la courbe d'une loi normale de paramètres estimés à partir des données.

- **Deuxième méthode :** À partir des statistiques descriptives de l'échantillon, on calcule l'écart interquartile $IQ = Q_3 - Q_1$ et l'écart-type des données s_X, puis on détermine le rapport :

$$R = \frac{IQ}{s_X}$$

Si $R \approx 1,3$ (en fait lorsque la valeur de R est comprise entre 1 et 1,6), cela prouve que les données proviennent d'une loi normale. Les statistiques descriptives de l'échantillon sont les suivantes :

- minimum : 34 ;
- 1er quartile : 39,675 ;
- moyenne : 40,994 ;
- médiane : 41 ;
- 3e quartile : 42,325 ;
- maximum : 48,90 ;
- n : 100 ;
- écart-type : 2,4179.

On obtient donc :

$$IQ = Q_3 - Q_1 = 42,325 - 39,675 = 2,65 \text{ et } s_X = 2,4179$$

alors :

$$R = \frac{IQ}{s_X} = 1,096$$

R est donc situé dans l'intervalle [1; 1,6]. On peut en conclure que les données proviennent d'une variable approximativement normale.

- **Troisième méthode :** En traçant un graphique des probabilités normales (ou diagramme quantile-quantile, *Q-Q plot*), on associe à l'axe horizontal les cotes Z des données, en supposant qu'elles proviennent d'une loi normale, et on associe à l'axe vertical les données par ordre croissant. Par exemple, la cote Z de $x = 34$ est égale à :

$$z_{34} = \frac{34 - 40{,}994}{2{,}4178} = -2{,}89$$

Si les points forment à peu près une ligne diagonale, cela prouve que les données proviennent d'une loi normale, ce qui est le cas dans cet exemple.

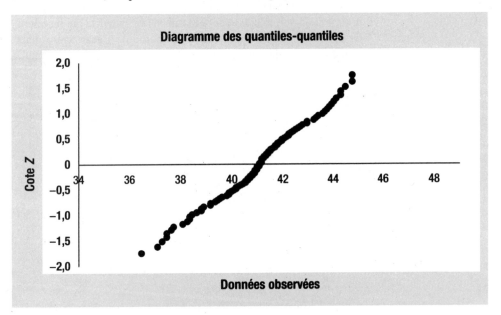

4.9 L'approximation d'une loi binomiale par une loi normale

Dans le chapitre 3, nous avons vu quand et comment approximer une variable binomiale par une variable de Poisson. Nous allons à présent nous servir d'une variable normale, mais avec d'autres conditions.

THÉORÈME 4.5

Soit X : une variable $B(n, p)$ et :

$$Z = \frac{X - n \times p}{\sqrt{n \times p \times (1 - p)}}$$

Si $n \geq 30$, $n \times p \geq 5$ et $n \times (1 - p) \geq 5$, alors la variable Z est approximativement distribuée comme une variable normale centrée et réduite, c'est-à-dire que Z est approximativement $N(0, 1)$. Plus la valeur de n augmente et plus l'approximation s'améliore selon le théorème central limite.

REMARQUE

Il faut porter attention à l'emploi de cette approximation, car on passe d'une variable discrète X, dont la fonction de masse est représentée sous la forme d'un diagramme à barres, à une variable continue Z, dont les probabilités se calculent à partir de surfaces. Il faut donc appliquer une méthode de correction, la correction de continuité.

Nous avons vu précédemment que, pour n'importe quelle variable continue Y, $P(Y = y) = 0$. Par conséquent, quand on veut approximer une variable X, $B(n, p)$ par une variable normale dont les probabilités se calculent à partir de surfaces, il faut appliquer ce qu'on appelle la **correction de continuité**, qui consiste à ajouter 0,5 à droite et à retrancher 0,5 à gauche de n'importe quelle valeur entière de X.

Pour une valeur entière k d'une variable binomiale, on associe l'intervalle $[k - 0,5; k + 0,5]$ pour une variable normale. Ce sont des raisons de symétrie qui justifient le choix de 0,5 comme valeur de correction, car elle représente la moitié de l'écart entre deux valeurs entières successives d'une variable binomiale. On obtient alors les possibilités suivantes.

• Pour $P(X = x)$:

$$P(X = x) = P(x - 0,5 \leq X \leq x + 0,5) \approx P\left(\frac{x - 0,5 - n \times p}{\sqrt{n \times p \times q}} \leq Z \leq \frac{x + 0,5 - n \times p}{\sqrt{n \times p \times q}} \right)$$

• Pour $P(X \leq x)$:

$$P(X \leq x) = P(X \leq x + 0,5) \approx P\left(Z \leq \frac{x + 0,5 - n \times p}{\sqrt{n \times p \times q}} \right)$$

• Pour $P(X < x)$:

$$P(X < x) = P(X \leq x - 0,5) \approx P\left(Z \leq \frac{x - 0,5 - n \times p}{\sqrt{n \times p \times q}} \right)$$

• Pour $P(x \leq X \leq y)$:

$$P(x \leq X \leq y) = P(x - 0,5 \leq X \leq y + 0,5) \approx P\left(\frac{x - 0,5 - n \times p}{\sqrt{n \times p \times q}} \leq Z \leq \frac{y + 0,5 - n \times p}{\sqrt{n \times p \times q}} \right)$$

EXEMPLE 4.25

Soit X : une variable $B(n, p)$, avec $n = 40$ et $p = 0,25$. Alors, on a $n > 30$; $n \times p = 10 > 5$ et $n \times q = 30 > 5$; les conditions pour approximer une variable binomiale par une variable normale sont donc satisfaites. Nous allons calculer quelques probabilités en utilisant la variable binomiale et son approximation par une variable normale.

a) $P(X = 10) = 0,1444$ comme valeur exacte ; si nous utilisons l'approximation normale, nous devons faire le calcul suivant :

$$P(9,5 < X < 10,5) = P\left(\frac{9,5 - 10}{\sqrt{40 \times 0,25 \times 0,75}} < Z < \frac{10,5 - 10}{\sqrt{40 \times 0,25 \times 0,75}} \right)$$
$$= P(-0,18 < Z < 0,18) = 0,1449$$

Nous pouvons constater que l'approximation est très bonne.

EXEMPLE 4.25 (*suite*)

b) $P(7 \leq X \leq 12) = P(X \leq 12) - P(X \leq 6) = 0,8209 - 0,0962 = 0,7247$ comme valeur exacte. Si nous voulons utiliser l'approximation normale avec la correction de continuité, nous devons faire le calcul suivant:

$$P(6,5 < X < 12,5) \approx P\left(\frac{6,5-10}{\sqrt{40 \times 0,25 \times 0,75}} < Z < \frac{12,5-10}{\sqrt{40 \times 0,25 \times 0,75}} \right)$$
$$= P(-1,28 < Z < 0,91)$$
$$= 0,7187$$

Encore ici, l'approximation est bonne.

EXEMPLE 4.26

Un fabricant de DVD estime à 0,9 la probabilité qu'un de ses DVD réussisse un test de contrôle de qualité. Si 200 DVD ont été sélectionnés au hasard, quelle est la probabilité approximative:

a) qu'au moins 190 d'entre eux réussissent ce test?

b) qu'entre 175 et 190 réussissent le test?

c) qu'exactement 185 réussissent le test?

Réponse: Soit X: le nombre de DVD qui réussissent le test de contrôle de qualité parmi les 200 choisis au hasard. Alors, cette variable est distribuée selon une loi binomiale dont les paramètres sont $n = 200$ et $p = 0,9$. Les conditions pour approximer une variable binomiale par une variable normale sont donc satisfaites.

a) $P(X \geq 190) = P(X > 189,5)$
$$\approx P\left(Z > \frac{189,5 - 200 \times 0,9}{\sqrt{200 \times 0,9 \times 0,1}} \right)$$
$$= P(Z > 2,24)$$
$$= 0,0125$$

b) $P(175 \leq X \leq 190) = P(174,5 < X < 190,5)$
$$\approx P\left(\frac{174,5 - 200 \times 0,9}{\sqrt{200 \times 0,9 \times 0,1}} < Z < \frac{190,5 - 200 \times 0,9}{\sqrt{200 \times 0,9 \times 0,1}} \right)$$
$$= P(-1,3 < Z < 2,47)$$
$$= 0,1065$$

c) $P(X = 185) = P(184,5 < X < 185,5)$
$$\approx P\left(\frac{185,5 - 200 \times 0,9}{\sqrt{200 \times 0,9 \times 0,1}} < Z < \frac{185,5 - 200 \times 0,9}{\sqrt{200 \times 0,9 \times 0,1}} \right)$$
$$= P(1,06 < Z < 1,3)$$
$$= 0,0478$$

4.10 L'approximation d'une loi de Poisson par une loi normale

Dans certaines conditions, n'importe quelle variable aléatoire peut être approximée par une loi normale, ce qui permet de simplifier les calculs, surtout lorsque la variable de départ n'est pas très maniable, comme nous l'avons constaté pour la loi binomiale avec de très grands paramètres.

Au chapitre 3, nous avons vu que la variable de Poisson fait intervenir des factorielles dont le calcul se complique à partir de certaines valeurs ou que le calcul d'une probabilité cumulative avec la loi de Poisson nécessite un grand nombre de probabilités individuelles. En respectant certaines conditions, il est possible de remplacer cette variable de Poisson par une variable normale beaucoup plus maniable.

THÉORÈME 4.6

Soit X : une variable de Poisson de paramètre $\lambda = E(X) = \text{var}(X)$. Si $\lambda > 5$, alors la variable :

$$Z = \frac{X - \lambda}{\sqrt{\lambda}}$$

est approximée par une loi normale centrée et réduite.

REMARQUE

Il ne faut pas oublier d'appliquer la correction de continuité, car on passe d'une variable discrète à une variable continue.

EXEMPLE 4.27

Soit X : une variable de Poisson de paramètre $\lambda = 20$. Déterminez les probabilités suivantes en utilisant la loi de Poisson et l'approximation normale.

a) $P(X = 21)$

b) $P(18 < X \leq 25)$

Réponse :

a) Selon la loi de Poisson, $P(X = 21) = 0{,}084\ 61$, qui est la valeur exacte. En utilisant l'approximation normale, nous devons faire le calcul suivant :

$$P(X = 21) = P(20{,}5 \leq X \leq 21{,}5)$$
$$\approx P\left(\frac{20{,}5 - 20}{\sqrt{20}} < Z < \frac{21{,}5 - 20}{\sqrt{20}}\right)$$
$$= P(0{,}11 < Z < 0{,}34)$$
$$= 0{,}086\ 83$$

Cette valeur est obtenue avec une calculatrice.

b) Selon la loi de Poisson :

$$P(18 < X \leq 25) = P(X \leq 25) - P(X \leq 18)$$
$$= 0{,}8878 - 0{,}3814$$
$$= 0{,}5064$$

EXEMPLE 4.27 (*suite*)

pour la valeur exacte. En utilisant l'approximation normale avec la correction de continuité, nous devons faire le calcul suivant :

$$P(18,5 < X < 25,5) \approx P\left(\frac{18,5-20}{\sqrt{20}} < Z < \frac{25,5-20}{\sqrt{20}}\right)$$
$$= P(-0,34 < Z < 1,23)$$
$$= 0,5296$$

Cette valeur est obtenue avec une calculatrice.

Résumé

Loi	Fonction densité de probabilité (f.d.p.)	Espérance	Variance
Loi continue uniforme : $U(a, b)$	$\begin{cases} \dfrac{1}{b-a} & \text{si } a < x < b \\ 0 & \text{ailleurs} \end{cases}$	$\dfrac{a+b}{2}$	$\dfrac{(b-a)^2}{12}$
Loi exponentielle : $\text{Exp}(\lambda)$	$\begin{cases} \lambda e^{-\lambda x} & \text{si } x > 0 \\ 0 & \text{ailleurs} \end{cases}$ Pour une loi exponentielle X, on a : $P(X > a) = e^{-\lambda a}$ pour tout $a > 0$	$\dfrac{1}{\lambda}$	$\dfrac{1}{\lambda^2}$
Loi normale : $N(\mu\,;\,\sigma^2)$	$\dfrac{1}{\sigma\sqrt{2\pi}}\,e^{-\frac{(x-\mu)^2}{2\sigma^2}}$	μ	σ^2

Exercices

1. Le temps (en heures) requis pour réparer une voiture dans un garage est distribué selon une variable X dont la fonction densité de probabilité est :

$$f_X(x) = \begin{cases} ke^{-2x} & \text{lorsque } x > 0 \\ 0 & \text{sinon} \end{cases}$$

a) Déterminez la constante k.

b) Quelle est la probabilité que le temps de réparation d'une voiture dans ce garage soit supérieur à 50 minutes ?

2. Supposez que les pertes (en milliers de dollars) engendrées par un investissement à risque soient distribuées selon une variable aléatoire continue dont la fonction densité de probabilité est :

$$f_X(x) = \begin{cases} k(2x - 3x^2) & \text{pour } -1 < x < 0 \\ 0 & \text{sinon} \end{cases}$$

a) Déterminez la constante k.

b) Déterminez la fonction cumulative de probabilités (fonction de répartition) de X.

c) Déterminez la probabilité que les pertes soient supérieures à 600 $.

3. Une variable aléatoire continue X admet pour fonction cumulative de probabilités :

$$F_X(x) = \begin{cases} 0 & \text{si } x < 0 \\ x^2 & \text{si } 0 < x < 1 \\ 1 & \text{si } x > 1 \end{cases}$$

a) Déterminez sa fonction densité de probabilité.

b) Calculez son espérance mathématique et son écart-type.

4. Soit Y : une variable aléatoire dont la fonction cumulative de probabilités est la suivante :

$$F_Y(y) = \begin{cases} 0 & \text{si } y < 0 \\ \ln(y) & \text{si } 1 < y < e \\ 1 & \text{si } x > e \end{cases}$$

a) Déterminez :
- $P(Y < 2)$;
- $P(1,5 < Y < 2,5)$;
- $P(Y < 4)$.

b) Déterminez la fonction densité de probabilité de Y.

c) Calculez l'espérance, la variance et la médiane de Y.

5. Supposez que, dans un pays en développement, le revenu familial (en milliers de dollars) soit distribué selon une variable aléatoire X continue dont la fonction densité de probabilité est :

$$f_X(x) = \begin{cases} xe^{-x} & \text{pour } x > 0 \\ 0 & \text{sinon} \end{cases}$$

Vérifiez qu'il s'agit bien d'une fonction densité de probabilité.

6. Pour chacun des cas suivants, déterminez l'espérance et l'écart-type.

a) $f_X(x) = \begin{cases} \sin x & \text{pour } 0 < x < \pi/2 \\ 0 & \text{sinon} \end{cases}$

b) $f_X(x) = \begin{cases} 4xe^{-2x} & \text{pour } x > 0 \\ 0 & \text{sinon} \end{cases}$

c) $f_Y(y) = \begin{cases} 3(1-y)^2 & \text{pour } 0 < y < 1 \\ 0 & \text{sinon} \end{cases}$

7. Soit X : une variable aléatoire dont la fonction densité de probabilité est la suivante :

$$f_X(x) = \begin{cases} \dfrac{1}{x^2} & \text{pour } x > 1 \\ 0 & \text{sinon} \end{cases}$$

a) Vérifiez qu'il s'agit bien d'une fonction densité de probabilité.

b) Démontrez que l'espérance mathématique de cette fonction n'existe pas.

8. La durée de vie (en années) d'une marque de téléviseur suit une loi continue dont la fonction densité de probabilité est :

$$f_X(x) = \begin{cases} \dfrac{1}{15} e^{-\frac{x}{15}} & \text{pour } x > 0 \\ 0 & \text{sinon} \end{cases}$$

a) Quelle est sa fonction cumulative de probabilités ?

b) Déterminez la probabilité qu'un téléviseur de cette marque choisi au hasard dure entre 6 ans et 10 ans.

c) Si on sélectionne au hasard 20 téléviseurs de cette marque, quelle est la probabilité qu'au moins 12 d'entre eux durent entre 6 ans et 10 ans ?

9. Le temps (en heures) qu'un étudiant prend pour faire un examen est distribué selon une variable T dont la fonction densité de probabilité est :

$$f_T(t) = \begin{cases} 6(t-1)(2-t) & \text{pour } 1 < t < 2 \\ 0 & \text{sinon} \end{cases}$$

a) Déterminez le temps moyen et l'écart-type du temps qu'un étudiant prend pour effectuer cet examen.

b) Déterminez la fonction de répartition de cette variable.

10. Soit X : une variable aléatoire continue dont la fonction densité de probabilité est la suivante :

$$f_X(x) = \begin{cases} 3x(1-x) & \text{pour } 0 < x < 1 \\ \dfrac{1}{2} & \text{pour } 2 < x < 3 \\ 0 & \text{ailleurs} \end{cases}$$

a) Déterminez la fonction cumulative de probabilités de X et tracez son graphique.

b) Déterminez le 60e centile de X.

11. Un point est choisi au hasard sur un segment de longueur L et le divise en deux. Déterminez la probabilité que le rapport entre le plus grand et le plus petit segment obtenu soit inférieur à 4.

12. Un professeur se rend à son travail selon une variable uniforme entre 20 minutes et 28 minutes. Si, un jour, son cours débute à 9 h et qu'il est parti de chez lui à 8 h 38, quelle est la probabilité qu'il arrive en retard?

13. Le rayon d'une sphère est un nombre aléatoirement choisi entre 2 et 4.

a) Quelle est l'espérance mathématique du volume de la sphère?

b) Quelle est la probabilité que le volume de la sphère soit inférieur à 36π?

14. Soit k: un nombre aléatoirement choisi entre -3 et $+3$. Quelle est la probabilité que l'équation quadratique $x^2 + kx + 1 = 0$ ait au moins une racine réelle?

15. On sélectionne au hasard un point X dans l'intervalle $\left(0, \dfrac{\pi}{2}\right)$. Déterminez $E(\cos(2X))$.

16. Le temps (en minutes) écoulé entre la commande et la réception d'une pizza est une variable aléatoire uniforme sur l'intervalle $(15, 45)$.

a) Déterminez l'espérance et l'écart-type de ce temps.

b) Si la préparation et la cuisson de la pizza prennent 10 minutes, déterminez l'espérance et l'écart-type du temps strictement réservé à la livraison.

17. Une machine fabrique des lames d'aluminium dont l'épaisseur X varie uniformément entre 150 mm et 200 mm.

a) Déterminez la fonction densité de probabilité de X et tracez son graphique.

b) Si les lames d'aluminium dont l'épaisseur est inférieure à 155 mm doivent être recyclées, quel pourcentage de la production faut-il recycler?

18. La quantité quotidienne d'eau bue par un chameau est une variable Y uniformément distribuée entre 0 et 20 L.

a) Quelle est la probabilité qu'un chameau n'ait bu qu'un litre d'eau dans une journée?

b) Quelle est la probabilité qu'il faille attendre 10 jours pour qu'un chameau boive au moins 15 L d'eau pour la première fois?

19. La masse nette X des sacs d'un certain herbicide est uniformément distribuée sur un intervalle de 25 à 25,5 kg. Le prix de revient d'un sac (en dollars) est donné par la variable $Y = 2 + 5 \times X$. Déterminez l'espérance et l'écart-type du prix de revient d'un lot de 5000 sacs.

20. Soit X: une variable aléatoire exponentielle avec $\lambda = 2,5$.

a) Déterminez $P(X \leq 0)$.

b) Déterminez $P(X \geq 3)$ et $P(1 < X \leq 3)$.

c) Déterminez la constante k telle que $P(X < k) = 0,05$.

21. Soit X: une variable exponentielle de moyenne 12.

a) Déterminez $P(X > 10)$.

b) Déterminez $P(20 < X < 30)$.

c) Déterminez la constante k telle que $P(X > k) = 0,95$.

22. Supposez que les connexions à un serveur suivent une loi de Poisson d'une moyenne de trois connexions par minute.

a) Quels sont la moyenne et l'écart-type du temps écoulé entre deux connexions?

b) Quelle est la probabilité que le temps écoulé entre deux connexions dépasse deux minutes?

23. Le nombre d'appels reçus par un centre de services d'urgence pendant l'été est distribué selon une loi de Poisson avec une moyenne de cinq appels à l'heure.

a) Quels sont la moyenne et l'écart-type du temps écoulé entre deux appels consécutifs?

b) Quelle est la probabilité que le temps qui sépare deux appels consécutifs soit compris entre 10 minutes et 15 minutes?

24. Lors de la période de pointe, le temps qui s'écoule entre deux arrivées de taxis à un aéroport est distribué selon une loi exponentielle d'une moyenne de quatre minutes.

a) Un taxi venant de partir avec son passager, vous êtes le premier dans la file d'attente. Quelle est la probabilité que votre attente dépasse six minutes?

b) Quelle est la probabilité que vous attendiez entre sept minutes et neuf minutes?

c) Pour la troisième personne dans la file, quels sont la moyenne et l'écart-type du temps d'attente pour un taxi?

25. Le temps qui s'écoule entre deux arrivées de clients à un guichet automatique est distribué selon une loi exponentielle d'une moyenne de 4 minutes. Quelle est la probabilité que plus de trois clients arrivent durant 10 minutes ?

26. La durée de vie (en années) d'un circuit intégré est distribuée selon une loi exponentielle avec une moyenne de 7 ans. On sélectionne au hasard 10 de ces circuits intégrés. Quelle est la probabilité qu'au moins 3 d'entre eux fonctionnent encore après 10 ans ?

27. Soit X : une variable exponentielle de moyenne 20. Déterminez les trois quartiles de cette variable.

28. Dans une urgence d'hôpital très achalandée, des erreurs médicales se produisent selon une loi de Poisson avec une moyenne de 3,1 erreurs par quart de travail de 8 heures.

   a) Déterminez la probabilité qu'il y ait un écart d'au moins 12 heures entre la première et la seconde erreur médicale.

   b) Quelle est la probabilité de n'observer aucune erreur médicale durant 4 heures ?

29. Les pannes d'un système informatique bancaire se produisent selon une variable de Poisson avec une moyenne d'une panne tous les six mois.

   a) Soit X : le temps (en mois) qui s'écoule avant la prochaine panne. Déterminez $P(X > 14)$.

   b) Soit Y : le temps (en mois) qui s'écoule avant la troisième panne. Déterminez $E(Y)$.

   c) Déterminez la probabilité qu'il y ait au moins trois pannes durant une année.

30. Soit Z : une variable normale standard $N(0, 1)$. Déterminez les probabilités suivantes.

   a) $P(Z < 2,23)$

   b) $P(Z > 0,73)$

   c) $P(-1,54 < Z < 1,67)$

   d) $P(-1,65 < Z < 1,65)$

   e) $P(Z > -0,87)$

31. Soit Z : une variable normale standard $N(0, 1)$. Déterminez la valeur de k telle que $P(Z > k) = 0,2843$.

32. Soit Z : une variable normale centrée et réduite.

   a) Trouvez les probabilités suivantes.

     • $P(0,35 < Z < 2,78)$

     • $P(Z > -0,98)$

     • $P(-0,54 < Z < 1,46)$

   b) Déterminez la valeur L telle que $P(Z > L) = 0,15$.

33. Soit X : une variable normale $N(85, 36)$. Déterminez les éléments suivants.

   a) $P(X < 75)$

   b) $P(56 < X < 90)$

   c) Le 1er et le 3e quartile de X

   d) Le 95e centile de X

34. Soit X : une variable normale telle que $\mu - 3\sigma = 79$ et $\mu + 3\sigma = 145$. Déterminez les éléments suivants.

   a) $P(X > 120)$

   b) Le 1er et le 3e quartile de X

   c) k telle que $P(\mu - k < X < \mu + k) = 0,67$

35. Le diamètre extérieur D d'un certain type de clous est normalement distribué avec une moyenne de 2 po et un écart-type de 0,003 po.

   a) Déterminez le pourcentage des clous dont le diamètre extérieur est compris entre 1,997 po et 2,003 po.

   b) Déterminez le pourcentage des clous dont le diamètre extérieur est compris entre la moyenne et la moyenne plus trois écarts-types.

   c) Si les spécifications de fabrication des clous imposent que leur diamètre extérieur soit compris entre 1,995 po et 2,005 po, quel est le pourcentage de clous qui n'y satisfont pas ?

36. La tension électrique sur la surface d'un écran d'ordinateur est normalement distribuée avec une moyenne de 270 mV (millivolts) et un écart-type de 35 mV. Le fabricant spécifie que la tension ne peut pas dépasser 320 mV. Quelle proportion des écrans de ce fabricant dépassent cette spécification ?

37. On a relevé les valeurs suivantes dans un échantillon de 30 mesures sur la dureté (en grammes par centimètre carré) des comprimés d'un médicament :

     1400 1932 2000 2200 2200

     2530 2630 2665 2735 2735

     2800 2935 3000 3000 3000

     3065 3065 3065 3170 3200

     3235 3260 3335 3365 3465

     3465 3500 3600 3600 4460

Ces données permettent-elles de conclure qu'elles proviennent d'une loi normale ?

38. On a relevé les résultats suivants dans un échantillon de 30 mesures sur les impuretés (en milligrammes par litre) présentes dans l'eau :

1,13 0,94 0,73 0,97 0,71 0,80 0,72 0,82 0,48 0,97

0,85 1,17 0,79 1,00 0,89 0,60 0,87 0,87 0,92 1,16

0,97 0,36 0,92 0,61 0,68 0,92 0,68 0,81 0,81 1,00

Ces données permettent-elles de conclure qu'elles proviennent d'une loi normale ?

39. Dans une certaine population pédiatrique, la pression sanguine systolique est normalement distribuée avec une moyenne de 115 et une variance de 225.

a) Si on sélectionne au hasard un enfant dans cette population, quelle est la probabilité que sa pression sanguine systolique soit comprise entre 110 et 120 ?

b) Trouvez une valeur x_0 telle que 0,75 % (0,0075) de la population ait une pression sanguine systolique inférieure à cette valeur.

40. Une machine fabrique des rondelles de métal dont le diamètre est distribué normalement avec une moyenne de 2,40 cm et un écart-type de 0,05 cm.

a) Calculez le pourcentage des rondelles dont le diamètre est compris entre 2,35 cm et 2,47 cm.

b) Calculez le pourcentage des rondelles dont le diamètre n'excède pas 2,34 cm.

c) Quel est le diamètre (en centimètres) d'une rondelle s'il est inférieur à celui de 90 % des rondelles fabriquées par cette machine ?

41. Le temps qu'une machine prend pour remplir une cannette est une variable aléatoire normale d'une moyenne de 30 secondes. Si la probabilité que ce temps dépasse 39,2 secondes est égale à 0,20, trouvez l'écart-type.

42. Chez les diabétiques, le taux de glucose sanguin X est approximativement distribué normalement avec une moyenne de 105 mg/100 mL et un écart-type de 9 mg/100 mL.

a) Déterminez $P(X > 125 \text{ mg}/100 \text{ mL})$.

b) Quel est le pourcentage des diabétiques dont le taux de glucose sanguin est compris entre 95 mg/100 mL et 130 mg/100 mL ?

c) Déterminez k telle que $P(X > k) = 0,20$.

43. Le taux de cholestérol chez une personne en bonne santé dépend de son âge et de son sexe. Pour les hommes en bonne santé âgés de 21 ans à 29 ans, le taux de cholestérol X est normalement distribué avec une moyenne de 200 mg/L et un écart-type de 30 mg/L. Si on choisit au hasard cinq hommes de cette tranche d'âge, quelle est la probabilité que leur taux de cholestérol soit supérieur à 210 mg/L ?

44. La longueur des truites d'un certain lac est distribuée normalement avec une moyenne de 35 cm et un écart-type de 5 cm.

a) Déterminez le pourcentage des truites de ce lac dont la longueur est comprise entre 32 cm et 42 cm.

b) Quelle est la longueur minimale requise (en centimètres) pour qu'une truite fasse partie des 5 % de truites les plus grandes de ce lac ?

45. Les salaires d'une catégorie d'employés sont distribués normalement avec une moyenne de 595 $ par semaine et un écart-type de 40 $.

a) Quelle proportion des employés de cette catégorie ont un salaire hebdomadaire compris entre 545 $ et 645 $?

b) Quel est le pourcentage des employés de cette catégorie dont le salaire hebdomadaire est supérieur à 635 $?

c) Chez les 10 % des employés les mieux payés, à quelle valeur leur salaire hebdomadaire est-il supérieur ?

46. Dans une usine de production où 5 % des articles sont considérés comme non conformes, on a sélectionné un échantillon aléatoire de 100 articles. Soit X : le nombre d'articles non conformes dans cet échantillon.

a) Déterminez $P(X \geq 4)$ à l'aide de l'approximation de Poisson.

b) Déterminez $P(X \geq 4)$ à l'aide de l'approximation normale.

c) Comparez les résultats obtenus en a) et en b).

47. La durée de vie d'un composant électronique fabriqué par une compagnie A est distribuée normalement avec une moyenne de 1000 heures et un écart-type de 120 heures. La durée de vie d'un composant électronique fabriqué par une compagnie B est distribuée normalement avec une moyenne de 1500 heures et un écart-type de 60 heures. On sélectionne au hasard un composant de chacune de ces compagnies. Quelle est la probabilité que le composant de la compagnie A dure plus longtemps que celui de la compagnie B ?

48. On veut assembler trois plaques de métal côte à côte. Leurs largeurs sont indépendantes et normalement distribuées : la première avec une moyenne de 20,25 cm et un écart-type de 0,45 cm, la deuxième avec une moyenne de 23,34 cm et un écart-type de 0,67 cm, et la troisième avec une moyenne de 30,54 cm et un écart-type de 0,89 cm. Quelle est la probabilité que la largeur totale de ces plaques soit comprise entre 73,5 cm et 75,3 cm ?

49. Une compagnie d'assurance vie a évalué à 0,0007 la probabilité qu'une personne de sexe masculin vive plus de 100 ans. Approximez la probabilité que, parmi 10 000 hommes assurés par cette compagnie, plus de 4 hommes vivent plus de 100 ans.

50. La durée de vie d'un type de pile est normalement distribuée avec une moyenne de 38 heures et un écart-type de 3,7 heures. On sélectionne au hasard une de ces piles ; si elle a déjà fonctionné durant 32 heures, quelle est la probabilité qu'elle fonctionne encore au moins 10 heures de plus ?

51. Soit X : une variable aléatoire binomiale de paramètres $n = 200$ et $p = 0,4$.
   a) Approximez la probabilité que X dépasse 70.
   b) Approximez la probabilité que X soit comprise entre 70 et 90 (bornes incluses).

52. Supposez que le nombre de bactéries dans une culture soit distribué selon une variable de Poisson d'une moyenne de 1000 bactéries par centimètre carré. Quelle est l'approximation de la probabilité de trouver plus que 10 000 bactéries sur une surface de 10 cm^2 ?

53. Supposez que la taille d'un pygmée âgé de 25 ans soit distribuée normalement avec une moyenne de 140 cm et un écart-type de 7 cm.
   a) Quel est le pourcentage des pygmées de cet âge dont la taille est comprise entre 130 cm et 160 cm ?
   b) Parmi les pygmées de 25 ans qui mesurent plus de 146 cm, quel est le pourcentage de ceux qui dépassent 155 cm ?

54. Un radar est en fonction sur une route dont la limite de vitesse est 80 km/h.
   a) En supposant que la vitesse des voitures soit normalement distribuée avec une moyenne de 75 km/h et un écart-type de 10 km/h, quel est le pourcentage des conducteurs qui écoperont d'une amende si le radar ne tolère pas une vitesse supérieure à 88 km/h ?
   b) Sachant qu'en plus de l'amende, un excès de vitesse de 30 km/h entraîne le retrait du permis de conduire, quel est le pourcentage des conducteurs qui subiront les deux types de sanctions ?

55. Le poids à la naissance des bébés dans une certaine population est normalement distribué avec une moyenne de 3200 g. Si 90 % des bébés de cette population pèsent moins de 3750 g à la naissance, déterminez l'écart-type de cette variable.

56. Soit X : une variable aléatoire normale dont le premier quartile est égal à 80 et dont le troisième quartile est égal à 110. Déterminez la moyenne et l'écart-type de cette variable.

57. Dans un pays, le nombre d'accidents mortels par an est distribué normalement avec une moyenne de 1675 et un écart-type de 280.
   a) Quelle est la probabilité qu'au moins 1800 accidents mortels soient enregistrés durant une année dans ce pays ?
   b) Pour qu'une année soit classée dans le premier pourcentage des années les plus meurtrières, combien d'accidents mortels doivent se produire ?

58. Statistique Canada indique que les dépenses annuelles des ménages pour l'alimentation sont distribuées normalement avec une moyenne de 6300 $ et un écart-type de 1750 $.
   a) Quel montant les 5 % de familles ayant les dépenses les plus élevées pour l'alimentation y consacrent-elles annuellement ?
   b) Si on choisit deux familles au hasard, quelle est la probabilité qu'elles consacrent ensemble au moins 15 000 $ annuellement à l'alimentation ?

59. Dans un cégep de 3500 étudiants, quelle est l'approximation de la probabilité qu'au moins 5 étudiants soient nés soient le jour de l'An ? Supposez qu'une année compte 365 jours.

60. Les notes d'un certain examen national sont normalement distribuées avec une moyenne de 68 et un écart-type de 9. Les équivalences entre la notation littérale et la notation chiffrée sont indiquées dans le tableau suivant.

Notation littérale	Notation chiffrée
A+	Égale ou supérieure à 90
A	80 à 89
B	70 à 79
C	60 à 69
D	50 à 59
E	40 à 49
F	Inférieure à 40

Déterminez le pourcentage d'étudiants qui obtiennent chacune des notes de A+ à F.

61. La pression sanguine diastolique d'une certaine population est normalement distribuée avec une moyenne de 81 mm Hg et un écart-type de 8 mm Hg. Les personnes chez qui cette pression dépasse 96 mm Hg sont considérées comme hypertendues. Une infirmière mesure cette pression dans une salle d'urgence très achalandée. Quelle est la probabilité que sa 11e mesure soit sa 1re mesure d'hypertension de la journée?

62. Dans une certaine rue, la durée de vie des lampadaires est distribuée normalement avec une moyenne de 80 mois et une variance de 800. Si on y sélectionne 15 lampadaires au hasard, quelle est la probabilité que seuls 3 d'entre eux durent plus de 9 ans?

63. La durée de vie d'un semi-conducteur est normalement distribuée avec une moyenne de 5800 heures et un écart-type de 800 heures. Si on sélectionne cinq semi-conducteurs au hasard, quelle est la probabilité qu'ils aient tous une durée de vie supérieure à 6300 heures?

64. La masse d'une chaussure de course est normalement distribuée avec un écart-type de 30 g. Quelle doit être la moyenne pour que la compagnie qui fabrique ces chaussures puisse affirmer que 99,5 % d'entre elles pèsent moins de 200 g?

65. On a sélectionné au hasard 20 boulons fabriqués par chacune des machines A et B, puis on a mesuré leur circonférence (en millimètres) et relevé les résultats suivants.

Machine A:

99,4	101,5	102,3	96,7	99,1
103,5	100,4	100,9	99	99,6
102,4	96,5	98,9	99,4	99,7
103,1	99,6	104,6	101,6	96,8

Machine B:

90,4	100,7	95,3	98,8	99,6
96,2	109,8	92,8	106,7	106,5
105,5	92,3	115,5	105,9	104
109,5	96,5	87,1	91,2	96,5

La circonférence des boulons provenant de chacune de ces machines semble-t-elle normalement distribuée? Quelle machine choisiriez-vous? Justifiez votre réponse.

66. On a sélectionné au hasard 1000 articles d'une production, dont 2 % sont défectueux.

a) Approximez la probabilité que plus de 20 d'entre eux soient défectueux.

b) Approximez la probabilité qu'entre 20 et 40 d'entre eux soient défectueux.

67. La probabilité que la boîte de vitesse d'une voiture de luxe tombe en panne durant sa période de garantie est de 0,97. Si on considère au hasard 200 voitures de ce type, approximez la probabilité qu'au moins 5 d'entre elles nécessitent une réparation de la boîte de vitesse avant l'expiration de la garantie.

68. Les tremblements de terre dans les îles japonaises se produisent selon un processus de Poisson d'une moyenne de 35 par année. Approximez la probabilité d'observer au moins 400 tremblements de terre durant 10 ans dans cette région du monde.

69. Soit X: une variable uniforme sur l'intervalle (0, 1). Déterminez la fonction densité de probabilité, la moyenne et l'écart-type de la variable $Y = -3X - 5$.

70. Soit X: une variable exponentielle de paramètre $\lambda = 2$. Déterminez la fonction densité de probabilité de Y.

a) $Y = \dfrac{1}{X}$

b) $Y = \ln(X)$

71. Soit X: une variable aléatoire continue dont la fonction densité de probabilité est $f_X(x) = 6x(1 - x)$ pour $0 < x < 1$. Déterminez la fonction densité de probabilité de la variable $Y = 2X - 4$.

72. Soit X: une variable aléatoire continue dont la fonction densité de probabilité est $f_X(x) = 3x^2$ pour $0 < x < 1$. Déterminez la fonction densité de probabilité de la variable $Y = 4X^2$.

CHAPITRE 5

Les méthodes d'échantillonnage et les distributions échantillonnales

Après la lecture de ce chapitre, vous serez en mesure :

- de distinguer les méthodes d'échantillonnage aléatoires ;

- de différencier les méthodes d'échantillonnage non aléatoires ;

- d'appliquer le théorème central limite ;

- de déterminer la distribution des moyennes échantillonnales.

La théorie de l'échantillonnage fait appel à un ensemble d'outils statistiques permettant l'étude d'une population au moyen de l'examen d'une partie de celle-ci, nommée «échantillon». Ainsi, l'échantillonnage est l'opposé du recensement, qui est l'examen de la population entière. Plus la taille de cette population est grande, plus son recensement est onéreux et fastidieux. Au Canada, par exemple, le recensement de la population canadienne ne se fait que sur une base quinquennale, tant la collecte des données et leur analyse prennent de temps et mobilisent de ressources.

C'est à Rome, en 1925, qu'on a établi les fondements de la recherche sur l'échantillonnage et qu'on a présenté deux méthodes distinctes: la sélection aléatoire et la sélection raisonnée. Celles-ci reposent sur des démarches scientifiques très différentes. La première a pour base le calcul des probabilités, qui permet de quantifier les erreurs des estimateurs échantillonnaux. La seconde méthode, quant à elle, ne permet de valider les estimateurs qu'en les comparant après coup avec ceux qu'on a obtenus au moyen des recensements.

L'échantillonnage joue un rôle vital dans les recherches, tant en sciences humaines, sociales, administratives, biologiques et éducatives qu'en sciences du génie. En effet, afin de pouvoir décrire les attitudes, les actions et les comportements humains, on doit tenter de généraliser ce qu'on observe au quotidien à des populations entières.

L'échantillonnage permet d'effectuer ces généralisations et d'observer des tendances. Mais comme les échantillons sont rarement représentatifs des populations dont ils sont extraits, un échantillonnage adéquat s'impose.

Dans le présent chapitre, nous décrirons d'abord les étapes du protocole d'échantillonnage, puis les principales méthodes d'échantillonnage, en portant une attention particulière aux avantages et aux inconvénients des méthodes aléatoires. Nous présenterons également quelques méthodes d'échantillonnage non aléatoires. Par la suite, nous appliquerons les méthodes d'échantillonnage aléatoires à partir du théorème le plus important en statistique paramétrique : le théorème central limite. Ce théorème nous permettra de déterminer les distributions des principaux estimateurs échantillonnaux et jettera les bases de l'inférence statistique pour les chapitres à venir.

5.1 Les étapes du protocole d'échantillonnage

Lorsqu'on veut extraire un échantillon aléatoire d'une population, on doit suivre un protocole bien établi. Cela permet d'éviter une surestimation des paramètres qu'on veut estimer en réduisant ce qu'on appelle les « erreurs d'échantillonnage ».

Les principales étapes d'un protocole d'échantillonnage sont les suivantes :

- une description claire des objectifs de l'étude ;
- la détermination de la population ;
- la définition des données ;
- le choix de la méthode d'échantillonnage ;
- le traitement des données manquantes (les non-réponses) ;
- le choix des procédures d'estimation ;
- la reconnaissance des failles de l'étude en cours afin de les corriger à l'avenir.

Dans chaque étude, il est important de distinguer la population cible, celle que l'on désire étudier, de la population échantillonnée qui, elle, est moindre en raison de plusieurs facteurs pouvant surgir au cours de l'échantillonnage. La figure ci-dessous illustre cette situation.

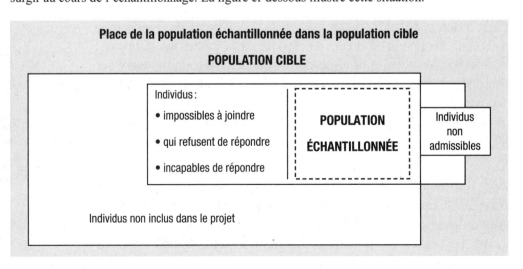

5.2 Les principales méthodes d'échantillonnage aléatoires

Dans cette section, nous traiterons des méthodes d'échantillonnage aléatoires les plus utilisées par les experts du domaine. Après la description de chaque méthode, nous présenterons les formules auxquelles elle fait appel pour estimer les variances, soit de la moyenne d'une variable continue (pour pouvoir estimer l'erreur de l'estimation), soit de la somme des valeurs de la variable (par exemple, un investissement total dans un projet), soit encore d'une proportion (pour déterminer le pourcentage d'une population qui admet un certain caractère), et nous soulignerons leurs avantages et leurs inconvénients. Nous appliquerons ensuite chaque méthode de manière détaillée.

5.2.1 L'échantillonnage aléatoire simple

L'échantillonnage aléatoire simple (EAS) est la méthode d'échantillonnage la plus simple et la plus utilisée dans la pratique. Elle comporte les étapes suivantes :

- Disposer d'une liste portant les numéros de toutes les unités statistiques de la population à échantillonner. Cette liste s'appelle **base de sondage** et prend la forme :

$$B = \{1, 2, ..., N\}$$

- Utiliser des tables de nombres aléatoires ou, ce qui sera privilégié dans le présent manuel, des générateurs de nombres aléatoires dont les calculatrices ou les logiciels sont pourvus.
- Générer n nombres aléatoires entre 1 et N. Les unités statistiques qui portent ces numéros dans la base de sondage sont celles qui feront partie de l'échantillon.

Le fait d'utiliser des générateurs de nombres aléatoires assure que toutes les unités statistiques de la population ont la même probabilité de faire partie de l'échantillon.

Soit N : la taille d'une population finie dont on veut extraire un échantillon aléatoire simple de taille n. La fraction :

$$f = \frac{n}{N}$$

aussi appelée **pas de sondage** représente donc le pourcentage de la population qui fait partie de l'échantillon.

5.2.1.1 La moyenne et la proportion

Dans les applications qui nous serviront d'exemples, nous estimerons soit la moyenne ou le total d'une variable (c'est-à-dire la valeur totale que peut prendre la variable), soit la proportion d'une population qui admet un certain caractère. Voici les formules de ces estimateurs et celles de l'estimation de leur variance (dont les démonstrations dépassent le cadre de cet ouvrage).

- La moyenne d'une variable quantitative sur la population est estimée par la moyenne échantillonnale :

$$\overline{x} = \frac{\sum_{i=1}^{n} x_i}{n}$$

dont la variance est estimée par

$$\left(1 - \frac{n}{N}\right)\frac{s_X^2}{n} = (1 - f)\frac{s_X^2}{n}, \text{ où } s_X^2 = \frac{\sum_{i=1}^{n}(x_i - \overline{x})^2}{n-1}$$

- Le nombre total d'une variable sur une population est estimé par $x_t = N\bar{x}$, dont la variance est estimée par :

$$N^2\left(1 - \frac{n}{N}\right)\frac{s_X^2}{n}$$

- Une proportion d'une population est estimée par $\hat{p}$ (la proportion échantillonnale), dont la variance est estimée par :

$$(1 - f)\frac{\hat{p}(1 - \hat{p})}{n}$$

REMARQUE

Dans les exemples et les exercices sur les techniques d'échantillonnage de ce chapitre, nous n'allons estimer, à partir des données des échantillons extraits, que la moyenne de la variable et la variance de cette moyenne.

EXEMPLE 5.1

Dans la base de sondage de la section 5.5 (*voir la page 179*), tirons un échantillon aléatoire simple de taille $n = 20$ et estimons la moyenne des variables X et Y ainsi que les variances de ces estimations. En employant le générateur de nombres aléatoires de la calculatrice TI-83 (la touche Random Integer), on génère les unités statistiques dont les numéros apparaissent dans le tableau suivant.

Échantillon des données des variables X et Y					
Numéro	X	Y	**Numéro**	X	Y
251	0	1	265	2	6
164	2	4	23	42	58
39	8	33	112	27	37
269	3	9	242	0	1
153	5	9	138	10	19
178	5	14	95	25	41
210	36	46	78	1	3
201	48	53	250	0	1
263	0	2	141	8	18
223	9	24	220	5	9

Alors, la moyenne de X est estimée par $\bar{x} = 11,7$ avec une variance estimée à :

$$\left(1 - \frac{20}{270}\right)\frac{15,159^2}{20} = 10,6387$$

et la moyenne de Y est estimée par $\bar{y} = 19,4$ avec une variance estimée à :

$$\left(1 - \frac{20}{270}\right)\frac{18,7347^2}{20} = 16,2495$$

REMARQUE

Tous ces résultats sont conformes à ceux observés sur la population entière (*voir la section 5.5 pour les résultats*), lorsqu'on sait, comme nous le verrons dans le chapitre 6, que la valeur d'un paramètre estimé doit se trouver entre son estimateur plus ou moins deux estimateurs de son écart-type.

5.2.1.2 Les avantages et les inconvénients de l'échantillonnage aléatoire simple

Comme son nom l'indique, l'échantillonnage aléatoire simple est facile à mettre en œuvre, ne nécessitant qu'une base de sondage de la population. L'estimation de la variance des estimateurs basés sur cette méthode se calcule aisément. Cependant, son principal inconvénient découle de son principal avantage, du fait que chaque élément de la population a la même probabilité de faire partie de tel ou tel échantillon.

En pratique, dans certaines applications, on ne peut pas donner la même importance à toutes les unités statistiques. Par exemple, si on sélectionne un échantillon aléatoire de 10 personnes de la population canadienne avec cette méthode, le hasard peut faire en sorte qu'il sera constitué de 8 personnes provenant du Québec et de 2 personnes provenant de l'Ontario, ce qui est loin d'être représentatif de la population canadienne.

5.2.2 L'échantillonnage aléatoire systématique

L'échantillonnage aléatoire systématique est la seconde méthode d'échantillonnage d'une population sans structure prédéfinie. Les étapes à suivre pour extraire un échantillon aléatoire systématique de taille n à partir d'une population de taille N sont les suivantes :

- Disposer d'une base de sondage $B = \{1, 2, ..., N\}$.
- Déterminer la valeur du pas de sondage :

$$k = \frac{N}{n}$$

(arrondir à l'entier le plus proche, si nécessaire).

- Choisir un nombre r de façon aléatoire parmi les k premiers entiers. Les unités statistiques qui feront partie de l'échantillon sont celles qui portent les numéros :

$$r \,;\, r + k \,;\, r + 2k, ...; r + (n-1)k$$

5.2.2.1 La moyenne et la proportion

Dans le cas où le codage de la base de sondage est fait au hasard (ce que nous supposerons ici), alors les formules des variances des estimateurs données dans la sous-section 5.2.1 (*voir la page 163*) demeurent les mêmes.

EXEMPLE 5.2

Dans la base de sondage de la section 5.5 (*voir la page 179*), tirons un échantillon aléatoire systématique de taille $n = 27$ et estimons la moyenne des variables X et Y ainsi que les variances de ces estimations.

Ici, le pas de sondage est égal à :

$$k = \frac{270}{27} = 10$$

En utilisant la calculatrice TI-83, on génère un nombre entre 1 et 10 au hasard, soit $r = 9$. Les unités statistiques qui feront partie de cet échantillon sont donc celles qui portent les numéros 9, 19, 29, 39, 49, ..., 269.

On obtient alors le tableau suivant.

$\longrightarrow$

EXEMPLE 5.2 (*suite*)

Échantillons des données des variables X et Y								
Numéro	X	Y	Numéro	X	Y	Numéro	X	Y
9	11	16	99	31	41	189	10	19
19	34	46	109	59	62	199	24	29
29	20	22	119	11	23	209	44	57
39	8	13	129	14	19	219	0	19
49	17	25	139	5	17	229	1	3
59	5	14	149	5	13	239	5	12
69	14	31	159	0	4	249	0	1
79	1	3	169	3	5	259	0	1
89	9	25	179	0	1	269	3	9

Ainsi, la moyenne de X est estimée par $\overline{x} = 12{,}37$ avec une variance estimée à :

$$\left(1 - \frac{27}{270}\right)\frac{14{,}7626^2}{27} = 7{,}2645$$

et la moyenne de Y est estimée par $\overline{y} = 19{,}63$ avec une variance estimée à :

$$\left(1 - \frac{27}{270}\right)\frac{16{,}4086^2}{27} = 8{,}9747$$

REMARQUE

Ces résultats sont aussi conformes à ceux qu'on observe pour la population entière (*voir la section 5.5, à la page 178, pour les résultats*), lorsqu'on sait, comme nous le verrons dans le chapitre 6, que la valeur d'un paramètre estimé doit se trouver entre son estimateur plus ou moins deux estimateurs de son écart-type. Nous pouvons remarquer qu'ici l'estimation est meilleure et que sa variance devient plus petite.

5.2.2.2 Les avantages et les inconvénients de l'échantillonnage aléatoire systématique

L'échantillonnage aléatoire systématique est plus efficace que l'échantillonnage aléatoire simple lorsque la population est autocorrélée positivement (c'est-à-dire que les unités statistiques voisines se ressemblent) ou lorsqu'il y a une tendance dans la ou les variables à étudier. Cette méthode est à éviter en cas de périodicité dans la variable. Par exemple, supposons que le directeur d'un supermarché désire faire une étude de ses ventes annuelles. Disposant d'une base de sondage de 350 jours ouvrables de l'année, il veut en extraire un échantillon aléatoire systématique de taille $n = 50$. Ainsi, le pas de sondage $k = 350/50 = 7$. Si, par hasard, le nombre aléatoire choisi pour démarrer son échantillonnage est $r = 2$ (mardi), alors, tous les 7es jours de son échantillon seront des mardis, ce qui générera un échantillon non représentatif de ses ventes.

5.2.3 L'échantillonnage aléatoire stratifié

Lorsque la population possède une certaine structure bien définie, on doit l'utiliser dans l'échantillonnage. La méthode d'échantillonnage aléatoire stratifié se prête bien à de tels cas.

5.2.3.1 La moyenne et la proportion

Supposons maintenant que la population soit décomposée en L classes, appelées «strates». Soit $N_1, N_2, ..., N_L$: les tailles respectives de ces strates. Dans notre méthode d'échantillonnage stratifié, on extrait un échantillon aléatoire simple de chaque strate de manière proportionnelle, c'est-à-dire que l'on tire de la strate h un échantillon aléatoire simple de taille :

$$n_h = \left(\frac{N_h}{N} \right) \times n = W_h \times n, \text{ où } W_h = \frac{N_h}{N} \text{ est le poids de la strate } h$$

Au moyen de cette méthode, l'estimation de la moyenne d'une variable X est :

$$\overline{x}_{\text{stra}} = \sum_{h=1}^{L} W_h \overline{x}_h$$

où $\overline{x}_h$ est la moyenne échantillonnale de X dans la strate h. Quant à l'estimation de la variance de cette moyenne échantillonnale, elle est égale à :

$$\frac{(1-f)}{n} \sum_{h=1}^{L} W_h s_h^2$$

où s_h^2 est la variance échantillonnale de X dans la strate h.

Pour estimer le total T d'une variable, on doit multiplier l'estimation de la moyenne par N, donc l'estimation de $T = \overline{x}_{\text{stra}} \times N$. Pour trouver l'estimation de la variance de T, on multiplie par N^2 l'estimation de la variance de la moyenne. Ainsi, l'estimation de la variance de T est :

$$\frac{(1-f)N^2}{n} \sum_{h=1}^{L} W_h s_h^2$$

EXEMPLE 5.3

Supposons que la base de sondage de la section 5.5 (*voir la page 179*) soit décomposée en trois strates : la strate 1 est formée des blocs 1 à 9, la strate 2, des blocs 10 à 18, et la strate 3, des blocs 19 à 27. Donc, toutes ces strates ont le même nombre de groupes de logements, soit 90 chacune. On a ainsi :

$$W_h = \frac{90}{270} = \frac{1}{3} \text{ pour } h = 1, 2, 3$$

On extrait un échantillon de taille 30 de cette population de manière proportionnelle, donc un échantillon aléatoire simple de taille 10 dans chacune des trois strates. À partir des données de cet échantillon, on estime la moyenne de chacune des variables X et Y ainsi que les estimations des variances de ces moyennes. On obtient alors le tableau suivant.

Échantillon des données des variables X et Y											
Numéro	X	Y	**Numéro**	X	Y	**Numéro**	X	Y	**Numéro**	X	Y
2	6	10	21	35	44	95	25	41	200	35	44
81	4	8	61	0	1	123	9	15	184	13	29
87	8	18	108	35	48	97	26	39	232	2	7
16	48	66	129	14	19	168	24	44	181	2	5
4	79	90	180	0	1	245	0	1	210	36	46
57	6	14	105	90	99	205	43	56	240	0	1
39	8	13	111	33	43	217	8	14	–	–	–
23	42	61	152	19	39	251	0	1	–	–	–

EXEMPLE 5.3 (*suite*)

Cela donne, pour la variable X:

- $\overline{x}_1 = 23,6 =$ la moyenne échantillonnale de X dans la strate 1 ;
- $s_1 = 26,295 =$ l'écart-type échantillonnal de X dans la strate 1 ;
- $\overline{x}_2 = 27,5 =$ la moyenne échantillonnale de X dans la strate 2 ;
- $s_2 = 24,4188 =$ l'écart-type échantillonnal de X dans la strate 2 ;
- $\overline{x}_3 = 13,9 =$ la moyenne échantillonnale de X dans la strate 3 ;
- $s_3 = 17,2527 =$ l'écart-type échantillonnal de X dans la strate 3.

L'estimateur de la moyenne de X par cette méthode est donc :

$$\overline{x}_{\text{stra}} = \sum_{h=1}^{3} W_h \overline{x}_h = \frac{23,6 + 27,5 + 13,9}{3} = 21,67$$

Sa variance est estimée à :

$$\frac{(1-f)}{n} \sum_{h=1}^{3} W_h s_h^2 = \frac{(1-0,1111)}{30} \times \frac{(26,295^2 + 24,4188^2 + 17,2527^2)}{3} = 15,6581$$

Pour la variable Y, cela donne :

- $\overline{y}_1 = 32,5 =$ la moyenne échantillonnale de Y dans la strate 1 ;
- $s_1 = 30,5587 =$ l'écart-type échantillonnal de Y dans la strate 1 ;
- $\overline{y}_2 = 38,8 =$ la moyenne échantillonnale de Y dans la strate 2 ;
- $s_2 = 26,1313 =$ l'écart-type échantillonnal de Y dans la strate 2 ;
- $\overline{y}_3 = 20,4 =$ la moyenne échantillonnale de Y dans la strate 3 ;
- $s_3 = 21,4486 =$ l'écart-type échantillonnal de Y dans la strate 3.

L'estimateur de la moyenne de Y par cette méthode est donc :

$$\overline{y}_{\text{stra}} = \sum_{h=1}^{3} W_h \overline{y}_h = \frac{32,5 + 38,8 + 20,4}{3} = 30,5667$$

Sa variance est estimée à :

$$\frac{(1-f)}{n} \sum_{h=1}^{3} W_h s_h^2 = \frac{(1-0,1111)}{30} \times \frac{(30,5587^2 + 26,1313^2 + 21,4486^2)}{3} = 20,511$$

5.2.3.2 Les avantages et les inconvénients de l'échantillonnage aléatoire stratifié

L'échantillonnage aléatoire stratifié est très utile pour contrôler l'hétérogénéité entre les strates. Il fournit des estimations pour chaque strate et pour la population entière. Son inconvénient majeur provient du fait que des erreurs sur les poids des strates ont des répercussions sur les estimations globales. On doit aussi disposer des bases de sondage de chaque strate.

5.2.4 L'échantillonnage aléatoire par grappes

Quelquefois, lorsque la population à échantillonner est structurée en plusieurs parties plus ou moins homogènes, on ne veut pas nécessairement appliquer la méthode stratifiée nécessitant un échantillonnage de toutes les parties. Par exemple, au Québec, les patients sont répartis dans plusieurs hôpitaux. Pour obtenir une estimation sur la population des patients sans avoir à échantillonner dans tous les établissements, on peut utiliser une autre méthode appelée « échantillonnage aléatoire par grappes ».

5.2.4.1 La moyenne et la proportion

Supposons que la population soit décomposée en L grappes (groupes hétérogènes), par exemple un grand champ subdivisé en plusieurs parcelles contenant chacune plusieurs lotissements. Soit $N_1, N_2, ..., N_L$: les tailles respectives de ces grappes. Alors, pour obtenir un échantillon aléatoire par grappes, il faut choisir p nombres au hasard entre 1 et L ; les grappes portant ces numéros sont retenues et toutes leurs unités statistiques font partie de l'échantillon. Il s'agit de la méthode d'échantillonnage par grappes du premier degré.

La différence entre un échantillon aléatoire stratifié et un échantillon aléatoire par grappes est que, pour être représentatives de la population, toutes les strates doivent être échantillonnées, ce qui n'est pas le cas des grappes.

Avec cette méthode, l'estimation de la moyenne d'une variable X est :

$$\bar{\bar{x}} = \frac{\sum_{g=1}^{p} \bar{x}_g}{p}$$

où $\bar{x}_g$ est la moyenne de la grappe g, et sa variance est estimée par :

$$\frac{(1-f)}{p} \times \frac{\sum_{g=1}^{p} \left(\bar{x}_g - \bar{\bar{x}} \right)^2}{p-1}$$

Lorsqu'on veut estimer le total T d'une variable, on doit multiplier l'estimation de la moyenne par N ; donc, $T = \bar{\bar{x}} \times N$.

Pour trouver l'estimation de la variance de T, on multiplie par N^2 l'estimation de la variance de la moyenne. Ainsi, la variance de T est :

$$\frac{(1-f)}{p} N^2 \times \frac{\sum_{g=1}^{p} \left(\bar{x}_g - \bar{\bar{x}} \right)^2}{p-1}$$

EXEMPLE 5.4

Supposons que les 27 blocs de la base de sondage forment des grappes, chacune contenant 10 unités statistiques. On veut extraire de cette liste un échantillon aléatoire de taille 30. On choisira donc trois chiffres au hasard entre 1 et 27 ; toutes les unités statistiques des grappes portant ces chiffres feront partie de cet échantillon. À partir des données de l'échantillon extrait, on estime la moyenne de chacune des variables X et Y ainsi que les estimations des variances de ces moyennes. On obtient les résultats suivants.

EXEMPLE 5.4 (*suite*)

Échantillon des données des variables X et Y								
Grappe 25	X	Y	**Grappe 18**	X	Y	**Grappe 2**	X	Y
241	0	1	171	0	2	11	19	23
242	0	1	172	18	42	12	17	18
243	0	1	173	2	4	13	25	33
244	2	4	174	0	1	14	84	89
245	0	1	175	0	1	15	91	114
246	0	1	176	0	3	16	48	66
247	0	2	177	0	1	17	48	61
248	0	1	178	5	14	18	20	25
249	0	1	179	0	1	19	34	46
250	0	1	180	0	1	20	42	58

Les moyennes des grappes sélectionnées pour la variable X sont :

$$\overline{x}_{25} = \frac{2}{10} = 0,2 ; \ \ \overline{x}_{18} = 2,5 \text{ et } \overline{x}_2 = 42,8$$

Cela donne une moyenne globale :

$$\overline{\overline{x}} = \frac{0,2 + 2,5 + 42,8}{3} = 15,167$$

dont la variance est estimée par :

$$\frac{(1-f)}{p} \times \frac{\sum_{g=1}^{p} \left(\overline{x}_g - \overline{\overline{x}}\right)^2}{p-1} = \frac{\left(1 - \dfrac{30}{270}\right)}{3} \times \frac{(0,2 - 15,167)^2 + (2,5 - 15,167)^2 + (42,8 - 15,167)^2}{2}$$

$$= 170,08$$

En ce qui concerne la variable Y, les moyennes des grappes sélectionnées sont $\overline{y}_{25} = 1,4$; $\overline{y}_{18} = 7$ et $\overline{y}_2 = 53,3$. Cela donne une moyenne globale :

$$\overline{\overline{y}} = \frac{1,4 + 7 + 53,3}{3} = 20,567$$

dont la variance est estimée par :

$$\frac{(1-f)}{p} \times \frac{\sum_{g=1}^{p} \left(\overline{y}_g - \overline{\overline{y}}\right)^2}{p-1} = \frac{\left(1 - \dfrac{30}{270}\right)}{3} \times \frac{(1,4 - 20,567)^2 + (7 - 20,567)^2 + (53,3 - 20,567)^2}{2}$$

$$= 240,4277$$

REMARQUE

Généralement, cette méthode donne une valeur très élevée de l'estimation de la variance, compte tenu de l'hétérogénéité entre les grappes sélectionnées.

5.2.4.2 Les avantages et les inconvénients de l'échantillonnage aléatoire par grappes

L'échantillonnage aléatoire par grappes ne nécessite pas une base de sondage de toute la population, mais il requiert une base de sondage des grappes et une base de sondage des unités statistiques de chacune des grappes sélectionnées. Il permet une économie de coût, car, une fois la grappe sélectionnée, on tient compte de toutes ses unités statistiques, ce qui limite les déplacements. Son principal inconvénient est qu'à l'intérieur d'une même grappe, les unités statistiques possèdent, en général, des caractéristiques semblables, ce qui rend cette méthode moins précise que l'échantillonnage aléatoire simple.

5.3 Les principales méthodes d'échantillonnage non aléatoires

Nous allons à présent présenter quelques-unes des méthodes d'échantillonnage non aléatoires, aussi appelées «méthodes d'échantillonnage non probabilistes ou pragmatiques» du fait que leur choix est essentiellement guidé par des considérations pratiques, ce qui fausse la représentativité des échantillons qui en découlent et rend impossible la quantification de l'erreur dans les mesures.

5.3.1 L'échantillonnage à l'aveuglette

L'échantillonnage à l'aveuglette, c'est-à-dire sur une population prise au hasard et non choisie, est généralement utilisé dans les enquêtes en marketing. L'échantillonneur s'adresse aux passants, dans un lieu public ou dans la rue, lors de rencontres fortuites, et leur demande de bien vouloir répondre spontanément à quelques questions. Cette méthode est commode et peu coûteuse. Ses résultats dépendent beaucoup du choix du lieu et du moment où s'effectuent ces questionnaires impromptus.

5.3.2 L'échantillonnage par quotas

L'échantillonnage par quotas est une méthode basée sur un certain pourcentage de la population de base, le quota, ce qui a l'avantage de garantir la représentativité de l'échantillon par rapport à la population de base. On divise la population en sous-classes à partir de certaines variables (l'âge, le sexe, le revenu…), puis on prélève un certain pourcentage (quota) de chacune de ces sous-classes, sans faire appel au hasard, ce qui constitue la grande différence entre cette méthode et la méthode d'échantillonnage aléatoire stratifié. L'échantillonnage par quotas est généralement utilisé dans les sondages d'opinion, en particulier lors d'élections.

5.3.3 L'échantillonnage de volontaires

L'échantillonnage de volontaires a pour base une population qui a manifesté sa volonté de participer à l'échantillonnage. Cette méthode consiste à lancer des avis publicitaires dans les médias afin de recruter des volontaires dans le cadre d'une étude. Elle est très utilisée par les compagnies pharmaceutiques lors d'essais cliniques.

5.4 Les distributions échantillonnales

Un des buts importants de l'analyse des données est de faire la distinction entre les données qui reflètent la réalité et celles qui ne font ressortir que le hasard des observations. Nous avons vu que l'échantillonnage aléatoire permet de quantifier l'erreur d'échantillonnage et, de cette façon, de cerner la disparité entre la population et l'échantillon qui en est extrait. Nous savons aussi que deux échantillons de même taille ne donnent pas nécessairement la même estimation. On appelle **variabilité échantillonnale** la variabilité qui existe entre différents échantillons aléatoires extraits de la même population. La fonction de distribution des probabilités qui caractérise les aspects des fluctuations de la variabilité échantillonnale se nomme **distribution échantillonnale**.

Pour visualiser la distribution échantillonnale, considérons une variable X ayant une moyenne μ_X et un écart-type σ_X. Supposons maintenant une méta-analyse consistant à extraire indéfiniment des échantillons aléatoires de même taille n et à calculer la moyenne échantillonnale de chacun d'eux. La figure ci-dessous nous permet d'observer les faits suivants.

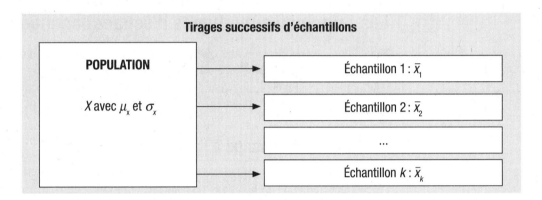

Si on calcule la moyenne de toutes ces moyennes échantillonnales, on trouve la moyenne de la variable X, à savoir μ_X. De plus, si on calcule l'écart-type de toutes ces moyennes échantillonnales, on obtiendra un écart-type plus petit que celui de la variable.

Ce résultat confirme les faits théoriques suivants. Soit X: une variable aléatoire ayant une moyenne μ_X et un écart-type σ_X. Si on prend un échantillon aléatoire de taille n de la variable X, cela signifie qu'on observe n variables aléatoires $X_1, X_2, ..., X_n$ qui sont des copies indépendantes de la variable X. On dit alors qu'elles sont « indépendantes et identiquement distribuées » (i. i. d.). Si on considère maintenant la moyenne échantillonnale de ces n variables, on obtient:

$$\bar{X} = \frac{\sum_{i=1}^{n} X_i}{n}$$

ce qui permet d'énoncer le théorème suivant.

THÉORÈME 5.1

La distribution échantillonnale de $\bar{X} = \dfrac{\sum_{i=1}^{n} X_i}{n}$ admet:

- une moyenne égale à $E(\bar{X}) = \mu_X$;
- une variance égale à $\operatorname{var}(\bar{X}) = \dfrac{\sigma_X^2}{n}$.

Preuve: D'une part:

$$E(\bar{X}) = E\left(\frac{\sum_{i=1}^{n} X_i}{n}\right) = \frac{1}{n} E\left(\sum_{i=1}^{n} X_i\right) = \frac{1}{n} \sum_{i=1}^{n} E(X_i) = \frac{1}{n}\left(n\mu_X\right)$$

$$= \mu_X$$

THÉORÈME 5.1 (*suite*)

D'autre part :

$$\sigma_{\bar{X}}^2 = \text{var}(\bar{X}) = \text{var}\left(\frac{\sum_{i=1}^{n} X_i}{n}\right) = \frac{1}{n^2}\,\text{var}\left(\sum_{i=1}^{n} X_i\right) = \frac{1}{n^2} \sum_{i=1}^{n} \text{var}(X_i) = \frac{1}{n^2}\,(n\sigma_X^2) = \frac{\sigma_X^2}{n}$$

L'avant-dernière égalité se justifie par l'indépendance des variables.

L'écart-type de $\bar{X}$, $\sigma_{\bar{X}} = \dfrac{\sigma_X}{\sqrt{n}}$, s'appelle **erreur standard** ou **erreur-type**.

REMARQUE

Dans le présent manuel, nous allons supposer que la taille de la population N est très grande par rapport à la taille de l'échantillon n ($n < 5\% \, N$), ce qui est généralement le cas dans la pratique. Cela nous évitera de devoir considérer l'échantillonnage avec ou sans remise et surtout de devoir appliquer un facteur de correction pour les estimateurs des écarts-types, à savoir les multiplier par le facteur :

$$\sqrt{\frac{N-n}{N-1}}$$

EXEMPLE 5.5

On dispose de 100 observations.

Statistiques descriptives des données observées							
Min	Q_1	**Moyenne**	**Médiane**	Q_3	**Max**	n	**Écart-type**
34	39,675	40,994	41	42,325	48,90	100	2,418

À partir de cet ensemble de données, on génère aléatoirement 40 échantillons de taille 80 chacun. Voici la distribution des moyennes de ces 40 échantillons.

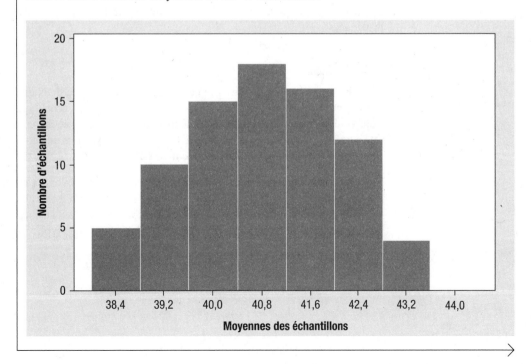

EXEMPLE 5.5 (*suite*)

On voit que la moyenne de ces moyennes échantillonnales est près de la moyenne de la variable et que son écart-type est de l'ordre de :

$$\frac{s_X}{\sqrt{n}} \approx \frac{2,4179}{\sqrt{80}}$$

Mais, de plus, leur distribution a l'allure d'une loi normale, ce qui mène à l'énoncé du principal théorème en statistique paramétrique, le théorème central limite.

5.4.1 Le théorème central limite

Soit $W_1, W_2, \ldots, W_n$: un échantillon aléatoire de taille n d'une variable aléatoire quelconque W dont la moyenne est μ_W et l'écart-type est σ_W. Alors, pour n assez grand, la distribution de la moyenne échantillonnale $\overline{W}$ est approximativement normale avec une moyenne $\mu_{\overline{W}} = \mu_W$ et un écart-type :

$$\sigma_{\overline{W}} = \frac{\sigma_W}{\sqrt{n}}$$

REMARQUE

Que signifie «n assez grand» dans l'énoncé du théorème ? Cela dépend de la distribution initiale de la variable W. S'il s'agit d'une variable aléatoire discrète, alors n doit dépasser 20 pour que l'approximation soit bonne. Si la distribution de W est continue, alors des valeurs de n voisines de 10 fournissent déjà de bonnes approximations. Mais, généralement, lorsqu'on ne dispose d'aucune information sur la distribution de W, il faut que $n \geq 30$.

Le **théorème central limite** est un outil très puissant, puisqu'il ne nécessite aucune connaissance préalable de la distribution de la variable étudiée, à part sa moyenne et sa variance. Il exige simplement que l'on mesure aléatoirement n fois la même chose de façon indépendante et il assure que plus n est grand, plus les moyennes échantillonnales des mesures seront normalement distribuées.

EXEMPLE 5.6

Des biologistes s'intéressent à la concentration de mercure dans un lac. En 2009, ils ont noté une concentration moyenne de 30 µg/L de mercure avec un écart-type de 2,5 µg/L. En 2010, ils ont voulu savoir si la concentration de mercure de ce lac avait changé ou non. À cette fin, ils ont effectué 64 mesures au hasard dans le lac. Ils ont alors trouvé une concentration échantillonnale moyenne $\overline{x} = 31,05$ µg/L. Que peuvent-ils en conclure ?

Réponse : Soit X : le niveau de mercure dans ce lac en 2009 ; alors sa moyenne est $\mu_X = 30$ µg/L et son écart-type est $\sigma_X = 2,5$ µg/L. Donc, si la situation n'a pas changé en 2010, la moyenne échantillonnale de 64 mesures effectuées aléatoirement sera distribuée approximativement normalement avec une moyenne $\mu_{\overline{X}} = \mu_X = 30$ µg/L et un écart-type :

$$\sigma_{\overline{X}} = \frac{\sigma_X}{\sqrt{n}} = \frac{2,5}{\sqrt{64}} = 0,3125 \text{ µg/L}$$

EXEMPLE 5.6 (*suite*)

On constate que la valeur de la moyenne de l'échantillon, $\bar{x} = 31,05$ µg/L, dépasse la plus grande valeur comme valeur de la moyenne d'un échantillon, correspondant à la moyenne de la population plus trois erreurs types, qu'on devrait observer, qui est à peu près égale à :

$$L_{sup} = \mu_X + 3\sigma_{\bar{X}} = 30 + 3(0,3125) = 30,9375 \text{ µg/L}$$

Cela est très peu probable et indique plutôt qu'il y a possiblement eu un décalage vers la droite de la distribution de la variable X en 2010, donc une augmentation de la concentration moyenne de mercure dans ce lac.

5.4.2 La distribution échantillonnale d'une moyenne

Le théorème central limite fournit l'assise de la distribution échantillonnale de la moyenne d'un échantillon, que nous énonçons dans le théorème suivant.

THÉORÈME 5.2

Soit $X_1, X_2, \ldots, X_n$: un échantillon de taille n d'une variable aléatoire X dont la moyenne est μ_X et la variance est σ_X^2.

1. Si la variable X est normale, alors la moyenne échantillonnale $\bar{X}$ est normalement distribuée avec une moyenne $\mu_{\bar{X}} = \mu_X$ et une variance :

$$\sigma_{\bar{X}}^2 = \frac{\sigma_X^2}{n}$$

et ce, pour n'importe quelle taille de l'échantillon.

2. Si la distribution de la variable X est quelconque, alors pour n assez grand ($n \geq 30$), la moyenne échantillonnale $\bar{X}$ est approximativement normalement distribuée avec une moyenne $\mu_{\bar{X}} = \mu_X$ et une variance :

$$\sigma_{\bar{X}}^2 = \frac{\sigma_X^2}{n}$$

EXEMPLE 5.7

Sur son site Internet, Facebook présente de nombreuses statistiques qui démontrent sa popularité. Selon l'une d'elles, chaque usager a en moyenne 130 correspondants, avec un écart-type de 90. Cette distribution n'est sûrement pas normale. Soit un échantillon aléatoire d'usagers de Facebook de taille 40.

a) Quels sont la moyenne et l'écart-type de la distribution du nombre total de correspondants dans un échantillon de cette taille ?

b) Quels sont la moyenne et l'écart-type de la distribution du nombre moyen de correspondants dans un échantillon de cette taille ?

c) Quelle est la probabilité que le nombre moyen de correspondants dans un échantillon de cette taille dépasse 135 ?

EXEMPLE 5.7 *(suite)*

Réponse: Soit X: le nombre de correspondants d'un usager de Facebook. On sait que $\mu_X = 130$ et $\sigma_X = 90$.

Soit $X_1, X_2, \ldots, X_{40}$: l'échantillon choisi au hasard de X.

a) Le nombre total de correspondants de cet échantillon est:

$$T = \sum_{i=1}^{40} X_i$$

Donc:

$$\mu_T = \sum_{i=1}^{40} \mu_{X_i} = 40 \times 130 = 5200$$

et

$$\sigma_T^2 = \sum_{i=1}^{40} \sigma_{X_i}^2 = 40 \times 90^2 = 324\,000$$

Ainsi, $\sigma_T = 90 \times \sqrt{40} = 569,21$.

b) Soit $\bar{X}$ la moyenne d'un échantillon de 40 usagers; alors, on sait que $\mu_{\bar{X}} = \mu_X = 130$ et que la variance est:

$$\sigma_{\bar{X}}^2 = \frac{\sigma_X^2}{n} = \frac{90^2}{40}$$

Donc, son écart-type est $\sigma_{\bar{X}} = \dfrac{90}{\sqrt{40}} = 14,23$.

c) Puisque n est plus grand que 30, alors la moyenne échantillonnale sera approximativement normale avec la moyenne et l'écart-type calculés en b); donc:

$$P(\bar{X} > 135) = P\left(Z > \frac{135 - 130}{14,23} \right)$$
$$= P(Z > 0,35)$$
$$= 0,3632$$

5.4.3 La distribution échantillonnale d'une proportion

Quelquefois, on s'intéresse à l'estimation du pourcentage d'une certaine population qui présente une certaine caractéristique. On procède alors comme suit.

Soit p: la proportion d'une population qui présente une certaine caractéristique. Si on définit:

$$X_i = \begin{cases} 1 & \text{lorsque l'individu } i \text{ présente cette caractéristique} \\ 0 & \text{sinon} \end{cases}$$

alors, si on extrait un échantillon aléatoire de taille n de cette population, la proportion échantillonnale qui présente cette caractéristique s'écrit sous la forme:

$$\hat{P} = \frac{X_1 + \cdots + X_n}{n} = \frac{T}{n}$$

où T est le nombre d'individus de cet échantillon qui ont cette caractéristique. T suit donc une loi binomiale de paramètres n et p, sa moyenne est $\mu_T = np$ et son écart-type est $\sigma_T = \sqrt{npq} = \sqrt{np(1-p)}$. Par conséquent, $\mu_{\hat{P}} = p$ et:

$$\sigma_{\hat{P}} = \frac{\sigma_T}{\sqrt{n}} = \sqrt{\frac{pq}{n}}$$

La proportion échantillonnale $\hat{P}$ se présentant comme une transformation linéaire de la variable binomiale T, l'approximation d'une loi binomiale par une loi normale nous donne alors la distribution de la variable aléatoire $\hat{P}$.

THÉORÈME 5.3

Pour n assez grand ($n \geq 30$), $\hat{P}$ est approximativement normalement distribuée avec une moyenne de $\mu_{\hat{P}} = p$ et un écart-type de:

$$\sigma_{\hat{P}} = \sqrt{\frac{pq}{n}}$$

REMARQUE

Pour que l'approximation de la distribution de $\hat{P}$ par une loi normale soit bonne, nous devons nous assurer également que les deux conditions suivantes sont satisfaites: $np > 5$ et $n(1-p) = nq > 5$. Ce sont les mêmes conditions que nous avons établies dans l'approximation d'une loi binomiale par une loi normale au chapitre précédent.

Lorsqu'on s'intéresse à la variable T qui indique le total, il ne faut pas oublier d'appliquer la correction de continuité dont on a parlé au chapitre 4.

EXEMPLE 5.8

Parmi les Américains, 81 % sont satisfaits de leurs achats par Internet. Si on extrait un échantillon aléatoire de taille $n = 1240$ Américains, quelle est la probabilité que le pourcentage des Américains satisfaits, dans cet échantillon, soit compris entre 79,5 % et 82 %?

Réponse: Soit p: la proportion de toute la population qui est satisfaite de ses achats, avec $p = 0,81$ et $\hat{p}$: la proportion de l'échantillon qui est satisfait de ses achats par Internet. On a $np = 1240 \times 0,81 > 5$ et $n(1-p) = nq = 1240 \times 0,19 > 5$. Donc, l'approximation de la loi de $\hat{p}$ par une loi normale sera très bonne. Alors, d'après le théorème 5.3, $\mu_{\hat{P}} = p = 0,81$ et son écart-type est:

$$\sigma_{\hat{P}} = \sqrt{\frac{pq}{n}} = 0,011\ 14$$

d'où:

$$P(0,795 \leq \hat{P} \leq 0,82) = P\left(\frac{\left(0,795 - \dfrac{0,5}{1240}\right) - 0,81}{0,011\ 14} \leq Z \leq \frac{\left(0,82 + \dfrac{0,5}{1240}\right) - 0,81}{0,011\ 14} \right)$$

$$= P(-1,38 < Z < 0,91) = 0,7380$$

REMARQUE

Puisque au départ, la variable $\hat{p}$ provient d'une loi binomiale que l'on approxime avec une loi normale, il faut appliquer une correction de continuité correspondant à $0,5/n$, qu'on doit additionner ou soustraire, selon le cas.

EXEMPLE 5.9

Un épidémiologiste veut étudier la prévalence de l'usage des contraceptifs oraux dans une certaine population. Supposons que la proportion des femmes qui utilisent de telles méthodes de contraception dans la population soit $p = 0,13$. Sachant que l'épidémiologiste a choisi un échantillon aléatoire de taille $n = 100$ femmes dans cette population, déterminez la probabilité que la proportion échantillonnale soit comprise entre 0,10 et 0,16.

Réponse : Vérifions d'abord que les conditions d'application du théorème 5.3 sont satisfaites. On a $np = 100 \times 0,13 = 13 > 5$ et $nq = 100 \times 0,87 = 87 > 5$. Alors, la proportion échantillonnale $\hat{P}$ est approximativement normale avec une moyenne $\mu_{\hat{P}} = p = 0,13$ et un écart-type :

$$\sigma_{\hat{P}} = \sqrt{\frac{p \times q}{n}} = \sqrt{\frac{0,13 \times 0,87}{100}} = 0,033\,63$$

Donc :

$$P(0,10 \leq \hat{P} \leq 0,16) \approx P\left(\frac{\left(0,10 - \dfrac{0,5}{100}\right) - 0,13}{0,033\,63} \leq Z \leq \frac{\left(0,16 + \dfrac{0,5}{100}\right) - 0,13}{0,033\,63} \right)$$

$$= P(-1,04 \leq Z \leq 1,04) = 0,7017$$

5.5 La base de sondage

Le tableau ci-après servira de base de sondage dans ce chapitre. Il s'agit d'une liste de 270 groupes de logements décomposés en 27 blocs de 10 groupes de logements chacun. La variable X représente le nombre de logements loués dans chaque groupe et la variable Y, le nombre total de logements dans chaque groupe. À des fins statistiques, on suppose que cette liste constitue une population à partir de laquelle il sera possible de générer des échantillons aléatoires. On a donc :

$$N = 270$$

$$\sum_{i=1}^{270} x_i = 4559; \sum_{i=1}^{270} y_i = 6786; \sum_{i=1}^{270} x_i^2 = 192\,555; \sum_{i=1}^{270} y_i^2 = 338\,694$$

$$\mu_X = 16,88; \quad \mu_Y = 25,13; \quad \sigma_X = 20,69; \quad \sigma_Y = 24,94$$

Base de sondage								
Numéro	X	Y	Numéro	X	Y	Numéro	X	Y
1	131	149	31	0	2	61	0	1
2	6	10	32	23	29	62	0	4
3	23	30	33	0	3	63	7	12
4	79	90	34	19	29	64	7	22
5	47	56	35	11	21	65	3	11
6	34	42	36	11	15	66	12	27
7	97	113	37	42	54	67	11	20
8	30	45	38	28	42	68	27	38
9	11	16	39	8	33	69	14	31
10	45	67	40	0	2	70	2	4
11	19	23	41	34	48	71	6	12
12	17	18	42	13	24	72	5	15
13	25	33	43	16	27	73	31	39
14	84	89	44	21	32	74	7	9
15	91	114	45	12	14	75	3	11
16	48	66	46	10	18	76	1	10
17	48	61	47	50	61	77	3	8
18	20	25	48	58	65	78	1	3
19	34	46	49	17	25	79	6	10
20	42	58	50	41	68	80	3	23
21	35	44	51	3	8	81	4	8
22	55	66	52	4	12	82	5	12
23	42	61	53	18	27	83	1	3
24	36	45	54	1	3	84	0	1
25	13	20	55	1	3	85	0	3
26	7	16	56	3	6	86	8	22
27	8	15	57	6	14	87	8	18
28	18	26	58	5	15	88	16	25
29	20	22	59	5	14	89	9	25
30	18	22	60	4	9	90	6	20

(*suite à la page suivante*)

Base de sondage (*suite*)								
Numéro	**X**	**Y**	**Numéro**	**X**	**Y**	**Numéro**	**X**	**Y**
91	30	43	121	22	36	151	11	23
92	41	53	122	10	16	152	19	39
93	37	47	123	9	15	153	5	9
94	12	18	124	7	16	154	0	2
95	25	41	125	3	8	155	3	5
86	23	33	126	5	25	156	12	26
97	50	67	127	2	11	157	4	10
98	31	41	128	8	9	158	14	35
99	26	39	129	14	19	159	0	4
100	24	35	130	5	5	160	20	38
101	47	53	131	1	3	161	8	10
102	27	28	132	22	37	162	22	36
103	80	90	133	25	30	163	2	7
104	52	68	134	2	3	164	2	4
105	90	99	135	0	4	165	0	2
106	78	89	136	7	13	166	1	3
107	46	48	137	15	24	167	17	29
108	35	48	138	10	19	168	24	44
109	59	62	139	5	17	169	3	5
110	27	33	140	8	13	170	7	17
111	33	43	141	8	18	171	0	2
112	27	37	142	0	1	172	18	42
113	9	14	143	4	10	173	2	4
114	9	15	144	1	4	174	0	1
115	12	21	145	3	9	175	0	1
116	49	68	146	0	5	176	0	3
117	60	81	147	14	20	177	0	1
118	35	59	148	3	5	178	5	14
119	11	23	149	5	13	179	0	1
120	21	32	150	0	1	180	0	1

(*suite à la page suivante*)

	Base de sondage (*suite*)							
Numéro	*X*	*Y*	**Numéro**	*X*	*Y*	**Numéro**	*X*	*Y*
181	2	5	211	3	8	241	0	1
182	5	11	212	2	4	242	0	1
183	6	14	213	13	18	243	0	1
184	13	29	214	34	42	244	2	4
185	28	42	215	28	32	245	0	1
186	27	36	216	23	28	246	0	1
187	22	30	217	8	14	247	0	2
188	4	11	218	69	76	248	0	1
189	10	19	219	0	19	249	0	1
190	25	42	220	5	9	250	0	1
191	67	110	221	6	37	251	0	1
192	44	57	222	4	11	252	0	2
193	43	81	223	9	24	253	0	2
194	15	23	224	54	102	254	0	4
195	17	25	225	50	82	255	0	2
196	29	59	226	9	24	256	0	2
197	18	27	227	6	18	257	0	4
198	14	22	228	5	18	258	0	1
199	24	29	229	1	3	259	0	1
200	35	44	230	0	6	260	3	5
201	48	53	231	0	1	261	4	9
202	20	27	232	2	7	262	0	1
203	24	28	233	2	8	263	0	2
204	55	62	234	3	12	264	0	2
205	43	56	235	0	4	265	2	6
206	13	22	236	6	8	266	1	4
207	19	22	237	3	9	267	3	7
208	48	57	238	3	7	268	11	14
209	44	57	239	5	12	269	3	9
210	36	46	240	3	10	270	0	2

Résumé

Méthode d'échantillonnage aléatoire	Paramètres	Estimateur de la variance
Échantillonnage simple et échantillonnage systématique	• Moyenne	• $\left(1-\dfrac{n}{N}\right)\dfrac{s_X^2}{n}=(1-f)\dfrac{s_X^2}{n}$ où $s_X^2=\dfrac{\sum_{i=1}^{n}(x_i-\bar{x})^2}{n-1}$
	• Total	• $N^2\left(1-\dfrac{n}{N}\right)\dfrac{s_X^2}{n}$
	• Proportion	• $(1-f)\dfrac{\bar{p}(1-\bar{p})}{n}$
Échantillonnage stratifié	Moyenne	$\dfrac{(1-f)}{n}\sum_{h=1}^{L}W_h s_h^2$ où s_h^2 = variance échantillonnale de X dans la strate h avec $W_h=\dfrac{N_h}{N}$
Échantillonnage par grappes	Moyenne	$\bar{\bar{x}}=\dfrac{\sum_{g=1}^{p}\bar{x}_g}{p}$ où $\bar{x}_g$ = moyenne de la grappe g. Alors, la variance de la moyenne est estimée par : $\dfrac{(1-f)}{p}\times\dfrac{\sum_{g=1}^{p}\left(\bar{x}_g-\bar{\bar{x}}\right)^2}{p-1}$

Exercices

1. Extrayez un échantillon aléatoire simple de taille 40 de la base de sondage de la section 5.5.

   a) Estimez la moyenne de la variable X, son écart-type et l'erreur-type.

   b) Estimez la moyenne de la variable Y, son écart-type et l'erreur-type.

2. Extrayez un échantillon aléatoire systématique de taille 30 de la base de sondage de la section 5.5.

   a) Estimez la moyenne de la variable X, son écart-type et l'erreur-type.

   b) Estimez la moyenne de la variable Y, son écart-type et l'erreur-type.

3. Extrayez un échantillon aléatoire stratifié de taille 36 de la base de sondage de la section 5.5, qu'on supposera découpée en trois strates (*voir l'exemple 5.3, page 167*).

   a) Estimez la moyenne de la variable X, son écart-type et l'erreur-type.

   b) Estimez la moyenne de la variable Y, son écart-type et l'erreur-type.

4. Tirez un échantillon aléatoire par grappes de taille 40 de la base de sondage de la section 5.5, qu'on supposera découpée en 27 grappes (*voir l'exemple 5.4, page 169*).

   a) Estimez la moyenne de la variable X, son écart-type et l'erreur-type.

   b) Estimez la moyenne de la variable Y, son écart-type et l'erreur-type.

5. Soit X: la masse (en grammes) d'un certain type de barres de chocolat. On suppose une moyenne de X de 54 g et un écart-type de 3,5 g. On sélectionne un échantillon aléatoire de barres de chocolat de taille 40, et soit $\bar{X}$: la masse moyenne d'un tel échantillon.

   a) Déterminez $\mu_{\bar{X}}$ et $\sigma_{\bar{X}}$.

   b) Déterminez $P(53 \leq \bar{X} \leq 55)$.

   c) Déterminez $P(\bar{X} > 53,5)$.

6. Soit X: la masse (en grammes) à la naissance des bébés marocains. On suppose une moyenne de X de 3450 g et un écart-type de 650 g. Soit $\overline{X}$: la masse moyenne d'un échantillon aléatoire de $n = 64$ bébés marocains.

a) Déterminez $P(3400 \leq X \leq 3500)$.

b) Déterminez $P(3400 \leq \overline{X} \leq 3500)$.

c) Expliquez pourquoi la probabilité trouvée en b) est beaucoup plus grande que celle trouvée en a).

7. Des études ont montré que X: la pression artérielle d'une certaine catégorie de patients suit une loi normale avec une moyenne de 110 et un écart-type de 26. On a effectué 64 prélèvements dans ce groupe, dont la moyenne est égale à 121.

a) Spécifiez les paramètres de la distribution de la variable $\overline{X}$ ainsi que ceux de la distribution de la variable $\overline{X}$.

b) Déterminez la plus petite valeur et la plus grande valeur que le hasard pourrait générer comme pression artérielle moyenne dans l'échantillon.

c) Peut-on raisonnablement penser que la moyenne de la distribution de la pression artérielle dans ce groupe a changé?

8. On suppose que 78 % des graines d'un certain type de blé germent. Si on sélectionne au hasard 340 graines de ce type de blé, quelle est la probabilité que la proportion de graines de cet échantillon qui germera soit comprise entre 77,8 % et 78,5 % ?

9. Soit p: la proportion des étudiants d'un certain cégep qui ont répondu « Oui » à la question suivante : « Boiriez-vous dans le même verre qu'un de vos amis porteur du virus du sida ? » On suppose que $p = 0,08$. Déterminez la probabilité que la proportion d'un échantillon aléatoire de taille $n = 120$ choisi dans ce cégep qui répondra « Oui » à cette question soit comprise entre 0,075 et 0,082.

10. Soit X: le taux de cholestérol chez les enfants âgés de 13 à 16 ans, une variable distribuée normalement avec une moyenne de 160 mg/dL et un écart-type de 30 mg/dL.

a) Déterminez le pourcentage des enfants de cette tranche d'âge dont le taux de cholestérol est compris entre 154 mg/dL et 164 mg/dL.

b) Si on choisit un échantillon aléatoire de 12 enfants de cette tranche d'âge, quelle est la probabilité que la moyenne pour cet échantillon soit comprise entre 154 mg/dL et 164 mg/dL ?

11. Soit X: le volume expiratoire forcé, qui est le volume d'air maximum qu'une personne peut expirer en une seconde. On suppose cette variable distribuée normalement avec une moyenne de 3,2 L et un écart-type de 0,450 L. Un échantillon aléatoire de taille n est extrait, et soit E: l'écart entre la moyenne échantillonnale et la moyenne de la population est inférieur à 120 mL.

a) Déterminez $P(E)$ lorsque $n = 20$ et $n = 40$.

b) Complétez la phrase : « Plus la taille de l'échantillon augmente, plus $P(E)\dots$ »

12. Soit X: le volume expiratoire forcé. On suppose cette variable distribuée normalement avec un écart-type de 0,450 L. Un échantillon aléatoire de taille $n = 12$ est extrait, et soit E: l'écart entre la moyenne échantillonnale et la moyenne de la population est inférieur à 120 mL.

a) Déterminez $P(E)$ si $\mu_X = 3,2$ L et $\mu_X = 3,6$ L.

b) Complétez la phrase : « Lorsque la moyenne de la variable change, $P(E)\dots$ »

13. Soit X: le volume expiratoire forcé. On suppose cette variable distribuée normalement avec une moyenne de 3,2 L. Un échantillon aléatoire de taille $n = 12$ est extrait, et soit E: l'écart entre la moyenne échantillonnale et la moyenne de la population est inférieur à 120 mL.

a) Déterminez $P(E)$ si $\sigma_X = 0,450$ L et $\sigma_X = 0,540$ L.

b) Complétez la phrase : « Plus l'écart-type de la variable augmente, plus $P(E)\dots$ »

14. Le temps requis pour courir les 10 km de la course de New York est une variable approximativement normale avec une moyenne de 60,5 minutes et un écart-type de 8 minutes.

a) Déterminez la distribution de la moyenne échantillonnale des échantillons de taille 5 et donnez ses paramètres.

b) Déterminez la distribution de la moyenne échantillonnale des échantillons de taille 12 et donnez ses paramètres.

c) Lorsqu'on extrait un échantillon de taille 12, quelle est la probabilité que l'écart entre la moyenne de cet échantillon et la moyenne de la population soit inférieur à 5 minutes ?

15. Soit p: la proportion d'une population, avec $p = 0,31$. On en extrait un échantillon aléatoire de taille 400 et on note par $\hat{p}$ la proportion échantillonnale. Déterminez la probabilité que l'écart entre p et $\hat{p}$ soit inférieur à 0,05.

16. Parmi les moules d'un certain littoral, 80 % sont infectées par un parasite. Un biologiste examine 120 moules sélectionnées au hasard dans cette région. Déterminez la probabilité que plus de 86 % des moules de cet échantillon soient infectées par le parasite.

17. Parmi les moules d'un certain littoral, 80 % sont infectées par un parasite. Un biologiste examine 40 moules sélectionnées au hasard dans cette région. Déterminez la probabilité que moins de 30 d'entre elles soient infectées par le parasite :

a) en utilisant la loi binomiale ;

b) en utilisant l'approximation normale avec la correction de continuité ;

c) en utilisant l'approximation normale sans la correction de continuité.

d) Quelle est la meilleure approximation ?

18. La taille des hommes d'une certaine population est normalement distribuée avec une moyenne de 173,8 cm et un écart-type de 7 cm.

a) On sélectionne un homme au hasard dans cette population. Quelle est la probabilité que sa taille dépasse 180 cm ?

b) On sélectionne trois hommes au hasard dans cette population. Quelle est la probabilité que la moyenne de leur taille dépasse 180 cm ?

c) On sélectionne trois hommes au hasard dans cette population. Quelle est la probabilité que la taille de chacun d'eux dépasse 180 cm ?

19. Le tableau suivant donne le salaire annuel (en milliers de dollars) de six employés d'une petite compagnie.

Distribution des salaires annuels de six employés d'une compagnie						
Employé	A	B	C	D	E	F
Salaire (k$)	80	112	78	67	56	90

a) Déterminez le salaire annuel moyen de cette population et son écart-type.

b) Il y a 15 manières de choisir quatre employés parmi les six employés de l'échantillon. Elles sont indiquées dans le tableau suivant avec le salaire de chaque employé ainsi que le salaire moyen et l'écart-type de chaque échantillon. Remplissez le tableau.

Échantillons possibles et estimations de leurs paramètres		
Échantillon	**Salaires (k$)**	**Moyenne et écart-type du salaire de l'échantillon (k$)**
A, B, C, D	80, 112, 78, 67	84,25 et 19,36
A, B, C, E		
A, B, C, F		
A, B, D, E		
A, B, D, F		
A, B, E, F		
A, C, D, E		
A, C, D, F		
A, C, E, F		
A, D, E, F		
B, C, D, E		
B, C, D, F		
B, C, E, F		
B, D, E, F		
C, D, E, F		

c) Est-il possible de déterminer la moyenne des moyennes échantillonnales sans remplir le tableau en b) ? Justifiez votre réponse.

d) Est-il possible de déterminer la moyenne des variances échantillonnales sans remplir le tableau en b) ? Justifiez votre réponse.

20. Une variable aléatoire X a une moyenne de 1000 et un écart-type de 30.

a) Caractérisez la distribution de la moyenne d'un échantillon aléatoire de taille 64 de cette variable.

b) Pour répondre à la question en a), faut-il connaître la distribution de X ?

c) Si la taille de l'échantillon avait été de 7, auriez-vous pu répondre à la question en a) ?

21. Une variable aléatoire X a une moyenne de 100 et un écart-type de 8.

a) X étant normalement distribuée, déterminez la distribution de la moyenne d'un échantillon aléatoire de X de taille 16.

b) Auriez-vous pu répondre à la question en a) sans connaître la distribution de X ? Justifiez votre réponse.

c) Si la taille de l'échantillon avait été de 54, aurait-il fallu connaître la distribution de X ? Justifiez votre réponse.

22. Une variable aléatoire X est normalement distribuée avec une moyenne μ_x et un écart-type σ_x.

a) Caractérisez la distribution de la moyenne échantillonnale $\bar{X}$.

b) La réponse en a) dépend-elle de la taille de l'échantillon? Justifiez votre réponse.

23. Dans un grand hôpital, la durée de séjour des patients est distribuée avec une moyenne de 8,3 jours et un écart-type de 3,6 jours.

a) Caractérisez la distribution de la durée de séjour moyenne d'un échantillon aléatoire de 49 patients.

b) Déterminez la probabilité que la durée de séjour moyenne d'un tel échantillon dépasse 9 jours.

24. Dans une province canadienne, le salaire annuel des professeurs de secondaire est distribué avec une moyenne de 55 050 $ et un écart-type de 9200 $.

a) Déterminez la distribution du salaire moyen d'un échantillon aléatoire de professeurs de taille 49.

b) Quelle est la probabilité que le salaire moyen de cet échantillon soit compris entre 55 000 $ et 56 000 $?

25. La masse du cerveau des individus d'une certaine population est distribuée normalement avec une moyenne de 1,435 kg et un écart-type de 0,350 kg.

a) Déterminez la distribution (forme et valeurs de ses paramètres) de la masse moyenne des cerveaux d'un échantillon aléatoire de cinq personnes choisies dans cette population.

b) Quelle est la probabilité que la masse moyenne des cerveaux d'un tel échantillon dépasse 1,450 kg?

26. Les battements du cœur chez les personnes en bonne santé sont distribués normalement avec une moyenne de 73 bpm (battements par minute) et un écart-type de 11,5 bpm. On a extrait un échantillon aléatoire de taille 36 dans lequel on a trouvé une moyenne échantillonnale de 79,9 bpm. Cela vous paraît-il normal? Justifiez votre réponse.

27. Des études ont montré que la concentration en BPC dans un lac suit une loi normale avec une moyenne de 32,5 ng/L (nanogrammes par litre) et un écart-type de 2,6 ng/L. Afin de contrôler l'évolution de la situation, on a effectué 36 prélèvements dans ce lac.

a) Déterminez la valeur de la concentration moyenne échantillonnale se trouvant trois erreurs-types en dessous de la concentration moyenne et celle se trouvant trois erreurs-types au-dessus de la concentration moyenne. Montrez vos calculs.

b) Si la moyenne de ces 36 prélèvements est de 34 ng/L de BPC, peut-on raisonnablement penser que la situation n'a pas changé?

28. Deux cents personnes font la queue pour acheter un billet pour un concert rock. Vous voulez interviewer un échantillon de ces personnes. Expliquez comment vous pouvez sélectionner un échantillon systématique:

a) de 5 % de cette population;

b) de 20 % de cette population.

29. Dans le domaine industriel, les divisions de contrôle de qualité font souvent appel à l'échantillonnage lors de leurs inspections. Un fabricant de téléviseurs veut mettre en œuvre une méthodologie d'échantillonnage pour contrôler les défauts de fabrication dans son usine. Quelle méthode d'échantillonnage lui suggérez-vous:

a) s'il ne possède qu'une seule chaîne de montage?

b) s'il possède cinq chaînes de montage?

30. Un échantillon de 25 personnes adultes choisies parmi la population américaine ne compte aucune femme. Deux explications sont possibles:

1. La méthode d'échantillonnage n'est pas aléatoire.

2. La non-représentativité de cet échantillon est attribuable au hasard.

En l'absence d'autres informations, quelle explication est la plus plausible? Justifiez votre réponse.

CHAPITRE 6

L'estimation

À la fin de ce chapitre, vous serez en mesure :

- de connaître les principales propriétés d'un estimateur ponctuel ;

- d'estimer par intervalle de confiance, dans tous les cas possibles, soit la moyenne d'une variable, soit la proportion d'une population ;

- d'estimer par intervalle de confiance la différence soit entre deux moyennes indépendantes ou dépendantes, soit entre deux proportions ;

- d'évaluer la taille de l'échantillon nécessaire pour estimer soit une moyenne, soit une proportion.

Dans le langage courant, le terme «estimation» fait référence au fait de vouloir déterminer la valeur de quelque chose. Par exemple, dans le domaine des services offerts à une clientèle, comme celui de la rénovation de maisons ou de l'installation d'appareils électriques, il est souvent question d'une «estimation gratuite» dont peut se prévaloir le client intéressé par le produit.

L'estimation qui nous intéresse ici relève du domaine spécialisé de la statistique. L'estimation statistique constitue l'une des deux principales branches de la théorie statistique inférentielle, qui consiste à tenter de généraliser à toute la population ce qu'on a observé sur un échantillon. Elle a en effet pour but de déterminer le plus précisément possible, à partir de ce que l'on observe dans un échantillon aléatoire extrait d'une population donnée, une information sur la valeur de paramètres inconnus pour cette même population. Par exemple, si l'administrateur d'un grand hôpital voulait connaître l'âge moyen des patients hospitalisés au cours d'une année donnée et que des restrictions budgétaires l'empêchaient d'envisager le recensement de toutes les hospitalisations, il pourrait décider de se limiter à un échantillon aléatoire extrait des bases de données de l'hôpital pour cette même année. En analysant les données, il obtiendrait l'âge moyen des patients de cet échantillon, ce qui lui procurerait des outils de gestion plus efficaces.

Cet exemple illustre à quel point l'estimation des paramètres inconnus d'une population peut être utile au quotidien. L'étude de l'estimation statistique sera suivie, au chapitre 7, de celle des tests d'hypothèses, seconde branche de l'inférence statistique.

6.1   L'estimation ponctuelle

On demande à 10 ingénieurs d'estimer le coût total d'un grand projet de construction en se basant sur des procédures techniques et sur leur expérience. Lorsqu'on examine ces estimations, on peut s'attendre à ce qu'il y ait des différences significatives entre elles. Dans cet exemple, le coût du projet de construction est le paramètre inconnu (noté θ) et les coûts estimés sont les estimateurs ponctuels (notés $\hat{\theta}$).

D'une manière générale, soit θ : un paramètre inconnu d'une population dont on veut faire l'estimation. À partir d'un échantillon aléatoire de taille n extrait de cette population, on peut estimer ce paramètre de plusieurs façons. Chacune d'elles nous donnera une valeur numérique qui nous permettra d'estimer le paramètre inconnu.

Un estimateur ponctuel est une valeur numérique $\hat{\theta}$ d'une statistique $\hat{\Theta}$ utilisée pour estimer un paramètre θ d'une population. On note $\hat{\theta}$ l'estimateur ponctuel de θ. Par exemple, si on veut estimer une moyenne d'une variable dans une population à partir d'un échantillon aléatoire, on peut le faire par la moyenne de l'échantillon. Dans ce cas, le paramètre inconnu est $\theta = \mu_X$. De la même façon, $\hat{\Theta} = \overline{X}$ = la moyenne échantillonnale et $\hat{\theta} = \overline{x}$ = la valeur de la moyenne échantillonnale (celle trouvée dans notre échantillon).

Cependant, on peut également estimer cette moyenne grâce à la médiane d'un échantillon aléatoire. Une question se pose alors : parmi tous les estimateurs possibles du même paramètre, lequel est le plus précis et, de ce fait, le plus utile ? Il nous faut donc formuler les différentes propriétés que doit présenter cet estimateur et le définir.

Propriété 1 :

L'estimateur $\hat{\Theta}$ du paramètre θ doit être sans biais, c'est-à-dire que $E(\hat{\Theta}) = \theta$. Ainsi, si on prend la moyenne des estimateurs $\hat{\Theta}$ obtenus de tous les échantillons aléatoires de taille n possibles de la population, cette moyenne doit être égale au paramètre θ.

Propriété 2 :

L'estimateur $\hat{\Theta}$ du paramètre θ doit être convergent asymptotiquement, c'est-à-dire que $\lim_{n \to N} \text{var}(\hat{\Theta}) = 0$.

Ainsi, la variabilité de $\hat{\Theta}$ doit tendre vers zéro lorsque la taille de l'échantillon tend vers la taille de la population (que l'on suppose très grande).

Même s'il existe d'autres propriétés, ce sont celles-ci que nous considérons comme les plus pertinentes pour nos estimateurs. Dans ce chapitre, nous nous intéresserons principalement à l'estimation de la moyenne ou de la variance d'une variable et à la proportion d'une caractéristique précise dans une population.

6.1.1   L'estimation ponctuelle d'une moyenne

Nous allons appliquer à la moyenne d'une variable quantitative ce que nous avons défini comme étant l'estimation ponctuelle de n'importe quel paramètre. Soit X : une variable quantitative quelconque mesurée sur une population dont la moyenne est μ_X et la variance, σ_X^2. En choisissant un échantillon aléatoire de taille n de cette population, on peut utiliser la moyenne échantillonnale des valeurs observées de X comme estimateur ponctuel de la vraie moyenne μ_X. Cela signifie que :

$$\hat{\mu}_X = \overline{X} = \frac{\sum_{i=1}^{n} X_i}{n}$$

est l'estimateur de la moyenne de la variable dans la population. Vérifions si un tel estimateur satisfait aux deux propriétés requises. Nous avons $E(\hat{\mu}_X) = E(\overline{X}) = \mu_X$. Cette formule a été prouvée plusieurs fois au chapitre 5 ; il s'agit donc d'un estimateur ponctuel sans biais. De même, en supposant la taille N de la population très grande, $\lim_{n \to N} \text{var}(\overline{X}) = \lim_{n \to N} \frac{\sigma_X^2}{n} = 0$.

EXEMPLE 6.1

Soit X : le prix de vente des maisons unifamiliales dans une grande ville en 2015. On veut estimer le prix moyen de ces maisons. Pour ce faire, on a sélectionné un échantillon aléatoire de 30 maisons unifamiliales, dont les prix de vente (en milliers de dollars) sont les suivants :

230 340 450 456 289 286 342 389 356 498

523 287 432 476 278 303 350 430 300 387

280 312 344 342 376 412 490 512 290 360

Si l'on calcule la moyenne de cet échantillon, on peut obtenir une estimation ponctuelle du prix moyen des maisons unifamiliales dans cette ville en 2015 de $\overline{x} = 370\,667$ \$.

6.1.2 L'estimation ponctuelle d'une variance

Nous allons maintenant considérer la variance d'une variable quantitative comme paramètre à estimer. Soit X : une variable quantitative quelconque mesurée sur une population, dont la moyenne est μ_X et la variance, σ_X^2. En sélectionnant un échantillon aléatoire de taille n de cette population, on peut utiliser la variance échantillonnale des valeurs observées de X comme estimateur ponctuel de la vraie variance de la variable dans la population σ_X^2 :

$$\hat{\sigma}_X^2 = s_X^2 = \frac{\sum_{i=1}^{n}(x_i - \overline{x})^2}{n-1}$$

Vérifions que cet estimateur satisfait aux deux propriétés requises. On peut démontrer que la variable :

$$Y = \frac{(n-1)s_X^2}{\sigma_X^2}$$

suit une loi de khi-deux (χ_{n-1}^2, qui sera définie dans le chapitre 9) ; donc, $E(Y) = n-1$ et $\text{var}(Y) = 2(n-1)$, d'où :

$$E(s_X^2) = E\left(\frac{Y\sigma_X^2}{n-1}\right) = \frac{\sigma_X^2}{n-1} E(Y) = \sigma_X^2$$

Il s'agit donc d'un estimateur sans biais. En calculant sa variance, on peut constater qu'elle tend vers zéro lorsque n tend vers l'infini. Par conséquent, l'estimateur ponctuel de l'écart-type de X sera $\hat{\sigma}_X = s_X = $ l'écart-type de l'échantillon.

REMARQUE

Le fait d'effectuer une division par $(n-1)$ et non par n permet d'éliminer tout biais à l'estimateur de la variance :

$$\hat{\sigma}_X^2 = s_X^2 = \frac{\sum_{i=1}^{n}(x_i - \overline{x})^2}{n-1}$$

EXEMPLE 6.2

En reprenant les données de l'exemple 6.1 (*voir la page 189*), on trouve que la variance de l'échantillon est $s_X^2 = 6514{,}91$ (en milliers de dollars au carré) ; donc, l'estimateur de l'écart-type de X est $s_X = 80{,}715$ (en milliers de dollars).

6.1.3 L'estimation ponctuelle d'une proportion

Nous allons maintenant estimer la proportion d'une caractéristique précise d'une population. Soit p : la proportion des individus d'une population qui possèdent une certaine caractéristique. Nous avons vu au chapitre 5 que la proportion d'un échantillon aléatoire de taille n extrait de cette population est sans biais, c'est-à-dire que $E(\hat{P}) = p$, et que sa variance est égale à :

$$\text{var}(\hat{P}) = \frac{pq}{n}$$

Elle va donc tendre vers zéro lorsque n tend vers l'infini. Dans ce cas, la proportion de l'échantillon $\hat{p}$ sera l'estimateur ponctuel de la proportion de la population.

EXEMPLE 6.3

Dans une grande ville comptant 889 675 familles, un recensement a révélé que 663 295 d'entre elles étaient propriétaires de leur logement. À partir d'un échantillon aléatoire de 260 familles, on a trouvé que 198 d'entre elles étaient propriétaires de leur logement. Il faut à présent déterminer le pourcentage des propriétaires de leur logement dans la population et dans l'échantillon.

Réponse : Pour la population de cette ville, soit N : la taille de la population = 889 675 et X : le nombre de familles propriétaires dans la population = 663 295. Ainsi, la proportion des propriétaires de la population de cette ville est :

$$p = \frac{X}{N} = \frac{663\,295}{889\,675} = 0{,}7455$$

Pour ce qui est de l'échantillon sélectionné dans cette ville, soit n : la taille de l'échantillon = 260 et x : le nombre de familles propriétaires dans l'échantillon = 198. Ainsi, la proportion des propriétaires de cet échantillon est :

$$\hat{p} = \frac{x}{n} = \frac{198}{260} = 0{,}7615$$

La différence entre la proportion de l'échantillon et la proportion de la population est appelée « erreur échantillonnale ».

Dans cet exemple, l'erreur échantillonnale est égale à $\hat{p} - p = 0{,}7615 - 0{,}7455 = 0{,}016$.

6.2 L'estimation par intervalle de confiance d'une moyenne

Nous avons vu que l'estimateur ponctuel de la moyenne μ_X d'une variable aléatoire dans une population est la moyenne arithmétique des valeurs obtenues à partir d'un échantillon aléatoire de taille n de cette variable. Nous pouvons observer que cet estimateur dépend à la fois de l'échantillon et de la taille de celui-ci, de telle sorte que, pour deux échantillons aléatoires de même taille ou de tailles différentes, nous ne trouverons pas la même valeur de l'estimateur ponctuel. Il se peut même qu'il y ait de grandes fluctuations entre des moyennes échantillonnales de même taille. Cet inconvénient rend l'usage de l'estimateur ponctuel seul inutile, voire inapproprié.

Pour contrer cet inconvénient, nous allons tenter de trouver un intervalle qui puisse contenir la moyenne de la variable avec une certaine probabilité fixée d'avance. Dans les phénomènes aléatoires, les résultats ne peuvent jamais être sûrs à 100 %, puisque tous les calculs sont basés sur un échantillon tiré au hasard. Nous devons donc nous fixer au départ un seuil de signification.

DÉFINITION 6.1

Le **seuil de signification** (noté α) est le risque d'erreur maximum qu'on se permet de commettre.

Une fois que le seuil de signification est fixé, on doit trouver un intervalle qui contiendra la vraie valeur de la moyenne de la population avec une probabilité $(1 - \alpha)$ %. Par exemple, si $\alpha = 5$ %, alors on saura que l'intervalle trouvé aura une probabilité de 95 % de contenir la vraie valeur de la moyenne de la variable dans la population. Cela signifie que si, pour des groupes de 100 échantillons aléatoires, tous de même taille n, on construit les groupes de 100 intervalles qui découlent de chacun de ces échantillons, en moyenne 95 intervalles dans chaque groupe de 100 contiendront la vraie valeur de la moyenne de la variable et 5 intervalles ne la contiendront pas.

DÉFINITION 6.2

L'intervalle trouvé pour un seuil de signification α donné s'appelle **intervalle de confiance de niveau $(1 - \alpha)$ %**.

Dans les sous-sections suivantes, nous allons estimer la moyenne d'une variable aléatoire dans une population par intervalle de confiance dans plusieurs cas différents.

6.2.1 Le cas où la variable suit une loi normale avec variance σ_X^2 connue

Nous allons d'abord examiner un cas très rare dans la pratique où on manipule une variable supposée normalement distribuée et dont on connaît en plus la variance dans la population. Soit X: une variable normalement distribuée avec une variance σ_X^2 connue et une moyenne μ_X inconnue, qu'on veut estimer par un intervalle de confiance. Si on mesure cette variable sur un échantillon aléatoire de taille n, la moyenne échantillonnale $\overline{X}$, comme on l'a vu au chapitre 5, sera distribuée normalement avec une moyenne $\mu_{\overline{X}} = \mu_X$ et un écart-type :

$$\sigma_{\overline{X}} = \frac{\sigma_X}{\sqrt{n}}$$

En standardisant cette variable, on obtient :

$$Z = \frac{\overline{X} - \mu_X}{\sigma_X / \sqrt{n}}$$

À partir d'un seuil de signification α fixé d'avance, nous allons nous baser sur la distribution de cette variable Z, qui est symétrique par rapport à zéro, pour trouver un intervalle de confiance, qui, lui aussi, doit être symétrique par rapport à zéro. Pour un seuil de signification α donné, soit $z_{\alpha/2}$: le point critique tel que $\alpha/2 = P(Z \geq z_{\alpha/2})$. Cela signifie que, par symétrie, on applique la moitié du risque à droite et l'autre moitié à gauche. Par exemple, pour une variable Z normale centrée et réduite, si $\alpha = 5\%$, on obtient $z_{\alpha/2} = z_{0,025}$, tel que $P(Z \geq z_{0,025}) = 0,025$. La table de la loi normale centrée et réduite nous indique que $z_{\alpha/2} = z_{0,025} = 1,96$. Il y a 95 % de chances que la moyenne de la population se situe dans la zone blanche, comme l'illustre le graphique ci-après.

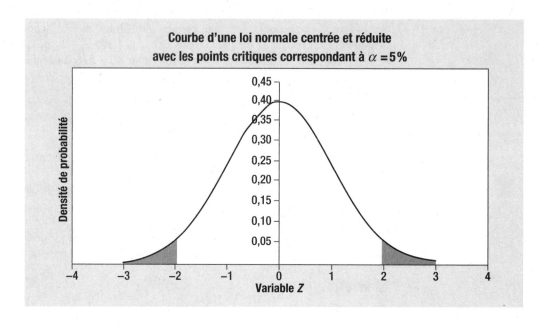

De façon générale, nous avons donc :

$$1 - \alpha = P\left(-z_{\frac{\alpha}{2}} \leq Z \leq z_{\frac{\alpha}{2}}\right)$$

$$= P\left(-z_{\frac{\alpha}{2}} \leq \frac{\bar{X} - \mu_X}{\frac{\sigma_X}{\sqrt{n}}} \leq z_{\frac{\alpha}{2}}\right)$$

$$= P\left(-z_{\frac{\alpha}{2}} \frac{\sigma_X}{\sqrt{n}} \leq \bar{X} - \mu_X \leq z_{\frac{\alpha}{2}} \frac{\sigma_X}{\sqrt{n}}\right)$$

$$= P\left(\bar{X} - z_{\frac{\alpha}{2}} \frac{\sigma_X}{\sqrt{n}} \leq \mu_X \leq \bar{X} + z_{\frac{\alpha}{2}} \frac{\sigma_X}{\sqrt{n}}\right)$$

Si $\bar{x}$ est la moyenne d'un échantillon aléatoire de taille n, choisi à partir d'une population où la distribution de la variable X est normale avec variance connue, un intervalle de confiance de niveau $(1 - \alpha)\%$ pour la moyenne de la population est donc :

$$\left[\bar{x} - z_{\frac{\alpha}{2}} \frac{\sigma_X}{\sqrt{n}} \ ; \ \bar{x} + z_{\frac{\alpha}{2}} \frac{\sigma_X}{\sqrt{n}}\right] = [\bar{x} - E \ ; \ \bar{x} + E]$$

La quantité :

$$E = z_{\frac{\alpha}{2}} \frac{\sigma_X}{\sqrt{n}}$$

s'appelle **marge d'erreur de l'estimation d'une moyenne** dans le cas où la variable est normale et où sa variance dans la population est connue.

EXEMPLE 6.4

Reprenons les données de l'exemple 6.1 (*voir la page 189*) et supposons que le prix des maisons soit distribué normalement avec un écart-type $\sigma_X = 80\ 000$ \$.

a) Déterminez, pour un seuil de signification $\alpha = 5\%$, la marge d'erreur de l'estimation de la moyenne de la variable.

b) Déduisez-en un intervalle de confiance de niveau 95 % pour la moyenne de la variable.

Réponse :

a) Puisque $\alpha = 5\%$, alors le point critique $z_{\alpha/2} = z_{0,025} = 1,96$. d'où on trouve la marge d'erreur :

$$E = z_{\frac{\alpha}{2}} \frac{\sigma_X}{\sqrt{n}} = 1,96 \times \frac{80\ 000}{\sqrt{30}} = 28\ 627,63\ \$$$

b) L'intervalle de confiance de niveau 95 % pour la moyenne des prix des maisons unifamiliales dans cette localité est :

$$[\bar{x} - E\ ;\ \bar{x} + E] = [370\ 667 - 28\ 627,63\ ;\ 370\ 667 + 28\ 627,63]$$
$$= [342\ 039,37\ ;\ 399\ 294,63]$$

EXEMPLE 6.5

Une maison d'édition vient de produire un nouveau livre de probabilités et statistiques destiné aux étudiants des sciences de la nature du collégial. Avant de fixer le prix de l'ouvrage, l'éditeur décide de faire une étude sommaire. Le département de marketing de cette compagnie choisit un échantillon aléatoire de 16 livres comparables, pour lesquels il obtient un prix moyen de 70,65 \$. Si on suppose les prix de tels livres normalement distribués avec un écart-type de 8,90 \$, déterminez un intervalle de confiance de niveau 99 % du prix moyen de tous les livres de niveau collégial comparables.

Réponse : Ici, la variable Prix est distribuée normalement avec un écart-type connu. Puisque $\alpha = 1\%$, alors le point critique donné par la table de la loi normale centrée et réduite est $z_{\alpha/2} = z_{0,005} = 2,576$, d'où on trouve la marge d'erreur de l'estimation :

$$E = z_{\frac{\alpha}{2}} \frac{\sigma_X}{\sqrt{n}} = 2,576 \times \frac{8,90}{\sqrt{16}} = 5,73\ \$$$

Par conséquent, l'intervalle de confiance de niveau 99 % pour le prix moyen de tous les livres comparables est :

$$[\bar{x} - E\ ;\ \bar{x} + E] = [70,65 - 5,73\ ;\ 70,65 + 5,73] = [64,92\ ;\ 76,38]$$

L'éditeur peut donc être assuré à 99 % que le prix moyen d'un tel ouvrage se situe entre 65 \$ et 76 \$.

6.2.2 Le cas où la variable est normale avec une variance σ_X^2 estimée à partir d'un petit échantillon ($n < 30$)

Il arrive que l'on doive estimer une moyenne lorsque la variable est normale avec une variance estimée à partir d'un petit échantillon. C'est le cas le plus fréquent dans le domaine des sciences de la santé, où le nombre de patients sur lesquels on peut faire des tests cliniques est très limité, ou dans celui des technologies de pointe, où les expériences sont très onéreuses.

Soit X: une variable normalement distribuée dont la variance est inconnue. À partir d'un échantillon aléatoire de taille n de cette variable, $\overline{X}$, la moyenne échantillonnale sera normalement distribuée avec une moyenne $\mu_{\overline{X}} = \mu_X$ et une variance:

$$\sigma_{\overline{X}}^2 = \frac{\sigma_X^2}{n}$$

Or, puisque σ_X^2 est inconnue, nous allons la remplacer par son estimateur ponctuel s_X^2. Alors, l'estimateur de la variance de la moyenne échantillonnale est:

$$\hat{\sigma}_{\overline{X}}^2 = \frac{s_X^2}{n}$$

En standardisant $\overline{X}$, on obtient une nouvelle variable aléatoire:

$$T_{n-1} = \frac{\overline{X} - \mu_X}{s_X / \sqrt{n}}$$

Cette variable aléatoire T_{n-1} s'appelle **variable qui suit la loi de Student à ($n - 1$) degrés de liberté** (*voir la table de la fonction cumulative de la variable de Student dans l'annexe, à la page 291*). Sa forme est similaire à celle d'une variable normale standard, et plus la taille de l'échantillon augmente (n s'approchant de 30), plus les deux distributions coïncident.

La variable T_{n-1} a été définie par William Sealy Gosset (1876-1937), un chimiste qui travaillait dans la célèbre brasserie irlandaise Guinness. Il a publié un article dans la revue *Biometrika* sous le pseudonyme «Student», car son employeur ne voulait pas qu'il publie des données confidentielles, d'où le nom donné à la variable qu'il a découverte. Il a côtoyé et influencé les fondateurs de la statistique moderne, Ronald Aylmer Fisher et Karl Pearson.

Cette variable fait intervenir un nouveau concept: le **nombre de degrés de liberté**, soit le nombre d'observations non redondantes utilisées dans l'échantillon.

Soit trois nombres x, y, z dont on connaît la moyenne. Il suffit alors de connaître deux de ces nombres pour obtenir le troisième par déduction. On dit alors qu'on a deux degrés de liberté. Fixons un seuil de signification α et basons-nous sur la distribution de cette variable T_{n-1}, qui est symétrique par rapport à zéro, pour trouver un intervalle de confiance devant lui aussi être symétrique par rapport à zéro. Pour un seuil de signification α donné, soit $t_{n-1, \alpha/2}$ le point critique tel que:

$$\frac{\alpha}{2} = P(T_{n-1} \geq t_{n-1;\alpha/2})$$

Par exemple, pour un nombre de degrés de liberté égal à 10, on obtient le graphique ci-après, où les points critiques correspondent à un seuil de signification de 5%.

**Courbe d'une loi de Student à 10 degrés de liberté
avec les points critiques correspondant à $\alpha = 5\%$**

En appliquant la même démarche que dans le cas précédent, on obtient la formule donnant un intervalle de confiance pour la moyenne de niveau $(1 - \alpha)\%$ d'une variable normale dont la variance a été estimée à partir d'un petit échantillon ($n < 30$) :

$$\left[\overline{x} - t_{n-1,\,\alpha/2}\,\frac{s_X}{\sqrt{n}} \;;\; \overline{x} + t_{n-1,\,\alpha/2}\,\frac{s}{\sqrt{n}} \right] = [\overline{x} - E \;;\; \overline{x} + E]$$

La quantité $E = t_{n-1,\,\alpha/2}\,\dfrac{s_X}{\sqrt{n}}$ s'appelle **marge d'erreur de l'estimation**.

EXEMPLE 6.6

Soit X : le taux de cholestérol (en milligrammes par décilitre) chez des adultes d'un certain groupe d'âge d'une population. En supposant cette variable normalement distribuée avec une variance inconnue, on a prélevé un échantillon aléatoire de cinq adultes dans ce groupe, sur lesquels on a mesuré cette variable X et obtenu les résultats suivants :

$$120 \quad 116 \quad 130 \quad 132 \quad 111$$

On doit déterminer un intervalle de confiance de niveau 95 % pour le taux de cholestérol moyen de ce groupe d'âge.

Réponse : Ici, $n = 5$ et $\overline{x} =$ la moyenne échantillonnale $= 121{,}8$ mg/dL, et $s_X = $ l'écart-type de cet échantillon $= 9{,}01$ mg/dL. Puisque $\alpha = 5\%$, donc $t_{n-1;\,\alpha/2} = t_{4;\,0,025} = 2{,}776$. Alors, la marge d'erreur de l'estimation de la moyenne est :

$$E = t_{n-1,\,\alpha/2}\,\frac{s_X}{\sqrt{n}} = 2{,}776 \times \frac{9{,}01}{\sqrt{5}} = 11{,}19 \text{ mg/dL}$$

EXEMPLE 6.6 (*suite*)

Un intervalle de confiance de niveau 95 % pour la moyenne est :

$$\left[\overline{x} - t_{n-1;\alpha/2}\frac{s_X}{\sqrt{n}} \ ; \ \overline{x} + t_{n-1;\alpha/2}\frac{s_X}{\sqrt{n}}\right] = [\overline{x} - E \ ; \ \overline{x} + E] = [110,61 ; 132,99]$$

En conclusion, sur la base de cinq observations choisies au hasard, nous pouvons affirmer à 95 % que le taux moyen de cholestérol de ce groupe d'âge de cette population est compris entre 110,61 mg/dL et 132,99 mg/dL.

EXEMPLE 6.7

Reprenons les données de l'exemple 6.6 et supposons qu'on ait prélevé un échantillon aléatoire de 15 adultes dans ce groupe, sur lesquels on a mesuré la variable X et obtenu les résultats suivants :

  120 116 130 132 111 122 130 111 143 127 129 135 150 121 112

a) Déterminez un intervalle de confiance de niveau 95 % pour le taux de cholestérol moyen de ce groupe d'âge.

b) Comparez l'intervalle trouvé avec celui de l'exemple 6.6 et tirez-en une conclusion.

Réponse :

a) Ici, $n = 15$ et $\overline{x}$ = la moyenne échantillonnale = 125,93 mg/dL ; s_X = l'écart-type de cet échantillon = 11,49 mg/dL. Puisque $\alpha = 5$ %, donc $t_{n-1;\alpha/2} = t_{14;0,025} = 2,145$. Alors, la marge d'erreur de l'estimation de la moyenne est :

$$E = t_{n-1,\alpha/2}\frac{s_X}{\sqrt{n}} = 2,145 \times \frac{11,49}{\sqrt{15}} = 6,36 \text{ mg/dL}$$

Un intervalle de confiance de niveau 95 % pour la moyenne est :

$$\left[\overline{x} - t_{n-1;\alpha/2}\frac{s_X}{\sqrt{n}} \ ; \ \overline{x} + t_{n-1;\alpha/2}\frac{s_X}{\sqrt{n}}\right] = [\overline{x} - E \ ; \ \overline{x} + E] = [119,57 ; 132,29]$$

b) L'intervalle de confiance est plus précis lorsque la taille échantillonnale augmente.

6.2.3 Le cas où la variable est quelconque avec une variance σ_X^2 estimée à partir d'un grand échantillon

Il n'est pas rare que l'on doive estimer une moyenne lorsque la variable est quelconque avec une variance estimée à partir d'un grand échantillon. C'est le cas le plus fréquemment rencontré dans le contrôle de qualité en industrie et en ingénierie, ou encore en sciences humaines ou économiques, où l'on manipule des variables souvent discrètes (nombre de pannes, de malformations, d'accidents, de divorces...) ou d'autres qui ne suivent pas nécessairement une loi normale. On a également recours à ce type d'estimation dans de nouveaux projets, où l'on ignore encore si la variable d'intérêt suit une loi normale, mais où l'on suppose les données nombreuses.

Alors, soit X: une variable quelconque dont la moyenne et la variance sont inconnues, qu'on mesure sur un échantillon aléatoire de taille n ($n \geq 30$). D'après le théorème central limite, on sait que la moyenne échantillonnale $\bar{X}$ sera approximativement normale avec une moyenne $\mu_{\bar{X}} = \mu_X$ et une variance:

$$\sigma_{\bar{X}}^2 = \frac{\sigma_X^2}{n}$$

Cette dernière étant inconnue, on l'estime, comme dans la sous-section précédente, par:

$$\hat{\sigma}_{\bar{X}}^2 = \frac{s_X^2}{n}$$

En standardisant cette variable, on obtient une variable qui suit une loi de Student avec $(n - 1)$ degrés de liberté. Mais, comme n est supérieur à 30, cette variable suit en fait approximativement une loi normale centrée et réduite, soit:

$$T_{n-1} \approx Z = \frac{\bar{X} - \mu_X}{s_X / \sqrt{n}}$$

Nous avons donc retrouvé la normalité que nous n'avions pas au départ grâce au théorème central limite et à la variable Z, sur laquelle nous allons nous baser pour déterminer un intervalle de confiance pour la moyenne μ_X. En procédant exactement comme dans le cas d'une variable normale avec une variance connue (*voir la section 6.2.1, à la page 191*), nous obtenons ce qui suit.

Si $\bar{x}$ est la moyenne d'un échantillon aléatoire de taille n ($n \geq 30$) et que la distribution de la variable X est quelconque avec une variance inconnue, un intervalle de confiance pour la moyenne de niveau $(1 - \alpha)\%$ est:

$$\left[\bar{x} - z_{\frac{\alpha}{2}} \frac{s_X}{\sqrt{n}} \ ; \ \ \bar{x} + z_{\frac{\alpha}{2}} \frac{s_X}{\sqrt{n}} \right] = [\bar{x} - E \ ; \ \bar{x} + E]$$

La quantité:

$$E = z_{\frac{\alpha}{2}} \frac{s_X}{\sqrt{n}}$$

s'appelle **marge d'erreur de l'estimation moyenne** dans le cas où la variable est quelconque et la variance est estimée à partir d'un grand échantillon.

EXEMPLE 6.8

Un exploitant agricole veut avoir une idée du rendement moyen de ses cultures. Il a donc effectué un échantillonnage aléatoire par grappes de ses parcelles, puis a obtenu les résultats suivants en quintaux par hectare (q/ha):

156	212	218	189	172	221	175	208	152	184	209	195	207	179
181	202	166	213	221	237	130	217	161	208	220	219	189	190
231	234	212	187	197	201	200	199	180	207	245	289	290	218

a) Déterminez un intervalle de confiance de niveau 95 % du rendement moyen.

EXEMPLE 6.8 (*suite*)

b) Interprétez ensuite l'intervalle de confiance dans vos mots.

Réponse: On a $n = 42$, ce qui fait qu'il n'est pas nécessaire de s'assurer de la normalité de la variable X: le rendement par hectare.

a) $\bar{x} = 202,88$ q/ha; $s_X = 31,14$ q/ha; $\alpha = 5\%$; d'où $z_{\alpha/2} = z_{0,025} = 1,96$; donc, la marge d'erreur est:

$$E = z_{\frac{\alpha}{2}} \frac{s_X}{\sqrt{n}} = 1,96 \times \frac{31,14}{\sqrt{42}} = 9,42$$

Par conséquent, un intervalle de confiance de niveau 95% pour le rendement moyen est:

$$[\bar{x} - E \, ; \, \bar{x} + E] = [193,46 \, ; 212,30]$$

b) On peut affirmer à l'exploitant que, sur la base de ses données, le rendement moyen de ses cultures est de 202,88 q/ha avec une marge d'erreur de 9,42 q/ha, et ce, 19 fois sur 20.

EXEMPLE 6.9

Un contrôleur de qualité dans une chocolaterie veut s'assurer que les boîtes de chocolat sont bien équilibrées. Il en sélectionne 120 au hasard et compte le nombre de morceaux de chocolat dans chacune d'elles. Il trouve une moyenne échantillonnale de 126,6 morceaux/boîte avec un écart-type échantillonnal de 11,77 morceaux/boîte. Déterminez un intervalle de confiance de niveau 99% pour le nombre moyen de morceaux de chocolat par boîte dans toute la production.

Réponse: Ici, $n = 120$, ce qui fait qu'il n'est pas nécessaire de s'assurer de la normalité de la variable X: le nombre de morceaux de chocolat par boîte. $\bar{x} = 126,6$; $s_X = 11,77$; $\alpha = 1\%$; d'où $z_{\alpha/2} = z_{0,005} = 2,575$.

Donc, la marge d'erreur $E = z_{\frac{\alpha}{2}} \frac{s_X}{\sqrt{n}} = 2,576 \times \frac{11,77}{\sqrt{120}} = 2,77$.

Par conséquent, un intervalle de confiance de niveau 99% pour le nombre moyen de morceaux de chocolat par boîte est:

$$[\bar{x} - E \, ; \, \bar{x} + E] = [126,6 - 2,77 \, ; 126,6 + 2,77] = [123,83 \, ; 129,37]$$

Le contrôleur est donc assuré à 99% qu'il y a en moyenne entre 124 et 129 morceaux dans chaque boîte de chocolat.

6.3 L'estimation par intervalle de confiance d'une proportion sur un grand échantillon

Dans cette section, nous allons estimer la proportion d'une caractéristique précise d'une population par intervalle de confiance. Soit p: la proportion d'une certaine population qui possède une certaine caractéristique. Nous avons vu au chapitre 5 que, si on sélectionne un échantillon aléatoire de taille n et si cette caractéristique n'est ni trop rare ni trop fréquente, ce qu'on peut formaliser par les trois conditions $n \geq 30$, $np > 5$ et $n(1 - p) = nq > 5$, alors $\hat{P}$ est approximativement normalement distribuée. Or, p étant inconnue, on ne peut pas vérifier les conditions précédentes. On remplace alors p par son estimateur ponctuel, puis on vérifie que $n\hat{p} > 5$ et $n(1-\hat{p}) = n\hat{q} > 5$. La proportion échantillonnale des individus qui possèdent cette caractéristique dans l'échantillon $\hat{P}$ est alors approximativement normalement distribuée avec une moyenne $\mu_{\hat{p}}$ et une variance :

$$\hat{\sigma}_{\hat{P}}^2 = \frac{p(1-p)}{n} = \frac{pq}{n}$$

Or, p étant inconnue, on peut estimer cette variance en estimant d'abord p. Cela donne :

$$\sigma_{\hat{p}}^2 = \frac{\hat{p}\hat{q}}{n}$$

En standardisant cette proportion échantillonnale, on obtient alors :

$$Z = \frac{p - \hat{p}}{\sqrt{\dfrac{\hat{p}\hat{q}}{n}}}$$

C'est la variable sur laquelle nous allons nous baser pour déterminer une estimation par intervalle de confiance de p. En suivant la même démarche que dans le cas d'une moyenne, nous obtenons un intervalle de confiance pour la proportion p de niveau $(1 - \alpha)\%$ qui est $[\hat{p} - E\,; \hat{p} + E]$, où :

$$E = z_{\alpha/2}\sqrt{\frac{\hat{p}\hat{q}}{n}} : \text{la } \textbf{marge d'erreur de l'estimation d'une proportion}$$

EXEMPLE 6.10

Quelques jours avant les élections fédérales de mai 2011, un sondage a été mené auprès de 1120 électeurs québécois ; parmi eux, 404 ont déclaré qu'ils allaient voter pour le Nouveau Parti démocratique (NPD). On doit déterminer un intervalle de confiance de niveau 95 % de la proportion des Québécois qui ont l'intention de voter pour ce parti (si la tendance se maintient).

Réponse : La proportion de cet échantillon des électeurs favorables au NPD est :

$$\hat{p} = \frac{404}{1120} = 0,3607$$

Vérifions que les conditions d'application énoncées plus haut sont satisfaites :

$$n \geq 30\,; \ n\hat{p} = 404 > 5 \ \text{et} \ n(1-\hat{p}) = n\hat{q} = 716 > 5$$

Alors, la marge d'erreur d'un intervalle de confiance de niveau 95 % de la proportion des Québécois qui sont en faveur de ce parti est :

$$E = z_{\alpha/2}\sqrt{\frac{\hat{p}\hat{q}}{n}} = 1,96\sqrt{\frac{0,3607 \times (1-0,3607)}{1120}} = 0,0281$$

Un intervalle de confiance de niveau 95 % pour la proportion de Québécois qui ont l'intention de voter pour ce parti est :

$$[\hat{p} - E\,; \hat{p} + E] = [0,3607 - 0,0281\,; 0,3607 + 0,0281] = [0,3326\,; 0,3888]$$

Cela signifie que le pourcentage des électeurs potentiels pour le NPD au Québec est de 36,07 %, avec une marge d'erreur de 2,81 %, et ce, 19 fois sur 20.

EXEMPLE 6.11

La Ville de Gatineau veut estimer le pourcentage des propriétaires favorables à un nouveau programme de recyclage. Pour ce faire, elle a commandé une étude à une maison de sondage. Sur la base d'un échantillon aléatoire de 895 numéros de téléphone fournis par ASDE (une entreprise d'échantillonnage), la maison de sondage a trouvé que 456 propriétaires dans cet échantillon sont pour ce projet, que 230 sont contre et que les autres sont indécis.

a) Déterminez un intervalle de confiance de niveau 95 % pour chacune des trois proportions (pour, contre, indécis).

b) Rédigez un rapport sommaire pour le conseil municipal de la ville de Gatineau.

Réponse :

a) Soit $\hat{p}_1$: la proportion de l'échantillon favorable au projet. On a :

$$\hat{p}_1 = \frac{456}{895} = 0,5095$$

La marge d'erreur d'un intervalle de confiance de niveau 95 % de la proportion des Gatinois favorables au projet est alors :

$$E = z_{\alpha/2}\sqrt{\frac{\hat{p}_1\hat{q}_1}{n}} = 1,96\sqrt{\frac{0,5095\times(1-0,5095)}{895}} = 0,032\,75$$

L'intervalle de confiance de niveau 95 % pour la proportion de Gatinois favorables au projet est :

$$[\hat{p}_1 - E\,;\ \hat{p}_1 + E] = [0,5095 - 0,032\,75\,;\ 0,5095 + 0,032\,75] = [0,4768\,;\ 0,5423]$$

Soit $\hat{p}_2$: la proportion de l'échantillon qui est contre ce projet. On a :

$$\hat{p}_2 = \frac{230}{895} = 0,2570$$

La marge d'erreur d'un intervalle de confiance de niveau 95 % de la proportion de Gatinois qui sont contre ce projet est alors :

$$E = z_{\alpha/2}\sqrt{\frac{\hat{p}_2\hat{q}_2}{n}} = 1,96\sqrt{\frac{0,2570\times(1-0,2570)}{895}} = 0,028\,63$$

L'intervalle de confiance de niveau 95 % pour la proportion de Gatinois qui sont contre ce projet est :

$$[\hat{p}_2 - E\,;\ \hat{p}_2 + E] = [0,257 - 0,028\,63\,;\ 0,257 + 0,028\,63] = [0,2284\,;\ 0,2856]$$

Enfin, soit $\hat{p}_3$: la proportion de l'échantillon qui est indécise par rapport à ce projet.

EXEMPLE 6.11 (suite)

On a :

$$\hat{p}_3 = \frac{209}{895} = 0,2335$$

La marge d'erreur d'un intervalle de confiance de niveau 95 % de la proportion de Gatinois qui sont indécis par rapport à ce projet est alors :

$$E = z_{\alpha/2}\sqrt{\frac{\hat{p}_3\hat{q}_3}{n}} = 1,96\sqrt{\frac{0,2335\times(1-0,2335)}{895}} = 0,0277$$

L'intervalle de confiance de niveau 95 % pour la proportion de Gatinois qui sont indécis par rapport au projet est :

$$[\hat{p}_3 - E\,;\ \hat{p}_3 + E] = [0,2335 - 0,0277\,;\ 0,2335 + 0,0277] = [0,2058\,;\ 0,2612]$$

b) Sur la base d'un sondage effectué auprès de 895 propriétaires de la ville de Gatineau choisis au hasard, on a trouvé que 50,95 % sont favorables au projet avec une marge d'erreur de 3,28 %, et ce, 19 fois sur 20. On a aussi observé que 25,70 % sont contre le projet avec une marge d'erreur de 2,86 %, et ce, 19 fois sur 20. Cependant, si on répartit également les 23,35 % d'indécis, on constate que le pourcentage des citoyens qui sont en faveur du projet atteint presque 63 %.

6.4 L'estimation par intervalle de confiance de la différence entre deux moyennes indépendantes

Lorsqu'on manipule une variable quantitative sur deux populations, on est souvent intéressé par la différence qui pourrait exister entre leurs moyennes. C'est ce qui fera l'objet de cette section. Soit deux populations indépendantes sur lesquelles on mesure la même variable. Dans la première population, cette variable sera notée X_1, alors qu'elle sera notée X_2 dans la seconde population. Nous voulons estimer la différence entre les moyennes de ces deux variables, par exemple :

- entre le taux moyen de cholestérol chez les femmes et chez les hommes ;
- entre la taille moyenne des hommes adultes canadiens et celle des hommes adultes français ;
- entre le salaire moyen pour des emplois similaires dans le secteur public et dans le secteur privé.

Dans ce chapitre, nous allons nous en tenir au cas le plus fréquent dans la pratique. Supposons d'abord que les variables X_1 et X_2 satisfassent aux deux conditions suivantes :

1. X_1 et X_2 sont normalement distribuées.

2. Les variances $\sigma_{X_1}^2$ et $\sigma_{X_2}^2$ sont inconnues, mais supposées égales.

À partir d'un échantillon aléatoire de taille n extrait de la première population, on peut calculer la moyenne et la variance échantillonnales $\bar{x}_1$ et $s_{X_1}^2$. D'un autre échantillon aléatoire de taille m extrait de la seconde population, on détermine la moyenne et la variance échantillonnales $\bar{x}_2$ et $s_{X_2}^2$. Compte tenu de la normalité des variables au départ, on sait alors que $\bar{X}_1$ est normalement distribuée, avec une moyenne $\mu_{\bar{X}_1} = \mu_{X_1}$ et une variance qui peut être estimée par :

$$\hat{\sigma}_{\bar{X}_1}^2 = \frac{s_{X_1}^2}{n}$$

De même, $\bar{X}_2$ est normalement distribuée, avec une moyenne $\mu_{\bar{X}_2} = \mu_{X_2}$ et une variance qui peut être estimée par :

$$\hat{\sigma}^2_{\bar{X}_2} = \frac{s^2_{X_2}}{m}$$

De plus, les deux variables sont indépendantes. Par conséquent, $\bar{X}_1 - \bar{X}_2$ est :

$$N\left(\mu_{X_1} - \mu_{X_2}\,;\; \frac{s^2_{X_1}}{n} + \frac{s^2_{X_2}}{m}\right)$$

Cependant, puisque les variances $\sigma^2_{X_1}$ et $\sigma^2_{X_2}$ sont inconnues, mais supposées égales, il est plus judicieux de les estimer par la même quantité appelée **variance échantillonnale pondérée** (la moyenne pondérée des deux variances échantillonnales), car il s'agit d'un estimateur sans biais de la variance commune des deux populations, qui est telle que :

$$s^2_p = \frac{(n-1)s^2_{X_1} + (m-1)s^2_{X_2}}{n+m-2}$$

Cela revient à calculer la variance échantillonnale de toutes les données combinées (en perdant un degré de liberté pour chacune des moyennes échantillonnales estimées). En standardisant $\bar{X}_1 - \bar{X}_2$, on obtient une variable qui suit une loi de Student, soit :

$$T_{n+m-2} = \frac{(\bar{X}_1 - \bar{X}_2) - (\mu_{X_1} - \mu_{X_2})}{s_p\sqrt{\dfrac{1}{n} + \dfrac{1}{m}}}$$

Sur la base de cette variable, on trouve qu'un intervalle de confiance pour la différence des moyennes $\mu_{X_1} - \mu_{X_2}$ de niveau $(1 - \alpha)\%$ a la forme $[(\bar{x}_1 - \bar{x}_2) - E\,;\, (\bar{x}_1 - \bar{x}_2) + E]$, où la marge d'erreur est :

$$E = t_{n+m-2\,;\,\alpha/2}\, s_p\sqrt{\frac{1}{n} + \frac{1}{m}}$$

REMARQUE

Si $(n + m - 2) \geq 30$, on remplace $t_{n+m-2\,;\,\alpha/2}$ par $z_{\alpha/2}$.

EXEMPLE 6.12

La concentration des ingrédients actifs dans un détergent liquide peut être affectée par le catalyseur utilisé dans le processus de fabrication.

Dix mesures de la concentration ont été prises avec deux types de catalyseur. Voici les données obtenues :

Catalyseur 1(X_1) : 57,9 66,2 65,4 65,3 62,6 67,6 63,7 67,2 65,2 71,0

Catalyseur 2 (X_2) : 66,4 71,7 70,3 69,3 64,8 69,6 68,6 69,4 65,3 68,8

Soit μ_{X_1} et μ_{X_2} : la concentration moyenne des ingrédients actifs résultant respectivement de l'utilisation du catalyseur 1 ou du catalyseur 2. On veut déterminer un intervalle de confiance de niveau 95 % pour $\mu_{X_1} - \mu_{X_2}$ en supposant les deux variables distribuées normalement avec des variances inconnues, mais supposées égales.

EXEMPLE 6.12 (*suite*)

Réponse : On a $n = 10$; $\overline{x}_1 = 65,21$ et $s_{X_1} = 3,44$; $m = 10$; $\overline{x}_2 = 68,42$ et $s_{X_2} = 2,22$.

Donc, la variance échantillonnale pondérée est :

$$s_p^2 = \frac{(n-1)s_{X_1}^2 + (m-1)s_{X_2}^2}{n+m-2} = \frac{9 \times (3,44)^2 + 9 \times (2,22)^2}{10+10-2} = 8,381 \Rightarrow s_p = 2,89$$

Par conséquent, la marge d'erreur est :

$$E = t_{n+m-2\,;\,\alpha/2}\, s_p \sqrt{\frac{1}{n}+\frac{1}{m}} = t_{18\,;\,0,025} \times 2,89 \times \sqrt{\frac{1}{10}+\frac{1}{10}} = 2,101 \times 2,89 \times \sqrt{\frac{1}{10}+\frac{1}{10}} = 2,715$$

Un intervalle de confiance de niveau 95 % pour $\mu_{X_1} - \mu_{X_2}$ est :

$$[(\overline{x}_1 - \overline{x}_2) - E\,;\,(\overline{x}_1 - \overline{x}_2) + E] = [(65,21 - 68,42) - 2,715\,;\,(65,21 - 68,42) + 2,715]$$
$$= [-5,925\,;\,-0,495]$$

Donc, sur la base de ces données, on est assuré à 95 % que la concentration moyenne des ingrédients actifs résultant de l'utilisation du catalyseur 1 est inférieure de 0,495 à 5,925 unités à la concentration moyenne des ingrédients actifs résultant de l'utilisation du catalyseur 2.

EXEMPLE 6.13

On s'intéresse aux diamètres des rondelles fabriquées par deux machines différentes. On a trouvé qu'un échantillon aléatoire de taille $n = 15$ rondelles fabriquées par la première machine a donné une moyenne échantillonnale $\overline{x}_1 = 8,73$ mm et une variance échantillonnale $s_{X_1}^2 = 0,35$, alors qu'un échantillon aléatoire de taille $m = 27$ rondelles fabriquées par la seconde machine a donné une moyenne échantillonnale $\overline{x}_2 = 8,68$ mm et une variance échantillonnale $s_{X_2}^2 = 0,4$. Construisez un intervalle de confiance de niveau 95 % pour $\mu_{X_1} - \mu_{X_2}$, où μ_{X_1} et μ_{X_2} sont les moyennes des diamètres des rondelles fabriquées respectivement par la machine 1 et la machine 2. Supposez que les diamètres des rondelles soient normalement distribués avec des variances inconnues, mais supposées égales.

Réponse : On a $n = 15$, $\overline{x}_1 = 8,73$ mm et $s_{X_1}^2 = 0,35$; et $m = 27$, $\overline{x}_2 = 8,68$ mm et $s_{X_2}^2 = 0,4$. Donc, la variance échantillonnale pondérée est :

$$s_p^2 = \frac{(n-1)s_{X_1}^2 + (m-1)s_{X_2}^2}{n+m-2} = \frac{14 \times 0,35 + 26 \times 0,4}{15+27-2} = 0,3825 \Rightarrow s_p = 0,6185$$

Par conséquent, puisque $n + m - 2 \geq 30$, la marge d'erreur est :

$$E = z_{\alpha/2}\, s_p \sqrt{\frac{1}{n}+\frac{1}{m}} = 1,96 \times 0,6185 \times \sqrt{\frac{1}{15}+\frac{1}{27}} = 0,39$$

Un intervalle de confiance de niveau 95 % pour $\mu_{X_1} - \mu_{X_2}$ est :

$$[(\overline{x}_1 - \overline{x}_2) - E\,;\,(\overline{x}_1 - \overline{x}_2) + E] = [(8,73 - 8,68) - 0,39\,;\,(8,73 - 8,68) + 0,39]$$
$$= [-0,34\,;\,0,44]$$

> **EXEMPLE** 6.13 *(suite)*
>
> Ainsi, avec un niveau de confiance de 95 %, on peut affirmer que la différence entre les diamètres moyens des rondelles fabriquées par les deux machines n'est pas significative.

6.5 L'estimation par intervalle de confiance de la différence entre deux proportions pour de grands échantillons

Il arrive souvent qu'on veuille comparer deux proportions, par exemple lorsqu'un sociologue veut déterminer l'écart dans les pourcentages des familles qui vivent sous le seuil de la pauvreté dans deux régions du Canada ou qu'un manufacturier désire comparer le taux d'articles défectueux provenant de deux machines de son usine.

Soit deux groupes indépendants, pour lesquels on s'intéresse aux proportions des individus qui possèdent une certaine caractéristique. Dans le premier groupe, cette proportion est notée p_1 et dans l'autre groupe, elle est notée p_2.

En prenant un échantillon aléatoire de taille n dans le premier groupe et de taille m dans le second, on sait que lorsque $n \geq 30$, $n\hat{p}_1 > 5$, $n\hat{p}_1 > 5$, et que $m \geq 30$, $m\hat{p}_2 > 5$, $m\hat{q}_1 > 5$, les proportions échantillonnales sont approximativement normales, alors qu'on a :

$$\hat{P}_1 \sim N\left(p_1;\ \frac{p_1 q_1}{n}\right) \text{ et } \hat{P}_2 \sim N\left(p_2;\frac{p_2 q_2}{m}\right)$$

De plus, ces deux variables sont indépendantes. Par conséquent, $\hat{P}_1 - \hat{P}_2$ est :

$$N\left(p_1 - p_2;\ \frac{p_1 q_1}{n} + \frac{p_2 q_2}{m}\right)$$

dont la variance peut être estimée par :

$$\frac{\hat{p}_1 \hat{q}_1}{n} + \frac{\hat{p}_2 \hat{q}_2}{m}$$

En standardisant cette variable, on obtient la variable :

$$Z = \frac{(\hat{P}_1 - \hat{P}_2) - (p_1 - p_2)}{\sqrt{\dfrac{\hat{p}_1 \hat{q}_1}{n} + \dfrac{\hat{p}_2 \hat{q}_2}{m}}}$$

qui suit une loi normale centrée et réduite.

C'est sur cette variable que nous allons nous baser pour déduire qu'un intervalle de confiance de niveau $(1 - \alpha)\%$ pour $(p_1 - p_2)$ aura la forme $[(\hat{p}_1 - \hat{p}_2) - E;\ (\hat{p}_1 - \hat{p}_2) + E]$, où la marge d'erreur est :

$$E = z_{\alpha/2}\sqrt{\frac{\hat{p}_1 \hat{q}_1}{n} + \frac{\hat{p}_2 \hat{q}_2}{m}}$$

EXEMPLE 6.14

Deux solutions ont été testées pour un usage possible dans le polissage des lentilles. Sur les 300 lentilles polies avec la solution A, 253 n'ont pas de défauts; sur les 260 lentilles polies avec la solution B, 196 n'ont pas de défauts.

Soit p_1 et p_2 : les proportions des lentilles sans défauts avec l'emploi respectif de la solution A ou de la solution B.

a) Trouvez un intervalle de confiance de niveau 99 % pour la différence $p_1 - p_2$.

b) Sur la base de cet intervalle, y a-t-il des raisons de croire qu'une solution est meilleure que l'autre ?

Réponse :

a) D'une part, $n = 300$ et $\hat{p}_1 = \dfrac{253}{300} = 0,8433$ et, d'autre part, $m = 260$ et $\hat{p}_2 = \dfrac{196}{260} = 0,7538$.

Comme le seuil de significationest $\alpha = 1$ %, alors $z_{\alpha/2} = z_{0,005} = 2,576$ et la marge d'erreur est :

$$E = z_{\alpha/2}\sqrt{\frac{\hat{p}_1\hat{q}_1}{n} + \frac{\hat{p}_2\hat{q}_2}{m}} = 2,576\sqrt{\frac{0,8433 \times 0,1567}{300} + \frac{0,7538 \times 0,2462}{260}} = 0,0875$$

Par conséquent, un intervalle de confiance de niveau 99 % pour la différence $p_1 - p_2$ est :

$$[(\hat{p}_1 - \hat{p}_2) - E\,;\,(\hat{p}_1 - \hat{p}_2) + E] = [(0,8433 - 0,7538) - 0,0875\,;\,(0,8433 - 0,7538) + 0,0875]$$
$$= [0,0895 - 0,0875\,;\,0,0895 + 0,0875] = [0,002\,;\,0,177]$$

b) À partir de ces données, on est assuré à 99 % que la solution A est significativement meilleure que la solution B, car le pourcentage des lentilles sans défauts avec l'emploi de la solution A est plus grand qu'avec l'emploi de la solution B.

EXEMPLE 6.15

Selon une étude menée en 2001 par la National Sleep Foundation, aux États-Unis, sur un échantillon aléatoire de 1600 Américains, 69 % d'entre eux avaient des symptômes graves liés aux troubles du sommeil. Une autre étude menée en 2010 sur un échantillon aléatoire de 1506 Américains a démontré que 75 % d'entre eux présentaient les mêmes symptômes. Il faut déterminer un intervalle de confiance de niveau 98 % pour la différence entre les pourcentages de tous les Américains qui montraient ces symptômes ces deux années-là.

Réponse : D'une part, pour l'année 2001, $n = 1600$ et $\hat{p}_1 = 0,69$. D'autre part, pour l'année 2010, $m = 1506$ et $\hat{p}_2 = 0,75$. Comme le seuil de signification $\alpha = 2$ %, alors $z_{\alpha/2} = z_{0,01} = 2,326$. La marge d'erreur est :

$$E = z_{\alpha/2}\sqrt{\frac{\hat{p}_1\hat{q}_1}{n} + \frac{\hat{p}_2\hat{q}_2}{m}} = 2,326\sqrt{\frac{0,69 \times 0,31}{1600} + \frac{0,75 \times 0,25}{1506}} = 0,0374$$

Donc, un intervalle de confiance de niveau 98 % pour la différence $p_1 - p_2$ est :

$$[(\hat{p}_1 - \hat{p}_2) - E\,;\,(\hat{p}_1 - \hat{p}_2) + E] = [(0,69 - 0,75) - 0,0374\,;\,(0,69 - 0,75) + 0,0374]$$
$$= [-0,0974\,;\,-0,0226]$$

À partir de ces données, on peut conclure que le pourcentage des Américains présentant des symptômes graves liés au sommeil a sensiblement augmenté de 2001 à 2010.

6.6 L'estimation par intervalle de confiance de la différence entre deux moyennes dépendantes

La situation que nous allons aborder à présent est celle où les observations sur une variable sont faites en paires, c'est-à-dire à deux instants sur chaque unité statistique.

C'est le cas, par exemple, quand on veut expérimenter l'effet d'une nouvelle diète sur la perte du poids : on pèse chaque individu faisant partie de l'expérience avant, puis après la diète. C'est aussi le cas quand on observe une variable à deux endroits sur la même unité statistique, par exemple si on veut étudier, chez l'orignal, l'écart entre la longueur des pattes de devant et celle des pattes de derrière.

Dans ces exemples, c'est en effet la même variable qui est mesurée à deux instants différents ou à deux endroits différents de la même unité. On a donc des mesures dépendantes X et Y. Soit leur différence $D = X - Y$, qu'on suppose distribuée normalement, avec une moyenne μ_D et une variance σ_D^2.

REMARQUE

Nous n'avons pas à supposer que les variables X et Y suivent une loi normale, car c'est leur différence qui nous intéresse. De plus, même si nous le supposons, étant donné la dépendance des variables, nous ne pouvons être certains que leur différence reste normalement distribuée.

À partir d'un échantillon aléatoire de taille n, la moyenne échantillonnale des différences :

$$\bar{d} = \frac{\sum_{i=1}^{n} d_i}{n}$$

sera normalement distribuée avec une moyenne $\mu_{\bar{D}} = \mu_D$ et une variance $\sigma_{\bar{D}}^2 = \sigma_D^2 / n$, qu'on peut estimer par s_D^2 / n, où s_D^2 est la variance des observations $d_1, \ldots, d_n$.

En la standardisant, on obtient une nouvelle variable :

$$T_{n-1} = \frac{\bar{d} - \mu_D}{s_D / \sqrt{n}}$$

qui suit une loi de Student à $(n - 1)$ degrés de liberté.

C'est sur cette variable que nous allons nous baser pour déduire qu'un intervalle de confiance de niveau $(1 - \alpha)\%$ pour μ_D est $[\bar{d} - E ; \bar{d} + E]$, où la marge d'erreur est :

$$E = t_{n-1 ; \alpha/2} \frac{s_D}{\sqrt{n}}$$

alors que $\bar{d}$ et s_D sont respectivement la moyenne et l'écart-type d'un échantillon aléatoire des n mesures $d_1, \ldots, d_n$.

REMARQUE

Si la taille de l'échantillon n est supérieure ou égale à 30, la variable T_{n-1} devient Z et les points critiques $t_{n-1 ; \alpha/2}$ deviennent $z_{\alpha/2}$.

EXEMPLE 6.16

Des hommes adultes âgés de 35 à 50 ans ont participé à une étude pour évaluer l'effet de l'exercice physique sur la réduction du taux de cholestérol. Ce taux a été mesuré sur chaque sujet avant et après un programme d'exercice aérobique.

Taux de cholestérol de 10 sujets avant et après un programme d'exercice aérobique										
Sujet	1	2	3	4	5	6	7	8	9	10
Avant (x_i)	265	240	258	295	251	287	314	260	283	240
Après (y_i)	229	231	227	240	238	234	256	247	246	218

a) Si on pose $d_i = x_i - y_i$, construisez un intervalle de confiance de niveau 95 % pour la moyenne μ_D.

b) Sur la base de cet intervalle, peut-on dire que le programme a été efficace pour réduire le taux de cholestérol ?

Réponse :

a) En ajoutant une ligne pour les valeurs de $d_i = x_i - y_i$, on obtient le tableau suivant.

Différence des taux de cholestérol de 10 sujets avant et après un programme d'exercice aérobique										
Sujet	1	2	3	4	5	6	7	8	9	10
Avant (x_i)	265	240	258	295	251	287	314	260	283	240
Après (y_i)	229	231	227	240	238	234	256	247	246	218
d_i	36	9	31	55	13	53	58	13	37	22

Cela donne $n = 10$, $\bar{d} = 32,7$ et $s_D = 18,36$; donc, la marge d'erreur est :

$$E = t_{n-1;\,\alpha/2}\,\frac{s_D}{\sqrt{n}} = t_{9;\,0,025}\,\frac{18,36}{\sqrt{10}} = 2,262\,\frac{18,36}{\sqrt{10}} = 13,13$$

Par conséquent, un intervalle de confiance de niveau 95 % pour la réduction moyenne du taux de cholestérol grâce à ce programme d'exercice physique est :

$$[\bar{d} - E\,;\,\bar{d} + E] = [32,7 - 13,13\,;\,32,7 + 13,13] = [19,57\,;\,45,83]$$

b) Puisque cet intervalle de confiance se trouve dans la partie positive des nombres réels, on peut donc être assuré à 95 % que la réduction moyenne du taux de cholestérol grâce à ce programme est significative.

6.7 L'utilisation de la taille échantillonnale minimale pour estimer une moyenne

Dans cette section, nous n'allons traiter que du cas où la variable d'intérêt est normale avec variance connue. Sinon, il faudrait procéder en deux étapes : d'abord extraire un échantillon préliminaire dont les données seraient utilisées pour estimer la variance inconnue et, par la suite, utiliser cette estimation comme valeur de la variance de la variable. Nous avons vu que, dans ce cas, la marge d'erreur sur l'estimation de la moyenne avec un intervalle de confiance de niveau $(1 - \alpha)\%$ sur la base d'un échantillon aléatoire de taille n est donnée par la formule :

$$E = z_{\alpha/2} \frac{\sigma_X}{\sqrt{n}}$$

Cependant, il arrive qu'on se pose la question suivante : quelle est la taille échantillonnale minimale qui permettrait d'estimer la moyenne d'une variable normale (écart-type connu grâce à son expérience dans le domaine ou à des études antérieures qui ont montré sa faible variabilité) avec une marge d'erreur et un seuil de signification α fixés d'avance ? La réponse est simple : il suffit d'isoler n dans la formule précédente, ce qui donne :

$$n = \frac{z_{\alpha/2}^2 \sigma_X^2}{E^2}$$

REMARQUE

Il faut arrondir la valeur obtenue à l'entier immédiatement supérieur si la valeur obtenue par la formule précédente n'est pas entière.

EXEMPLE 6.17

Soit X : une variable normale avec un écart-type $\sigma_X = 3$. Quelle est la taille échantillonnale minimale qui nous permettra d'estimer la moyenne de X avec une marge d'erreur de 0,2 unités et un seuil de signification de 1 % ?

Réponse : Ici, $E = 0,2$ et $\alpha = 1\%$; donc, $z_{\alpha/2} = z_{0,005} = 2,576$, d'où :

$$n = \frac{z_{\alpha/2}^2 \sigma_X^2}{E^2} = \frac{2,576^2 \times 3^2}{0,2^2} = 1493,05 \approx 1494$$

EXEMPLE 6.18

Une association étudiante veut estimer le montant moyen de la dette des étudiants diplômés. On sait par expérience que l'écart-type de la dette par étudiant reste stable aux environs de 11 800 $. On doit déterminer la taille minimale de l'échantillon à prélever pour pouvoir estimer cette dette moyenne avec une marge d'erreur de 850 $ et un seuil de signification de 10 %.

Réponse : On a $E = 850$ $, $\sigma_X = 11\,800$ $ et $\alpha = 10\%$; donc, $z_{\alpha/2} = z_{0,05} = 1,645$. La taille échantillonnale minimale est :

$$n = \frac{z_{\alpha/2}^2 \sigma_X^2}{E^2} = \frac{1,645^2 \times 11\,800^2}{850^2} = 521,5 \approx 522$$

Il faut prélever un échantillon aléatoire de 522 diplômés dans la base de données.

REMARQUE

La taille échantillonnale doit être arrondie à la valeur supérieure, sans quoi la marge d'erreur qui en découlerait serait plus grande que celle qu'on s'est fixée. Dans l'exemple 6.18, si on arrondissait la taille échantillonnale à 521, avec les mêmes données, on obtiendrait une marge d'erreur plus élevée que celle fixée à 850 $:

$$E = z_{\alpha/2} \frac{\sigma_X}{\sqrt{n}} = 1,645 \times \frac{11\,800}{\sqrt{521}} = 850,41 \text{ \$}$$

6.8 L'utilisation de la taille échantillonnale minimale pour estimer une proportion

Pour estimer une proportion p d'individus possédant une certaine caractéristique, nous avons vu que, si nous nous basons sur un échantillon aléatoire de taille n, la marge d'erreur de cette estimation pour un seuil de signification α est :

$$E = z_{\alpha/2}\sqrt{\frac{\hat{p}\hat{q}}{n}}$$

où $\hat{p}$ est la proportion des individus possédant ce caractère dans l'échantillon. Deux cas peuvent alors se présenter.

6.8.1 Le cas où la proportion p est à peu près connue

On travaille sur un projet où l'on sait, grâce à des études antérieures ou à sa propre expertise, que $\hat{p}$ avoisine une certaine valeur. Alors, on peut remplacer $\hat{p}$ par cette valeur et isoler n dans la formule donnant la marge d'erreur, puis en déduire que la taille échantillonnale nécessaire pour estimer la proportion p avec une marge d'erreur et un seuil de signification fixés est :

$$n = \frac{z_{\alpha/2}^2 \hat{p}\hat{q}}{E^2}$$

EXEMPLE 6.19

En 2011, un sociologue désire mener une étude sur les personnes obèses au Canada. Pour ce faire, il veut savoir quelle taille échantillonnale utiliser pour estimer la proportion des obèses canadiens avec une marge d'erreur qui ne dépasse pas 1,5 % et un intervalle de confiance de 95 %. Or, il sait qu'en 2010, la proportion des obèses canadiens a été estimée à 23,5 %. S'il utilise l'estimation de 2010 et un seuil de signification de 5 %, il obtient, au moyen de la formule précédente :

$$n = \frac{z_{0,025}^2 \hat{p}\hat{q}}{E^2} = \frac{1,96^2 \times 0,235 \times (1-0,235)}{0,015^2} = 3069,44 \approx 3070$$

6.8.2 Le cas où la proportion p est inconnue

On travaille sur un nouveau projet pour lequel on ignore tout de la proportion que l'on veut estimer. Or, on sait que pour une marge d'erreur fixée et un seuil de signification donné :

$$E^2 = z_{\alpha/2}^2 \frac{\hat{p}(1-\hat{p})}{n}$$

Mais comme $\hat{p}$ est comprise entre 0 et 1, la fonction $f(\hat{p}) = \hat{p}(1-\hat{p})$, qui est une parabole concave vers le bas, atteint son maximum pour $\hat{p} = 1/2$, ce qui donne une taille échantillonnale de :

$$n = \frac{z_{\alpha/2}^2}{4E^2}$$

Cette taille échantillonnale sera supérieure à celle que l'on trouve dans le premier cas (*voir la sous-section 6.8.1*), où l'on avait une idée de l'estimation de p.

EXEMPLE 6.20

Reprenons l'exemple 6.19 (*voir la page 209*) en supposant que le sociologue ignore tout de la proportion des obèses canadiens en 2010. En conservant la même marge d'erreur et le même seuil de signification, il obtient, au moyen de la formule précédente :

$$n = \frac{z_{\alpha/2}^2}{4E^2} = \frac{1,96^2}{4 \times 0,015^2} = 4268,44 \approx 4269$$

Résumé

Méthode	Formules
Estimation par intervalle de confiance d'une moyenne	• Lorsque la variable est normale avec une variance connue ou que la variable est quelconque et que la taille de l'échantillon est grande : $$\left[\overline{x} - z_{\frac{\alpha}{2}} \frac{\sigma_X}{\sqrt{n}} ;\ \overline{x} + z_{\frac{\alpha}{2}} \frac{\sigma_X}{\sqrt{n}} \right]$$ • Lorsque la variable est normale, la variance inconnue et la taille de l'échantillon petite : $$\left[\overline{x} - t_{n-1,\ \alpha/2} \frac{s_X}{\sqrt{n}} ;\ \overline{x} + t_{n-1,\alpha/2} \frac{s_X}{\sqrt{n}} \right]$$
Estimation par intervalle de confiance d'une proportion sur un grand échantillon	$$\left[\hat{p} - z_{\alpha/2} \sqrt{\frac{\hat{p}\hat{q}}{n}} ;\ \hat{p} + z_{\alpha/2} \sqrt{\frac{\hat{p}\hat{q}}{n}} \right]$$
Estimation par intervalle de confiance de la différence entre deux moyennes indépendantes	$$\left[(\overline{x}_1 - \overline{x}_2) - t_{n+m-2;\alpha/2} s_p \sqrt{\frac{1}{n} + \frac{1}{m}} ;\ (\overline{x}_1 - \overline{x}_2) + t_{n+m-2;\alpha/2} s_p \sqrt{\frac{1}{n} + \frac{1}{m}} \right]$$
Estimation par intervalle de confiance de la différence entre deux proportions pour de grands échantillons	$$\left[(\hat{p}_1 - \hat{p}_2) - z_{\alpha/2} \sqrt{\frac{\hat{p}_1\hat{q}_1}{n} + \frac{\hat{p}_2\hat{q}_2}{m}} ;\ (\hat{p}_1 - \hat{p}_2) + z_{\alpha/2} \sqrt{\frac{\hat{p}_1\hat{q}_1}{n} + \frac{\hat{p}_2\hat{q}_2}{m}} \right]$$
Estimation par intervalle de confiance de la différence entre deux moyennes dépendantes	$$\left[\overline{d} - t_{n-1;\alpha/2} \frac{s_D}{\sqrt{n}} ;\ \overline{d} + t_{n-1;\alpha/2} \frac{s_D}{\sqrt{n}} \right]$$
Taille échantillonnale minimale pour estimer une moyenne	$$n = \frac{z_{\alpha/2}^2 \sigma_X^2}{E^2}$$
Taille échantillonnale minimale pour estimer une proportion	$$n = \frac{z_{\alpha/2}^2}{4E^2}$$

Exercices

1. On a mesuré la capacité des réservoirs (en litres) d'un échantillon aléatoire de 25 voitures et obtenu les résultats suivants :

68,1	90,8	99,2	71,5	87,1
59,1	70	96,5	71,5	76,5
75	69,3	66,6	76,5	91,2
99,2	68,5	80,3	73,1	76,1
51,5	60,2	84	62,1	84,4

a) Déterminez l'estimateur ponctuel de la moyenne de cette variable.

b) Déterminez un intervalle de confiance de niveau 95 % pour la moyenne de cette variable, qu'on suppose normalement distribuée avec un écart-type de 13,82 L.

2. La somme (en dollars) qu'un ménage québécois consacre par année à ses assurances est normalement distribuée avec un écart-type de 1850 $. On a sélectionné un échantillon aléatoire de 15 ménages au Québec et on a obtenu les données suivantes sur leurs dépenses annuelles d'assurances :

5643	6574	8756	8453	6754
4350	3467	9845	6785	4376
6751	7412	9750	2345	6534

a) Déterminez l'estimateur ponctuel de la somme moyenne dépensée par tous les ménages québécois pour s'assurer.

b) Déterminez un intervalle de confiance de niveau 99 % pour la somme moyenne dépensée par tous les Québécois pour s'assurer.

c) Interprétez le résultat obtenu en b).

3. Le taux de cholestérol (en milligrammes par décilitre) chez les femmes en bonne santé au Canada est distribué normalement avec un écart-type de 50 mg/dL. On a sélectionné un échantillon aléatoire de 10 femmes canadiennes et obtenu les résultats suivants :

265	278	198	218	125
243	178	168	126	185

a) Déterminez un intervalle de confiance de niveau 95 % pour le taux de cholestérol moyen chez les femmes canadiennes.

b) Interprétez le résultat obtenu dans vos mots.

4. Soit X : une variable normalement distribuée. Pour chacun des cas suivants, déterminez un intervalle de confiance pour la moyenne de cette variable, en utilisant les données fournies :

a) $n = 10$; $\bar{x} = 20,7$; $\sigma = 4,5$; $\alpha = 5 \%$;

b) $n = 100$; $\bar{x} = 20,7$; $\sigma = 4,5$; $\alpha = 5 \%$;

c) $n = 10$; $\bar{x} = 20,7$; $\sigma = 2,5$; $\alpha = 1 \%$;

d) $n = 49$; $\bar{x} = 29,7$; $\sigma = 3,5$; $\alpha = 10 \%$.

5. Expliquez l'effet sur la marge d'erreur et, par conséquent, sur la précision pour estimer la moyenne d'une variable si :

a) on augmente le niveau de confiance sans modifier la taille échantillonnale ;

b) on augmente la taille échantillonnale sans modifier le niveau de confiance.

6. Soit X : une variable normalement distribuée. Un intervalle de confiance pour sa moyenne présente une largeur de 165,8.

a) Déterminez la marge d'erreur associée à cet intervalle.

b) Si la moyenne de l'échantillon est de 645,8, déterminez cet intervalle de confiance.

c) Si on sait que l'écart-type de cette variable est égal à 198, quelle est la taille de l'échantillon qui a été utilisé pour trouver cet intervalle de confiance de niveau 95 % ?

7. La taille des arbres d'une forêt est distribuée normalement avec un écart-type de 18 cm. Un échantillon aléatoire de taille 15 de ces arbres a donné une moyenne de 145 cm.

a) Déterminez un intervalle de confiance de 95 % pour la taille moyenne de la population des arbres de cette forêt.

b) Sur la base de cet intervalle de confiance, peut-on dire que la taille moyenne de cette population d'arbres est au moins égale à une certaine valeur ? Expliquez pourquoi.

8. Un ingénieur en contrôle de qualité d'une usine veut s'assurer que le diamètre (en centimètres) d'un certain type de boulons est régulier. Il a donc effectué un échantillonnage aléatoire de 25 boulons et obtenu les résultats suivants :

6,81	6,79	6,69	6,59	6,65
6,60	6,74	6,76	6,84	6,81
6,71	6,66	6,76	6,77	6,72
6,68	6,71	6,78	6,72	6,73
6,83	6,72	6,68	6,77	6,72

a) Déterminez un intervalle de confiance de niveau 95% pour le diamètre moyen de tous les boulons fabriqués par cette usine.

b) Quelle supposition avez-vous faite pour déduire cet intervalle de confiance? Sur la base de ces données, pensez-vous que cette supposition est valide?

9. Soit X: une variable normalement distribuée. Pour chacun des cas suivants, déterminez un intervalle de confiance pour la moyenne de cette variable en utilisant les données fournies :

a) $n = 10$; $\bar{x} = 10,7$; $s = 4,5$; $\alpha = 5\%$;

b) $n = 100$; $\bar{x} = 30,7$; $s = 4,5$; $\alpha = 5\%$;

c) $n = 10$; $\bar{x} = 25,7$; $s = 2,5$; $\alpha = 1\%$;

d) $n = 49$; $\bar{x} = 8,7$; $s = 3,5$; $\alpha = 10\%$.

10. On a sélectionné un échantillon aléatoire de 26 ampoules d'un certain type fabriquées par une compagnie. On a mesuré leur durée de vie (en heures) et obtenu les résultats suivants :

1011	978	1034	1213	798
1181	839	1178	1342	1075
1067	1221	800	1116	961
1282	744	886	1142	1265
1089	1023	1054	816	1346
1039				

a) Déterminez un intervalle de confiance de niveau 95% pour la durée de vie moyenne des ampoules de ce type fabriquées par cette compagnie.

b) Quelle supposition avez-vous faite pour déduire cet intervalle de confiance? Sur la base de ces données, pensez-vous que cette supposition est valide?

11. Une inspection dans une chaîne de montage de circuits intégrés d'une compagnie a démontré que sur un échantillon aléatoire de 1126 unités, il y avait 113 circuits non conformes.

a) Déterminez un intervalle de confiance de niveau 95% de la proportion des circuits non conformes dans cette chaîne de montage.

b) Sachant que chaque circuit intégré non conforme coûte 120 $ à la compagnie, à combien estimez-vous ses pertes quotidiennes si elle en produit 20 000 par jour?

12. Déterminez les points critiques unilatéraux de la loi de Student dans les cas suivants :

a) $n = 12$ et $\alpha = 0,025$; c) $n = 15$ et $\alpha = 0,10$;

b) $n = 29$ et $\alpha = 0,05$; d) $n = 64$ et $\alpha = 0,025$.

13. Le tableau suivant croise la variable Âge (enfants, adolescents, adultes) avec la variable Dominance de la main (droitiers, gauchers), mesurées sur un échantillon aléatoire.

Distribution des personnes selon l'âge et la dominance de la main			
Âge	Droitiers	Gauchers	Total
Enfants	112	30	142
Adolescents	610	140	750
Adultes	860	342	1002
Total	1582	512	1894

a) Déterminez un intervalle de confiance de niveau 95% pour la proportion de gauchers chez les enfants. Interprétez votre résultat.

b) Déterminez un intervalle de confiance de niveau 95% pour la proportion de gauchers chez les adolescents. Interprétez votre résultat.

c) Déterminez un intervalle de confiance de niveau 95% pour la proportion de gauchers chez les adultes. Interprétez votre résultat.

d) Après avoir combiné le groupe des enfants avec celui des adolescents, déterminez un intervalle de confiance de niveau 99% pour la différence des proportions de gauchers entre le nouveau groupe et celui des adultes. Interprétez votre résultat.

14. Une compagnie d'assurance veut estimer le montant moyen des réclamations pour un certain dommage matériel. Elle sait par expérience que de telles réclamations sont distribuées normalement avec un écart-type de 375 $.

a) Quelle est la taille échantillonnale minimale sur laquelle elle va se baser si elle veut estimer le montant moyen des réclamations avec un seuil de signification de 2 % et une marge d'erreur qui ne dépasse pas 50 $?

b) Que devient la taille échantillonnale si la compagnie veut obtenir deux fois plus de précision ?

15. Une organisation non gouvernementale (ONG) veut mener une campagne de vaccination contre la polio en Ouganda. N'ayant aucune expérience sur le terrain, elle désire estimer le pourcentage d'enfants ougandais non vaccinés. Quelle taille échantillonnale minimale lui permettra d'estimer cette proportion avec un seuil de signification de 5 % et une marge d'erreur qui ne dépasse pas 3 % ?

16. Une quantité minimale de sélénium est nécessaire à la santé. On a voulu comparer la quantité moyenne de cette substance chez les Canadiens et les Français. On a donc effectué un échantillonnage aléatoire de taille 20 dans la population canadienne et obtenu une moyenne de 167 µg (microgrammes) et un écart-type de 24,6 µg. Un échantillon aléatoire de taille 25 dans la population française a donné une moyenne de 145,7 µg et un écart-type de 23,5 µg. En supposant cette substance normalement distribuée chez les deux populations avec des variances inconnues, mais supposées égales, déterminez un intervalle de confiance de niveau 99 % pour la différence entre les quantités moyennes de cette substance dans les deux populations.

17. Une enquête a été menée auprès de cégépiens québécois sur leurs activités préférées en dehors des heures de cours. Basée sur un échantillon aléatoire de 512 garçons et de 305 filles, elle a fourni les résultats suivants sur une échelle de préférence allant de 1 (très faible préférence) à 20 (préférence très marquée).

	Garçons		Filles	
Activité	**Moyenne**	**Écart-type**	**Moyenne**	**Écart-type**
Activités sociales	12,6	6,16	16,8	5,2
Sports	13,87	4,86	8,65	7,9
Jeux	8,97	2,67	6,75	4,3
Activités culturelles	2,15	2,3	3,45	2,95

Statistiques descriptives des données observées

On suppose toutes ces activités distribuées normalement avec des variances inconnues, mais égales.

a) Déterminez un intervalle de confiance de niveau 95 % pour la différence des préférences moyennes des activités sociales entre les garçons et les filles.

b) Après avoir combiné les trois dernières activités (sports, jeux et activités culturelles) supposées indépendantes, déterminez un intervalle de confiance de niveau 95 % pour la différence moyenne de cette nouvelle activité entre les garçons et les filles.

18. Dans une enquête faite auprès d'un échantillon aléatoire de taille 550 de jeunes âgés de 16 ans à 19 ans, 66,7 % d'entre eux ont répondu que leur école les a aidés à déterminer leur choix de carrière.

a) Vérifiez si les conditions d'application des formules d'un intervalle de confiance pour une proportion sont satisfaites.

b) Déterminez un intervalle de confiance de niveau 95 % pour la proportion des jeunes de cette tranche d'âge qui sont d'accord avec cette affirmation.

c) Déterminez un intervalle de confiance de niveau 99 % pour la même proportion.

d) Quel est l'intervalle de confiance le plus large ? Expliquez pourquoi.

19. Dans une enquête faite auprès d'un échantillon aléatoire de taille 550 de jeunes de 16 à 19 ans, 4 % ont accordé la note B à leur école sur une échelle de (A à F).

a) Vérifiez si les conditions d'application des formules d'un intervalle de confiance d'une proportion sont satisfaites.

b) Déterminez un intervalle de confiance de niveau 95 % pour la proportion des jeunes de cette tranche d'âge qui sont d'accord avec cette note.

c) Déterminez un intervalle de confiance de niveau 99 % pour la même proportion.

d) Quel est l'intervalle de confiance le plus large ? Expliquez pourquoi.

20. Selon une enquête faite auprès d'un échantillon aléatoire de 1100 adultes canadiens, 79,7 % d'entre eux croient que l'abus de consommation de télévision contribue au déclin des valeurs familiales.

a) Déterminez un intervalle de confiance de niveau 95 % pour la proportion des adultes canadiens qui croient la même chose.

b) Interprétez cet intervalle de confiance et sa marge d'erreur.

c) Que devient cet intervalle si le seuil de signification est de 1 % ?

21. Lors d'une inspection de clémentines en provenance du Maroc, on décide de sélectionner un échantillon aléatoire de 250 clémentines et de construire un intervalle de confiance de 95 % pour la proportion des clémentines non commercialisables. On obtient une marge d'erreur quatre fois plus grande que celle désirée. Quelle taille échantillonnale faudrait-il utiliser pour obtenir la marge d'erreur souhaitée ?

22. Dans certains pays, l'âge minimal pour avoir un permis de conduire est fixé à 18 ans. Une enquête auprès d'un échantillon aléatoire de 1210 adultes américains a montré que 45 % d'entre eux sont d'accord avec cet âge minimal. Une enquête similaire faite auprès d'un échantillon aléatoire de 890 adultes français a montré que 38 % sont d'accord avec cet âge minimal.

  a) Vérifiez que les conditions d'application d'un intervalle de confiance pour la différence de deux proportions sont satisfaites.

  b) Déterminez un intervalle de confiance de niveau 95 % pour la différence entre la proportion des Américains et la proportion des Français qui sont d'accord avec cette loi.

  c) Interprétez cet intervalle de confiance et sa marge d'erreur.

  d) Cet intervalle de confiance contient-il zéro ? Qu'est-ce que cela signifie ?

23. La formule d'un intervalle de confiance pour une proportion fait intervenir les points critiques de la loi Z normale centrée et réduite. Êtes-vous d'accord avec cet énoncé ? Expliquez pourquoi.

24. La concentration de mercure dans un lac est supposée normalement distribuée. On a prélevé un échantillon aléatoire de 10 mesures dans ce lac et obtenu les résultats suivants (en nanogrammes par litre) :

5,67 4,78 6,56 4,23 3,17 3,89 4,78 4,67 5,17 6,34

  a) Déterminez un intervalle de confiance de niveau 95 % pour la concentration de mercure moyenne dans ce lac.

  b) Qu'est-ce qui changerait dans cet intervalle de confiance si la taille de l'échantillon était de 100 (sans modification de la moyenne et de l'écart-type échantillonnaux).

25. Pour comparer les conséquences de la méditation et de l'exercice physique, on a mesuré le taux d'une substance biochimique chez 11 personnes une heure après une séance de méditation intense et chez 15 autres personnes une heure après un exercice physique soutenu. On a trouvé les résultats suivants.

Statistiques descriptives des données observées		
Mesure	**Méditation**	**Exercice physique**
Moyenne échantillonnale	88,33	90,65
Écart-type échantillonnal	10,1	12,3

Déterminez l'intervalle de confiance de niveau 95 % pour la différence $(\mu_1 - \mu_2)$ entre les taux moyens des deux populations. Qu'en concluez-vous ? (On suppose les variables normales avec la même variance.)

26. Dans une étude récente portant sur 300 patients ayant reçu un diagnostic de cancer du poumon, 252 sont décédés moins de trois ans après l'établissement du diagnostic. Trouvez un intervalle de confiance de niveau 90 % pour la variable p : la proportion des patients atteints de cancer du poumon qui vont décéder dans moins de trois ans.

27. L'intervalle de confiance de niveau 95 % de la moyenne d'une variable normale est [4,519 ; 5,191]. La variance de la variable est inconnue et la taille de l'échantillon est de 60. Trouvez la variance de l'échantillon s^2.

28. On croit que les étudiants prennent du poids durant leur première session universitaire. Six étudiants choisis au hasard ont participé à une étude. On les a pesés durant la première semaine de la session et 12 semaines plus tard. Les données sont indiquées dans le tableau suivant.

Poids des étudiants au début et à la fin de la première session universitaire		
Étudiant	**Poids initial (kg)**	**Poids final (kg)**
1	77,73	76,36
2	50	50,45
3	60,91	61,82
4	52,27	54,09
5	68,18	70,45
6	47,27	48,18

a) Déterminez un intervalle de confiance de niveau 95 % pour la prise de poids moyenne des étudiants durant leur première session universitaire (en supposant la différence du poids normalement distribuée).

b) Interprétez cet intervalle et sa marge d'erreur.

29. Dans une étude sur l'effet de la fumée sur la santé des bébés, on a mesuré le taux de cadmium (en nanogrammes par gramme), qu'on suppose normalement distribué, à partir du tissu placentaire d'un échantillon de cinq femmes qui fument de façon régulière. On a relevé les données suivantes :

$$30 \quad 30{,}1 \quad 15 \quad 24{,}1 \quad 30{,}5$$

a) Déterminez un intervalle de confiance de niveau 99 % pour le taux moyen de cadmium chez les fumeuses.

b) Interprétez cet intervalle de confiance.

30. On veut faire une étude sur la santé des ours dans le parc de la Gatineau. En supposant que leur poids soit normalement distribué avec un écart-type de 55,2 kg, quelle est la taille échantillonnale requise pour estimer le poids moyen avec un intervalle de confiance de niveau 95 % et une marge d'erreur de 15 kg ?

31. Un sondage récent mené auprès de 1 215 Canadiens a démontré que 643 d'entre eux sont en faveur du retrait des troupes canadiennes de l'Afghanistan.

a) Déterminez un intervalle de confiance de niveau 95 % pour la proportion des Canadiens qui sont contre le retrait des troupes de l'Afghanistan.

b) Déduisez-en un intervalle de confiance de niveau 95 % pour la proportion des Canadiens qui sont en faveur du retrait des troupes de l'Afghanistan (en supposant qu'il n'y ait pas d'abstentions).

32. Le Centre américain de prévention et de contrôle des maladies veut estimer le pourcentage p des adultes mâles en surpoids. Quelle est la taille échantillonnale nécessaire pour estimer p avec une marge d'erreur de 5 % et un intervalle de confiance de 98 % ? On suppose qu'on n'a aucune information préalable sur p.

33. Refaites l'exercice 32, sachant que le pourcentage p avoisine 37,6 %. Interprétez la différence entre les réponses aux exercices 32 et 33.

34. Deux solutions sont testées pour un usage possible dans le polissage des lentilles. Des 650 lentilles polies avec la solution A, 494 n'ont pas de défauts ; et des 400 lentilles polies avec la solution B, 266 n'ont pas de défauts. Soit p_1 et p_2 : les proportions de lentilles sans défauts avec l'emploi respectif de la solution A ou de la solution B.

a) Trouvez un intervalle de confiance de niveau 90 % pour la différence entre ces deux proportions.

b) Sur la base de cet intervalle, y a-t-il des raisons de croire qu'une solution est meilleure que l'autre ?

35. Un nouveau médicament a été mis au point pour traiter la dépression majeure. Dans un groupe de 100 patients traités avec ce nouveau médicament, 27 ont montré des signes d'amélioration après huit semaines. Dans un autre groupe de 100 patients traités avec le placebo, seuls 19 ont montré des signes d'amélioration après huit semaines.

a) Déterminez un intervalle de confiance de niveau 95 % pour la différence entre les proportions des patients dont la condition s'améliore dans les deux groupes.

b) Sur la base de cet intervalle de confiance, peut-on dire que le nouveau médicament est plus efficace que le placebo ?

36. Pour tester l'hypothèse selon laquelle la marche peut aider à réduire la pression artérielle, un chercheur a mené une étude. Chez quatre patients souffrant d'hypertension choisis au hasard, il a mesuré la pression artérielle (en millimètres de mercure) avant leur participation à un programme de marche, puis un mois après. Les données sont indiquées dans le tableau suivant.

Pression artérielle des patients avant et après la marche		
Patient	Avant	Après
1	150	135
2	165	140
3	135	130
4	145	140

a) Déterminez un intervalle de confiance de niveau 90 % pour la réduction moyenne de la pression artérielle. On suppose la normalité de la variable Différence de pression artérielle.

b) Peut-on dire que la marche permet de réduire la pression artérielle ?

37. Pour étudier la transformation du nitrate en nitrate sanguin, des chercheurs ont injecté à quatre lapins choisis

au hasard une solution de molécules de nitrate. Dix minutes après l'injection, ils ont mesuré, pour chaque lapin, le pourcentage de nitrate transformé en nitrate sanguin. Ils ont obtenu les résultats suivants :

$$51,1 \quad 55,4 \quad 48,0 \quad 49,5$$

Construisez un intervalle de confiance pour la moyenne de cette concentration de niveau 95 %, en supposant cette variable distribuée normalement.

38. La vitamine B_6 est l'une des plus utilisées dans la fabrication des comprimés de vitamines multiples. La quantité de vitamine B_6 dans ces comprimés est normalement distribuée. Une compagnie pharmaceutique prétend que la quantité moyenne de vitamine B_6 par comprimé est de 50 mg. Cependant, on la soupçonne d'en utiliser moins. Pour vérifier ses dires, on a sélectionné un échantillon aléatoire de huit comprimés et on a mesuré la quantité de vitamine B_6 contenue dans chacun. On a obtenu les résultats suivants :

$$53,9 \quad 47,4 \quad 48,2 \quad 50,1$$
$$49,3 \quad 50,8 \quad 44,7 \quad 46,5$$

a) Déterminez un intervalle de confiance de niveau 95 % pour la quantité moyenne de vitamine B_6 contenue dans ces comprimés.

b) Sur la base de cet intervalle de confiance, peut-on dire que la compagnie pharmaceutique a raison ?

39. On a mesuré la taille (en centimètres) des adultes mâles de deux pays à l'aide de deux échantillons aléatoires et on a obtenu les résultats suivants :

- $n = 12$, $\overline{x}_1 = 164,18$, $s_1 = 10$;
- $m = 15$, $\overline{x}_2 = 171,75$, $s_2 = 7,5$.

On suppose les variances des populations égales et les variables normales.

a) Construisez un intervalle de confiance de niveau 98 % pour la différence des tailles moyennes de ces deux populations.

b) Sur la base de cet intervalle de confiance, peut-on noter une différence significative entre les tailles moyennes de ces deux populations ?

40. Un laboratoire a pris de façon aléatoire 25 échantillons d'air dans la région d'Ottawa en vue d'estimer la

quantité de soufre dans l'air (en parties par million). Il a noté que la moyenne et la variance de l'échantillon sont respectivement égales à 15 et à 100. En supposant cette variable normalement distribuée, déterminez un intervalle de confiance de niveau 95 % pour la quantité moyenne de soufre dans l'air de cette région.

41. On mesure la quantité de mercure retrouvée dans deux espèces de poissons sur deux échantillons aléatoires et on obtient les résultats suivants.

Statistiques descriptives des données observées			
Espèce	Taille d'échantillon	Moyenne	Écart-type
1	5	21	0,495
2	10	22,10	1,29

On suppose cette variable distribuée normalement dans les deux espèces avec des variances inconnues, mais égales.

a) Déterminez un intervalle de confiance de niveau 95 % pour la différence entre les quantités moyennes de mercure dans ces deux populations de poissons.

b) Interprétez cet intervalle de confiance pour savoir s'il y a une différence significative entre ces deux espèces de poissons en ce qui a trait à ce type de contamination.

42. Les données suivantes ont été obtenues à partir d'un échantillon de mesures sur le poids des mollusques (en grammes) dans une région :

$$4,1 \quad 1,5 \quad 10,4 \quad 5,9 \quad 3,4 \quad 5,7 \quad 1,6 \quad 6,1 \quad 3,0 \quad 3,7$$
$$3,1 \quad 4,8 \quad 2,0 \quad 14,8 \quad 5,4 \quad 4,2 \quad 3,9 \quad 4,1 \quad 11,1 \quad 3,5$$
$$4,1 \quad 4,1 \quad 8,8 \quad 5,6 \quad 4,3 \quad 3,3 \quad 7,1 \quad 10,3 \quad 6,2 \quad 7,6$$
$$10,8 \quad 2,8 \quad 9,5 \quad 12,9 \quad 12,1 \quad 0,7 \quad 4,0 \quad 9,2 \quad 4,4 \quad 5,7$$
$$7,2 \quad 6,1 \quad 5,7 \quad 5,9 \quad 4,7 \quad 3,9 \quad 3,7 \quad 3,1 \quad 6,1 \quad 3,1$$

a) Déterminez un intervalle de confiance de niveau 95 % pour le poids moyen de cette population de mollusques.

b) Interprétez cet intervalle de confiance.

c) L'hypothèse de normalité est-elle requise dans ce problème ? Expliquez pourquoi.

43. On a relevé les données suivantes (en kilogrammes par centimètre carré) sur la résistance à la rupture d'un type de plastique (c'est-à-dire la masse qu'il peut supporter avant qu'il ne se déchire) :

196,5	178,8	200,5	198,0	189,7
204,7	217,8	197,6	189,6	167,7
200,9	203,7	178,9	200,0	187,6
189,1	209,7	178,6	211,9	176,9
209,7	291,7	178,9	209,7	186,5
199,0	198,7	178,9	165,7	200,9
209,8	213,7	312,8	209,8	189,6
186,9	200,7	111,7	187,6	200,6

a) Déterminez un intervalle de confiance de niveau 95 % pour la moyenne de cette variable.

b) Tracez un diagramme des quartiles de cette distribution. Y a-t-il des données aberrantes ? Le cas échéant, supprimez-les.

c) Recalculez un intervalle de confiance de niveau 95 % pour la moyenne de cette variable sans les données aberrantes supprimées en b).

d) Interprétez la différence entre les intervalles de confiance trouvés en a) et en c). Lequel est le plus adéquat, selon vous ?

CHAPITRE 7

Les tests d'hypothèses

À la fin de ce chapitre, vous serez en mesure :

- de formuler les hypothèses à tester ;

- d'interpréter les types d'erreurs associées à un test d'hypothèses ;

- d'effectuer les principaux tests d'hypothèses paramétriques ;

- d'appliquer les concepts de tests d'hypothèses dans des champs variés et d'interpréter les résultats des logiciels statistiques.

Carl Friedrich Gauss (1777-1855)

Gauss est considéré non seulement comme l'un des plus grands savants de l'ère moderne, mais comme l'un des plus grands mathématiciens de tous les temps. Celui qu'on a surnommé le « prince des mathématiciens » est une figure incontournable en algèbre, en calcul et en probabilités : il est impossible de faire des mathématiques sans utiliser l'une ou l'autre de ses méthodes !

Un analyste de données est souvent amené à prendre des décisions ou à porter des jugements sur la valeur d'un ou de plusieurs paramètres d'une population qu'il étudie. Par exemple, un contrôleur de la qualité peut avoir à décider si le contenu moyen de toutes les cannettes de soda en fabrication diffère significativement de la valeur de 530 mL annoncée sur les étiquettes. Ou encore, un sociologue peut chercher à savoir si le pourcentage de décrocheurs scolaires au secondaire a augmenté au cours des trois dernières années.

Au chapitre 6, nous avons parcouru les méthodes statistiques requises pour estimer des paramètres inconnus dans une population, soit de manière ponctuelle, soit par intervalle de confiance. Dans ce chapitre, nous aborderons les tests d'hypothèses, deuxième branche de l'inférence statistique.

7.1　Les démarches d'un test d'hypothèses

De façon courante, un test d'hypothèses met en jeu deux hypothèses : l'hypothèse nulle et l'hypothèse alternative.

DÉFINITION 7.1

L'**hypothèse nulle** est celle dont le paramètre qu'on veut tester ne change pas, ce qui est symbolisé le plus souvent par une égalité. On la note H_0.

DÉFINITION 7.2

L'**hypothèse alternative** est la contre-hypothèse de l'hypothèse nulle. On la note H_a ou H_1.

À partir des observations sur un échantillon, le test d'hypothèses permet donc de déterminer s'il faut rejeter ou non l'hypothèse nulle.

REMARQUE

On ne dit jamais qu'on accepte une hypothèse, car, en statistique comme dans tous les phénomènes aléatoires, il y a toujours un risque d'erreur. Le fait d'accepter supposerait une certitude, ce qui ne peut pas être le cas.

7.2　Les types de tests

D'une manière générale, si nous définissons θ comme étant un paramètre inconnu d'une population sur laquelle nous voulons faire des tests d'hypothèses, nous disposons des trois possibilités suivantes :

1. Le **test bilatéral**, qui sert à tester si le paramètre inconnu est égal à une valeur fixe θ_0 (valeur initialement connue) ou s'il est différent de cette valeur. On l'appelle ainsi, car si jamais ce paramètre n'est pas égal à la valeur avec laquelle on le compare, il peut être soit supérieur, soit inférieur à cette valeur. On le symbolise par $H_0 : \theta = \theta_0$ contre $H_1 : \theta \neq \theta_0$.

2. Le **test unilatéral à droite**, qui sert à tester si le paramètre inconnu est égal à une valeur fixe ou s'il est supérieur à cette valeur. On l'appelle ainsi, car si jamais ce paramètre n'est pas égal à la valeur avec laquelle on le compare, il ne peut être que plus grand, donc à la droite de cette valeur. On le symbolise par $H_0 : \theta = \theta_0$ contre $H_1 : \theta > \theta_0$.

3. Le **test unilatéral à gauche**, qui sert à tester si le paramètre inconnu est égal à une valeur fixe ou s'il est inférieur à cette valeur. On l'appelle ainsi, car si jamais ce paramètre n'est pas égal à la valeur avec laquelle on le compare, il ne peut être que plus petit, donc à la gauche de cette valeur. On le symbolise par $H_0 : \theta = \theta_0$ contre $H_1 : \theta < \theta_0$.

7.3　Les types d'erreurs

En fonction du type de problème à résoudre, on doit d'abord déterminer lequel des trois types de tests d'hypothèses répond le mieux à ses besoins. Après quoi il n'y a plus qu'à suivre la logique de base d'un test d'hypothèses.

À partir d'un échantillon aléatoire de la population, la logique de base d'un test d'hypothèses se présente ainsi :

• Si les données de l'échantillon font en sorte qu'on ne s'écarte pas beaucoup de l'hypothèse nulle, alors on ne rejette pas l'hypothèse nulle.

- Si les données de l'échantillon font en sorte qu'on s'écarte de façon significative de l'hypothèse nulle, alors on rejette l'hypothèse nulle au profit de l'hypothèse alternative, qui devient plausible.

Chaque fois que l'utilisateur effectue un test d'hypothèses, il doit prendre une décision qui consiste à rejeter ou non l'hypothèse nulle. Cette démarche est résumée dans le tableau suivant.

Décisions possibles sur le test d'hypothèses		
Décision	**Hypothèse nulle H_0**	
	Vraie	**Fausse**
Non-rejet de H_0	Décision correcte	Erreur de type II
Rejet de H_0	Erreur de type I	Décision correcte

Comme on peut le constater dans ce tableau, quelle que soit la décision prise, il y aura toujours possibilité d'erreur. C'est normal, puisqu'on prend des décisions concernant toute la population à partir d'une information partielle contenue dans l'un de ses échantillons. On relève ainsi deux types d'erreurs : l'erreur de type I et l'erreur de type II.

DÉFINITION 7.3

L'**erreur de type I** consiste à rejeter l'hypothèse nulle (H_0) alors qu'elle est vraie.

DÉFINITION 7.4

L'**erreur de type II** consiste à ne pas rejeter l'hypothèse nulle (H_0) alors qu'elle est fausse.

La probabilité de commettre une erreur de type I (qui est une probabilité conditionnelle) est ce qu'on appelle le **seuil de signification du test**, noté :

$$\alpha = P(\text{erreur de type I}) = P(\text{rejeter } H_0 | H_0 \text{ est vraie})$$

La probabilité de commettre une erreur de type II (qui est aussi une probabilité conditionnelle) est notée :

$$\beta = P(\text{erreur de type II}) = P(\text{ne pas rejeter } H_0 | H_0 \text{ est fausse})$$

La probabilité $1 - \beta = P(\text{rejeter } H_0 | H_0 \text{ est fausse})$ s'appelle la **puissance du test d'hypothèses**.

Dans la pratique, on fixe le seuil de signification α, comme nous l'avons fait quand nous avons abordé l'estimation, et on garde en tête la possibilité de commettre l'autre type d'erreur, dont la probabilité β est quantifiable (cas qui ne sera pas abordé dans cet ouvrage).

7.4 Les tests d'hypothèses sur une moyenne

Dans cette section, nous passerons en revue tous les cas possibles de tests d'hypothèses sur la moyenne d'une variable aléatoire.

Soit X : une variable aléatoire, et sa moyenne inconnue μ_X, sur laquelle nous voulons effectuer des tests d'hypothèses. Ils peuvent être formulés sous l'une des formes suivantes :

- $H_0 : \mu_X = \mu_0$ contre $H_1 : \mu_X \neq \mu_0$ (test bilatéral) ;
- $H_0 : \mu_X = \mu_0$ contre $H_1 : \mu_X > \mu_0$ (test unilatéral à droite) ;
- $H_0 : \mu_X = \mu_0$ contre $H_1 : \mu_X < \mu_0$ (test unilatéral à gauche) ;

où μ_0 est une **valeur fixe** à laquelle on compare la moyenne de la variable. Comme pour l'estimation par intervalle de confiance, il y a plusieurs cas possibles.

7.4.1 Le cas où la variable est normale avec une variance σ_X^2 connue

Supposons que la variable d'intérêt X soit normalement distribuée avec une variance σ_X^2 connue. En sélectionnant un échantillon aléatoire de taille n, on sait que la moyenne échantillonnale $\bar{X}$ est distribuée normalement avec une moyenne $\mu_{\bar{X}} = \mu_X$ et une variance $\sigma_{\bar{X}}^2 = \sigma_X^2/n$. En standardisant cette variable, on obtient :

$$Z = \frac{\bar{X} - \mu_X}{\sigma_X/\sqrt{n}}$$

sur laquelle on se base pour prendre une décision relative à notre test d'hypothèses. Si l'hypothèse H_0 est vraie, alors, à partir des valeurs obtenues sur l'échantillon, cette variable Z prend une valeur qu'on appelle la **valeur observée** et qu'on note :

$$z_{obs} = \frac{\bar{x} - \mu_0}{\sigma_X/\sqrt{n}}$$

Comme $\bar{x}$ est un estimateur ponctuel de μ_X, on doit s'attendre à ce que l'écart qui sépare $\bar{x}$ et μ_0 soit très petit si H_0 est vraie et, par conséquent, à ce que la valeur de z_{obs} soit proche de zéro.

Dans le cas d'un test bilatéral, $H_0 : \mu_X = \mu_0$ contre $H_1 : \mu_X \neq \mu_0$. Lorsque z_{obs} s'écarte beaucoup de zéro à gauche ou à droite et qu'elle dépasse les mêmes points critiques $\pm z_{\alpha/2}$ utilisés dans la construction des intervalles de confiance, on atteint la zone de rejet de H_0. On considère alors comme trop faible pour être plausible (moins de $\alpha/2$) la probabilité que le hasard soit responsable du fait que la moyenne de notre échantillon soit si différente de la valeur à laquelle on la compare.

Ce cas est bien illustré dans la figure suivante, pour un seuil de signification de 5 %.

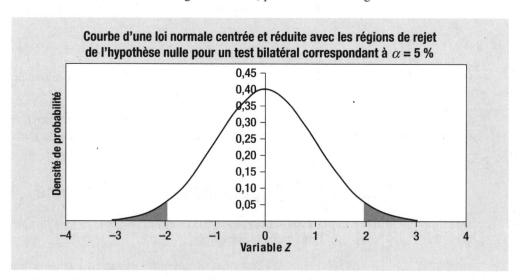

Courbe d'une loi normale centrée et réduite avec les régions de rejet de l'hypothèse nulle pour un test bilatéral correspondant à $\alpha = 5\%$

REMARQUE

Les zones ombrées sont les zones de rejet de H_0 dans le cas d'un test d'hypothèses bilatéral avec un seuil de signification de 5 %.

On obtient la règle de décision suivante : pour un seuil de signification α donné, et dans le cas d'un test bilatéral, on rejette H_0 lorsque $|z_{\text{obs}}| > z_{\alpha/2}$.

Dans le cas d'un test unilatéral à droite, soit $H_0 : \mu_X = \mu_0$ contre $H_1 : \mu_X > \mu_0$, si jamais l'hypothèse H_0 est fausse, on doit s'attendre à obtenir une valeur z_{obs} positive, donc tout le risque α est concentré à droite. On atteint donc la zone de rejet de H_0 si cette valeur observée dépasse z_α. Ce cas est illustré dans la figure suivante avec un seuil de signification de 10 %.

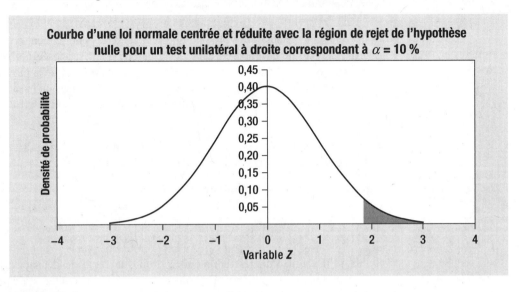

Courbe d'une loi normale centrée et réduite avec la région de rejet de l'hypothèse nulle pour un test unilatéral à droite correspondant à α = 10 %

REMARQUE

La zone ombrée est la zone de rejet de H_0 dans le cas d'un test d'hypothèses unilatéral à droite avec un seuil de signification de 10 %.

On obtient la règle de décision suivante : pour un seuil de signification α donné, et dans le cas d'un test unilatéral à droite, on rejette H_0 lorsque $z_{\text{obs}} > z_\alpha$.

Dans le cas d'un test unilatéral à gauche, soit $H_0 : \mu_X = \mu_0$ contre $H_1 : \mu_X < \mu_0$, si jamais l'hypothèse H_0 est fausse, on doit s'attendre à obtenir une valeur z_{obs} négative, donc tout le risque α est concentré à gauche. On atteint donc la zone de rejet de H_0 si cette valeur observée est inférieure à $-z_\alpha$. Ce cas est illustré dans la figure suivante avec un seuil de signification de 3 %.

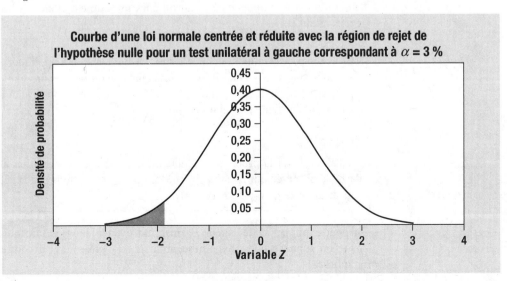

Courbe d'une loi normale centrée et réduite avec la région de rejet de l'hypothèse nulle pour un test unilatéral à gauche correspondant à α = 3 %

REMARQUE

La zone ombrée est la zone de rejet de H_0 dans le cas d'un test d'hypothèses unilatéral à gauche avec un seuil de signification de 3 %.

On obtient la règle de décision suivante : pour un seuil de signification α donné, et dans le cas d'un test unilatéral à gauche, on rejette H_0 lorsque $z_{obs} < -z_\alpha$.

EXEMPLE 7.1

Un fabricant de cigarettes prétend que ses cigarettes contiennent en moyenne 14 mg de goudron, la quantité de goudron dans une cigarette étant supposée normalement distribuée, avec un écart-type de 0,5 mg. Une association médicale affirme que la moyenne de goudron dépasse cette quantité. Un échantillon de 15 cigarettes sélectionnées au hasard donne une moyenne de 14,4 mg. L'affirmation de l'association est-elle justifiée ? Formulez les hypothèses à tester avec $\alpha = 5$ %.

Réponse : Il s'agit de déterminer si la quantité moyenne de goudron par cigarette est égale à 14 mg ou si elle y est supérieure, soit $H_0 : \mu_X = 14$ contre $H_1 : \mu_X > 14$.

Ici, $n = 15$ et $\overline{x} = 14,4$, d'où :

$$z_{obs} = \frac{14,4 - 14}{\dfrac{0,5}{\sqrt{15}}} = 3,10$$

Puisqu'il s'agit d'un test unilatéral à droite, la règle de décision est de rejeter H_0 lorsque $z_{obs} > z_\alpha$. Or, $z_\alpha = z_{0,05} = 1,645$. On doit donc rejeter H_0 et conclure qu'à partir des observations de notre échantillon, la quantité moyenne de goudron par cigarette est significativement supérieure à celle de 14 mg avancée par le fabricant de cigarettes.

EXEMPLE 7.2

Expliquez ce que signifieraient une erreur de type I et une erreur de type II dans la situation de l'exemple 7.1.

Réponse : L'erreur de type I consisterait à rejeter H_0 alors qu'elle est vraie, donc à conclure que la quantité moyenne de goudron par cigarette dépasse 14 mg, alors qu'il n'en est rien. L'erreur de type II consisterait à ne pas rejeter H_0 alors qu'elle est fausse, donc à conclure que la quantité moyenne de goudron par cigarette est égale à 14 mg, alors qu'elle dépasse cette valeur.

Nous avons précédemment énoncé les règles de décision à appliquer pour tester l'une des trois hypothèses sur la moyenne. Il existe une autre façon de prendre une décision sur le rejet ou le non-rejet de l'hypothèse H_0 ; il s'agit de celle utilisée dans tous les logiciels de statistique, qu'on appelle « valeur d'une probabilité », ou « valeur P ».

DÉFINITION 7.5

La **valeur P** est la probabilité d'obtenir, à partir d'un échantillon aléatoire, une valeur de la variable observée qui n'est pas la même que H_0. Si cette probabilité est inférieure au seuil de signification α, on rejette H_0.

On peut expliquer cette valeur P ainsi : un événement très rare qui se produit quand même lorsqu'on suppose que l'hypothèse nulle H_0 est vraie tend à contredire la véracité de cette hypothèse.

Dans le cas où la variable est normale et où la variance est connue, les valeurs P se calculent comme suit :

- dans le cas d'un test bilatéral : valeur $P = 2P(Z > |z_{obs}|)$;
- dans le cas d'un test unilatéral à droite : valeur $P = P(Z > z_{obs})$;
- dans le cas d'un test unilatéral à gauche : valeur $P = P(Z < z_{obs})$.

EXEMPLE 7.3

À l'exemple 7.1 (*voir la page 224*), nous avons testé $H_0 : \mu_X = 14$ contre $H_1 : \mu_X > 14$ et nous avons trouvé une valeur de Z observée de 3,10. Donc, la valeur P, dans ce cas, est la probabilité que Z dépasse cette valeur (car plus Z observée est grande, plus elle est dissemblable à H_0). On a donc la valeur $P = P(Z > 3,10) = 0,0001$. Comme cette valeur est inférieure à $\alpha = 5\%$, on rejette H_0.

EXEMPLE 7.4

Le temps de séchage d'un produit alimentaire est distribué normalement avec un écart-type de 7 minutes. La compagnie, qui vient d'acquérir un nouvel appareil de séchage, veut s'assurer que le temps de séchage moyen reste égal à 90 minutes. Elle a donc procédé à un échantillonnage aléatoire de 20 produits, pour lequel elle a noté un temps de séchage moyen de 85 minutes. Ce constat permet-il d'affirmer que le temps moyen de séchage est significativement différent de celui de l'appareil précédent, qui était de 90 minutes ? Utilisez un seuil de signification de 2 %.

Réponse : Soit X : une variable aléatoire qui mesure le temps de séchage de ce produit alimentaire, la variable étant distribuée normalement avec un écart-type connu.

On veut tester les hypothèses $H_0 : \mu_X = 90$ contre $H_1 : \mu_X \neq 90$. Les données expérimentales sont $n = 20$; $\overline{x} = 85$; donc :

$$z_{obs} = \frac{\overline{x} - 90}{\dfrac{\sigma_X}{\sqrt{n}}} = \frac{85 - 90}{\dfrac{7}{\sqrt{20}}} = -3,19$$

La règle de décision est la suivante : on rejette l'hypothèse nulle si $|z_{obs}| > z_{\alpha/2}$. Ici, le seuil de signification est $\alpha = 2\%$; donc, le point critique $z_{\alpha/2} = z_{0,01} = 2,326$. Comme c'est le cas ici, on doit rejeter H_0 et conclure que le temps de séchage moyen avec ce nouvel appareil est significativement différent de celui de l'ancien appareil, qui était de 90 minutes. Quant à la valeur P de ce test, elle est égale à $2P(Z > |z_{obs}|) = 2P(Z > 3,19) = 0,0014$. Cette valeur étant plus petite que le seuil de signification, on conclut de la même façon, soit par le rejet de l'hypothèse nulle.

EXEMPLE 7.5

Le gérant d'un club d'entraînement physique prétend qu'en moyenne, les abonnés perdent 10 kg durant le premier mois. Un organisme de défense des consommateurs trouve cette prétention exagérée. Pour le prouver, il sélectionne au hasard 34 nouveaux membres de ce club et effectue un suivi de leur perte de poids durant un mois. Il trouve ainsi que la perte de poids moyenne est de 9,2 kg. En supposant la perte de poids durant le premier mois dans des clubs semblables normalement distribuée avec un écart-type de 2,4 kg, doit-on, à partir de ces données, confirmer ou infirmer la prétention du gérant du club ? Utilisez un seuil de signification de 5 %.

EXEMPLE 7.5 (suite)

Réponse : Soit X : une variable aléatoire mesurant la perte de poids durant le premier mois pour les membres de clubs semblables. On sait que cette variable est normalement distribuée avec un écart-type connu. On veut tester les hypothèses $H_0 : \mu_X = 10$ contre $H_1 : \mu_X < 10$.

Les données expérimentales sont $n = 34$; $\bar{x} = 9,2$; donc :

$$z_{obs} = \frac{\bar{x} - 10}{\dfrac{\sigma_X}{\sqrt{n}}} = \frac{9,2 - 10}{\dfrac{2,4}{\sqrt{34}}} = -1,94$$

La règle de décision est la suivante : on rejette l'hypothèse nulle si $z_{obs} < -z_\alpha$. Ici, le seuil de signification $\alpha = 5\%$; donc, le point critique $z_\alpha = z_{0,05} = 1,645$. On doit donc rejeter H_0 et conclure que la perte de poids moyenne durant le premier mois dans ce club est significativement inférieure à 10 kg. Quant à la valeur P de ce test, elle est égale à $P(Z < z_{obs}) = P(Z < -1,94) = 0,026$. Comme cette valeur est inférieure au seuil de signification, on conclut de la même façon, soit par le rejet de l'hypothèse nulle.

L'organisme de défense des consommateurs a donc raison de trouver la prétention du gérant du club exagérée.

7.4.2 Le cas où la variable est normale avec une variance σ_X^2 estimée à partir d'un petit échantillon ($n < 30$)

Soit X : une variable d'intérêt normalement distribuée avec une variance σ_X^2 inconnue. On dispose d'un échantillon aléatoire de taille faible ($n < 30$) pour estimer cette variance par la variance échantillonnale s_X^2. Alors, on sait que la moyenne échantillonnale $\bar{X}$ sera normalement distribuée avec une moyenne $\mu_{\bar{X}} = \mu_X$ et une variance estimée par s_X^2/n. En standardisant cette variable, on obtient :

$$T_{n-1} = \frac{\bar{X} - \mu_X}{\dfrac{s_X}{\sqrt{n}}}$$

laquelle suit une loi de Student à $(n-1)$ degrés de liberté (*voir le chapitre 6, page 194*). On se base sur cette variable pour prendre une décision relative au test d'hypothèses. Si l'hypothèse H_0 est vraie, alors, à partir des valeurs obtenues sur l'échantillon, cette variable prend une valeur appelée « valeur observée » et notée :

$$t_{obs} = \frac{\bar{x} - \mu_0}{\dfrac{s_X}{\sqrt{n}}}$$

Comme $\bar{x}$ est un estimateur ponctuel de μ_X, on doit s'attendre à ce que l'écart qui sépare $\bar{x}$ et μ_0 soit très faible si H_0 est vraie et, par conséquent, à ce que la valeur de t_{obs} soit proche de zéro.

Dans le cas d'un test bilatéral, $H_0 : \mu_X = \mu_0$ contre $H_1 : \mu_X \neq \mu_0$.

Lorsque t_{obs} s'écarte beaucoup de zéro à gauche ou à droite et qu'elle dépasse les mêmes points critiques $\pm t_{n-1;\,\alpha/2}$ que ceux utilisés dans la construction des intervalles de confiance, on atteint la zone de rejet de H_0. Ce cas est illustré dans la figure suivante pour un seuil de signification de 5 % et 8 degrés de liberté.

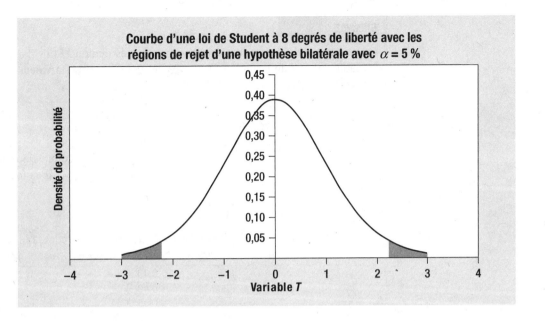

Courbe d'une loi de Student à 8 degrés de liberté avec les régions de rejet d'une hypothèse bilatérale avec $\alpha = 5\%$

La zone ombrée est la zone de rejet de H_0 dans le cas d'un test d'hypothèses bilatéral basé sur une loi de Student à 8 degrés de liberté avec un seuil de signification de 5 %.

On obtient la règle de décision suivante : pour un seuil de signification α donné, dans le cas d'un test bilatéral, on rejette H_0 lorsque $|t_{\text{obs}}| > t_{n-1;\alpha/2}$. Ou encore, si on utilise la valeur P, qui, dans ce cas, est égale à $P(T_{n-1} > t_{\text{obs}}) + P(T_{n-1} < -t_{\text{obs}}) = 2P(T_{n-1} > |t_{\text{obs}}|)$, on rejette H_0 lorsque cette valeur P est inférieure à α.

EXEMPLE 7.6

La concentration d'un diluant de solutions est nocive si elle diffère de 0,5 ppm (partie par million). En supposant cette concentration normalement distribuée, des ingénieurs en formulation de cette substance ont recueilli un échantillon aléatoire de 12 observations et obtenu les résultats suivants :

$$0,24 \quad 0,59 \quad 0,62 \quad 0,16 \quad 0,77 \quad 1,33 \quad 0,92 \quad 0,19 \quad 0,33 \quad 0,25 \quad 0,59 \quad 0,32$$

À partir de ces données, peut-on dire que cette substance est nocive ? Utilisez un seuil de signification de 5 %.

Réponse : Soit X : la variable qui mesure la concentration du diluant, cette variable étant normalement distribuée avec une variance inconnue et estimée à partir d'un petit échantillon ($n = 12$). On veut donc tester l'hypothèse $H_0 : \mu_X = 0,5$ contre $H_1 : \mu_X \neq 0,5$. À partir des 12 observations, on a $\bar{x} = 0,5258$ et $s_X = 0,352$, ce qui donne :

$$t_{\text{obs}} = \frac{\bar{x} - 0,5}{\dfrac{s_X}{\sqrt{n}}} = \frac{0,5258 - 0,5}{\dfrac{0,352}{\sqrt{12}}} = 0,2539$$

En appliquant la règle de décision précédente, on doit rejeter H_0 lorsque $|t_{\text{obs}}| > t_{n-1;\alpha/2}$. Or, ici, $t_{n-1;\alpha/2} = t_{11;0,025} = 2,201$; on ne doit donc pas rejeter H_0 et on peut conclure qu'à partir de cet échantillon de données, la moyenne de la variable n'est pas significativement différente de 0,5.

EXEMPLE 7.6 (*suite*)

On peut aussi utiliser la valeur P, qui, dans ce cas, est égale à $2P(T_{n-1} > |t_{obs}|) = 2P(T_{11} > 0,2539)$. La table de Student (*voir l'annexe, page 291*) indique que la valeur P dépasse 0,20, de sorte qu'on ne doit pas rejeter H_0.

Dans le cas d'un test unilatéral à droite, $H_0 : \mu_X = \mu_0$ contre $H_1 : \mu_X > \mu_0$. Si jamais l'hypothèse H_0 est fausse, on doit s'attendre à obtenir une valeur t_{obs} positive, donc tout le risque α est concentré à droite. On atteint donc la zone de rejet de H_0 si cette valeur observée dépasse $t_{n-1;\,\alpha}$. Ce cas est illustré dans la figure suivante pour un seuil de signification de 1 % et 18 degrés de liberté.

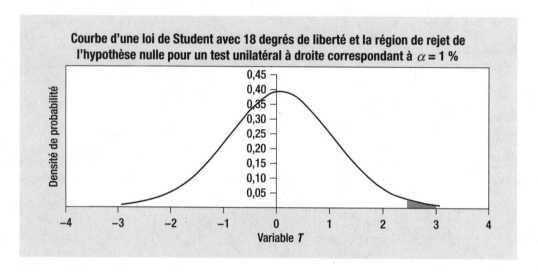

Courbe d'une loi de Student avec 18 degrés de liberté et la région de rejet de l'hypothèse nulle pour un test unilatéral à droite correspondant à $\alpha = 1$ %

REMARQUE

La zone ombrée est la zone de rejet de H_0 dans le cas d'un test d'hypothèses unilatéral à droite basé sur une loi de Student à 18 degrés de liberté avec un seuil de signification de 1 %.

On obtient la règle de décision suivante : pour un seuil de signification α donné, dans le cas d'un test unilatéral à droite, on rejette H_0 lorsque $t_{obs} > t_{n-1;\,\alpha}$. Ou encore, si on utilise la valeur P, qui, dans ce cas, est égale à $P(T_{n-1} > t_{obs})$, on rejette H_0 lorsque cette valeur P est inférieure à α.

EXEMPLE 7.7

Un psychologue a mesuré l'appréciation des enfants envers leur école primaire. Il a utilisé une échelle de 0 (n'apprécie pas du tout) à 100 (apprécie énormément), qu'on suppose normalement distribuée, sur la base d'un échantillon aléatoire de 16 enfants. Voici ses résultats :

48 75 69 58 60 68 59 66 71 52 49 60 54 65 77 64

Peut-il conclure que l'appréciation moyenne de cette population d'enfants dépasse 50 ? Utilisez un seuil de signification de 1 %.

Réponse : Soit X : une variable aléatoire donnant l'appréciation des enfants envers leur école primaire ; cette variable est normalement distribuée avec une variance inconnue et estimée à partir d'un petit échantillon ($n = 16$). On veut donc tester $H_0 : \mu_X = 50$ contre $H_1 : \mu_X > 50$.

EXEMPLE 7.7 (suite)

À partir des 16 observations, on a $\bar{x} = 62,1875$ et $s_X = 8,7576$; donc :

$$t_{obs} = \frac{\bar{x} - 50}{\dfrac{s_X}{\sqrt{n}}} = \frac{62,1875 - 50}{\dfrac{8,7576}{\sqrt{16}}} = 5,57$$

En appliquant la règle de décision précédente, on doit rejeter H_0 lorsque $t_{obs} > t_{n-1;\,\alpha}$. Or, ici, $t_{n-1;\,\alpha} = t_{15;\,0,01} = 2,602$, de sorte qu'on doit rejeter H_0 et conclure qu'à partir de cet échantillon de données, l'appréciation moyenne des enfants de cette catégorie d'âge est significativement plus grande que 50.

On peut aussi utiliser la valeur P, qui, dans ce cas, est égale à $P(T_{n-1} > t_{obs}) = P(T_{15} > 5,57)$. La table de Student (*voir l'annexe, page 291*) indique que cette valeur P est inférieure à 0,005, de sorte qu'on doit rejeter H_0.

Dans le cas d'un test unilatéral à gauche, soit $H_0 : \mu_X = \mu_0$ contre $H_1 : \mu_X < \mu_0$, si jamais l'hypothèse H_0 est fausse, on doit s'attendre à obtenir une valeur t_{obs} négative, donc tout le risque α est concentré à gauche. On atteint donc la zone de rejet de H_0 si cette valeur observée est inférieure à $-t_{n-1;\,\alpha}$. Ce cas est illustré dans la figure suivante pour un seuil de signification de 3 % et 5 degrés de liberté.

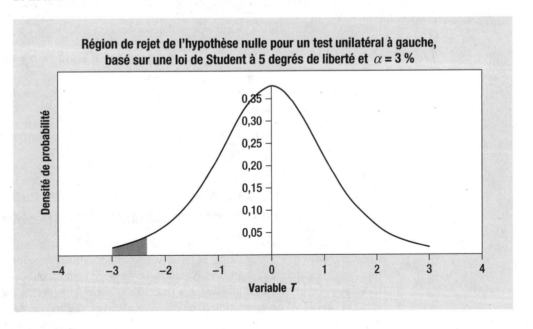

Région de rejet de l'hypothèse nulle pour un test unilatéral à gauche, basé sur une loi de Student à 5 degrés de liberté et $\alpha = 3$ %

REMARQUE

La zone ombrée est la zone de rejet de H_0 dans le cas d'un test d'hypothèses unilatéral à gauche basé sur une loi de Student à 5 degrés de liberté avec un seuil de signification de 3 %.

On obtient la règle de décision suivante : pour un seuil de signification α donné, dans le cas d'un test unilatéral à gauche, on rejette H_0 lorsque $t_{obs} < -t_{n-1;\,\alpha}$. Ou encore, si on utilise la valeur P, qui, dans ce cas, est égale à $P(T_{n-1} < t_{obs})$, on rejette H_0 lorsque cette valeur P est inférieure à α.

EXEMPLE 7.8

Le temps requis pour assembler un modèle d'ordinateur est distribué normalement avec une moyenne de 590 minutes. Le patron de l'usine, voulant réduire ce temps, fait suivre un stage à ses ouvriers, puis il sélectionne au hasard 11 ouvriers et note le temps qu'ils mettent à assembler un ordinateur. Il obtient les résultats suivants :

$$620 \quad 540 \quad 579 \quad 603 \quad 570 \quad 598 \quad 587 \quad 530 \quad 595 \quad 629 \quad 550$$

Peut-il conclure que le stage a été profitable ? Utilisez un seuil de signification de 10 %.

Réponse : Soit X : une variable aléatoire qui indique le temps requis pour assembler un ordinateur ; cette variable est normalement distribuée avec une variance inconnue et estimée à partir d'un petit échantillon ($n = 11$). On veut donc tester $H_0 : \mu_X = 590$ contre $H_1 : \mu_X < 590$. À partir de 11 observations, on a $\bar{x} = 581,91$ et $s_X = 31,92$, ce qui donne :

$$t_{obs} = \frac{\bar{x} - 590}{\dfrac{s_X}{\sqrt{n}}} = \frac{581,91 - 590}{\dfrac{31,92}{\sqrt{11}}} = -0,8406$$

On applique la règle de décision précédente, où on doit rejeter H_0 lorsque $t_{obs} < -t_{n-1;\,\alpha}$. Or, ici, $t_{n-1;\,\alpha} = t_{10;0,10} = 1,372$, de sorte qu'on ne doit pas rejeter H_0 et conclure qu'à partir de cet échantillon de données, la moyenne de la variable n'est pas significativement plus petite que 590. Par conséquent, le stage n'a pas réduit significativement le temps d'assemblage.

On peut aussi utiliser la valeur P, qui, dans ce cas, est égale à :

$$P(T_{n-1} < t_{obs}) = P(T_{10} < -0,8406) = P(T_{10} > 0,8406)$$

Par symétrie, la table de Student (*voir l'annexe, page 291*) indique que cette valeur P dépasse 0,10. On ne doit donc pas rejeter H_0.

Si on utilise la calculatrice TI-83, on obtient exactement la valeur $P = 0,7899$, ce qui confirme les conclusions précédentes.

7.4.3 Le cas où la variable est quelconque avec une variance σ_X^2 estimée à partir d'un grand échantillon ($n \geq 30$)

Comme nous l'avons vu au chapitre 6, si la distribution de la variable n'est pas normale ou est inconnue, alors il faut que le contexte laisse supposer des données nombreuses. Ainsi, considérons une variable aléatoire X dont la moyenne et la variance sont inconnues, que nous mesurons sur un échantillon aléatoire de grande taille ($n \geq 30$). D'après le théorème central limite, la moyenne échantillonnale $\bar{X}$ est approximativement normale avec une moyenne $\mu_{\bar{X}} = \mu_X$ et une variance $\sigma_{\bar{X}}^2 = \sigma_X^2/n$. Cette dernière étant inconnue, nous l'estimons, comme dans la section précédente, par $\hat{\sigma}_{\bar{X}}^2 = s_X^2/n$.

En standardisant cette variable, nous obtenons une variable qui suit une loi de Student à $(n - 1)$ degrés de liberté, mais comme n est supérieur ou égal à 30, cette variable suit en fait approximativement la distribution d'une loi normale centrée et réduite, soit :

$$T_{n-1} \approx Z = \frac{\bar{X} - \mu_X}{\dfrac{s_X}{\sqrt{n}}}$$

Nous avons donc retrouvé la normalité que nous n'avions pas au départ grâce au théorème central limite et à la variable Z, sur laquelle nous nous basons pour tester des hypothèses sur la moyenne μ_X. En procédant exactement comme dans le premier cas (*voir la section 7.4.1, page 222*), nous obtenons les mêmes zones de rejet et les mêmes valeurs P utilisées lorsque la variable est normale avec variance connue. La seule différence est que la valeur observée est :

$$z_{obs} = \frac{\overline{x} - \mu_0}{\frac{s_X}{\sqrt{n}}}$$

EXEMPLE 7.9

Un exploitant agricole veut savoir si le rendement moyen de ses cultures dépasse 200 quintaux par hectare. Il a donc procédé à un échantillonnage aléatoire par grappes de ses parcelles et obtenu les résultats suivants (en quintaux par hectare) :

156 212 218 189 172 221 175 208 152 184 209 195 207 179

181 202 166 213 221 237 130 217 161 208 220 219 189 190

231 234 212 187 197 201 200 199 180 207 245 289 290 218

Réponse : On veut donc tester $H_0 : \mu_X = 200$ contre $H_1 : \mu_X > 200$. À partir des 42 observations, on trouve $\overline{x} = 202{,}88$ q/ha et $s_X = 31{,}14$ q/ha, ce qui donne :

$$z_{obs} = \frac{\overline{x} - 200}{\frac{s_X}{\sqrt{n}}} = \frac{202{,}88 - 200}{\frac{31{,}14}{\sqrt{42}}} = 0{,}599$$

En appliquant la règle de décision, on doit rejeter H_0 lorsque $z_{obs} > z_\alpha$. Or, pour $\alpha = 5\%$, on a $z_{0{,}05} = 1{,}645$. Ici, on ne rejette donc pas H_0 et on conclut que le rendement moyen des cultures de cet exploitant n'est pas significativement supérieur à 200 q/ha.

On peut aussi utiliser la valeur P, qui, dans ce cas, est égale à $P(Z > z_{obs}) = P(Z > 0{,}599)$ $\approx 0{,}2743$, une valeur qui dépasse α ; on en arrive donc à la même conclusion.

7.5 Les tests d'hypothèses sur une proportion avec un grand échantillon

Décrivons maintenant les tests d'hypothèses sur une proportion, en supposant que la taille de l'échantillon soit grande, généralement de l'ordre de centaines. Soit p : la proportion d'une population qui admet une certaine caractéristique. Nous avons vu, au chapitre 6, que dans le cas d'un grand échantillon, la proportion échantillonnale $\hat{P}$ est distribuée approximativement normalement avec une moyenne $\mu_{\hat{P}} = p$ et une variance $\sigma_{\hat{P}}^2 = pq/n$. En standardisant cette variable, nous obtenons celle sur laquelle nous allons nous baser pour faire des tests d'hypothèses sur une proportion, soit :

$$Z = \frac{\hat{p} - p}{\sqrt{\frac{pq}{n}}}$$

Comme pour la moyenne, nous disposons du test bilatéral, du test unilatéral à droite et du test unilatéral à gauche.

7.5.1 Le test bilatéral

Le test d'hypothèses bilatéral se fait selon les mêmes prémisses que celui de la moyenne, soit $H_0 : p = p_0$ (valeur fixe) contre $H_1 : p \neq p_0$. À partir d'un grand échantillon de taille n, si l'hypothèse H_0 est vraie, on doit s'attendre à ce que la variable Z donnée au début de la section prenne une valeur :

$$z_{obs} = \frac{\hat{p} - p_0}{\sqrt{\dfrac{p_0 q_0}{n}}}$$

près de zéro.

Lorsque cette valeur s'écarte beaucoup de zéro à gauche ou à droite et qu'elle dépasse les mêmes points critiques $\pm z_{\alpha/2}$ que ceux utilisés dans la construction des intervalles de confiance d'une moyenne ou d'une proportion, on atteint la zone de rejet de H_0.

D'où la règle de décision suivante : pour un seuil de signification α donné, on doit rejeter H_0 lorsque $|z_{obs}| > z_{\alpha/2}$. Ou encore, en utilisant la valeur P qui, dans ce cas, est égale à $2P(Z > |z_{obs}|)$, on rejette H_0 si cette valeur P est inférieure à α.

EXEMPLE 7.10

Dans une étude sur le contrôle de l'usage des cellulaires au volant, la Sûreté du Québec a mené une enquête de surveillance et, sur 1350 interventions, a dénombré 148 conducteurs fautifs. Sur la base de ces données, peut-on affirmer que le pourcentage des conducteurs qui continuent à utiliser leurs cellulaires diffère de 10 % ? Utilisez un seuil de signification de 5 %.

Réponse : Soit p : la proportion des conducteurs qui utilisent leurs cellulaires au volant au Québec. On veut tester $H_0 : p = 0,10$ contre $H_1 : p \neq 0,10$.

Ici, $\hat{p} = \dfrac{148}{1350} = 0,1096$ et $z_{obs} = \dfrac{\hat{p} - p_0}{\sqrt{\dfrac{p_0 q_0}{n}}} = \dfrac{0,1096 - 0,10}{\sqrt{\dfrac{0,10 \times 0,90}{1350}}} \approx 1,176$.

Comme $\alpha = 0,05$, alors $z_{\alpha/2} = z_{0,025} = 1,96$. Si on applique la règle précédente, on ne doit pas rejeter H_0, car $z_{obs} < z_{0,025}$. On en conclut que le pourcentage des conducteurs fautifs en ce qui concerne l'usage des cellulaires au volant au Québec n'est pas significativement différent de 10 %.

7.5.2 Le test unilatéral à droite

Le test d'hypothèses unilatéral à droite se fait selon les mêmes prémisses que celui de la moyenne. Soit $H_0 : p = p_0$ (valeur fixe) contre $H_1 : p > p_0$. À partir d'un grand échantillon de taille n, si l'hypothèse H_0 est vraie, on doit s'attendre à ce que la variable Z donnée au début de la section prenne une valeur :

$$z_{obs} = \frac{\hat{p} - p_0}{\sqrt{\dfrac{p_0 q_0}{n}}}$$

près de zéro. Lorsque cette valeur s'écarte beaucoup de zéro à droite et qu'elle dépasse le point critique z_{α}, on atteint la zone de rejet de H_0.

D'où la règle de décision suivante : pour un seuil de signification α donné, on doit rejeter H_0 lorsque $z_{obs} > z_\alpha$. Ou encore, en utilisant la valeur P, qui, dans ce cas, est égale à $P(Z > z_{obs})$, on rejette H_0 si cette valeur P est inférieure à α.

EXEMPLE 7.11

Les universités canadiennes ont noté une forte proportion d'étudiants étrangers au programme de doctorat en mathématiques. Sur un échantillon de 950 nouveaux doctorants en mathématiques, 358 viennent de l'étranger. Peut-on affirmer que le pourcentage des étudiants étrangers au doctorat en mathématiques au Canada dépasse le tiers ? Utilisez un seuil de signification de 1 %.

Réponse : Soit p : la proportion des étudiants étrangers doctorants en mathématiques au Canada.

On veut tester $H_0 : p = \dfrac{1}{3}$ contre $H_1 : p > \dfrac{1}{3}$.

On a $\hat{p} = \dfrac{358}{950} = 0,3768$ et $z_{obs} = \dfrac{\hat{p} - p_0}{\sqrt{\dfrac{p_0 q_0}{n}}} = \dfrac{0,3768 - 1/3}{\sqrt{\dfrac{(1/3)(2/3)}{950}}} \approx 2,84$.

Si on applique la règle de décision, ici, $\alpha = 0,01$, donc $z_\alpha = z_{0,01} = 2,326$. Puisque $z_{obs} = 2,84$ dépasse le point critique $z_\alpha = 2,326$, on doit alors rejeter l'hypothèse nulle.

Selon la règle de décision basée sur la valeur P, $P = P(Z > z_{obs}) = P(Z > 2,84) = 0,0023$, et puisque cette valeur P est inférieure à $\alpha = 1$ %, alors on rejette H_0. On conclut alors que le pourcentage des étudiants étrangers doctorants en mathématiques au Canada est significativement supérieur au tiers de tous les étudiants doctorants en mathématiques.

7.5.3 Le test unilatéral à gauche

Le test d'hypothèses unilatéral à gauche se fait selon les mêmes prémisses que celui de la moyenne, soit $H_0 : p = p_0$ (valeur fixe) contre $H_1 : p < p_0$. Sur la base d'un grand échantillon de taille n, si l'hypothèse H_0 est vraie, on doit s'attendre à ce que la variable Z donnée au début de la section prenne une valeur :

$$z_{obs} = \dfrac{\hat{p} - p_0}{\sqrt{\dfrac{p_0 q_0}{n}}}$$

près de zéro. Lorsque cette valeur s'écarte beaucoup de zéro à gauche et qu'elle devient inférieure à $-z_\alpha$, on atteint la zone de rejet de H_0.

D'où la règle de décision suivante : pour un seuil de signification α donné, on doit rejeter H_0 lorsque $z_{obs} < -z_\alpha$. Ou encore, en utilisant la valeur P, qui, dans ce cas, est égale à $P(Z < z_{obs})$, on rejette H_0 si cette valeur P est inférieure à α.

EXEMPLE 7.12

En Ontario, la proportion des accidents chimiques parmi les accidents de travail se chiffre à 1 sur 5. Au Québec, sur un échantillon de 2348 accidents de travail, on en a dénombré 438 d'origine chimique. Peut-on affirmer qu'au Québec, la proportion des accidents d'origine chimique est plus faible qu'en Ontario ? Utilisez un seuil de signification de 3 %.

Réponse : Soit p : la proportion des accidents de travail d'origine chimique au Québec. On veut tester $H_0 : p = 0,20$ contre $H_1 : p < 0,20$.

$\longrightarrow$

EXEMPLE 7.12 (*suite*)

On a $\hat{p} = \dfrac{438}{2348} = 0,1865$ et $z_{\text{obs}} = \dfrac{\hat{p} - p_0}{\sqrt{\dfrac{p_0 q_0}{n}}} = \dfrac{0,1865 - 0,2}{\sqrt{\dfrac{0,2 \times 0,8}{2348}}} \approx -1,635$.

Selon la règle de décision basée sur la valeur P, $P = P(Z < z_{\text{obs}}) = P(Z < -1,635) = 0,051$, et puisque cette valeur P dépasse $\alpha = 3\,\%$, alors on ne rejette pas H_0. On conclut qu'au seuil de signification de 3 %, la proportion des accidents de travail d'origine chimique au Québec n'est pas significativement inférieure à celle observée en Ontario.

7.6 Les tests d'hypothèses sur deux moyennes indépendantes

Dans cette section, nous décrivons les tests d'hypothèses qui portent sur deux groupes indépendants sur lesquels on mesure une variable quantitative. Soit deux populations indépendantes sur lesquelles nous voulons mesurer la même variable ; cette variable est notée X_1 dans la première population et X_2 dans la seconde population. Ces variables sont indépendantes, car associées à des populations indépendantes, et sont supposées normalement distribuées avec des moyennes respectivement égales à μ_{X_1} et à μ_{X_2}, et des variances respectives $\sigma^2_{X_1}$ et $\sigma^2_{X_2}$ inconnues, mais supposées égales. Pour effectuer des tests d'hypothèses sur leur moyenne, nous prenons donc un échantillon aléatoire de taille n de la première population et un échantillon aléatoire de taille m de la seconde population. La moyenne échantillonnale $\bar{X}_1$ est normalement distribuée avec une moyenne $\mu_{\bar{X}_1} = \mu_{X_1}$ et une variance $\sigma^2_{\bar{X}_1} = \sigma^2_{X_1}/n$; de la même façon, la moyenne échantillonnale $\bar{X}_2$ est normalement distribuée avec une moyenne $\mu_{\bar{X}_2} = \mu_{X_2}$ et une variance $\sigma^2_{\bar{X}_2} = \sigma^2_{X_2}/m$. De plus, ces deux moyennes échantillonnales sont indépendantes. Par conséquent, leur différence $(\bar{X}_1 - \bar{X}_2)$ est normalement distribuée avec une moyenne $\mu_{\bar{X}_1 - \bar{X}_2} = \mu_{X_1} - \mu_{X_2}$ et une variance :

$$\sigma^2_{\bar{X}_1 - \bar{X}_2} = \frac{\sigma^2_{X_1}}{n} + \frac{\sigma^2_{X_2}}{m}$$

Puisque les variances $\sigma^2_{X_1}$ et $\sigma^2_{X_2}$ sont inconnues, mais supposées égales, nous les estimons par la même quantité, qui est la variance échantillonnale pondérée, soit :

$$s_p^2 = \frac{(n-1)s^2_{X_1} + (m-1)s^2_{X_2}}{n + m - 2}$$

où $s^2_{X_1}$ et $s^2_{X_2}$ sont les estimateurs ponctuels respectivement de $\sigma^2_{X_1}$ et $\sigma^2_{X_2}$. Nous en déduisons alors que la variance de la différence $(\bar{X}_1 - \bar{X}_2)$ est estimée par :

$$s_p^2 \left(\frac{1}{n} + \frac{1}{m} \right)$$

En standardisant la variable $(\bar{X}_1 - \bar{X}_2)$, nous obtenons :

$$T_{n+m-2} = \frac{(\bar{X}_1 - \bar{X}_2) - (\mu_{X_1} - \mu_{X_2})}{s_p \sqrt{\dfrac{1}{n} + \dfrac{1}{m}}}$$

Cette variable est distribuée selon une loi de Student à $(n + m - 2)$ degrés de liberté. Nous perdons ainsi deux degrés de liberté pour estimer les deux moyennes échantillonnales.

Nous nous basons donc sur cette variable pour effectuer nos trois tests d'hypothèses sur les deux moyennes.

7.6.1 Le test bilatéral

Effectuons d'abord un test d'hypothèses bilatéral, soit $H_0 : \mu_{X_1} = \mu_{X_2}$ contre $H_1 : \mu_{X_1} \neq \mu_{X_2}$. Sur la base d'un échantillon de taille n de la première population et d'un échantillon de taille m de la seconde, si l'hypothèse H_0 est vraie, on doit s'attendre à ce que la variable T_{n+m-2} donnée au début de la section prenne une valeur :

$$t_{\text{obs}} = \frac{\overline{x}_1 - \overline{x}_2}{s_p \sqrt{\dfrac{1}{n} + \dfrac{1}{m}}}$$

proche de 0. Lorsque cette valeur s'écarte beaucoup de zéro à gauche ou à droite et qu'elle dépasse les points critiques $\pm t_{n+m-2;\alpha/2}$, on atteint la zone de rejet de H_0.

D'où la règle de décision suivante : pour un seuil de signification α donné, on doit rejeter H_0 lorsque $|t_{\text{obs}}| > t_{n+m-2;\alpha/2}$. Ou encore, en utilisant la valeur P, qui, dans ce cas, est égale à $2P(T_{n+m-2} > |t_{\text{obs}}|)$, on rejette H_0 si cette valeur P est inférieure à α.

EXEMPLE 7.13

On croit qu'il est possible de prédire le sexe d'un fœtus à partir de ses battements cardiaques. Sur 50 femmes choisies au hasard, on a mesuré le nombre de battements cardiaques de leur fœtus et obtenu les résultats suivants.

Statistiques descriptives des données observées			
Sexe	Nombre de battements cardiaques		
	Taille échantillonnale	**Moyenne échantillonnale**	**Écart-type échantillonnal**
Garçons	25	138,87	9,80
Filles	25	137,19	8,38

En supposant le nombre de battements cardiaques normalement distribué dans les deux groupes avec des variances inconnues, mais supposées égales, y a-t-il une différence significative entre les moyennes qui permettrait de croire en cette prédiction ? Utilisez un seuil de signification de 5 %.

Réponse : On veut tester $H_0 : \mu_{X_1} = \mu_{X_2}$ contre $H_1 : \mu_{X_1} \neq \mu_{X_2}$.

On calcule la variance pondérée : $s_p^2 = \dfrac{24 \times 9,8^2 + 24 \times 8,38^2}{25 + 25 - 2} = 83,1322 \Rightarrow s_p = 9,12$

Donc, puisque $n + m - 2 > 30$, $t_{\text{obs}} = z_{\text{obs}} = \dfrac{\overline{x}_1 - \overline{x}_2}{s_p \sqrt{\dfrac{1}{n} + \dfrac{1}{m}}} = \dfrac{138,87 - 137,19}{9,12 \sqrt{\dfrac{1}{25} + \dfrac{1}{25}}} = 0,6513$.

Comme le seuil de signification est de 5 %, alors la valeur de z correspondante est de 1,96. Puisque la valeur de z observée est inférieure à celle-ci, on ne rejette pas l'hypothèse nulle.

La théorie selon laquelle il est possible de prédire le sexe du fœtus sur la base de ses battements cardiaques n'est donc pas fondée.

7.6.2 Le test unilatéral à droite

Nous allons à présent effectuer un test d'hypothèses unilatéral à droite, soit $H_0 : \mu_{X_1} = \mu_{X_2}$ contre $H_1 : \mu_{X_1} > \mu_{X_2}$. À partir d'un échantillon de taille n de la première population et d'un échantillon de taille m de la seconde, si l'hypothèse H_0 est vraie, on doit s'attendre à ce que la variable T_{n+m-2} donnée au début de la section prenne une valeur :

$$t_{obs} = \frac{\overline{x}_1 - \overline{x}_2}{s_p \sqrt{\dfrac{1}{n} + \dfrac{1}{m}}}$$

voisine de zéro. Lorsque cette valeur dépasse le point critique $t_{n+m-2;\,\alpha}$, on atteint la zone de rejet de H_0.

D'où la règle de décision suivante : pour un seuil de signification α donné, on doit rejeter H_0 lorsque $t_{obs} > t_{n+m-2;\,\alpha}$. Ou encore, en utilisant la valeur P, qui, dans ce cas, est égale à $P(T_{n+m-2} > t_{obs})$, on rejette H_0 si cette valeur P est inférieure à α.

EXEMPLE 7.14

Une compagnie qui achète ses transistors de deux fournisseurs veut contrôler leur efficacité. Elle a donc sélectionné des échantillons de chacun d'eux et a mesuré les résistances des transistors. Elle a obtenu les résultats ci-dessous.

Statistiques descriptives des données observées			
Fournisseur	Taille échantillonnale	Moyenne échantillonnale	Écart-type échantillonnal
1 (X_1)	$n = 12$	520	20
2 (Y_2)	$m = 10$	480	25

En supposant la résistance distribuée normalement dans les deux groupes avec des variances inconnues, mais supposées égales, on veut tester $H_0 : \mu_{X_1} = \mu_{X_2}$ contre $H_1 : \mu_{X_1} > \mu_{X_2}$, au seuil de signification de 5 %.

Réponse : On a $n = 12$; $\overline{x}_1 = 520$ et $s_{X_1} = 20$; $m = 10$; $\overline{x}_2 = 480$ et $s_{X_2} = 25$.

Donc, la variance échantillonnale pondérée est :

$$s_p^2 = \frac{(n-1)s_{X_1}^2 + (m-1)s_{X_2}^2}{n+m-2} = \frac{11 \times 20^2 + 9 \times 25^2}{12 + 10 - 2} = 501{,}25 \Rightarrow s_p = 22{,}39$$

Par conséquent, $t_{obs} = \dfrac{\overline{x}_1 - \overline{x}_2}{s_p \sqrt{\dfrac{1}{n} + \dfrac{1}{m}}} = \dfrac{520 - 480}{22{,}39 \sqrt{\dfrac{1}{12} + \dfrac{1}{10}}} = 4{,}17.$

La valeur P de ce test est $P(T_{20} > t_{obs}) = P(T_{20} > 4{,}17)$. Or, la table de Student (*voir l'annexe, page 291*) indique que cette probabilité est inférieure à 0,005, de sorte qu'on doit rejeter H_0. Si on avait appliqué l'autre règle de décision, on aurait montré que $t_{obs} = 4{,}17 > t_{20;\,0,05} = 1{,}725$ et décidé de rejeter H_0.

Cela signifie que la résistance moyenne des transistors du premier fournisseur est significativement supérieure à celle des transistors du second fournisseur.

7.6.3 Le test unilatéral à gauche

Nous allons à présent effectuer un test d'hypothèses unilatéral à gauche, soit $H_0 : \mu_{X_1} = \mu_{X_2}$ contre $H_1 : \mu_{X_1} < \mu_{X_2}$. À partir d'un échantillon de taille n de la première population et d'un échantillon de taille m de la seconde, si l'hypothèse H_0 est vraie, on doit s'attendre à ce que la variable T_{n+m-2} donnée au début de la section prenne une valeur :

$$t_{obs} = \frac{\overline{x}_1 - \overline{x}_2}{s_p \sqrt{\dfrac{1}{n} + \dfrac{1}{m}}}$$

proche de 0. Lorsque cette valeur est $-t_{n+m-2;\alpha}$, on atteint la zone de rejet de H_0.

D'où la règle de décision suivante : pour un seuil de signification α donné, on doit rejeter H_0 lorsque $t_{obs} < -t_{n+m-2;\alpha}$. Ou encore, en utilisant la valeur P, qui, dans ce cas, est égale à $P(T_{n+m-2} < t_{obs})$, on rejette H_0 si cette valeur P est inférieure à α.

EXEMPLE 7.15

En reprenant les données de l'exemple 6.12 (*voir la page 202*), il faut tester l'hypothèse selon laquelle la concentration moyenne de l'ingrédient actif résultant de l'utilisation du cataly-seur 2 dépasse la concentration moyenne de l'ingrédient actif résultant de l'utilisation du cata-lyseur 1, soit $H_0 : \mu_{X_1} = \mu_{X_2}$ contre $H_1 : \mu_{X_1} < \mu_{X_2}$, avec un seuil de signification de 5 %.

Réponse : On a $n = 10$; $\overline{x}_1 = 65,21$ et $s_{X_1} = 3,44$; $m = 10$; $\overline{x}_2 = 68,42$ et $s_{X_2} = 2,22$.

Donc, la variance échantillonnale pondérée est :

$$s_p^2 = \frac{(n-1)s_{X_1}^2 + (m-1)s_{X_2}^2}{n+m-2} = \frac{9 \times 3,44^2 + 9 \times 2,22^2}{10 + 10 - 2} = 8,381 \Rightarrow s_p = 2,89$$

Par conséquent, $t_{obs} = \dfrac{\overline{x}_1 - \overline{x}_2}{s_p \sqrt{\dfrac{1}{n} + \dfrac{1}{m}}} = \dfrac{65,21 - 68,42}{2,89 \sqrt{\dfrac{1}{10} + \dfrac{1}{10}}} = -2,48$.

La valeur P de ce test est $P(T_{18} < t_{obs}) = P(T_{18} < -2,48) = P(T_{18} > 2,48)$. Or, la table de Student (*voir l'annexe, page 291*) indique que cette probabilité se situe entre 0,01 et 0,02, de sorte qu'on doit rejeter H_0, car cette valeur P est alors inférieure au seuil de signification. Si on avait appli-qué l'autre règle de décision, on aurait montré que $t_{obs} = -2,48 < -t_{18 ; 0,05} = -1,734$ et décidé de rejeter H_0.

Donc, la concentration moyenne de l'ingrédient actif résultant de l'utilisation du catalyseur 2 dépasse significativement la concentration moyenne de l'ingrédient actif résultant de l'utilisa-tion du catalyseur 1.

REMARQUE

Nous avons supposé les variances de deux variables inconnues, mais jugées non significative-ment différentes ; c'est le cas lorsque le rapport des écarts-types échantillonnaux ne dépasse pas 2 (une règle qui fait consensus auprès des statisticiens). Cela nous évite de faire un test d'hypothèses préliminaire sur les deux variances (une démonstration qui déborde le cadre de cet ouvrage).

Si ce n'est pas le cas, c'est-à-dire lorsque les variances des deux variables ne peuvent pas être jugées égales, nous devons baser notre test sur une variable de Student, soit :

$$T_\gamma = \frac{\overline{x}_1 - \overline{x}_2}{\sqrt{\dfrac{s^2_{X_1}}{n} + \dfrac{s^2_{X_2}}{m}}}$$

où le degré de liberté γ est égal à la partie entière de la quantité :

$$\frac{\left(\dfrac{s^2_{X_1}}{n} + \dfrac{s^2_{X_2}}{m}\right)^2}{\dfrac{\left(\dfrac{s^2_{X_1}}{n}\right)^2}{n-1} + \dfrac{\left(\dfrac{s^2_{X_2}}{m}\right)^2}{m-1}}$$

7.7 Les tests d'hypothèses sur deux moyennes dépendantes

La situation considérée dans cette section est celle où les observations sont mesurées en paires sur les mêmes individus, comme nous l'avons vu dans la section 6.6 (*voir la page 206*). Dans ces cas, à partir de deux variables aléatoires dépendantes X et Y, soit leur différence $D = X - Y$, que nous supposons normalement distribuée avec une moyenne μ_D et une variance σ^2_D. Pour un échantillon aléatoire de taille n, la moyenne échantillonnale des différences :

$$\overline{D} = \frac{\sum_{i=1}^{n} D_i}{n}$$

est normalement distribuée avec une moyenne $\mu_{\overline{D}} = \mu_D$ et une variance $\sigma^2_{\overline{D}} = \sigma^2_D / n$, que nous pouvons estimer par s^2_d / n, où s^2_d est la variance des observations $d_1, \ldots, d_n$. En la standardisant, nous obtenons une nouvelle variable :

$$T_{n-1} = \frac{\overline{D} - \mu_D}{\dfrac{s_d}{\sqrt{n}}}$$

qui suit une loi de Student à $(n-1)$ degrés de liberté. C'est sur elle qu'on se base pour faire des tests d'hypothèses sur la moyenne μ_D. On peut faire les trois types de tests vus précédemment.

7.7.1 Le test bilatéral

Lorsqu'on veut seulement savoir si la moyenne de la variable D s'écarte ou non significativement de zéro, il faut effectuer un test d'hypothèses bilatéral. Soit $H_0 : \mu_D = 0$ contre $H_1 : \mu_D \neq 0$. À partir d'un échantillon de taille n, cette variable prend une valeur observée sur cet échantillon, qu'on note :

$$t_{obs} = \frac{\overline{d}}{\dfrac{s_d}{\sqrt{n}}}$$

Lorsque cette valeur s'écarte beaucoup de zéro à gauche ou à droite et qu'elle dépasse les points critiques $\pm t_{n-1;\,\alpha/2}$, on atteint la zone de rejet de H_0.

D'où la règle de décision suivante : pour un seuil de signification α donné, on doit rejeter H_0 lorsque $|t_{obs}| > t_{n-1\,;\,\alpha/2}$. Ou encore, en utilisant la valeur P, qui, dans ce cas, est égale à $2P(T_{n-1} > |t_{obs}|)$, on rejette H_0 si cette valeur P est inférieure à α.

7.7.2 Le test unilatéral à droite

Lorsqu'on veut savoir si la moyenne de la variable D est significativement positive, il faut effectuer un test d'hypothèses unilatéral à droite, soit $H_0 : \mu_D = 0$ contre $H_1 : \mu_D > 0$. Pour un échantillon de taille n, cette variable prend une valeur observée sur cet échantillon, qu'on note :

$$t_{obs} = \frac{\overline{d}}{\dfrac{s_d}{\sqrt{n}}}$$

Lorsque cette valeur s'écarte beaucoup de zéro et qu'elle dépasse le point critique $t_{n-1;\,\alpha}$, on atteint la zone de rejet de H_0.

D'où la règle de décision suivante : pour un seuil de signification α donné, on doit rejeter H_0 lorsque $t_{obs} > t_{n-1;\,\alpha}$. Ou encore, en utilisant la valeur P, qui, dans ce cas, est égale à $P(T_{n-1} > t_{obs})$, on rejette H_0 si cette valeur P est inférieure à α.

7.7.3 Le test unilatéral à gauche

Lorsqu'on veut savoir si la moyenne de la variable D est significativement négative, il faut effectuer un test d'hypothèses unilatéral à gauche, soit $H_0 : \mu_D = 0$ contre $H_1 : \mu_D < 0$.

À partir d'un échantillon de taille n, lorsque l'hypothèse H_0 est vraie, cette variable T_{n-1} prend une valeur observée sur cet échantillon, qu'on note :

$$t_{obs} = \frac{\overline{d}}{\dfrac{s_d}{\sqrt{n}}}$$

Lorsque cette valeur s'écarte beaucoup de zéro négativement et qu'elle devient inférieure à $-t_{n-1;\,\alpha}$, on atteint la zone de rejet de H_0.

D'où la règle de décision suivante : pour un seuil de signification α donné, on doit rejeter H_0 lorsque $t_{obs} < -t_{n-1;\,\alpha}$. Ou encore, en utilisant la valeur P, qui, dans ce cas, est égale à $P(T_{n-1} < t_{obs})$, on rejette H_0 si cette valeur P est inférieure à α.

EXEMPLE 7.16

Reprenons l'exemple 6.16 (*voir la page 207*), où des adultes de sexe masculin âgés de 35 ans à 50 ans ont participé à une étude pour évaluer l'effet de l'exercice physique sur la réduction du taux de cholestérol. Ce taux a été mesuré sur chaque sujet avant et après un programme d'exercice aérobique. Les données obtenues sont indiquées ci-dessous.

Taux de cholestérol de 10 sujets avant et après un programme d'exercice aérobique										
Sujet	1	2	3	4	5	6	7	8	9	10
Avant (x_i)	265	240	258	295	251	287	314	260	283	240
Après (y_i)	229	231	227	240	238	234	256	247	246	218

Peut-on dire que le programme a été efficace pour réduire le taux moyen de cholestérol ? Utilisez un seuil de signification de 1 %.

EXEMPLE 7.16 (suite)

Réponse: Soit $D = X - Y$; alors, on veut tester $H_0 : \mu_D = 0$ contre $H_1 : \mu_D > 0$. On ajoute au tableau qui précède une ligne indiquant les différences $d_i = x_i - y_i$.

Sujet	1	2	3	4	5	6	7	8	9	10
Avant (x_i)	265	240	258	295	251	287	314	260	283	240
Après (y_i)	229	231	227	240	238	234	256	247	246	218
d_i	36	9	31	55	13	53	58	13	37	22

Différence des taux de cholestérol de 10 sujets avant et après un programme d'exercice aérobique

On obtient $\overline{d} = 32,7$ et $s_d = 18,36$; donc:

$$t_{obs} = \frac{\overline{d}}{\dfrac{s_d}{\sqrt{n}}} = \frac{32,7}{\dfrac{18,36}{\sqrt{10}}} = 5,63$$

D'autre part, $t_{n-1;\alpha} = t_{9;0,05} = 1,833$. Puisque $t_{obs} > t_{9;0,05}$, on doit donc rejeter H_0 et conclure que la réduction du taux moyen de cholestérol est significative.

7.8 Les tests d'hypothèses sur deux proportions avec de grands échantillons

Comme nous l'avons vu dans la section 6.5 (*voir la page 204*), nous nous intéressons à des proportions dans deux populations indépendantes. Nous savons à présent comment estimer la différence entre ces deux proportions, soit ponctuellement, soit par intervalle de confiance. Dans cette section, nous allons décrire la façon d'effectuer des tests d'hypothèses sur ces deux proportions, en sélectionnant un échantillon aléatoire de taille n dans la première population et de taille m dans la seconde. Nous savons que si $n\hat{p}_1 > 5$; $n\hat{q}_1 > 5$ et que $n\hat{p}_2 > 5$; $n\hat{q}_2 > 5$, les proportions échantillonnales sont approximativement normales, avec:

$$\hat{P}_1 \text{ est } N\left(p_1 ; \frac{p_1 q_1}{n} \right) \text{ alors que } \hat{P}_2 \text{ est } N\left(p_2 ; \frac{p_2 q_2}{m} \right)$$

De plus, ces deux variables sont indépendantes. Par conséquent, $\hat{P}_1 - \hat{P}_2$ est:

$$N\left(p_1 - p_2 ; \frac{p_1 q_1}{n} + \frac{p_2 q_2}{m} \right)$$

Ici encore, il y a trois formes possibles de tests d'hypothèses, dont l'hypothèse nulle se formule $H_0 : p_1 = p_2$. Si l'hypothèse H_0 est vraie, alors on peut estimer p_1 et p_2 par la même quantité, qui est la proportion échantillonnale des deux échantillons combinés, à savoir:

$$\hat{p} = \frac{n\hat{p}_1 + m\hat{p}_2}{n + m}$$

Alors, la variable $\hat{P}_1 - \hat{P}_2$ devient normale avec une moyenne $p_1 - p_2$ et une variance estimée par:

$$\hat{p}\hat{q}\left(\frac{1}{n} + \frac{1}{m} \right)$$

En la standardisant, on obtient :

$$Z = \frac{(\hat{p}_1 - \hat{p}_2) - (p_1 - p_2)}{\sqrt{\hat{p}\hat{q}\left(\dfrac{1}{n} + \dfrac{1}{m}\right)}}$$

Sous l'hypothèse nulle H_0, cette variable prend une valeur :

$$z_{obs} = \frac{(\hat{p}_1 - \hat{p}_2)}{\sqrt{\hat{p}\hat{q}\left(\dfrac{1}{n} + \dfrac{1}{m}\right)}}$$

7.8.1 Le test bilatéral

Lorsqu'on veut savoir s'il y a une différence significative entre les deux proportions, il faut effectuer un test d'hypothèses bilatéral, soit $H_0 : p_1 = p_2$ contre $H_1 : p_1 \neq p_2$. Lorsque la valeur z_{obs} s'écarte beaucoup de zéro à gauche ou à droite et qu'elle dépasse les points critiques $\pm z_{\alpha/2}$, on atteint la zone de rejet de H_0.

D'où la règle de décision suivante : pour un seuil de signification α donné, on doit rejeter H_0 lorsque $|z_{obs}| > z_{\alpha/2}$. Ou encore, en utilisant la valeur P, qui, dans ce cas, est égale à $2P(Z > |z_{obs}|)$, on rejette H_0 si cette valeur P est inférieure à α.

7.8.2 Le test unilatéral à droite

Pour savoir si la proportion dans le premier groupe est significativement plus grande que celle dans le second groupe, il faut effectuer un test d'hypothèses unilatéral à droite, soit $H_0 : p_1 = p_2$ contre $H_1 : p_1 > p_2$. Lorsque la valeur z_{obs} dépasse le point critique z_α, on atteint la zone de rejet de H_0.

D'où la règle de décision suivante : pour un seuil de signification α donné, on doit rejeter H_0 lorsque $z_{obs} > z_\alpha$. Ou encore, en utilisant la valeur P, qui, dans ce cas, est égale à $P(Z > z_{obs})$, on rejette H_0 si cette valeur P est inférieure à α.

7.8.3 Le test unilatéral à gauche

Enfin, pour savoir si la proportion dans le premier groupe est significativement plus petite que celle dans le second groupe, il faut effectuer un test d'hypothèses unilatéral à gauche, soit $H_0 : p_1 = p_2$ contre $H_1 : p_1 < p_2$. Lorsque la valeur z_{obs} est inférieure à $-z_\alpha$, on atteint la zone de rejet de H_0.

D'où la règle de décision suivante : pour un seuil de signification α donné, on doit rejeter H_0 lorsque $z_{obs} < -z_\alpha$. Ou encore, en utilisant la valeur P, qui, dans ce cas, est égale à $P(Z < z_{obs})$, on rejette H_0 si cette valeur P est inférieure à α.

EXEMPLE 7.17

Un nouveau médicament a été mis au point pour soigner la dépression majeure. Dans un groupe de 100 patients qui ont été traités avec ce nouveau médicament, 27 d'entre eux ont montré des signes d'amélioration après huit semaines. Dans un autre groupe de 100 patients traités avec un placebo, seuls 19 d'entre eux ont montré des signes d'amélioration après huit semaines. Peut-on dire que le nouveau médicament est meilleur que le placebo ? Formulez les hypothèses

EXEMPLE 7.17 (suite)

appropriées à tester, déterminez la valeur P associée à ce test et présentez votre conclusion avec un seuil de signification de 5 %.

Réponse : On veut savoir si le pourcentage des patients dont la condition s'améliore est plus élevé chez ceux qui utilisent le nouveau médicament que chez ceux traités avec le placebo. On veut donc tester $H_0 : p_1 = p_2$ contre $H_1 : p_1 > p_2$, où p_1 est le pourcentage de patients dont la condition s'améliore parmi ceux traités par le nouveau médicament et p_2 est le pourcentage de patients dont la condition s'améliore parmi ceux traités par le placebo. On a $\hat{p}_1 = 0,27$ et $\hat{p}_2 = 0,19$ et :

$$\hat{p} = \frac{27 + 19}{200} = 0,23, \text{ d'où } z_{\text{obs}} = \frac{(\hat{p}_1 - \hat{p}_2)}{\sqrt{\hat{p}\hat{q}\left(\frac{1}{n} + \frac{1}{m}\right)}} = \frac{0,27 - 0,19}{\sqrt{0,23 \times 0,77 \left(\frac{1}{100} + \frac{1}{100}\right)}} = 1,344$$

$P = P(Z > z_{\text{obs}}) = P(Z > 1,344) = 0,09$. Comme cette valeur P dépasse α, on ne peut pas rejeter l'hypothèse nulle, ce qui signifie que le nouveau médicament n'est pas plus efficace que le placebo.

Résumé

Hypothèses à tester	Rejet de l'hypothèse nulle si	Valeur P Rejet de l'hypothèse nulle si la valeur P est inférieure au seuil de signification
Test d'hypothèses sur la moyenne d'une variable normale avec une variance σ_X^2 connue		
Test bilatéral $H_0 : \mu_X = \mu_0$ contre $H_1 : \mu_X \neq \mu_0$	$\lvert z_{\text{obs}} \rvert > z_{\alpha/2}$	$2P(Z > \lvert z_{\text{obs}} \rvert)$
Test unilatéral à droite $H_0 : \mu_X = \mu_0$ contre $H_1 : \mu_X > \mu_0$	$z_{\text{obs}} > z_\alpha$	$P(Z > z_{\text{obs}})$
Test unilatéral à gauche $H_0 : \mu_X = \mu_0$ contre $H_1 : \mu_X < \mu_0$	$z_{\text{obs}} < -z_\alpha$	$P(Z < z_{\text{obs}})$
Test d'hypothèses sur la moyenne d'une variable normale avec une variance σ_X^2 estimée à partir d'un petit échantillon ($n < 30$)		
Test bilatéral $H_0 : \mu_X = \mu_0$ contre $H_1 : \mu_X \neq \mu_0$	$\lvert t_{\text{obs}} \rvert > t_{n-1;\, \alpha/2}$	$2P(T_{n-1} > \lvert t_{\text{obs}} \rvert)$
Test unilatéral à droite $H_0 : \mu_X = \mu_0$ contre $H_1 : \mu_X > \mu_0$	$t_{\text{obs}} > t_{n-1;\, \alpha}$	$P(T_{n-1} > t_{\text{obs}})$
Test unilatéral à gauche $H_0 : \mu_X = \mu_0$ contre $H_1 : \mu_X < \mu_0$	$t_{\text{obs}} < -t_{n-1;\, \alpha}$	$P(T_{n-1} < t_{\text{obs}})$

Test d'hypothèses sur la moyenne d'une variable quelconque avec une variance σ_X^2 estimée à partir d'un grand échantillon ($n \geq 30$)

Test bilatéral $H_0 : \mu_X = \mu_0$ contre $H_1 : \mu_X \neq \mu_0$	$\lvert z_{\text{obs}} \rvert > z_{\alpha/2}$	$2P(Z > \lvert z_{\text{obs}} \rvert)$
Test unilatéral à droite $H_0 : \mu_X = \mu_0$ contre $H_1 : \mu_X > \mu_0$	$z_{\text{obs}} > z_{\alpha}$	$P(Z > z_{\text{obs}})$
Test unilatéral à gauche $H_0 : \mu_X = \mu_0$ contre $H_1 : \mu_X < \mu_0$	$z_{\text{obs}} < -z_{\alpha}$	$P(Z < z_{\text{obs}})$

Test d'hypothèses sur une proportion avec un grand échantillon

Test bilatéral $H_0 : p = p_0$ contre $H_1 : p \neq p_0$	$\lvert z_{\text{obs}} \rvert > z_{\alpha/2}$	$2P(Z > \lvert z_{\text{obs}} \rvert)$
Test unilatéral à droite $H_0 : p = p_0$ contre $H_1 : p > p_0$	$z_{\text{obs}} > z_{\alpha}$	$P(Z > z_{\text{obs}})$
Test unilatéral à gauche $H_0 : p = p_0$ contre $H_1 : p < p_0$	$z_{\text{obs}} < -z_{\alpha}$	$P(Z < z_{\text{obs}})$

Test d'hypothèses sur deux moyennes indépendantes

Test bilatéral $H_0 : \mu_{X_1} = \mu_{X_2}$ contre $H_1 : \mu_{X_1} \neq \mu_{X_2}$	$\lvert t_{\text{obs}} \rvert > t_{n+m-2;\,\alpha/2}$	$2P(T_{n+m-2} > \lvert t_{\text{obs}} \rvert)$
Test unilatéral à droite $H_0 : \mu_{X_1} = \mu_{X_2}$ contre $H_1 : \mu_{X_1} > \mu_{X_2}$	$t_{\text{obs}} > t_{n+m-2;\,\alpha}$	$P(T_{n+m-2} > t_{\text{obs}})$
Test unilatéral à gauche $H_0 : \mu_{X_1} = \mu_{X_2}$ contre $H_1 : \mu_{X_1} < \mu_{X_2}$	$t_{\text{obs}} < -t_{n+m-2;\,\alpha}$	$P(T_{n+m-2} < t_{\text{obs}})$

Test d'hypothèses sur deux moyennes dépendantes

Test bilatéral $H_0 : \mu_D = 0$ contre $H_1 : \mu_D \neq 0$	$\lvert t_{\text{obs}} \rvert > t_{n-1;\,\alpha/2}$	$2P(T_{n-1} > \lvert t_{\text{obs}} \rvert)$
Test unilatéral à droite $H_0 : \mu_D = 0$ contre $H_1 : \mu_D > 0$	$t_{\text{obs}} > t_{n-1;\,\alpha}$	$P(T_{n-1} > t_{\text{obs}})$
Test unilatéral à gauche $H_0 : \mu_D = 0$ contre $H_1 : \mu_D < 0$	$t_{\text{obs}} < -t_{n-1;\,\alpha}$	$P(T_{n-1} < t_{\text{obs}})$

Tests d'hypothèses sur deux proportions avec de grands échantillons

Test bilatéral $H_0 : p_1 = p_2$ contre $H_1 : p_1 \neq p_2$	$\lvert z_{\text{obs}} \rvert > z_{\alpha/2}$	$2P(Z > \lvert z_{\text{obs}} \rvert)$
Test unilatéral à droite $H_0 : p_1 = p_2$ contre $H_1 : p_1 > p_2$	$z_{\text{obs}} > z_{\alpha}$	$P(Z > z_{\text{obs}})$
Test unilatéral à gauche $H_0 : p_1 = p_2$ contre $H_1 : p_1 < p_2$	$z_{\text{obs}} < -z_{\alpha}$	$P(Z < z_{\text{obs}})$

Exercices

1. Le niveau de l'alcalinité mesuré dans une rivière est distribué normalement avec un écart-type de 14,4 mg/L. Un échantillon aléatoire de 100 mesures effectuées dans cette rivière a donné une moyenne de 53,4 mg/L. Ce résultat permet-il d'affirmer que son niveau moyen d'alcalinité dépasse 50 mg/L? Calculez la valeur P associée à ce test et présentez votre conclusion avec un seuil de signification $\alpha = 0,025$.

2. Dans le passé, la proportion des conducteurs canadiens qui utilisaient leur cellulaire au volant était de 0,02. Une étude récente a montré que, dans un échantillon aléatoire de 1165 conducteurs au Canada, 35 utilisent leur cellulaire au volant. À partir de cette observation, peut-on affirmer que la nouvelle proportion p est significativement différente de 0,02? Déterminez la valeur P associée à ce test et présentez votre conclusion avec un risque $\alpha = 0,05$.

3. Le gouvernement fédéral canadien a mené une campagne antitabac pour essayer de réduire la proportion de fumeurs chez les adolescents de moins de 16 ans. Avant la campagne, un tiers de ces adolescents fumaient. Un sondage national récent a révélé que sur 200 adolescents, 50 sont des fumeurs. Sur la base de cette information, peut-on conclure que la campagne a été efficace? Formulez les hypothèses appropriées, déterminez la valeur P de ce test et présentez votre conclusion avec $\alpha = 5\%$.

4. On s'intéresse aux diamètres (en millimètres) des rondelles fabriquées par deux machines différentes. Un échantillon de taille $n_1 = 25$ rondelles fabriquées par la première machine a donné une moyenne échantillonnale $\bar{x}_1 = 8,03$ et une variance échantillonnale $s_1^2 = 0,38$, alors qu'un échantillon de taille $n_2 = 16$ rondelles fabriquées par la deuxième machine a donné une moyenne échantillonnale $\bar{x}_2 = 8,97$ et une variance échantillonnale $s_2^2 = 0,45$. On suppose les diamètres de ces rondelles normalement distribués avec des variances inconnues, mais égales.

   a) Déterminez s'il existe une différence significative entre les moyennes des deux populations de rondelles. Utilisez un seuil de signification de 5%.

   b) Présentez votre conclusion en tenant compte du contexte.

5. On a testé deux solutions pour le polissage des lentilles. Sur les 300 lentilles polies avec la solution A, 253 n'ont pas de défauts; sur les 300 polies avec la solution B, 196 n'ont pas de défauts. Soit p_1 et p_2: les proportions des lentilles sans défauts avec la solution A et la solution B respectivement. Sur la base de ces données, y a-t-il des raisons de croire que la solution A est meilleure que la solution B? Choisissez les hypothèses à tester et utilisez un seuil de signification de 10%.

6. Pour comparer les conséquences de la méditation et de l'exercice physique, on a mesuré le taux d'une substance biochimique sur 11 personnes une heure après une méditation intense et sur 15 autres personnes une heure après un exercice physique soutenu. On a trouvé les résultats suivants.

Statistiques descriptives des données observées		
Mesure	**Méditation**	**Exercice physique**
Moyenne échantillonnale	88,33	90,65
Écart-type échantillonnal	10,1	12,3

   Y a-t-il une différence significative entre les taux moyens de cette substance lors de ces deux activités? Utilisez un seuil de signification de 1%. (On suppose les variables normales avec la même variance.)

7. Pour tester l'hypothèse selon laquelle la marche peut aider à réduire la pression artérielle, un chercheur a considéré six patients choisis au hasard ayant une pression artérielle élevée. Il a mesuré leur pression avant leur participation à un programme de marche et un mois après. Voici ses résultats.

Mesures de la pression artérielle des patients avant et après la marche		
Patient	**Avant**	**Après**
1	150	135
2	165	140
3	135	130
4	145	140
5	132	130
6	175	167

Déterminez la valeur P associée au test selon lequel la pression artérielle moyenne est réduite par le programme de marche. On suppose la normalité de la variable indiquant les différences de pression. Utilisez un seuil de signification de 5 %.

8. Une maladie chronique s'améliore spontanément chez 45 % des gens. Une compagnie pharmaceutique a mis sur le marché un nouveau médicament qui, selon elle, augmente cette proportion. Des 75 patients à qui on a prescrit le médicament, 38 ont vu leur condition s'améliorer. Calculez la valeur P associée à ce test et présentez votre conclusion. Utilisez un seuil de signification de 5 %.

9. Une étude conduite par le Centre des ressources en eau de l'Université de Floride a comparé deux usines de traitement des eaux. L'usine A est localisée dans une zone où le revenu annuel médian est inférieur à 22 000 $ et l'usine B, dans une zone où le revenu annuel médian est supérieur à 60 000 $. Le volume des eaux traitées dans chaque usine (en milliers de litres par jour) a été mesuré durant 10 jours choisis au hasard.

Mesures du volume des eaux traitées dans les usines A et B										
A	18	13	21	19	20	23	27	28	32	19
B	20	39	24	33	30	28	30	22	33	24

En supposant les volumes des eaux traitées normalement distribués avec les mêmes variances, on veut tester l'hypothèse selon laquelle le volume moyen des eaux traitées dans la zone à haut revenu est supérieur à celui de la zone à faible revenu. Effectuez votre test et présentez votre conclusion basée sur un seuil de signification de 10 %.

10. L'usage des polymères en médecine est l'un des champs les plus prolifiques de l'industrie chimique. Un échantillon de 10 mesures a été pris lors d'une formulation afin de vérifier la quantité de polymères (en milligrammes) :

$$603 \quad 534 \quad 542 \quad 591 \quad 680$$
$$489 \quad 516 \quad 570 \quad 592 \quad 654$$

On cherche à ce que la moyenne des polymères dans cette formulation dépasse 550 mg.

a) En utilisant un niveau de signification $\alpha = 5\%$, effectuez un test pour savoir si ces données permettent d'affirmer que la moyenne des polymères de cette formulation est conforme à ce qu'on recherche.

b) Quelle supposition est requise pour valider la conclusion en a) ? Est-elle valide avec ces données ?

11. On a effectué des tests pour étudier la stabilité et la perméabilité d'un type de goudron. Pour ce faire, on a utilisé deux types de formulations. On a préparé 6 spécimens d'une formulation à 3 % d'asphalte et 10 spécimens d'une formulation à 7 % d'asphalte. On a mesuré par la suite la perméabilité de chaque formulation et on a obtenu les données suivantes.

Mesures de la perméabilité des formulations									
Asph. 3 %	1189	840	1020	980	340	765			
Asph. 7 %	853	900	733	785	865	779	900	987	340	893

En supposant les variables normalement distribuées avec les mêmes variances, testez l'hypothèse selon laquelle les deux moyennes sont différentes. Utilisez un seuil de signification de 2 %.

12. Les données suivantes ont trait au temps de séchage (en heures) d'un certain type de peinture au latex :

$$3,4 \quad 2,5 \quad 4,8 \quad 2,9 \quad 3,6$$
$$2,8 \quad 3,3 \quad 5,6 \quad 3,7 \quad 2,8$$

En supposant que ces mesures proviennent d'un échantillon aléatoire d'une variable normale, testez l'hypothèse selon laquelle le temps moyen de séchage de ce type de peinture dépasse 3 heures. Utilisez un seuil de signification de 1 %.

13. Les résultats d'une étude portant sur l'usage des drogues par les adolescents ont été publiés. Sur un échantillon aléatoire de 4145 élèves du secondaire, 248 consomment de l'alcool sur une base régulière. Testez l'hypothèse selon laquelle la proportion des élèves du secondaire qui consomment de l'alcool de façon régulière dans cette population dépasse 5 %. Utilisez un seuil de signification de 10 %.

14. Santé Canada affirme que 35 % des Canadiens adultes souffrent d'une insomnie occasionnelle. Pour valider ce résultat, on a effectué un échantillonnage aléatoire de 400 Canadiens adultes, dont 129 souffrent d'une certaine insomnie occasionnelle. Ces données valident-elles l'affirmation de Santé Canada ? Utilisez un seuil de signification de 1 %.

15. Un chercheur veut tester les hypothèses $H_0 : \mu_X = 50$ contre $H_1 : \mu_X > 50$.

a) Quel type d'erreur a-t-il commis s'il a conclu que la moyenne est égale à 50 alors qu'en fait, elle est égale à 53 ?

b) Quel type d'erreur a-t-il commis s'il a conclu que la moyenne est supérieure à 50 alors qu'en fait, elle est égale à 50 ?

16. Le taux de calcium sanguin chez les adultes en bonne santé varie avec une moyenne de 9,5 mg/dL et un écart-type de 0,4 mg/dL. Une étude récente sur un échantillon de 180 femmes enceintes indique une moyenne échantillonnale de 9,58 mg/dL. Cela permet-il de conclure que le taux moyen de calcium sanguin chez les femmes enceintes est plus élevé que dans le reste de la population ? Effectuez un test d'hypothèses avec un seuil de signification de 5 %.

17. Jusqu'à récemment, le taux de mortalité dû à une infection virale du cerveau était de 70 %. Un nouveau médicament a été mis au point pour traiter cette maladie. On veut tester l'hypothèse selon laquelle ce médicament réduit le taux de mortalité dû à cette maladie.

a) Posez les hypothèses à tester dans ce cas.

b) Expliquez ce que signifieraient une erreur de type I et une erreur de type II.

c) Sur un échantillon de 50 personnes traitées avec le nouveau médicament, 32 d'entre elles sont mortes de cette infection. En se basant sur ces données, peut-on conclure que le nouveau médicament permet de réduire le taux de mortalité dû à cette maladie ? Utilisez un seuil de signification de 1 %.

18. Les données suivantes ont trait au rendement de récoltes de blé (en kilogrammes par hectare) qu'on suppose normalement distribué :

> 1935 1910 2496 2108 1961
> 2060 1444 1612 1316 1511

a) Construisez un intervalle de confiance de niveau 95 % pour le rendement moyen de la population.

b) Testez les hypothèses $H_0 : \mu = 1945$ contre $H_1 : \mu < 1945$, avec un seuil de signification de 5 %.

19. Les autorités sanitaires croient que 90 % des enfants sont vaccinés contre la rougeole. Sur un échantillon aléatoire de 12 500 enfants, seuls 11 240 le sont.

a) Effectuez une estimation ponctuelle de la proportion des enfants de la population d'enfants vaccinés.

b) Déterminez la marge d'erreur associée à l'estimation de la proportion de la population d'enfants vaccinés au niveau de confiance de 95 %.

c) Un groupe de parents croient que le taux de 90 % avancé par les autorités sanitaires est exagéré. Effectuez un test d'hypothèses pour déterminer qui a raison. Utilisez un seuil de signification de 5 %.

20. On a mené une étude pour estimer le nombre de visites mensuelles effectuées par les patients atteints d'une maladie chronique à un centre de traitement. En se basant sur un échantillon de 52 patients, on a trouvé une moyenne de 4,83 visites avec un écart-type de 2,2.

a) Peut-on affirmer que le nombre moyen de visites mensuelles de cette population est supérieur à 4 par patient ? Utilisez un seuil de signification de 5 %.

b) Que signifierait une erreur de type I dans ce contexte ?

21. Une étude clinique veut examiner l'effet de l'aspirine sur le traitement des traumatismes crâniens. Les patients ont été divisés aléatoirement en deux groupes. Le premier groupe a été traité avec l'aspirine et le second groupe, avec un placebo. Après six mois, on a observé les résultats suivants : sur les 78 patients du premier groupe, 63 ont montré une amélioration de leur état ; sur les 77 patients du deuxième groupe, 43 ont présenté une pareille amélioration.

a) Trouvez, pour chaque groupe, la proportion échantillonnale des personnes dont l'état s'est amélioré.

b) Testez l'hypothèse voulant que l'aspirine ait un effet bénéfique pour ce traitement avec un seuil de signification de 1 %.

22. L'usage de la cocaïne par les mères enceintes entraîne-t-il une diminution du poids moyen de leurs bébés ? Pour répondre à cette question, les poids de bébés des mères testées positives à la cocaïne ont été comparés avec les poids des bébés des mères testées négatives à cette drogue. On a obtenu les résultats suivants : sur 134 mères testées positives, le poids moyen du bébé est de 2 733 g avec un écart-type de 599 g ; sur 5974 mères testées négatives, le poids moyen du bébé est de 3 118 g avec un écart-type de 672 g.

a) Formulez les hypothèses appropriées.

b) Que signifieraient des erreurs de type I et de type II dans ce contexte ?

c) Testez ces hypothèses au seuil de signification de 5 %. Formulez votre réponse à la question posée au début de l'énoncé.

23. On veut signer un contrat avec un fournisseur de goudron pour les routes de Gatineau. Le contrat spécifie que la résistance de son matériau doit être minimalement de 1800 kg/cm². On a donc testé un échantillon de 40 mesures et obtenu les résultats suivants :

1400	2100	2300	2100	1600
1900	2200	2500	1600	1700
2400	2300	2500	1900	1600
1900	1800	1900	2100	1200
1600	1700	1800	2300	2500
2000	2300	1600	2000	1900
2400	2600	1500	2200	2400
2000	2200	2400	2200	2000

a) Pour vous assurer que le matériau répond aux spécifications imposées, formulez les hypothèses à tester.

b) Que signifierait une erreur de type I ?

c) Énoncez la règle à appliquer pour effectuer le test.

d) Quelle est votre recommandation ?

24. Lorsqu'on éprouve un problème avec sa connexion Internet, on s'adresse généralement à son fournisseur pour le résoudre. Une association de défense des consommateurs a voulu comparer les temps de réponse de deux fournisseurs. Elle a donc pris deux échantillons aléatoires d'appels et a mesuré le temps requis (en minutes) par les techniciens pour trouver la solution au même problème. Elle a obtenu les résultats suivants.

Temps de réparation requis par les techniciens de deux fournisseurs Internet			
Fournisseur A		**Fournisseur B**	
1,48	0,93	8,90	7,75
1,76	0,53	3,65	0,89
0,89	1,60	0,23	4,76
2,56	0,89	1,23	1,56
1,89	6,32	0,65	4,45
3,97	3,94	0,56	1,67
1,78	5,67	3,67	1,45
1,56	0,98	0,58	0,76
3,10	3,14	3,65	0,45
1,03	0,53	4,02	0,34

On suppose les temps de réponse normalement distribués avec les mêmes variances.

a) Effectuez un test d'hypothèses pour savoir s'il y a une différence significative entre les temps de réponse moyens de ces deux fournisseurs. Utilisez un seuil de signification de 5 %.

b) Quel fournisseur choisiriez-vous ? Justifiez votre réponse par des mesures et des graphiques.

25. Un fabricant de chaussures a remarqué que les chaussures de pied gauche s'usent plus vite que celles de pied droit. Il a donc pris un échantillon aléatoire de 10 grands marcheurs et a mesuré l'abrasion des semelles après un certain temps sur une échelle de 1 (plus bas score) à 10 (meilleur score). Il a obtenu les résultats suivants.

Abrasion des semelles									
Pied droit	6	4	7	8	2	9	8	5	8	7
Pied gauche	8	2	6	5	4	5	4	5	3	2

a) Testez l'hypothèse requise pour confirmer ou infirmer l'impression du fabricant. Utilisez un seuil de signification de 5 %.

b) Quelle supposition devez-vous faire pour que votre test d'hypothèses soit valide ?

26. Les données suivantes ont trait à la masse (en milligrammes) d'un échantillon aléatoire de 50 glandes thyroïdes mesurées sur 50 femmes atteintes du syndrome de fatigue chronique.

4,1	1,5	10,4	5,9	3,4	5,7	1,6	6,1	3,0
3,7	3,1	4,8	2,0	14,8	5,4	4,2	3,9	4,1
11,1	3,5	4,1	4,1	8,8	5,6	4,3	3,3	7,1
10,3	6,2	7,6	10,8	2,8	9,5	12,9	12,1	9,7
4,0	9,2	4,4	5,7	7,2	6,1	5,7	5,9	4,7
3,9	3,7	3,1	6,1	3,1				

Sur le plan médical, l'état d'une personne dont la glande thyroïde pèse plus que 5 mg est jugé critique.

a) Avec la valeur P, les données vous permettent-elles de dire que la masse moyenne des glandes thyroïdes de ce groupe de femmes dépasse ce seuil critique ? Utilisez un seuil de signification de 5 %.

b) Dressez un diagramme des quartiles de ces données et détectez toute donnée aberrante dans cette série.

c) Enlevez ces données aberrantes s'il y en a et refaites le test d'hypothèses en a). Que pouvez-vous en conclure ?

d) Discutez de vos conclusions en a) et en c).

27. Deux types d'engrais ont été utilisés dans des champs de tomates. La variable d'intérêt est la taille de chaque plant (en centimètres), qu'on suppose normalement distribuée avec les mêmes variances. Les échantillons aléatoires sur ces deux populations de plants ont donné les résultats suivants.

Mesures de la taille des plants de tomates	
Engrais 1	**Engrais 2**
48,2	52,3
54,6	57,9
59,3	55,6
47,8	53,2
51,4	64,3
52,1	58,4
55,2	59,8
49,2	54,8
49,9	
52,6	

a) À partir de ces observations, doit-on choisir un test bilatéral ou unilatéral ?

b) Effectuez votre test d'hypothèses et tirez-en une conclusion. Utilisez un seuil de signification de 5 %.

28. On s'intéresse au temps de dissolution (en minutes) de deux types de médicaments dans le sang, qu'on suppose normalement distribué avec les mêmes variances. À partir d'échantillons aléatoires de patients traités par ces deux médicaments, on a obtenu les résultats suivants pour la dissolution de 90 % de la substance.

Temps de dissolution des médicaments	
Médicament 1	**Médicament 2**
8,8	9,9
8,4	9,1
7,9	11,1
8,7	9,6
9,1	8,7
9,6	10,4
	9,5

a) Y a-t-il une différence significative entre les temps moyens de dissolution de 90 % de ces médicaments ? Utilisez un seuil de signification de 1 %.

b) Aurait-on obtenu le même résultat avec un seuil de signification de 5 % ?

29. Une étude a comparé le nombre d'appels aux centres d'urgence 911 dans les villes de Gatineau et d'Ottawa. À partir d'échantillons aléatoires des appels adressés aux services des deux villes, on a calculé la moyenne et l'écart-type des nombres d'appels et obtenu les résultats suivants.

Statistiques descriptives des données observées			
Ville	n	**Moyenne**	**Écart-type**
Gatineau	120	2,6	1,56
Ottawa	100	3,5	2,64

En supposant les nombres d'appels normalement distribués avec des variances égales, déterminez s'il y a une différence significative entre les nombres moyens d'appels adressés aux centres d'urgence dans les deux villes. Utilisez un seuil de signification de 5 %.

30. Une étude sociale s'est intéressée à la relation entre le statut d'aîné de la famille et la scolarité. Dans un échantillon aléatoire de 180 étudiants canadiens diplômés de l'université, on a trouvé 123 aînés, alors que dans un échantillon aléatoire de 120 étudiants non diplômés d'une université, on a dénombré 45 aînés. Effectuez un test pour savoir s'il y a une différence significative entre les proportions des aînés dans ces deux groupes de population. Utilisez un seuil de signification de 5 % et justifiez votre conclusion.

31. Le directeur de production d'un certain type de composants électriques veut améliorer le rendement de ses ouvriers. Il a donc considéré un échantillon aléatoire de 10 ouvriers et a mesuré le temps requis (en minutes) pour assembler une pièce. Peu satisfait des résultats, il a envoyé tous ses ouvriers suivre un stage de formation d'un mois, et à leur retour, il a procédé à une autre série de mesures aléatoires sur 10 de ses ouvriers. Il a recueilli les données suivantes.

Temps d'assemblage avant et après le stage	
Avant	**Après**
32	35
37	31
35	29
29	25
41	34
45	40
35	27
32	32
34	31
27	30

On suppose la différence des temps d'assemblage normalement distribuée.

a) Formulez les hypothèses à tester.

b) Effectuez ce test avec un seuil de signification de 5 %.

c) Présentez votre conclusion en tenant compte du contexte.

32. On a voulu comparer la pression artérielle (en millimètres de mercure) chez les coureurs et les cyclistes après un effort intense. Voici les données obtenues à partir de deux échantillons aléatoires.

Statistiques descriptives des données observées			
Groupe	n	**Moyenne**	**Écart-type**
Coureurs	10	14,67	1,97
Cyclistes	12	11,65	3,09

En supposant la pression artérielle normalement distribuée dans les deux groupes avec la même variance, testez s'il y a une différence significative entre la pression artérielle moyenne de ces athlètes après un effort intense. Utilisez un seuil de signification de 5 %.

33. Le niveau maximum de bruit acceptable est de 82 dB (décibels). On a pris un échantillon aléatoire de 10 mesures lors des travaux de réfection sur la rue de la Galène à Gatineau et on a obtenu les résultats suivants :

$$85,5 \; 86,6 \; 88,5 \; 89,7 \; 84,2$$
$$88,9 \; 82,5 \; 84,6 \; 87,2 \; 85,6$$

En supposant cette variable normalement distribuée, peut-on dire qu'en moyenne, le bruit a dépassé significativement la limite acceptable dans cette rue pendant la réalisation des travaux ? Utilisez un seuil de signification de 5 %.

34. Une étude psychologique avait pour objectif de comparer le temps de réaction moyen (en secondes) des hommes et des femmes à un certain stimulus. Les échantillons aléatoires de 45 hommes et de 50 femmes qui ont été sélectionnés ont donné les résultats suivants :

- pour les hommes : $\bar{x} = 3,7$ s et $s = 0,25$ s ;
- pour les femmes : $\bar{y} = 3,9$ s et $s = 0,15$ s.

Peut-on dire qu'il existe une différence significative entre le temps de réaction moyen de ces deux groupes ? Utilisez un seuil de signification de votre choix, en supposant cette variable distribuée normalement avec des variances égales dans les deux groupes.

35. On a voulu comparer les proportions des personnes selon leur préférence pour trois médicaments contre la migraine, et ce, à deux périodes différentes. On a donc sélectionné deux échantillons aléatoires de 1000 personnes chacun et on a noté les pourcentages selon les préférences pour tel ou tel médicament. On a obtenu les résultats suivants.

Proportion des préférences des utilisateurs		
Médicament	**1996**	**2008**
Aspirine	43 %	32 %
Acétaminophène	45 %	39 %
Ibuprofène	12 %	29 %

a) Peut-on dire que la proportion des utilisateurs d'aspirine a significativement diminué entre 1996 et 2008 ? Utilisez un niveau de signification de 5 %.

b) Peut-on affirmer que la part du marché d'ibuprofène a significativement augmenté entre 1996 et 2008 ? Utilisez un niveau de signification de 5 %.

36. Croyez-vous que les droitiers sont plus nombreux chez les patrons de grandes entreprises ? On tient pour acquis que le pourcentage des droitiers dans la population générale est de 84 %. Dans un échantillon aléatoire de 300 chefs de grandes entreprises, on a trouvé que 95 % d'entre eux sont des droitiers.

a) Cette différence de pourcentages est-elle significative en faveur des chefs de grandes entreprises ? Utilisez un seuil de signification de 5 %.

b) Déterminez la valeur P associée à ce test d'hypothèses et indiquez ce qu'elle signifie.

CHAPITRE 8

La régression et la corrélation linéaires

À la fin de ce chapitre, vous serez en mesure :

- de distinguer une variable indépendante d'une variable dépendante ;

- de calculer l'équation d'une droite de régression linéaire liant deux variables quantitatives ;

- de calculer et d'interpréter un coefficient de corrélation linéaire et un coefficient de détermination entre deux variables quantitatives ;

- d'effectuer des tests d'hypothèses sur le coefficient de corrélation linéaire théorique entre deux variables quantitatives.

Galton Francis (1822-1911)

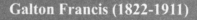

Célèbre savant anglais, cousin de Charles Darwin, Galton Francis est l'un des premiers à avoir effectué la modélisation des phénomènes psychologiques grâce aux équations de régression linéaire et logistique. Il a mené un important travail de recherche sur les empreintes digitales dans le but d'identifier les criminels.

Lorsque nous observons deux variables quantitatives, nous nous interrogeons très souvent sur la relation qui pourrait exister entre elles. Par exemple, une grande entreprise voudrait savoir s'il y a un lien entre ses revenus et ses dépenses en publicité ; un biologiste s'interroge sur le rapport entre la taille des poissons et la température de l'eau ; un ingénieur cherche à savoir s'il existe un lien entre la compression appliquée au ciment et sa rigidité ; en épidémiologie, dans le but de détecter les retards de croissance, on voudrait quantifier la relation entre la taille et l'âge des enfants ; en médecine, on cherche à trouver si la fumée secondaire, la pollution ou le profil génétique influent de façon significative sur un certain type de cancer… Les exemples sont innombrables.

Dans ce chapitre, nous allons poser les fondements d'une méthode statistique très fréquemment utilisée, à savoir la régression et la corrélation linéaires. Après une mise en contexte générale, nous allons définir les différents paramètres que nous devons prendre en compte pour calculer leur estimateur, de façon ponctuelle ou par intervalle de confiance, et interpréter les résultats. Nous terminerons ce chapitre par l'estimation et les tests d'hypothèses sur les coefficients de corrélation linéaire entre deux variables.

8.1 Les variables dépendantes et indépendantes

Généralement, en présence de deux variables, nous connaissons mieux l'une d'entre elles ou encore nous pouvons exercer sur elle un certain contrôle, c'est-à-dire l'ajuster. Cette variable est notée X et appelée **variable indépendante** ou **variable explicative**. L'autre variable, celle que nous connaissons moins ou que nous ne pouvons pas contrôler, est notée Y et appelée **variable dépendante** ou **variable expliquée**; on la nomme aussi **variable réponse**, pour signifier qu'elle répond aux fluctuations de X. Si nous reprenons un des exemples de l'introduction, une entreprise peut ajuster ses dépenses en publicité (variable indépendante) pour augmenter ses revenus (variable dépendante).

8.2 La droite de régression linéaire simple

Le modèle le plus simple qui puisse lier la variable dépendante et la variable indépendante est une droite. Il faut trouver la droite la plus «efficace» possible, c'est-à-dire celle qui peut lier le plus de points possible.

EXEMPLE 8.1

La Ville de Gatineau veut modéliser les fluctuations du taux d'ozone dans l'air à midi au cours du mois de juillet. Nous sommes donc en présence de deux variables, soit X, la température à midi au mois de juillet (en degrés Celsius), qui est parfaitement observable et connue, et Y, le taux d'ozone dans l'air (en parties par million), qui est moins connu. Nous allons donc tenter de modéliser cette dernière en fonction de la première.

La Ville a commencé par choisir au hasard 10 journées du mois de juillet, pour lesquelles elle a noté les mesures de la température et du taux d'ozone à midi. Elle a obtenu les résultats suivants.

Distribution de la température et du taux d'ozone selon la journée										
Journée	1	2	3	4	5	6	7	8	9	10
Température (°C)	23,9	32,8	23,7	7,4	19,7	30,7	28,9	25,4	28,9	27,5
Taux d'ozone (ppm)	118,9	143,8	116,2	87,6	100,9	134,8	98,7	78,6	109,2	102,6

Nous allons d'abord visualiser le nuage de points au moyen d'un graphique.

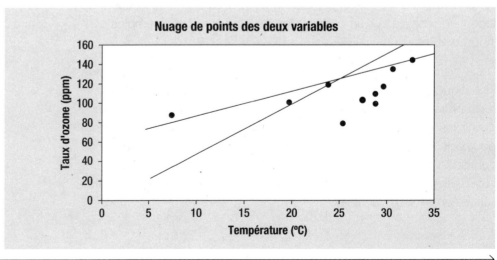

EXEMPLE 8.1 (*suite*)

Comme nous le voyons dans ce graphique, nous pouvons faire passer plusieurs droites à travers le nuage. Le but de l'exercice est donc de trouver la droite qui puisse le mieux réunir le plus grand nombre de points.

Le modèle que nous tentons de trouver est de la forme $Y = \alpha + \beta X + \varepsilon$, où α et β sont des constantes réelles qu'il faudrait estimer et ε est le résidu (l'erreur) associé au modèle, car il est impossible que tous les points choisis au hasard soient alignés sur la droite. Le paramètre β est la **pente** de la droite, qui donne la variation de Y lorsque X varie d'une unité. Le paramètre α est l'**ordonnée à l'origine**, qui donne l'ordonnée du point par lequel la droite coupe l'axe des Y.

Comme tout modèle possède ses conditions d'application, nous allons maintenant formaliser celles de ce modèle. Supposons que la variable indépendante X soit mesurée sans erreur (ou que l'erreur des mesures soit négligeable) et que la fonction résidu ε soit normalement distribuée avec une moyenne nulle et une variance σ^2. Cela signifie qu'il y aura des points au-dessus de la droite donnant le modèle, mais aussi sous et sur cette droite; cependant, la moyenne des écarts de tous les points par rapport à la droite doit être nulle. Par conséquent, la variable dépendante sera distribuée normalement avec une moyenne égale à $\alpha + \beta X$ et une variance σ^2.

Si nous sélectionnons un échantillon aléatoire de taille n sur les deux variables X et Y, nous obtenons n couples, (x_1, y_1), (x_2, y_2), ..., (x_n, y_n), qui sont liés par le modèle selon la relation $y_i = \alpha + \beta x_i + \varepsilon_i$ pour tout $i = 1, ..., n$. Ainsi, à chaque couple est associé un résidu $\varepsilon_i = y_i - \alpha + \beta x_i$, qui indique l'écart entre la valeur observée de Y et la valeur qu'elle devrait prendre si elle était exactement sur la droite du modèle. On sait déjà que :

$$\sum_{i=1}^{n} \varepsilon_i = 0$$

La droite qui aligne tous les points est celle qui minimise la somme des carrés de tous ces résidus. C'est ce qui s'appelle la **méthode des moindres carrés**, que nous allons utiliser dans ce chapitre. On nomme **droite de régression simple** entre les variables X et Y la droite qui minimise :

$$\sum_{i=1}^{n} \varepsilon_i^2 = \sum_{i=1}^{n} (y_i - \alpha - \beta x_i)^2$$

Après des manipulations du calcul différentiel, on obtient les estimateurs des paramètres α et β qui sont donnés par les formules suivantes :

$$\hat{\beta} = b = \frac{\sum_{i=1}^{n} (y_i - \overline{y})(x_i - \overline{x})}{\sum_{i=1}^{n} (x_i - \overline{x})^2} = \frac{\sum_{i=1}^{n} x_i y_i - n\overline{x}\overline{y}}{\sum_{i=1}^{n} x_i^2 - n(\overline{x})^2} \text{ et } \hat{\alpha} = a = \overline{y} - b\overline{x}$$

L'équation de la droite de régression est $\hat{y} = a + bx$.

Si b est positif, alors la droite est ascendante et les deux variables varient dans le même sens. Par contre, si b est négatif, la droite de régression est descendante et les deux variables varient dans des sens opposés : si l'une augmente, l'autre diminue.

REMARQUE

Puisque $a = \overline{y} - b\overline{x}$, alors on peut écrire l'équation de la droite de régression sous la forme suivante :

$$\hat{y} = a + bx = \overline{y} - b\overline{x} + bx = \overline{y} + b(x - \overline{x})$$

Cela prouve que le centre de gravité du nuage, qui est le point de coordonnées $(\bar{x}, \bar{y})$, est toujours sur la droite de régression.

EXEMPLE 8.2

Reprenons les données de l'exemple 8.1 (*voir la page 252*).

Journée	x_i	y_i	$x_i \times y_i$	x_i^2
1	23,9	118,9	2841,71	517,21
2	32,8	143,8	4716,64	1075,84
3	23,7	116,2	2753,94	561,69
4	7,4	87,6	648,24	54,76
5	19,7	100,9	1987,73	388,09
6	30,7	134,8	4138,36	942,49
7	28,9	98,7	2852,43	835,21
8	25,4	78,6	1996,44	645,16
9	28,9	109,2	3155,88	835,21
10	27,5	102,6	2821,15	756,25
Total	248,9	1091,3	27912,87	6665,91

Calculs intermédiaires sur les données de la température et du taux d'ozone

Cela donne $\bar{x} = 24,89$; $\bar{y} = 109,13$; en appliquant les formules précédentes, on obtient les estimations des paramètres du modèle :

$$b = \hat{\beta} = \frac{27\,912,87 - 10 \times 24,89 \times 109,13}{6665,91 - 10 \times 24,89^2} = 1,5939$$

et

$$a = \hat{\alpha} = 109,13 - 1,5939 \times 24,89 = 69,4578$$

La droite de régression est alors $\hat{y} = 69,4578 + 1,5939x$, ce qui signifie qu'à partir des 10 observations prises au hasard, à Gatineau, on peut estimer à 69,4578 ppm le taux d'ozone au mois de juillet s'il fait 0 °C à midi, et qu'à chaque augmentation de 1 °C de la température à midi, le taux d'ozone augmente de 1,5939 ppm.

En ce qui concerne l'équation de la droite de régression, on peut l'utiliser pour prédire les valeurs de Y pour des valeurs fixées de X. Par exemple, si on veut prédire le taux d'azote dans l'air à Gatineau un jour de juillet où il fait 28 °C à midi, on le formalise comme suit :

$$\hat{y}_{|x| = 28} = 69,4578 + 1,5939 \times 28 = 114,087 \text{ ppm}$$

On obtient le graphique ci-après, où apparaît la droite de régression avec le nuage de points.

La droite de régression est $Y(\text{ppm}) = 69,5 + 1,59\, X(°C)$. Puisque $a = \bar{y} - b\bar{x}$, alors une autre façon d'écrire l'équation de la régression linéaire est $\hat{y} = \bar{y} - b\bar{x} + bx = \bar{y} - b(\bar{x} - x)$. Cela indique que le centre de gravité du nuage de points, à savoir le point $G(\bar{x}, \bar{y})$, se trouve sur la droite de régression.

EXEMPLE 8.2 (*suite*)

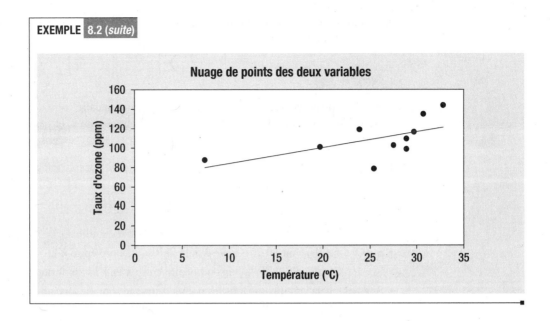

Nuage de points des deux variables

REMARQUE

La droite de régression s'utilise pour estimer les valeurs de Y uniquement à l'intérieur de l'intervalle où la variable X varie. On ne peut donc pas extrapoler ce qu'on a observé au-delà des limites où l'on a pris l'échantillon des mesures de X.

8.3 Le coefficient de corrélation linéaire et le coefficient de détermination

Avant d'utiliser un modèle à des fins de prédiction et d'estimation, il faut s'assurer de la qualité de son ajustement. Puisque le modèle revêt la forme d'une droite, on dispose de mesures qui permettent de quantifier la relation linéaire entre deux variables quantitatives. Nous allons nous limiter ici à deux d'entre elles : le coefficient de corrélation linéaire et le coefficient de détermination.

8.3.1 Le coefficient de corrélation linéaire

Le coefficient de corrélation linéaire (noté r) a été proposé par Karl Pearson à la fin du XIX$^\text{e}$ siècle pour quantifier la liaison linéaire entre deux variables quantitatives X et Y. Il permet de déterminer si la corrélation linéaire entre les deux variables est faible, moyenne ou forte.

À partir de n couples d'observations prises au hasard sur deux variables quantitatives X et Y, (x_1, y_1), $(x_2, y_2), \ldots, (x_n, y_n)$, le coefficient de corrélation linéaire entre X et Y est estimé par :

$$r = \frac{\sum_{i=1}^{n} x_i y_i - n\overline{xy}}{\sqrt{\sum_{i=1}^{n} x_i^2 - n(\overline{x})^2} \sqrt{\sum_{i=1}^{n} y_i^2 - n(\overline{y})^2}} = \frac{s_X}{s_Y}\hat{\beta} = \frac{s_X}{s_Y}b$$

Il peut aussi revêtir la forme suivante :

$$r = \frac{1}{n-1} \sum_{i=1}^{n} \left(\frac{x_i - \overline{x}}{s_X} \right) \left(\frac{y_i - \overline{y}}{s_Y} \right)$$

Cette formule montre que le coefficient de corrélation linéaire entre deux variables est égal à une moyenne des produits des cotes Z des données observées, où s_X et s_Y sont les écarts-types échantillonnaux de X et de Y respectivement.

Les propriétés du coefficient de corrélation linéaire sont les suivantes :

- r est sans unité.
- r est toujours compris entre -1 et 1 : $-1 \leq r \leq 1$.
- Si $r \approx 0$, l'association linéaire entre X et Y est faible ou nulle.
- Si $0,5 \leq r \leq 0,75$ ou $-0,75 \leq r \leq -0,5$, la liaison linéaire entre X et Y est de moyenne à forte.
- Si $r \geq 0,75$ ou $r \leq -0,75$, la liaison linéaire entre X et Y est de forte à très forte.
- Si $r \approx \pm 1$, cela signifie que tous les points du nuage sont presque alignés sur la droite de régression, donc que la liaison linéaire entre X et Y est presque parfaite.
- r a le même signe que la pente de la droite.
- r est symétrique, c'est-à-dire qu'il reste le même lorsqu'on permute les variables X et Y.

EXEMPLE 8.3

Reprenons les données du tableau de l'exemple 8.2 (*voir la page 254*). Nous avions $s_X = 7,2325$, $s_Y = 20,0587$ et $b = 1,5939$; par conséquent :

$$r = \frac{s_X}{s_Y} b = \frac{7,2325}{20,0587} \times 1,5939 = 0,5747$$

Nous pouvons dire qu'à partir des 10 observations sélectionnées au hasard, la liaison linéaire entre la température et le taux d'ozone à midi en juillet à Gatineau n'est que moyennement positive. Mais comme le coefficient de corrélation linéaire dépend du hasard de l'échantillon et de sa taille, alors, lorsque nous obtenons une valeur de r comprise entre $-0,5$ et $0,5$, nous devons juger si cette liaison est significative ou non. Un test d'hypothèses, présenté ci-après, nous permet de répondre à cette question.

Nous allons à présent effectuer un test d'hypothèses (*voir le chapitre 7*) sur un coefficient de corrélation linéaire.

Soit ρ : le coefficient de corrélation linéaire entre X et Y pour la population, et soit r : son estimateur obtenu à partir de l'échantillon des n couples de points $(x_1, y_1), (x_2, y_2), \ldots, (x_n, y_n)$. On peut mener le test d'hypothèses $H_0 : \rho = 0$ contre $H_1 : \rho \neq 0$.

La règle de décision est la suivante : nous rejetons H_0 lorsque $|t_{obs}| > t_{n-2 ; \alpha/2}$, où $t_{obs} = \frac{r\sqrt{n-2}}{\sqrt{1-r^2}}$.

Ou alors, nous nous basons sur la valeur P, qui est égale à $2P(T_{n-2} > |t_{obs}|)$, et nous rejetons H_0 lorsque cette valeur P est inférieure à α.

EXEMPLE 8.4

Supposons qu'à partir de six couples de données relatifs à deux variables X et Y, on ait trouvé que l'estimation du coefficient de corrélation linéaire est $r = 0,3465$. On veut tester s'il est significatif ou non. On procède alors au test d'hypothèses suivant : $H_0 : \rho = 0$ contre $H_1 : \rho \neq 0$. On calcule :

$$t_{obs} = \frac{r\sqrt{n-2}}{\sqrt{1-r^2}} = \frac{0,3465\sqrt{6-2}}{\sqrt{1-0,3465^2}}$$

$$= 0,7388$$

Pour un seuil de signification de 5 %, $t_{n-2;\,\alpha/2} = t_{4;\,0,025} = 2,776$. Il apparaît certain qu'on ne doit pas rejeter H_0 ; on peut ainsi conclure qu'à partir de ces six observations, la corrélation linéaire entre les deux variables n'est pas significative.

EXEMPLE 8.5

Maintenant, supposons qu'on ait obtenu la même valeur de $r = 0,3465$ sur un échantillon aléatoire de 100 couples de données ; alors :

$$t_{obs} = \frac{r\sqrt{n-2}}{\sqrt{1-r^2}} = \frac{0,3465\sqrt{100-2}}{\sqrt{1-0,3465^2}} = 3,6567$$

Pour le même seuil de signification $\alpha = 5$ %, $t_{n-2;\,\alpha/2} = t_{98;\,0,025} = z_{0,025} = 1,96$. On doit donc rejeter H_0 et conclure que la corrélation linéaire entre les deux variables est significative. Ainsi, la taille de l'échantillon a une incidence directe sur le degré de signification de la corrélation.

8.3.2 Le coefficient de détermination

On appelle « coefficient de détermination linéaire » entre X et Y la quantité :

$$r^2 = \frac{SS_{yy} - SS_E}{SS_{yy}}$$

qu'on exprime en pourcentage. Il permet de quantifier la proportion des variations de Y qui peuvent être expliquées par X.

Pour chaque valeur x_i de X, on dispose de trois valeurs de la variable aléatoire Y, à savoir :

- y_i, la valeur observée de Y dans l'échantillon ;
- $\hat{y}_i = a + bx_i$, la valeur prédite de Y lorsque $X = x_i$;
- $\overline{y}$, la moyenne échantillonnale de Y.

Or, on peut écrire $y_i - \overline{y} = y_i - \hat{y}_i + \hat{y}_i - \overline{y}$; donc :

$$\sum_{i=1}^{n}(y_i - \overline{y})^2 = \sum_{i=1}^{n}(y_i - \hat{y}_i)^2 + \sum_{i=1}^{n}(\hat{y}_i - \overline{y})^2$$

car la somme croisée $\displaystyle\sum_{i=1}^{n}(y_i - \hat{y}_i)(\hat{y}_i - \overline{y}) = 0$.

On a alors $SS_{yy} = SS_E + SS_M$, où :

$$SS_{yy} = \sum_{i=1}^{n}(y_i - \overline{y})^2 \; ; \;\; SS_E = \sum_{i=1}^{n}(y_i - \hat{y}_i)^2 \text{ et } SS_M = \sum_{i=1}^{n}(\hat{y}_i - \overline{y})^2.$$

On peut distinguer les deux cas suivants :

- Si la variable X contribue peu ou ne contribue pas du tout au modèle linéaire, alors $SS_{yy} \approx SS_E$.
- Si la variable X contribue au modèle linéaire, alors SS_E doit être plus petite que SS_{yy} (en fait, si tous les points du nuage sont sur la droite de régression, $SS_E = 0$) ; alors, la contribution de X au modèle se mesure par l'écart $SS_{yy} - SS_E$ par rapport à SS_{yy}.

REMARQUE

Dans le cas d'une régression linéaire simple, le coefficient de détermination est égal au carré du coefficient de corrélation linéaire.

EXEMPLE 8.6

Reprenons les données du tableau de l'exemple 8.2 (*voir la page 254*), où nous avions trouvé un coefficient de corrélation linéaire $r = 0{,}5747$ (*voir l'exemple 8.3, à la page 256*).

Donc, le coefficient de détermination entre X et Y est égal à $r^2 = 0{,}5747^2 = 0{,}3303 = 33{,}03\,\%$; cela signifie que la variable X (température à midi au mois de juillet à Gatineau) n'explique que $33{,}03\,\%$ des fluctuations de Y (taux d'ozone), ce qui est un faible pourcentage ; le reste est expliqué par d'autres variables.

8.4 L'utilisation du modèle à des fins d'estimation et de prédiction

À partir d'un échantillon de n couples $(x_1, y_1), (x_2, y_2), \ldots, (x_n, y_n)$, nous avons pu déterminer l'équation de la droite de régression $\hat{y} = a + bx$. Un des buts de la régression est de prévoir la valeur de la variable réponse Y en présence d'une nouvelle valeur de la variable explicative X. Pour ce faire, nous devons nous assurer que les estimateurs des paramètres de la droite de régression sont sans biais et, par la suite, déterminer leur distribution.

8.4.1 Les propriétés des estimateurs *a* et *b*

Nous devons tout d'abord démontrer que les estimateurs que nous avons trouvés sont non biaisés.

Si nous posons :

$$SS_{xy} = \sum_{i=1}^{n}(x_i - \overline{x})(y_i - \overline{y}) = \sum_{i=1}^{n}(x_i - \overline{x})y_i \text{ et } SS_{xx} = \sum_{i=1}^{n}(x_i - \overline{x})^2$$

alors nous pouvons écrire que l'estimateur de la pente de la droite de régression est :

$$b = \frac{SS_{xy}}{SS_{xx}} = \frac{\sum_{i=1}^{n}(x_i - \overline{x})y_i}{SS_{xx}}$$

Puisque la seule composante aléatoire est Y, alors :

$$E(\hat{\beta}) = E(b) = \frac{\sum_{i=1}^{n}(x_i - \bar{x})E(y_i)}{SS_{xx}}$$

$$= \frac{\sum_{i=1}^{n}(x_i - \bar{x})(\alpha + \beta x_i)}{SS_{xx}} = \frac{\alpha \sum_{i=1}^{n}(x_i - \bar{x})}{SS_{xx}} + \beta \frac{\sum_{i=1}^{n}(x_i - \bar{x})x_i}{SS_{xx}} = \beta$$

car :

$$\sum_{i=1}^{n}(x_i - \bar{x}) = 0 \text{ et } \sum_{i=1}^{n}(x_i - \bar{x})x_i = SS_{xx}$$

Nous venons de montrer, d'une part, que b est un estimateur sans biais de β. D'autre part, nous avons $E(\alpha) = E(a) = E(\bar{y} - b\bar{x}) = \alpha + \beta\bar{x} - \beta\bar{x} = \alpha$; donc, a est un estimateur sans biais de α.

En ce qui concerne les variances de ces estimateurs, on a, d'un côté :

$$\text{var}(\hat{\beta}) = \text{var}(b) = \text{var}\left(\frac{\sum_{i=1}^{n}(x_i - \bar{x})y_i}{SS_{xx}}\right) = \frac{\sum_{i=1}^{n}(x_i - \bar{x})^2}{SS_{xx}^2}\text{var}(y_i) = \frac{\sigma^2}{SS_{xx}}$$

et, de l'autre :

$$\text{var}(\hat{\alpha}) = \text{var}(a) = \text{var}(\bar{y} - b\bar{x}) = \text{var}(\bar{y}) + \bar{x}^2\text{var}(b)$$

$$= \frac{\sigma^2}{n} + \bar{x}^2\frac{\sigma^2}{SS_{xx}} = \sigma^2\left(\frac{1}{n} + \frac{\bar{x}^2}{SS_{xx}}\right)$$

$$= \frac{\sigma^2\sum_{i=1}^{n}x_i^2}{nSS_{xx}}$$

Nous pouvons observer que les variances de a et de b dépendent de la variance des résidus σ^2, qui est inconnue. Pour l'estimer, nous remarquons que la somme :

$$SS_E = \sum_{i=1}^{n}(y_i - \hat{y}_i)^2$$

mesure la somme des écarts dus à l'erreur entre les données observées et celles prédites par la droite de régression. Alors, un estimateur naturel de σ^2 est :

$$\hat{\sigma}^2 = s^2 = \frac{SS_E}{n-2}$$

Puisque nous avons perdu 2 degrés de liberté pour avoir estimé α et β, nous effectuons une division par $(n-2)$. Par conséquent, l'estimateur ponctuel de l'écart-type de l'erreur est :

$$\hat{\sigma} = s = \sqrt{\frac{SS_E}{n-2}}$$

Nous utiliserons ces deux variances à la section suivante afin de déterminer l'intervalle de confiance pour la moyenne de Y et l'intervalle de prédiction pour une valeur de Y lorsque la valeur de X est fixée.

EXEMPLE 8.7

À partir des données des exemples 8.1 (*voir la page 252*) et 8.2 (*voir la page 254*), on peut voir que $SS_M = 1196,119$ et que $SS_E = 2425,06$, cette dernière étant associée à 8 degrés de liberté. L'estimation de σ^2 est donc :

$$s^2 = \frac{SS_E}{n-2} = \frac{2425,06}{8} = 303,1327$$

alors que :

$$\hat{\sigma} = s = \sqrt{\frac{SS_E}{n-2}} = 17,41$$

Cela signifie que les erreurs commises sur les estimations des valeurs de Y ont un écart-type estimé à 17,41 ppm.

8.4.2 L'estimation et la prédiction de la valeur moyenne de Y lorsque $X = x$

Puisque nous avons montré que a et b sont des estimateurs sans biais respectivement des paramètres α et β du modèle initial, nous pouvons aussi utiliser l'équation de la droite de régression pour estimer la valeur moyenne de Y lorsque X prend une valeur x, à savoir $\hat{E}(Y|X=x) = a + bx$. Donc, soit x_{n+1} : une nouvelle valeur de X ; alors, nous pouvons utiliser l'équation de la droite de régression pour prédire la valeur de Y lorsque $X = x_{n+1}$. Cette valeur prédite sera alors égale à $\hat{y}_{n+1} = a + bx_{n+1}$.

EXEMPLE 8.8

Dans les exemples 8.1 (*voir la page 252*) et 8.2 (*voir la page 254*), nous avons trouvé que l'équation de la droite de régression est $\hat{y} = 69,46 + 1,5939x$ avec $r = 0,5747$ et $r^2 = 33,03\%$. Nous observons que ce modèle quantifie la relation linéaire entre les variables X et Y comme faible, ce que nous pouvons illustrer ainsi : parmi les 10 couples de données utilisés au départ, dans 2 couples, la variable X prend la même valeur $x = 28,9$ et, pour une de ces valeurs, $y = 98,7$, tandis que pour l'autre, $y = 109,2$. On peut aussi utiliser l'équation de la droite de régression à la fois pour prédire la valeur de Y lorsque $x = 28,9$ et estimer la valeur moyenne de Y lorsque $x = 28,9$; ces deux valeurs auront alors comme valeur commune :

$$\hat{y}_{|x|=28,9} = \hat{E}(Y|X=28,9) = 69,46 + 1,5939 \times 28,9 = 115,52$$

Nous pouvons donc noter un grand écart entre les deux valeurs observées et la valeur prédite ou estimée par le modèle. Cela découle du manque de robustesse du modèle, puisque la variable X n'explique que 33,03 % des variations linéaires de la variable Y.

8.5 L'intervalle de confiance et l'intervalle de prédiction

Dans tous les cas, l'utilisation de l'équation de la droite de régression comme seul outil d'estimation de la moyenne de Y pour une valeur fixe de X ou pour prédire la valeur que prendrait la variable Y lorsque nous disposons d'une nouvelle valeur de X est toujours entachée d'erreurs plus ou moins importantes, comme toute estimation ponctuelle. C'est pour contrer ce problème que nous allons décrire la façon de prédire ou d'estimer, au moyen des **intervalles de confiance**, la moyenne de Y pour une valeur de X déjà fixe, ou au moyen des **intervalles de prédiction**, si nous désirons prédire la valeur de Y lorsque X prend une valeur fixe.

8.5.1 L'intervalle de confiance de la moyenne de Y lorsque $X = x$

Nous avons vu que $\hat{y} = a + bx$ et que $\overline{y} = a + b\overline{x}$; donc, en soustrayant ces deux équations, nous obtenons $\hat{y} - \overline{y} = b(x - \overline{x})$; en prenant la variance des deux côtés, nous avons alors :

$$\text{var}(\hat{y}) = \text{var}(\overline{y}) + (x - \overline{x})^2 \text{var}(b) = \frac{\sigma^2}{n} + (x - \overline{x})^2 \frac{\sigma^2}{SS_{xx}} = \sigma^2 \left[\frac{1}{n} + \frac{(x - \overline{x})^2}{SS_{xx}} \right]$$

par le fait que y et b sont indépendants. En remplaçant σ^2 par son estimateur, nous en déduisons que l'estimateur de la variance de $\hat{y}$ est :

$$\text{var}(\hat{y}) = s^2 \left[\frac{1}{n} + \frac{(x - \overline{x})^2}{SS_{xx}} \right]$$

En standardisant la variable $\hat{y}$, nous pouvons déterminer qu'un intervalle de confiance de niveau $(1 - \alpha)\%$ pour la moyenne de Y lorsque $X = x$ est égal à $[a + bx - E\,;\,a + bx + E]$. La marge d'erreur, qui est égale au point critique de la variable de Student multiplié par l'estimateur de l'écart-type de $\hat{y}$, est alors donnée par la formule :

$$E = t_{n-2\,;\,\alpha/2}\, s\, \sqrt{\frac{1}{n} + \frac{(x - \overline{x})^2}{SS_{xx}}}$$

REMARQUE

Cette marge d'erreur n'est pas constante pour toute valeur de x. En fait, elle est minimale quand x coïncide avec la moyenne échantillonnale $\overline{x}$. C'est pourquoi l'intervalle de confiance revêt l'allure d'un couloir qui s'élargit quand x s'éloigne de $\overline{x}$.

EXEMPLE 8.9

Il faut déterminer un intervalle de confiance de niveau 95 % pour la moyenne de Y lorsque $X = 28,9\ ^\circ\text{C}$ en utilisant le modèle de la droite de régression.

Réponse : D'une part, dans les exemples 8.1 (*voir la page 252*) et 8.2 (*voir la page 254*), nous avons trouvé que l'équation de la droite de régression est $\hat{y} = 69,46 + 1,5939x$; $s = 17,41$, que $\overline{x} = 24,89$, et que :

$$SS_{xx} = \sum_{i=1}^{10} (x_i - \overline{x})^2 = \sum_{i=1}^{10} x_i^2 - 10 \times \overline{x}^2 = 470,789$$

D'autre part, $\alpha = 5\%$, donc $t_{n-2\,;\,\alpha/2} = t_{8\,;\,0,025} = 2,306$.

Cela donne la marge d'erreur suivante :

$$E = t_{n-2\,;\,\alpha/2} \times s \times \sqrt{\frac{1}{n} + \frac{(x - \overline{x})^2}{SS_{xx}}}$$

$$= 2,306 \times 17,41 \times \sqrt{\frac{1}{10} + \frac{(28,9 - 24,89)^2}{470,789}} = 14,705$$

EXEMPLE 8.9 (*suite*)

Donc, un intervalle de confiance de 95 % pour la moyenne de Y lorsque $X = 28,9$ est :

$$[69,46 + 1,5939 \times 28,9 - 14,705 ; 69,46 + 1,5939 \times 28,9 + 14,705] = [100,82 ; 130,23]$$

8.5.2 L'intervalle de prédiction de la valeur de Y lorsque $X = x$

Nous pouvons également utiliser la droite de régression pour prédire la valeur de Y lorsque X prend une valeur fixe. Comme le modèle est $\hat{y} = a + bx + e_i$, alors l'estimateur de la variance de $\hat{y}$ devient égal à :

$$\text{var}(\hat{y}) = s^2\left[1 + \frac{1}{n} + \frac{(x - \bar{x})^2}{SS_{xx}}\right]$$

Par conséquent, un intervalle de prédiction de niveau $(1 - \alpha)\%$ pour la valeur de Y lorsque $X = x$ est égal à $[a + bx - E ; a + bx + E]$. La marge d'erreur est alors donnée par la formule :

$$E = t_{n-2;\,\alpha/2}\, s\, \sqrt{1 + \frac{1}{n} + \frac{(x - \bar{x})^2}{SS_{xx}}}$$

REMARQUE

La marge d'erreur dans les intervalles de prédiction est plus grande que celle utilisée dans les intervalles de confiance, ce qui est logique, car on veut prédire une seule valeur de Y (et non la moyenne).

EXEMPLE 8.10

On veut déterminer un intervalle de prédiction de niveau 95 % pour la valeur de Y lorsque $X = 28,9$ °C en utilisant le modèle de la droite de régression.

Réponse : La différence entre un intervalle de confiance pour la moyenne de Y quand $X = x$ et un intervalle de prédiction pour une valeur de Y quand $X = x$ réside dans la marge d'erreur, qui est plus grande. En reprenant les résultats trouvés dans l'exemple 8.9 (*voir la page 261*), on obtient :

$$E = t_{n-2;\,\alpha/2}\, s\, \sqrt{1 + \frac{1}{n} + \frac{(x - \bar{x})^2}{SS_{xx}}}$$

$$= 2,306 \times 17,41 \times \sqrt{1 + \frac{1}{10} + \frac{(28,9 - 24,89)^2}{470,789}}$$

$$= 42,756$$

Un intervalle de prédiction de 95 % pour la valeur de Y lorsque $X = 28,9$ °C est donc égal à :

$$[69,46 + 1,5939 \times 28,9 - 42,756 ; 69,46 + 1,5939 \times 28,9 + 42,756] = [72,768 ; 158,28]$$

On remarque que cet intervalle de prédiction pour une valeur individuelle de Y est beaucoup plus large qu'un intervalle de confiance pour la moyenne de Y.

8.6 Une étude de cas en biostatistique

Voici une étude de cas en biostatistique comportant des données réelles. On a un échantillon de 54 ours sélectionnés au hasard dans un parc national de l'Ouest canadien. On a mesuré deux variables : la taille des ours (en centimètres) quand ils sont sur leurs quatre pattes et leur masse (en kilogrammes). Les biologistes veulent savoir s'il y a une liaison linéaire entre la masse (X) de ces ours et leur taille (Y). Les données brutes sont regroupées dans le tableau suivant.

Distribution de la taille et de la masse des ours								
Ours	**Taille**	**Masse**	**Ours**	**Taille**	**Masse**	**Ours**	**Taille**	**Masse**
1	53	80	19	72	348	37	64	204
2	67,5	344	20	58	144	38	36	26
3	72	416	21	73	332	39	59	120
4	62	348	22	37	140	40	72	436
5	70	166	23	63	180	41	57,5	125
6	73,5	220	24	67	105	42	61	132
7	68,5	262	25	52	166	43	54	90
8	64	360	26	59	204	44	40	40
9	48	79	27	61,5	236	45	53	114
10	50	148	28	63,5	212	46	52,5	76
11	76,5	446	29	48	60	47	46	48
12	46	62	30	41	64	48	43,5	29
13	63	220	31	40	65	49	65	316
14	43	46	32	64	356	50	49	94
15	66,5	154	33	75	514	51	47	86
16	60,5	116	34	57,3	140	52	59	150
17	60	182	35	63	202	53	72	270
18	61	150	36	70,5	365	54	65	202

Procédons à une analyse de régression linéaire complète entre ces deux variables.

1. Traçons un nuage de points pour nous assurer qu'un modèle linéaire éventuel est plausible.

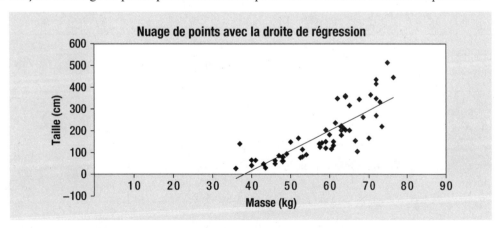

Nous pouvons observer que le nuage prend une forme allongée, ce qui indique qu'une régression linéaire simple est un bon choix.

2. Ensuite, estimons les paramètres de la droite de régression (la partie déterministe du modèle). Nous obtenons $a = 44,7276$ et $b = 0,0759$; l'équation de la régression est donc $\hat{y} = 44,7276 + 0,0759 \times x$, c'est-à-dire que nous pouvons estimer à 0,0759 cm l'augmentation de la taille des ours par kilogramme de masse supplémentaire. Nous estimons aussi que la taille, lorsque $X = 0$ (ce qui n'a pas de sens dans ce contexte), est de 44,73 cm.

3. Enfin, déterminons les valeurs des coefficients de détermination et de corrélation. r^2 : 0,7472. Donc, $r^2 = 74,72\%$, c'est-à-dire que la masse des ours explique 74,72% des variations linéaires de leur taille. D'où $r = 0,8644$, ce qui montre une corrélation linéaire assez forte entre la masse et la taille des ours.

Résumé

Signification de la formule	Formule
Estimateur de la pente de la droite de régression	$\hat{\beta} = b = \dfrac{\sum_{i=1}^{n}(y_i - \bar{y})(x_i - \bar{x})}{\sum_{i=1}^{n}(x_i - \bar{x})^2} = \dfrac{\sum_{i=1}^{n} x_i y_i - n\overline{xy}}{\sum_{i=1}^{n} x_i^2 - n(\bar{x})^2}$
Estimateur de l'ordonnée à l'origine de la droite de régression	$\hat{\alpha} = a = \bar{y} - b\bar{x}$
Équation de la droite de régression par la méthode des moindres carrés	$\hat{y} = a + bx$
Estimateur du coefficient de corrélation linéaire entre X et Y	$r = \dfrac{\sum_{i=1}^{n} x_i y_i - n\overline{xy}}{\sqrt{\sum_{i=1}^{n} x_i^2 - n(\bar{x})^2}\sqrt{\sum_{i=1}^{n} y_i^2 - n(\bar{y})^2}} = \dfrac{s_X}{s_Y}\hat{\beta} = \dfrac{s_X}{s_Y} b$
Statistique à utiliser pour tester des hypothèses sur le coefficient de corrélation entre X et Y au niveau de la population	$t_{\text{obs}} = \dfrac{r\sqrt{n-2}}{\sqrt{1-r^2}}$
Estimateur du coefficient de détermination entre X et Y	r^2
Estimateur de l'écart-type des erreurs liées à un modèle de régression linéaire simple	$\hat{\sigma} = S = \sqrt{\dfrac{SS_E}{n-2}}$, où $SS_E = \sum_{i=1}^{n}(y_i - \hat{y}_i)^2$
Intervalle de confiance de la moyenne de Y lorsque $X = x$	$[a + bx - E \; ; \; a + bx + E]$, où $E = t_{n-2;\alpha/2}\, s\sqrt{\dfrac{1}{n} + \dfrac{(x - \bar{x})^2}{SS_{xx}}}$
Somme des carrés des écarts entre les valeurs de X et leur moyenne	$SS_{xx} = \sum_{i=1}^{n}(x_i - \bar{x})^2$
Intervalle de prédiction d'une valeur de Y lorsque X est fixe	$[a + bx - E \; ; \; a + bx + E]$ où $E = t_{n-2;\alpha/2}\, s\sqrt{1 + \dfrac{1}{n} + \dfrac{(x - \bar{x})^2}{SS_{xx}}}$

Exercices

1. On veut étudier le lien entre la masse et la circonférence de la poitrine des bébés à la naissance.

Distribution de la masse et de la circonférence de la poitrine des bébés à la naissance		
Bébé	**Masse (kg)**	**Circonférence de la poitrine (cm)**
1	2,75	29,5
2	2,35	26,5
3	4,41	32,2
4	5,52	36,5
5	3,21	27,2
6	4,32	27,7
7	2,31	28,3
8	4,30	30,3
9	3,71	28,7

a) Quelle est la variable explicative ?

b) Tracez un nuage de points.

c) Déterminez l'équation de la droite de régression.

d) En utilisant une régression linéaire, déterminez le pourcentage de variation de la circonférence de la poitrine des bébés (y) qui est expliqué par leur masse (x).

2. Dans les systèmes biologiques, la régression est souvent utilisée pour assurer la précision des modèles mathématiques. Soit les données suivantes s'appliquant à quatre sujets.

Distribution des mesures de x et y des sujets		
Sujet	**x**	**y**
1	12,3	0,21
2	20,8	0,83
3	31,7	1,67
4	50	3,33

a) Tracez un nuage de points.

b) Indiquez l'équation de la droite de régression linéaire qui donne y en fonction de x.

c) Calculez les coefficients de corrélation linéaire et de détermination entre ces deux variables.

d) Utilisez la droite de régression pour prédire la valeur de y lorsque $x = 31,7$.

e) Comparez la valeur trouvée en d) avec celle observée ; s'il existe un écart, donnez-en la raison.

3. On a demandé à un échantillon aléatoire de 12 étudiants de relever le nombre d'heures consacrées à la préparation de leur examen final de statistique et la note obtenue à cet examen. Ces données figurent dans le tableau ci-dessous.

Distribution du nombre d'heures de préparation à un examen et de la note obtenue		
Étudiant	**Nombre d'heures**	**Note**
1	10	67
2	12	65
3	16	78
4	22	83
5	24	94
6	18	84
7	14	70
8	16	68
9	24	88
10	20	90
11	21	85
12	9	70

a) Quelle est la variable explicative dans ce contexte ?

b) Tracez un nuage de points.

c) Indiquez l'équation de la droite de régression linéaire qui donne y en fonction de x.

d) Calculez les coefficients de corrélation linéaire et de détermination entre ces deux variables.

e) Utilisez la droite de régression pour prédire la valeur de y lorsque $x = 24$.

f) Comparez la valeur trouvée en e) avec celle observée ; s'il existe un écart, donnez-en la raison.

4. On veut savoir s'il y a une relation linéaire entre l'âge et la valeur des chalets dans la région de Gatineau. On effectue un échantillonnage aléatoire de

11 chalets dans cette région et on obtient les résultats suivants.

Distribution de l'âge et de la valeur des chalets		
Chalet	Âge (années)	Valeur (k$)
1	5	85
2	4	103
3	6	70
4	5	82
5	5	89
6	5	98
7	6	66
8	2	169
9	7	70
10	6	95
11	7	48

a) Quelle est la variable explicative dans ce contexte ?

b) Tracez un nuage de points.

c) Indiquez l'équation de la droite de régression linéaire qui donne y en fonction de x.

d) Calculez les coefficients de corrélation linéaire et de détermination entre les variables et interprétez-les.

e) Utilisez la droite de régression pour prédire la valeur du prix du chalet qui a 5 ans.

f) Comparez la valeur trouvée en e) avec celle observée ; s'il existe un écart, donnez-en la raison.

5. Soit les données suivantes relatives à deux variables s'appliquant à sept sujets.

Distribution des mesures de X et Y des sujets		
Sujet	x	y
1	−3	−27
2	−2	−8
3	−1	−1
4	0	0
5	1	1
6	2	4
7	3	27

a) Déterminez le coefficient linéaire entre X et Y.

b) Peut-on dire qu'il y a une relation linéaire entre ces deux variables ? Pourquoi ?

c) Tracez un nuage de points avec une droite de régression.

6. Soit des données sur le sexe et la taille d'un échantillon aléatoire de 40 enfants, et la taille de la mère et du père.

Distribution de la taille des enfants et de la taille des parents			
Sexe	Taille de l'enfant (cm)	Taille de la mère (cm)	Taille du père (cm)
M	156,25	165	175
M	161,5	145	172,5
M	172,75	165	160
M	184,75	170	177,5
M	167,75	160	170
M	161	155	165
M	177,75	165	185
M	177,5	157,5	182,5
M	168,5	160	155
M	173,25	162,5	172,5
M	162,25	160	167,5
M	170,25	160	170
M	166,25	155	180
M	168,75	172,5	165
M	166,25	155	180
M	175,75	167,5	170
M	168,75	157,5	177,5
M	171,25	165	167,5
M	179,75	162,5	177,5
M	169,5	177,5	187,5
F	146,5	157,5	160
F	161,75	167,5	162,5
F	163,25	160	167,5
F	152,5	150	180
F	163,5	162,5	180
F	168,5	167,5	180
F	152,25	147,5	167,5
F	157,75	150	177,5
F	150	145	165
F	177,75	180	187,5
F	155,5	157,5	172,5
F	168	167,5	175
F	158,5	155	172,5
F	171	172,5	155
F	155,5	157,5	165

F	161,75	160	190
F	149	157,5	172,5
F	152,5	160	170
F	160	150	165
F	163,5	162,5	170

a) Tracez un nuage de points de la taille des garçons (X) en fonction de la taille de leur mère (Y).

b) Déterminez l'équation de la droite de régression qui lie X et Y dans le groupe des garçons et calculez les coefficients de corrélation linéaire et de détermination.

c) Tracez un nuage de points de la taille des filles (X) en fonction de la taille de leur mère (Y).

d) Déterminez l'équation de la droite de régression qui lie X et Y dans le groupe des filles et calculez les coefficients de corrélation linéaire et de détermination.

e) Tracez un nuage de points de la taille des enfants (X) en fonction de la taille de leur mère (Y).

f) Déterminez l'équation de la droite de régression qui lie X et Y dans le groupe cumulé des enfants et calculez les coefficients de corrélation linéaire et de détermination.

g) Tracez un nuage de points de la taille des garçons (X) en fonction de la taille de leur père (Z).

h) Déterminez l'équation de la droite de régression qui lie X et Z dans le groupe des garçons et calculez les coefficients de corrélation linéaire et de détermination.

i) Tracez un nuage de points de la taille des filles (X) en fonction de la taille de leur père (Z).

j) Déterminez l'équation de la droite de régression qui lie X et Z dans le groupe des filles et calculez les coefficients de corrélation linéaire et de détermination.

k) Tracez un nuage de points de la taille des enfants (X) en fonction de la taille de leur père (Z).

l) Déterminez l'équation de la droite de régression qui lie X et Z dans le groupe cumulé des enfants et calculez les coefficients de corrélation linéaire et de détermination.

m) Comparez les six modèles avec les coefficients de corrélation linéaire et de détermination définis. Lequel est le meilleur? Justifiez votre réponse.

7. On a déterminé que l'équation de régression qui lie deux variables X et Y est $\hat{y} = 3 + 4,5x$.

a) Interprétez la signification des nombres 3 et 4,5.

b) Quelle est la valeur prédite de Y lorsque $X = 3,4$?

c) Si cette équation de régression est basée sur des valeurs de X variant entre 0 et 26, peut-on l'utiliser pour prédire des valeurs de Y lorsque:

- $X = 10$?
- $X = 45$?
- $X = 26$?
- $X = -5$?

Justifiez vos réponses.

8. Une étude vise à quantifier le lien entre la masse de gras (en kilogrammes) et la dépense d'énergie (en kilocalories) dans des conditions sédentaires. Elle porte sur sept patients choisis au hasard et dure 24 heures. Voici les résultats.

Distribution de la masse de gras et de la dépense énergétique des patients		
Patient	**Masse de gras X (kg)**	**Dépense d'énergie Y (kcal)**
1	49,3	1894
2	59,3	2050
3	68,3	2353
4	48,1	1838
5	57,6	1948
6	78,1	2528
7	76,1	2568
Moyenne	62,40	2168

a) Déterminez l'équation de la droite de régression entre X et Y.

b) Interprétez la valeur de la pente selon le contexte.

c) Calculez le coefficient de corrélation linéaire entre ces deux variables et interprétez cette valeur.

d) Calculez le coefficient de détermination entre ces deux variables et interprétez cette valeur.

9. Un chercheur veut préciser le lien entre l'âge (X) en années et la tension émotionnelle (Y) des femmes mesurée sur une échelle de 0 à 20. Voici les mesures pour un échantillon aléatoire de 10 femmes.

Distribution de l'âge et de la tension émotionnelle des femmes					
Femme	X	Y	**Femme**	X	Y
1	56	14,2	6	47	14,9
2	42	12,6	7	55	17,4
3	72	16,9	8	49	13,8
4	36	11,4	9	38	15,7
5	63	16,9	10	50	13,9

a) Calculez le coefficient de corrélation linéaire.

b) Déterminez l'équation de la droite de régression.

c) Estimez la tension émotionnelle d'une femme âgée de 47 ans.

d) Calculez le coefficient de détermination entre ces variables et interprétez-le.

e) Expliquez l'écart entre la valeur estimée trouvée en c) et la valeur observée de Y lorsque $X = 47$ ans.

10. Le tableau suivant donne la taille de 12 pères (X) et celle de leur fils aîné respectif (Y), en centimètres.

Distribution de la taille du père et de la taille du fils aîné		
Couple père/fils	X (cm)	Y (cm)
1	162,5	170
2	157,5	165
3	167,5	170
4	160	162,5
5	170	172,5
6	155	165
7	175	170
8	165	162,5
9	170	177,5
10	167,5	167,5
11	172,5	170
12	177,5	175

a) Déterminez l'équation de la droite de régression de X sur Y et celle de Y sur X.

b) Calculez les coefficients de corrélation et de détermination entre les variables et interprétez-les.

c) Estimez la taille du fils aîné dont le père mesure 165 cm en utilisant les deux équations trouvées en a). Pourquoi vos estimations ne concordent-elles pas? Justifiez votre réponse.

11. Un chercheur veut préciser le lien entre X, la consommation d'un certain médicament (en millilitres), et Y, le temps de réaction à un stimulus (en secondes). Les mesures de ces variables, effectuées sur un échantillon de 10 sujets, sont indiquées dans le tableau ci-après.

a) Calculez le coefficient de corrélation linéaire entre ces deux variables.

b) Déterminez l'équation de la droite de régression.

c) Estimez le temps de réaction d'un sujet ayant consommé 60 mL de ce médicament.

d) Calculez le coefficient de détermination entre ces variables et interprétez-le.

Distribution de la consommation d'un médicament et du temps de réaction à un stimulus					
Sujet	X (mL)	Y (s)	Sujet	X (mL)	Y (s)
1	12	1,2	6	66	3,7
2	45	2,6	7	95	4,2
3	30	1,9	8	76	4
4	18	1,4	9	82	4,1
5	53	2,9	10	70	3,9

12. Lors des grands travaux routiers, on mesure la résistance d'un ciment (Y), en fonction du ratio eau/ciment (X). On veut quantifier la relation entre ces deux variables. On a pris un échantillon aléatoire de six mesures de ces variables.

Distribution du ratio eau/ciment et de la résistance					
Mesure	X	Y	Mesure	X	Y
1	1,21	1302	4	1,46	1040
2	1,29	1231	5	1,62	803
3	1,37	1061	6	1,79	711

a) Déterminez l'équation de la droite de régression linéaire.

b) Déterminez les résidus $e_i = \hat{y}_i - y_i$ associés à ce modèle.

c) Déterminez un estimateur sans biais de l'écart-type de l'erreur associée à ce modèle.

d) Calculez les coefficients de corrélation linéaire et de détermination associés à ce modèle.

e) Testez les hypothèses $H_0 : \rho = 0$ contre $H_1 : \rho < 0$, où ρ est le coefficient de corrélation théorique entre X et Y. Formulez une conclusion. Utilisez un seuil de signification de 5 %.

f) Déterminez un intervalle de confiance de niveau 95 % pour l'espérance de Y lorsque $X = 1,6$.

13. Reprenez les données de l'exercice 6.

a) Déterminez l'équation de la droite de régression linéaire qui lie la variable Taille des enfants (Y) et la variable Taille du père (X).

b) Déterminez tous les résidus associés à ce modèle.

c) Déduisez-en un estimateur sans biais de l'écart-type de l'erreur associée à ce modèle.

d) Déterminez un intervalle de confiance de 95 % pour l'espérance de Y lorsque $X = 187,5$ cm.

14. Une étude veut démontrer que la prise de calcium en quantité modérée a une incidence sur la réduction du taux de cholestérol. On choisit 10 personnes au hasard et on mesure ces variables.

Distribution de la prise de calcium et de la réduction du taux de cholestérol		
Utilisateur	Calcium (mg)	Cholestérol (mmol/L)
1	81,4	5,99
2	32,3	6,44
3	27,3	6,32
4	51,9	6,77
5	37,9	5,55
6	54,7	5,78
7	40,1	6,89
8	39,6	6,25
9	18,9	6,45
10	68,1	6,24

a) Quelle est la variable indépendante ?

b) Déterminez l'équation de la droite de régression linéaire.

c) Interprétez les estimateurs a et b de votre équation.

d) Calculez les coefficients de corrélation linéaire et de détermination et interprétez-les selon le contexte.

e) Déterminez les résidus associés à ce modèle.

f) Déduisez-en un estimateur ponctuel de l'écart-type de l'erreur associée à ce modèle.

g) Tracez sur le même graphique un nuage de points, la droite de régression, les coefficients de corrélation linéaire et de détermination ainsi que l'intervalle de confiance de niveau 95 % pour l'espérance de Y sachant que $X = x$.

h) Tirez une conclusion quant à la prétention de l'étude.

15. Dans la forêt amazonienne, les arbres sont trop hauts pour qu'on mesure leur taille. On veut trouver un modèle linéaire afin de prédire leur taille (Y) en mètres à partir de leur diamètre (X) en centimètres à la hauteur de l'épaule d'un adulte. On mesure ces variables sur un échantillon aléatoire de 11 arbres.

Distribution du diamètre des arbres et de leur taille		
Arbre	X (cm)	Y (m)
1	20	122
2	36	193
3	18	166
4	10	86
5	29	156
6	51	172
7	26	148
8	40	164
9	52	205
10	22	159
11	42	202

a) Déterminez l'équation de la droite de régression linéaire entre ces deux variables.

b) Interprétez les estimateurs a et b de votre équation.

c) Calculez les coefficients de corrélation linéaire et de détermination, puis interprétez-les selon le contexte.

d) Déterminez les résidus associés à ce modèle.

e) Déduisez-en un estimateur ponctuel de l'écart-type de l'erreur associée à ce modèle.

f) Tracez sur le même graphique un nuage de points, la droite de régression ainsi que les coefficients de corrélation linéaire et de détermination.

g) Déterminez un intervalle de confiance de niveau 95 % pour l'espérance de Y sachant que $X = 30$ cm.

h) Déterminez un intervalle de prédiction de niveau 95 % pour la valeur de Y sachant que $X = 30$ cm.

i) Tirez une conclusion quant à la prétention de l'étude.

16. Répondez à ces questions sur la régression linéaire.

a) Pourquoi appelle-t-on l'équation de droite de régression « équation des moindres carrés » ?

b) Expliquez le sens des coefficients a et b dans l'équation d'une droite de régression.

c) Indiquez deux utilisations possibles de l'équation d'une droite de régression linéaire.

d) Pourquoi le coefficient de corrélation linéaire est-il sans unité ? Est-ce un avantage ou un inconvénient ? Justifiez votre réponse.

e) Décrivez une situation où la régression linéaire peut être utile.

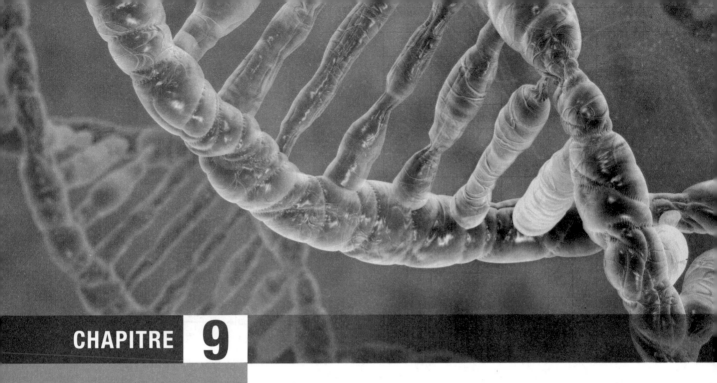

CHAPITRE 9

Les tableaux de contingence

À la fin de ce chapitre, vous serez en mesure :

- de formuler des tests d'hypothèses impliquant une ou deux variables qualitatives ;

- de réaliser un test d'indépendance de deux variables qualitatives ;

- d'effectuer un test d'ajustement d'une variable quantitative ou qualitative ;

- de mener à terme un test d'homogénéité d'une variable qualitative dans deux populations.

Dans plusieurs domaines de recherche, spécialement dans les sciences humaines ou biomédicales, on est en présence de variables qualitatives ou de catégories, et l'on souhaite vérifier l'existence d'une relation entre elles. Par exemple, on peut se demander s'il y a un rapport entre le sexe et le niveau de scolarité des individus. Ce cas fait appel à deux variables qualitatives, la variable X pour le sexe et la variable Y pour le niveau de scolarité, chacune admettant un certain nombre de modalités. Plus formellement, on veut tester les hypothèses suivantes :

H_0 : X et Y sont indépendantes contre H_1 : X et Y sont dépendantes.

On parle dans ce cas d'un test d'indépendance entre deux variables qualitatives.

Dans ce chapitre, nous traiterons en détail de ce type de problème et de ses variantes. En effet, on peut aussi se demander, pour une seule variable, si la répartition des fréquences observées sur ses modalités obéit à un modèle théorique. Par exemple, après avoir réparti ses patients atteints d'une maladie donnée en trois catégories selon la gravité de leur état (faible, moyenne, élevée), un médecin pourrait se demander si cette répartition suit le modèle (2 : 5 : 1), ce qui signifie que pour 2 personnes dont l'état est jugé de faible gravité (*F*), on relève 5 personnes dont l'état est jugé de gravité moyenne (*M*) et 1 personne dont l'état est jugé grave (*G*). Un tel test s'appelle « test d'ajustement ».

Dans la dernière partie de ce chapitre, nous allons montrer la flexibilité du test de khi-deux en l'appliquant aux tests d'égalité de deux ou de plusieurs lois multinomiales : c'est le test d'homogénéité d'une variable dans deux ou plusieurs populations. C'est le cas, par exemple, lorsqu'on sélectionne deux échantillons aléatoires de même taille dans des groupes d'étudiants soumis à des méthodes d'enseignement différentes et, qu'à la fin de la session, on veut savoir si la distribution des notes (A, B, C, D, E ou F) est similaire dans les deux groupes.

9.1   Le test d'indépendance entre deux variables qualitatives

Nous allons tout d'abord nous pencher sur le cas du test d'indépendance entre deux variables.

Soit X : une variable qualitative ayant l modalités $A_1, A_2, \ldots, A_l$, et Y : une autre variable qualitative ayant k modalités $B_1, B_2, \ldots, B_k$. En supposant que nous répartissions un échantillon aléatoire de taille n sur le croisement de ces modalités, nous posons :

- n_{ij} = la fréquence observée dans le croisement des modalités A_i et B_j ;

- $n_{i.}$ = le total des fréquences observées dans la ligne $i.$;

- $n_{.j}$ = le total des fréquences observées dans la colonne $.j$.

Nous obtenons le tableau suivant.

Tableau de contingence						
	B_1	...	B_j	...	B_k	Total
A_1	n_{11}		...		n_{1k}	$n_{1.}$
...						...
...						...
A_i			n_{ij}			$n_{i.}$
...			...			...
A_l	n_{l1}		...			$n_{l.}$
Total	$n_{.1}$		$n_{.j}$		$n_{.k}$	n

À partir des fréquences observées apparaissant dans ce tableau, nous voulons tester H_0 : X et Y sont indépendantes contre H_1 : X et Y sont dépendantes.

Si l'hypothèse H_0 est vraie, alors chaque ligne du tableau doit être indépendante de chacune de ses colonnes, en particulier la modalité A_i de X, qui doit être indépendante de la modalité B_j de Y, ce que nous pouvons formaliser en langage probabiliste (*voir le chapitre 2*) par $P(A_i \cap B_j) = P(A_i)P(B_j)$.

Or, ces différentes probabilités peuvent être estimées par :

$$\hat{P}(A_i) = \frac{n_{i.}}{n}, \quad \hat{P}(B_j) = \frac{n_{.j}}{n} \quad \text{et} \quad \hat{P}(A_i \cap B_j) = \frac{n_{ij}}{n}$$

Si nous remplaçons les probabilités par leur estimateur et si H_0 est vraie, nous pouvons espérer avoir, dans la cellule (i, j) du tableau, une fréquence théorique que nous allons noter :

$$t_{ij} = \frac{n_{i.} \times n_{.j}}{n} = \frac{(\text{total de la } i\text{-ième ligne})(\text{total de la } j\text{-ième colonne})}{\text{total global}}$$

Cette fréquence s'appelle « fréquence théorique » de la cellule (i, j) lorsque H_0 est vraie.

Pour chaque cellule du tableau, nous disposons maintenant de deux types de fréquences :

- n_{ij}, la fréquence observée aléatoirement dans la cellule (i, j) ;
- t_{ij}, la fréquence théorique qui découle du fait qu'on suppose H_0 vraie.

Nous devons donc calculer l'écart qui sépare ces deux types de fréquences pour toutes les cellules du tableau ; si cet écart est très grand, nous devons alors rejeter la supposition que H_0 est vraie. Nous disposons d'une distance qui permet de quantifier cet écart entre les fréquences : elle s'appelle variable du χ^2 (qui se lit « khi-deux ») et se note :

$$\chi_v^2 = \sum_{j=1}^{k} \sum_{i=1}^{l} \frac{(n_{ij} - t_{ij})^2}{t_{ij}} = \sum_{j=1}^{k} \sum_{i=1}^{l} \frac{n_{ij}^2}{t_{ij}} - n$$

Cette variable est associée à un nombre de degrés de liberté que nous devons déterminer. Puisque le tableau contient $k \times l$ cellules, il faut en retrancher 1, car la somme totale du tableau est constante, puis $(l - 1)$, car nous avons estimé les l probabilités marginales des lignes, et enfin $(k - 1)$, parce que nous avons estimé les k probabilités marginales des colonnes. Ainsi, le nombre de degrés de liberté d'un tableau de contingence à l lignes et à k colonnes est égal à :

$$v = kl - 1 - (l - 1) - (k - 1) = (k - 1)(l - 1)$$

Le graphique d'une variable χ^2 à quatre degrés de liberté est illustré ci-dessous.

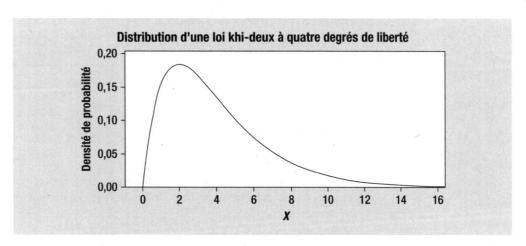

À partir d'un échantillon aléatoire de taille n, nous calculons la valeur de la variable χ^2 ci-dessus, notée :

$$\chi_{\text{obs}}^2 = \sum_{j=1}^{k} \sum_{i=1}^{l} \frac{(n_{ij} - t_{ij})^2}{t_{ij}} = \sum_{j=1}^{k} \sum_{i=1}^{l} \frac{n_{ij}^2}{t_{ij}} - n$$

Pour un seuil de signification α, la règle de décision est la suivante : on rejette H_0 lorsque $\chi_{\text{obs}}^2 > \chi_{v;\alpha}^2$.

Nous pouvons aussi nous baser sur la valeur $P = P(\chi_v^2 > \chi_{\text{obs}}^2)$, et nous rejetons H_0 lorsque cette valeur $P < \alpha$.

REMARQUE

Pour pouvoir appliquer la distance χ^2, il faut s'assurer que toutes les fréquences théoriques t_{ij} sont supérieures ou égales à 5. Cette condition est la même que celle qui était imposée dans l'approximation d'une loi de Poisson par une loi normale (*voir le chapitre 4*), car la fréquence conjointe est observée dans une cellule du tableau n_{ij}. La partie aléatoire, qui est un compteur, est donc assimilée à une loi de Poisson ; alors, son espérance et sa variance lorsque H_0 est vraie sont égales aux t_{ij}. Cette condition assure, pour des tailles échantillonnales assez grandes, que la variable :

$$Z = \frac{\text{fréquence observée} - \text{fréquence théorique}}{\sqrt{\text{fréquence théorique}}} = \frac{n_{ij} - t_{ij}}{\sqrt{t_{ij}}}$$

est approximativement normale centrée et réduite. De ce fait, son carré suit approximativement une χ^2 à un degré de liberté. Lorsque la fréquence théorique est inférieure à 5 dans au moins une cellule, on ne peut pas appliquer l'approximation d'une loi de Poisson par une loi normale ; on doit agréger les deux lignes ou les deux colonnes contiguës qui contiennent cette cellule.

EXEMPLE 9.1

Reprenons le cas de l'introduction, soit X : la variable Sexe, dont les modalités F (femme) et H (homme) sont croisées avec Y : la variable Niveau de scolarité, dont les modalités sont A (primaire), B (secondaire), C (collégial) et D (universitaire). Supposons que nous disposions d'un échantillon aléatoire de 150 personnes, dont les fréquences observées se répartissent comme dans le tableau suivant.

Distribution des fréquences observées					
$X \mid Y$	A	B	C	D	Total
F	15	23	29	17	84
H	9	13	21	23	66
Total	24	36	50	40	$n = 150$

Pour un seuil de signification de 5 %, on veut tester l'indépendance de ces deux variables.

Réponse : On veut tester les hypothèses suivantes : H_0 : X et Y sont indépendantes contre H_1 : X et Y sont dépendantes.

Si l'hypothèse nulle est vraie, on doit espérer obtenir des fréquences théoriques t_{ij} dans chacune des cellules du tableau. Par exemple, pour la cellule (1, 1), on doit obtenir :

$$t_{11} = \frac{n_{1.}n_{.1}}{n} = \frac{84 \times 24}{150} = 13,44$$

et, pour la cellule (2, 4) :

$$t_{24} = \frac{n_{2.}n_{.4}}{n} = \frac{66 \times 40}{150} = 17,6$$

Après avoir calculé toutes les fréquences théoriques, on peut dresser un tableau où chacune des cellules inclut sa fréquence observée suivie de sa fréquence théorique en gras (ce qui dispense d'avoir à manipuler deux tableaux de fréquences). On obtient alors la distribution suivante.

$\longrightarrow$

EXEMPLE 9.1 (*suite*)

Distribution conjointe des fréquences observées et théoriques					
	A	**B**	**C**	**D**	**Total**
F	15 **13,44**	23 **20,16**	29 **28**	17 **22,4**	84
H	9 **10,56**	13 **15,84**	21 **22**	23 **17,6**	66
Total	24	36	50	40	150

On calcule à présent la valeur de χ^2 observée :

$$\chi^2_{\text{obs}} = \sum_{j=1}^{k} \sum_{i=1}^{l} \frac{(n_{ij} - t_{ij})^2}{t_{ij}}$$

$$= \frac{(15-13,44)^2}{13,44} + \frac{(23-20,16)^2}{20,16} + \frac{(29-28)^2}{28} + \frac{(17-22,4)^2}{22,4} + \frac{(9-10,56)^2}{10,56}$$

$$+ \frac{(13-15,84)^2}{15,84} + \frac{(21-22)^2}{22} + \frac{(23-17,6)^2}{17,6} = 4,36$$

Le nombre de degrés de liberté de ce tableau est $v = (2-1)(4-1) = 3$. Donc, pour un seuil de signification de 5 %, on doit chercher un point critique dans la table de χ^2, soit $\chi^2_{3;\,0,05} = 7,815$. Puisque la valeur de χ^2 observée n'a pas dépassé le point critique relevé dans la table, on ne rejette pas H_0 et on conclut que le niveau de scolarité d'une personne et son sexe ne sont pas significativement dépendants. On peut aussi se baser sur la valeur P, qui, dans ce cas, est égale à $P(\chi^2_3 > 4,36)$.

La table de χ^2 indique que cette valeur P dépasse 5 %, de telle sorte qu'on ne rejette pas H_0.

REMARQUE

Nous n'avons pas à calculer toutes les fréquences théoriques. Nous devons en calculer un nombre égal au nombre de degrés de liberté, les autres s'obtenant par déduction.

EXEMPLE 9.2

Considérons la variable X : le statut matrimonial, qui admet les modalités suivantes : Célibataire, Marié, Veuf et Divorcé, qu'on croise avec la variable Y, qui classe les personnes selon leur consommation d'alcool en trois catégories : abstinent (A), consommateur modéré (M) et grand consommateur (G). En répartissant les fréquences observées sur un échantillon aléatoire de 1772 personnes, on obtient le tableau suivant.

Distribution des fréquences observées				
	A	**M**	**G**	**Total**
Célibataires	67	213	74	354
Mariés	411	633	129	1173
Veufs	85	51	7	143
Divorcés	27	60	15	102
Total	590	957	225	1772

EXEMPLE 9.2 (*suite*)

Pour un seuil de signification de 1 %, on veut tester la dépendance ou non de ces deux variables.

Réponse : On veut tester les hypothèses suivantes : H_0 : X et Y sont indépendantes contre H_1 : X et Y sont dépendantes.

En reproduisant le tableau des fréquences observées et théoriques (en gras), on obtient la distribution suivante.

Distribution conjointe des fréquences observées et théoriques				
	A	*M*	*G*	Total
Célibataires	67 **117,87**	213 **191,18**	74 **44,95**	354
Mariés	411 **390,56**	633 **633,5**	129 **148,94**	1173
Veufs	85 **47,61**	51 **77,23**	7 **18,16**	143
Divorcés	27 **33,96**	60 **55,09**	15 **12,95**	102
Total	590	957	225	1772

On calcule à présent la valeur de χ^2 observée :

$$\chi^2_{\text{obs}} = \sum_{j=1}^{k}\sum_{i=1}^{l} \frac{(n_{ij} - t_{ij})^2}{t_{ij}} = \frac{(67 - 117,87)^2}{117,87} + \cdots + \frac{(15 - 12,95)^2}{12,95}$$
$$= 94,28$$

Ce tableau admet un nombre de degrés de liberté égal à $v = (4-1)(3-1) = 6$. Pour un seuil de signification de 1 % et un nombre de degrés de liberté de 6, la table de χ^2 indique un point critique égal à $\chi^2_{6; 0,01} = 16,81$. La valeur de χ^2 observée dépasse la valeur du point critique, si bien qu'on doit rejeter l'hypothèse nulle et conclure que le statut matrimonial et la consommation d'alcool basés sur les données observées dans cet échantillon sont deux variables dépendantes.

9.2 Le test d'ajustement à un modèle théorique

Un test d'ajustement a pour objectif de démontrer jusqu'à quel point nous pouvons tenir pour acquis qu'un échantillon aléatoire provient d'une population dans laquelle, pour chaque catégorie d'une variable, la proportion de la population à l'intérieur de cette catégorie est égale à une proportion théorique.

Par exemple, nous voulons nous assurer qu'un dé est équilibré. S'il l'est vraiment, nous devrions avoir la même probabilité d'observer n'importe quelle face à chaque lancer, probabilité qui est de 1/6. Nous devons donc tester les hypothèses suivantes : H_0 : toutes les p_i = 1/6 contre H_1 : au moins une des $p_i \neq 1/6$. Nous avons procédé à 555 lancers de ce dé (au hasard) et obtenu les résultats suivants.

Distribution des fréquences observées							
Face	1	2	3	4	5	6	Total
Fréquence observée	112	83	92	55	101	112	555

Si le dé est équilibré, l'hypothèse nulle serait vraie, ce qui fait que, dans chaque cellule, nous devrions obtenir théoriquement la même fréquence, soit $555/6 = 92,5$. Nous disposons donc de deux types de fréquences : celles qui ont été observées en lançant le dé et celles qu'on devrait théoriquement obtenir si le dé est équilibré.

En plaçant ces deux types de fréquences dans le même tableau, nous obtenons la distribution suivante.

Distribution des fréquences observées et théoriques							
Face	**1**	**2**	**3**	**4**	**5**	**6**	**Total**
Fréquence observée (O_i)	112	83	92	55	101	112	555
Fréquence théorique (T_i)	92,5	92,5	92,5	92,5	92,5	92,5	555

Pour comparer l'écart qui sépare ces deux types de fréquences, nous utilisons la distance χ^2, soit :

$$\chi^2_{\text{obs}} = \sum_{i=1}^{k} \frac{(O_i - T_i)^2}{T_i} = \sum_{i=1}^{k} \frac{O_i^2}{T_i} - n$$

où k est le nombre de modalités de la variable et n, la taille de l'échantillon. Cette variable χ^2 admet un nombre de degrés de liberté égal à ν (le nombre de modalités de la variable -1). Pour un seuil de signification α donné, si cet écart dépasse un point critique égal à $\chi^2_{\nu;\alpha}$ relevé dans une table de χ^2 (*voir l'annexe, à la page 292*), nous rejetons l'hypothèse nulle.

Dans notre mise en situation, nous avons :

$$\chi^2_{\text{obs}} = \sum_{i=1}^{k} \frac{(O_i - T_i)^2}{T_i} = \frac{(112 - 92,5)^2}{92,5} + \frac{(83 - 92,5)^2}{92,5} + \cdots + \frac{(112 - 92,5)^2}{92,5} = 25,18$$

Pour $\alpha = 1\,\%$, la table « Fonction cumulative de la variable χ^2 avec ν degrés de liberté » indique $\chi^2_{5;0,01} = 15,09$. Puisque la valeur de χ^2 observée (calculée) dépasse la valeur du point critique (relevée dans la table), nous devons rejeter H_0 et conclure que le dé n'est pas parfaitement équilibré.

Nous pouvons aussi nous baser sur la valeur P, qui, dans ce cas, est égale à $P(\chi^2_\nu > \chi^2_{\text{obs}})$. Nous rejetons H_0 si cette valeur P est inférieure au seuil de signification. Dans notre mise en situation, la valeur $P = P(\chi^2_\nu > \chi^2_{\text{obs}}) = P(\chi^2_5 > 25,18)$. La table de χ^2, à la ligne 5 correspondant au nombre de degrés de liberté de cette variable, indique que cette valeur P est inférieure à $1\,\%$; nous rejetons donc H_0 et tirons la même conclusion.

EXEMPLE 9.3

Dans une certaine population, la répartition des groupes sanguins est la suivante : $42\,\%$ des individus sont de groupe O, $45\,\%$, de groupe A, $9\,\%$, de groupe B et $4\,\%$, de groupe AB. En sélectionnant au hasard un échantillon de 254 donneurs de sang, on a noté qu'il y en avait 134 du groupe O, 95 du groupe A, 20 du groupe B et 5 du groupe AB. Croyez-vous que la distribution des groupes sanguins parmi les donneurs de sang est la même que dans la population ? Utilisez un seuil de signification de $5\,\%$ pour effectuer vos calculs.

Réponse : On veut tester les hypothèses suivantes : H_0 : les deux distributions sont les mêmes contre H_1 : elles sont différentes.

Si les deux distributions sont les mêmes, le groupe O devrait théoriquement compter 106,68 donneurs ($42\,\%$ de 254) ; le groupe A, 114,3 donneurs ($45\,\%$) ; le groupe B, 22,86 donneurs ($9\,\%$) ; et le groupe AB, 10,16 donneurs ($4\,\%$). En indiquant dans le même tableau les fréquences observées dans l'échantillon et les fréquences qu'on devrait théoriquement avoir si H_0 est vraie, on obtient la distribution suivante.

Distribution des fréquences observées et théoriques					
	Groupe O	**Groupe A**	**Groupe B**	**Groupe AB**	**Total**
Fréquence observée	134	95	20	5	254
Fréquence théorique	106,68	114,3	22,86	10,16	254

La valeur de χ^2 observée est alors :

$$\chi^2_{obs} = \sum_{i=1}^{k} \frac{\left(O_i - T_i\right)^2}{T_i} = \frac{\left(134 - 106,68\right)^2}{106,68} + \frac{\left(95 - 114,3\right)^2}{114,3} + \cdots + \frac{\left(5 - 10,16\right)^2}{10,6} = 13,23$$

Pour $\alpha = 5\%$, la table de χ^2 donne $\chi^2_{3;\,0,05} = 7,815$. Puisque la valeur de χ^2 observée (calculée) dépasse la valeur du point critique (relevée dans la table), on doit rejeter H_0 et conclure que la répartition des groupes sanguins dans la population est significativement différente de ce qu'elle est dans la sous-population des donneurs de sang.

On peut aussi se baser sur la valeur P, qui, dans ce cas, est égale à $P(\chi^2_v > \chi^2_{obs})$. On rejette H_0 si cette valeur P est inférieure au seuil de signification. Dans notre exemple, la valeur $P = P(\chi^2_v > \chi^2_{obs})$ $= P(\chi^2_3 > 13,23)$. La table de χ^2, à la ligne 3 correspondant au nombre de degrés de liberté de cette variable, indique que cette valeur P est inférieure à 1 %, donc à 5 % ; de ce fait, on doit rejeter H_0 et tirer la même conclusion.

Nous désirons maintenant savoir si des données expérimentales s'ajustent bien avec les distributions continues que nous avons abordées au chapitre 4. Nous nous servirons d'un premier exemple pour tester l'ajustement ou non des données expérimentales selon une loi normale, et d'un second pour tester leur ajustement ou non selon la loi exponentielle.

Une étude se déroulant sur 22 ans auprès de Canadiens âgés de plus de 55 ans a montré que la consommation régulière de lait entraîne une réduction significative des crises cardiaques et de l'arthrite. Sur la base de cette étude, on a sélectionné un échantillon aléatoire de 200 Canadiens de même tranche d'âge, chez qui on a mesuré la quantité de lait (en centilitres) consommée mensuellement, et on a obtenu les résultats suivants.

Distribution des fréquences observées	
Consommation de lait (cL)	**Nombre de personnes**
[89,5 ; 104,5[	24
[104,5 ; 119,5[	62
[119,5 ; 134,5[	72
[134,5 ; 149,5[	26
[149,5 ; 164,5[	12
[164,5 ; 179,5]	4
Total	$n = 200$

EXEMPLE 9.4 (*suite*)

Un des premiers objectifs de cette étude est de savoir si la consommation de lait auprès de Canadiens de cette tranche d'âge est approximativement normalement distribuée.

Réponse: Soit X: la consommation de lait chez les Canadiens âgés de plus de 55 ans. On veut alors tester les hypothèses suivantes: H_0: X est normalement distribuée contre H_1: X n'est pas normalement distribuée.

Si l'hypothèse nulle est vraie, la variable X sera distribuée normalement avec une moyenne et un écart-type qui sont estimés par ceux de l'échantillon, à savoir $\bar{x} = 123,4$; $s_X = 17,03$. On peut donc calculer la probabilité que X se trouve dans chacun des intervalles du tableau et, en multipliant cette probabilité par la taille de l'échantillon, on trouve les fréquences théoriques qui découlent du fait qu'on a supposé l'hypothèse nulle comme vraie. Par exemple, pour l'intervalle moins de 104,5, la probabilité que X s'y trouve est égale à $P(X \le 104,5) = 0,1335$. Par conséquent, sa fréquence théorique est $t_1 = 0,1335 \times 200 = 26,7$. On obtient alors le tableau suivant.

Distribution des fréquences observées et théoriques			
Consommation de lait (cL)	Fréquence observée	Probabilité que X se trouve dans l'intervalle	Fréquence théorique
Moins de 104,5	24	0,1335	26,7
[104,5 ; 119,5[	62	0,2755	55,1
[119,5 ; 134,5[	72	0,3332	66,64
[134,5 ; 149,5[	26	0,1948	38,96
[149,5 ; 164,5[	12	0,055	11
Plus de 164,5	4	0,008	1,6
Total	200	1	200

Comme le dernier intervalle présente une fréquence théorique inférieure à 5, on le combine avec l'intervalle précédent, ce qui mène au tableau suivant.

Distribution des fréquences observées et théoriques			
Consommation de lait (cL)	Fréquence observée	Probabilité que X se trouve dans l'intervalle	Fréquence théorique
Moins de 104,5	24	0,1335	26,7
[104,5 ; 119,5[	62	0,2755	55,1
[119,5 ; 134,5[	72	0,3332	66,64
[134,5 ; 149,5[	26	0,1948	38,96
Plus de 149,5	16	0,063	12,6
Total	200	1	200

Il faut maintenant appliquer le test d'ajustement aux fréquences des différentes catégories (intervalles).

$\longrightarrow$

EXEMPLE 9.4 (*suite*)

Distribution des fréquences observées et théoriques				
Consommation de lait (cL)	Moins de 104,5	[104,5 ; 119,5[	[119,5 ; 134,5[	[134,5 ; 149,5[	Plus de 149,5
Fréquence observée	24	62	72	26	16
Fréquence théorique	26,7	55,1	66,64	38,96	12,6

Le χ^2 observé est :

$$\chi^2_{\text{obs}} = \frac{(24 - 26,7)^2}{26,7} + \cdots + \frac{(16 - 12,6)^2}{12,6} = 6,79$$

Le nombre de degrés de liberté est égal au nombre de catégories moins 1, donc à 4. Pour un seuil de signification de 5 %, le point critique est $\chi^2_{4 ; 0,05} = 9,488$. Comme la valeur observée de χ^2 n'a pas dépassé ce point critique, on ne doit pas rejeter l'hypothèse nulle ; on conclut que la consommation du lait chez les Canadiens dans la tranche d'âge de plus de 55 ans est normalement distribuée. ∎

EXEMPLE 9.5

Une étude porte sur le temps (en minutes) qui sépare deux appels consécutifs au centre d'urgence 911 de la ville de Montréal. Un échantillon de 105 appels a généré les résultats suivants.

Distribution des fréquences observées	
Temps (min)	**Fréquence observée**
[0 ; 9[	41
[9 ; 18[	22
[18 ; 27[	11
[27 ; 36[	10
[36 ; 45[	9
[45 ; 54[	5
Plus de 54	7
Total	105

Peut-on dire que la distribution du temps entre deux appels consécutifs au centre d'urgence 911 de Montréal s'ajuste à une distribution exponentielle d'une moyenne de 20 minutes ?

Réponse : Soit X : le temps entre deux appels au centre d'urgence 911 de Montréal ; on veut tester les hypothèses suivantes : H_0 : X est distribuée selon une loi exponentielle d'une moyenne de 20 minutes contre H_1 : X a une autre distribution.

Si on suppose l'hypothèse nulle vraie, cela veut dire que le paramètre de sa distribution est $\lambda = 1/20$. On peut donc calculer la probabilité que X se trouve dans chacun des intervalles et, en multipliant cette probabilité par la taille de l'échantillon, on obtient les fréquences théoriques qui découlent de la supposition que la variable s'ajuste à une loi exponentielle. Par exemple, pour la première classe (intervalle), on a :

$$P(X \leq 9) = 1 - P(X > 9) = 1 - e^{-\frac{9}{20}} = 0,3624$$

EXEMPLE 9.5 (*suite*)

La fréquence théorique associée à cet intervalle est donc $t_1 = 105 \times 0,3624 = 38,052$. On obtient alors le tableau suivant.

Distribution des fréquences observées et théoriques			
Temps (min)	**Fréquence observée**	**Probabilité que X se trouve dans l'intervalle**	**Fréquence théorique**
$[0\,;9[$	41	0,3624	38,052
$[9\,;18[$	22	0,2311	24,2655
$[18\,;27[$	11	0,1473	15,4665
$[27\,;36[$	10	0,0939	9,8595
$[36\,;45[$	9	0,0600	6,3
$[45\,;54[$	5	0,0382	4,011
Plus de 54	7	0,0672	7,056
Total	105	1	105

Comme la fréquence théorique de l'avant-dernière classe est inférieure à 5, on combine les deux dernières classes pour obtenir la distribution indiquée dans le tableau suivant.

Distribution des fréquences observées et théoriques			
Temps (min)	**Fréquence observée**	**Probabilité que X se trouve dans l'intervalle**	**Fréquence théorique**
$[0\,;9[$	41	0,3624	38,052
$[9\,;18[$	22	0,2311	24,2655
$[18\,;27[$	11	0,1473	15,4665
$[27\,;36[$	10	0,0939	9,8595
$[36\,;45[$	9	0,0600	6,3
Plus de 45	12	0,1054	11,067
Total	105	1	105

On doit maintenant effectuer un test d'ajustement entre les fréquences observées et théoriques.

Distribution des fréquences observées et théoriques						
Temps (min)	$[0\,;9[$	$[9\,;18[$	$[18\,;27[$	$[27\,;36[$	$[36\,;45[$	Plus de 45
Fréquence observée	41	22	11	10	9	12
Fréquence théorique	38,052	24,2655	15,4665	9,8595	6,3	11,046

Le χ^2 observé est :

$$\chi^2_{\text{obs}} = \frac{(41 - 38,052)^2}{38,052} + \cdots + \frac{(12 - 11,067)^2}{11,067} = 2,91$$

Le nombre de degrés de liberté est égal au nombre de catégories moins 1, donc à 5 ; pour un seuil de signification de 1 %, le point critique est $\chi^2_{5;\,0,01} = 15,09$. Comme la valeur observée de χ^2 n'a pas dépassé ce point critique, on ne doit pas rejeter l'hypothèse nulle ; on conclut que la distribution du temps séparant deux appels consécutifs au centre d'urgence 911 de la ville de Montréal s'ajuste bien à une loi exponentielle d'une moyenne de 20 minutes.

9.3 | Le test d'homogénéité

Le test d'homogénéité est utilisé lorsqu'on est en présence d'au moins deux populations réparties sur le même nombre de modalités d'une variable et que l'on veut savoir si leur répartition est identique : on parle alors d'homogénéité de ces populations relativement à cette variable. On doit disposer d'échantillons indépendants de tailles fixes (mais pas nécessairement identiques) sélectionnés au hasard dans chacune des populations, ce qui donne lieu à des totaux de lignes ou de colonnes fixes. Par exemple, un ingénieur de contrôle de qualité supervise cinq chaînes de montage d'ordinateurs. Après avoir sélectionné un échantillon aléatoire de chacune des chaînes de montage, il a noté le nombre d'ordinateurs défectueux et obtenu les résultats suivants.

Distribution des fréquences observées						
	Chaîne 1	Chaîne 2	Chaîne 3	Chaîne 4	Chaîne 5	Total
Nombre d'articles défectueux	12	7	17	6	8	50
Nombre d'articles non défectueux	338	248	408	370	206	1570
Total	350	255	425	376	214	1620

Ici, ce sont les totaux des colonnes qui sont fixes. À partir de ces observations, l'ingénieur veut savoir si le taux de défectuosité est le même dans les cinq chaînes de montage. Si on pose $p_i = $ le taux de défectuosité dans la i-ième chaîne de montage, il veut tester les hypothèses suivantes : H_0 : tous les p_i sont égaux contre H_1 : au moins deux p_i sont différents. Si H_0 est vraie, alors la proportion de défectuosité commune des cinq chaînes de montage p serait estimée par :

$$\hat{p} = \frac{\text{total d'articles défectueux}}{\text{total d'articles sélectionnés}} = \frac{50}{1620} = 0,030\,86$$

Donc, dans la chaîne de montage 1, on devrait avoir théoriquement un nombre d'ordinateurs défectueux égal à :

$$t_{11} = 350 \times \hat{p} = \frac{350 \times 50}{1620} = 10,80$$

On constate donc que les fréquences théoriques sont données par les mêmes formules que dans le cas d'un test d'indépendance. On retrouve alors deux types de fréquences : les fréquences observées O_{ij} à partir des échantillons et les fréquences théoriques t_{ij} qu'on obtiendrait si l'hypothèse nulle était vraie. On peut ainsi calculer l'écart qui sépare ces deux types de fréquences par la distance χ^2 et utiliser les mêmes critères de décision que dans un test d'indépendance. En inscrivant les deux types de fréquences dans un même tableau, avec les fréquences théoriques en gras, on obtient la distribution suivante.

Distribution conjointe des fréquences observées et théoriques						
	Chaîne 1	Chaîne 2	Chaîne 3	Chaîne 4	Chaîne 5	Total
Nombre d'articles défectueux	12 **10,80**	7 **7,87**	17 **13,12**	6 **11,60**	8 **6,60**	50
Nombre d'articles non défectueux	338 **339,20**	248 **247,13**	408 **411,88**	370 **364,40**	206 **207,40**	1570
Total	350	255	425	376	214	1620

La distance χ^2 qui sépare ces deux types de fréquences est alors :

$$\chi^2_{\text{obs}} = \sum_{i=1}^{5}\sum_{j=1}^{2}\frac{(O_{ij}-t_{ij})^2}{t_{ij}} = \sum_{i=1}^{5}\sum_{j=1}^{2}\frac{O_{ij}^2}{t_{ij}} - 1620 = \frac{12^2}{10,80} + \cdots + \frac{206^2}{207,40} - 1620$$
$$= 4,52$$

Pour un seuil de signification de 5 %, et étant donné que le tableau admet un nombre de degrés de liberté égal à $v = (2-1)(5-1) = 4$, on doit comparer la valeur de χ^2 calculée avec le point critique qu'on relève dans la table de χ^2 (*voir l'annexe, à la page 292*), qui est tel que $\chi^2_{4;0,05} = 9,488$. Dans ce cas-ci, on ne doit pas rejeter H_0 ; on conclut que les données sont homogènes, c'est-à-dire que la répartition des nombres d'articles défectueux n'est pas significativement différente.

On peut aussi se baser sur la valeur P, qui est égale à $P(\chi^2_4 > 4,52)$. Or, cette probabilité est supérieure à 10 %, donc à 5 %. Alors, on ne peut pas rejeter H_0, et on arrive à la même conclusion.

REMARQUE

Le test d'homogénéité est semblable au test d'indépendance dans son application, sauf que les hypothèses que l'on teste ne sont pas les mêmes. On doit également s'assurer que les totaux des lignes ou des colonnes sont fixes avant de procéder aux expériences.

EXEMPLE 9.6

Un ingénieur en formulation veut comparer la texture de quatre types de peintures (A, B, C, D). Il a donc sélectionné au hasard un échantillon de taille 50 de chacun de ces types et a noté la répartition de chaque échantillon selon trois modalités de textures : Parfaite, Moyenne et Médiocre.

Distribution des fréquences observées				
	Parfaite	**Moyenne**	**Médiocre**	**Total**
A	33	9	8	50
B	36	12	2	50
C	34	15	1	50
D	30	16	4	50
Total	133	52	15	200

Peut-on dire que les quatre types de peintures présentent la même répartition dans les modalités de textures ? Utilisez un seuil de signification de 5 % pour effectuer vos calculs.

Réponse : On veut tester les hypothèses suivantes : H_0 : les 4 répartitions sont les mêmes contre H_1 : au moins 2 répartitions sont différentes.

Si H_0 est vraie, on devrait noter la même proportion pour chacune des modalités ; par exemple, pour la modalité « Parfaite », la proportion devrait théoriquement être égale à $\hat{p}_1 = 133/200 = 0,665$, et, puisque les totaux des lignes sont égaux, les fréquences devraient théoriquement être égales dans chacune des cellules de la colonne de cette modalité, soit $t_{11} = t_{21} = t_{31} = t_{41} = 33,25$. En procédant de la même manière pour les deux autres modalités, on obtient le tableau de la page suivante avec les deux types de fréquences, les fréquences théoriques apparaissant en gras.

EXEMPLE 9.6 (*suite*)

La distance χ^2 qui sépare ces deux types de fréquences est alors :

$$\chi^2_{\text{obs}} = \sum_{i=1}^{3}\sum_{j=1}^{4}\frac{(O_{ij}-t_{ij})^2}{t_{ij}} = \sum_{i=1}^{3}\sum_{j=1}^{4}\frac{O_{ij}^2}{t_{ij}} - 200 = \frac{33^2}{33,25} + \cdots + \frac{4^2}{3,75} - 200 = 10,54$$

Distribution conjointe des fréquences observées et théoriques				
	Parfaite	**Moyenne**	**Médiocre**	**Total**
A	33 **33,25**	9 **13**	8 **3,75**	50
B	36 **33,25**	12 **13**	2 **3,75**	50
C	34 **33,25**	15 **13**	1 **3,75**	50
D	30 **33,25**	16 **13**	4 **3,75**	50
Total	133	52	15	200

Pour un seuil de signification de 5 %, et étant donné que le tableau admet un nombre de degrés de liberté égal à $\nu = (4-1)(3-1) = 6$, on doit comparer la valeur de χ^2 calculée avec le point critique relevé dans la table de χ^2, qui est tel que $\chi^2_{6;0,05} = 12,59$. Dans ce cas-ci, on ne doit pas rejeter H_0.

Si on se base sur la valeur *P*, qui est égale à $P(\chi^2_6 > 10,54)$, on constate que cette valeur *P* est supérieure à 10 %, donc supérieure à 5 %. On ne doit donc pas rejeter l'hypothèse nulle ; on conclut que les quatre formulations ne sont pas significativement différentes en ce qui a trait à leur répartition selon les modalités de textures. On note cependant des fréquences à la fois observées et théoriques inférieures à 5 dans la colonne « Médiocre », ce qui fausse les calculs et la conclusion. Il faut donc agréger les colonnes « Moyenne » et « Médiocre » en une seule colonne et refaire les calculs des fréquences théoriques. On obtient alors le tableau suivant.

Distribution conjointe des fréquences observées et théoriques			
	Parfaite	**Moyenne + Médiocre**	**Total**
A	33 **33,25**	17 **16,75**	50
B	36 **33,25**	14 **16,75**	50
C	34 **33,25**	16 **16,75**	50
D	30 **33,25**	20 **16,75**	50
Total	133	67	200

La distance χ^2 qui sépare les deux types de fréquences devient alors :

$$\chi^2_{\text{obs}} = \sum_{i=1}^{3}\sum_{j=1}^{4}\frac{(O_{ij}-t_{ij})^2}{t_{ij}} = \sum_{i=1}^{3}\sum_{j=1}^{4}\frac{O_{ij}^2}{t_{ij}} - 200 = \frac{33^2}{33,25} + \cdots + \frac{20^2}{16,75} - 200 = 1,68$$

EXEMPLE 9.6 (*suite*)

Pour un seuil de signification de 5 %, et étant donné que le tableau admet un nombre de degrés de liberté égal à $v = (4-1)(2-1) = 3$, on doit comparer la valeur de χ^2 calculée avec le point critique relevé dans la table de χ^2, qui est tel que $\chi^2_{3;0,05} = 7,815$. Cette fois encore, on ne doit pas rejeter H_0 et conclure que les quatre formulations ne sont pas significativement différentes en ce qui a trait à leur répartition selon les modalités de leur texture.

Résumé

Signification de la formule	Formule
Fréquence théorique dans un test d'indépendance ou d'homogénéité	$t_{ij} = \dfrac{n_{i.} \times n_{.j}}{n} = \dfrac{(\text{total de la } i\text{-ième ligne})(\text{total de la } j\text{-ième colonne})}{\text{total global}}$
Valeur de χ^2 observée dans un test d'indépendance ou d'homogénéité	$\chi^2_{\text{obs}} = \displaystyle\sum_{j=1}^{k}\sum_{i=1}^{l} \dfrac{(n_{ij}-t_{ij})^2}{t_{ij}} = \sum_{j=1}^{k}\sum_{i=1}^{l} \dfrac{n_{ij}^2}{t_{ij}} - n$
Nombre de degrés de liberté dans un test d'indépendance ou d'homogénéité	$v = (\text{nombre de lignes} - 1)(\text{nombre de colonnes} - 1)$
Valeur de χ^2 observée dans un test d'ajustement	$\chi^2_{\text{obs}} = \displaystyle\sum_{i=1}^{k} \dfrac{(O_i - T_i)^2}{T_i} = \sum_{i=1}^{k} \dfrac{O_i^2}{T_i} - n$
Nombre de degrés de liberté dans un test d'ajustement	$v = \text{nombre de modalités de la variable} - 1$

Exercices

1. On classifie 1000 personnes selon le sexe et selon qu'elles sont pour ou contre l'interdiction de fumer dans les lieux publics. On veut tester l'hypothèse selon laquelle le sexe est indépendant du fait d'être pour ou contre l'interdiction de fumer dans des lieux publics.

Distribution des fréquences observées			
Sexe	**Pour**	**Contre**	**Total**
Hommes	262	231	493
Femmes	302	205	507

a) Formulez les hypothèses à tester.

b) Déterminez les fréquences théoriques qu'on devrait obtenir avec l'hypothèse nulle.

c) Calculez la valeur de χ^2 observée.

d) Énoncez votre conclusion pour un seuil de signification de 5 %.

2. Soit le tableau suivant qui croise deux variables : le statut social et le sexe.

Distribution des fréquences observées				
Sexe	**Statut élevé**	**Statut moyen**	**Statut bas**	**Total**
Hommes	34	56	15	
Femmes	41	34	30	
Total				

Après avoir rempli le tableau, testez l'indépendance entre ces deux variables en utilisant un seuil de signification de 5 %.

3. Une fleur d'une espèce particulière peut présenter les couleurs suivantes : le jaune (*J*), le rouge (*R*), le vert (*V*) ou le blanc (*B*). À partir des expériences de biologistes, on voudrait tester si ces couleurs s'ajustent à un modèle de fréquences (9 : 3 : 3 : 1), c'est-à-dire si pour une fleur blanche, 3 sont rouges, 3 sont vertes et 9 sont jaunes.

On a donc procédé à un échantillonnage aléatoire, qui a généré les résultats suivants.

Distribution des fréquences observées					
Couleur	*J*	*R*	*V*	*B*	Total
Fréquence observée	152	39	53	6	
Fréquence théorique					

a) Formulez les hypothèses à tester.

b) Comment appelle-t-on ce test d'hypothèses ?

c) Effectuez le test et, en vous basant sur un seuil de signification de 1 %, énoncez votre conclusion.

4. Si on reprend les données de l'exercice 3 mais qu'on élimine la couleur blanche, on veut tester si les données de l'échantillon s'ajustent au modèle (9 : 3 : 3), c'est-à-dire que pour 3 fleurs vertes (*V*), 3 sont rouges (*R*) et 9 sont jaunes (*J*). On obtient les données suivantes.

Distribution des fréquences observées				
Couleur	*J*	*R*	*V*	Total
Fréquence observée	152	39	53	244

a) Formulez les hypothèses à tester.

b) Effectuez le test et, en vous basant sur un seuil de signification de 1 %, énoncez votre conclusion.

c) Estimez la valeur *P* associée à ce test.

5. On veut tester s'il y a un lien significatif entre le sexe d'une personne et la couleur de ses cheveux dans une certaine population. On procède à la répartition d'un échantillon aléatoire de taille 300 personnes de cette population sur les modalités de ces deux variables, ce qui donne le tableau suivant.

Distribution des fréquences observées				
Sexe	Cheveux noirs	Cheveux bruns	Cheveux blonds	Total
Hommes	32	43	25	100
Femmes	55	65	80	200

a) Formulez les hypothèses à tester.

b) Comment appelle-t-on ce test d'hypothèses ?

c) Effectuez le test et, en vous basant sur un seuil de signification de 5 %, énoncez votre conclusion.

6. Dans une salle d'urgence d'un grand hôpital, on tient un registre du nombre de patients victimes de crises cardiaques graves par journée de la semaine. On veut tester l'hypothèse selon laquelle le nombre de crises cardiaques est le même, quelle que soit la journée de la semaine. On sélectionne un échantillon aléatoire de 200 crises cardiaques, qui se répartissent comme suit.

Distribution des fréquences observées	
Journée	Fréquence observée
Lundi	24
Mardi	36
Mercredi	27
Jeudi	26
Vendredi	32
Samedi	26
Dimanche	29
Total	200

a) Formulez les hypothèses à tester.

b) Comment appelle-t-on ce type de test d'hypothèses ?

c) Effectuez le test et, en vous basant sur un seuil de signification de 1 %, énoncez votre conclusion.

7. Dans une usine de fabrication de voitures, on trouve quatre défauts (*A*, *B*, *C*, *D*) pouvant se produire au cours des trois quarts de travail (Q_1, Q_2, Q_3). Les gestionnaires veulent savoir s'il existe un rapport entre les défauts et les quarts de travail. Un échantillon aléatoire de 309 défectuosités a généré la répartition suivante.

Distribution des fréquences observées					
Quart de travail	*A*	*B*	*C*	*D*	Total
Q_1	15	21	45	13	94
Q_2	26	31	34	5	96
Q_3	33	17	49	20	119

a) Formulez les hypothèses à tester.

b) Comment appelle-t-on un tel test d'hypothèses ?

c) Effectuez le test et, en vous basant sur un seuil de signification de 5 %, énoncez votre conclusion.

8. On a mené une étude pour savoir s'il existe un lien entre le tabagisme et le statut social, présentant trois modalités chacun. Un échantillon aléatoire de 356 personnes de cette population a donné ces résultats.

Distribution des fréquences observées				
Types de fumeurs	**Statut élevé**	**Statut moyen**	**Statut bas**	**Total**
Fumeurs actuels	51	22	43	116
Anciens fumeurs	92	21	28	141
Non-fumeurs	68	9	22	99

a) Formulez les hypothèses à tester.

b) Effectuez le test et, en vous basant sur un seuil de signification de 1 %, énoncez votre conclusion.

9. Le tableau suivant donne la composition de la population de plus de 25 ans en fonction du niveau de scolarité au Québec, en 2000, selon cinq modalités (Aucun diplôme, Diplôme du secondaire, Diplôme du collégial, Baccalauréat, Maîtrise et plus).

Distribution des fréquences observées	
Niveau de scolarité	**Proportion**
Aucun diplôme	15,8 %
Diplôme du secondaire	33,2 %
Diplôme du collégial	17,8 %
Baccalauréat	17,2 %
Maîtrise et plus	16 %

En 2010, dans un échantillon aléatoire de 500 Québécois âgés de plus de 25 ans, on a dénombré les fréquences suivantes.

Distribution des fréquences observées	
Niveau de scolarité	**Fréquence observée**
Aucun diplôme	84
Diplôme du secondaire	160
Diplôme du collégial	88
Baccalauréat	87
Maîtrise et plus	81

Pensez-vous que la composition de la population québécoise de plus de 25 ans a changé de 2000 à 2010 en ce qui concerne le niveau de scolarité ?

a) Formulez les hypothèses à tester.

b) Comment appelle-t-on un tel test d'hypothèses ?

c) Effectuez le test et, en vous basant sur un seuil de signification de 5 %, énoncez votre conclusion.

10. On a voulu savoir si la composition des populations de quatre provinces canadiennes est semblable en ce qui concerne le niveau de scolarité des personnes âgées de plus de 25 ans. Cette variable est décomposée en cinq modalités (A = Aucun diplôme, B = Diplôme du secondaire, C = Baccalauréat, D = Maîtrise, E = Doctorat). On a sélectionné un échantillon aléatoire de 50 personnes âgées de plus de 25 ans dans chacune des provinces. Les résultats obtenus apparaissent dans le tableau suivant.

Distribution des fréquences observées					
Province	**A**	**B**	**C**	**D**	**E**
Québec	7	21	6	10	6
Ontario	5	26	8	6	5
Colombie-Britannique	5	19	11	11	4
Alberta	5	18	15	5	7

a) Formulez les hypothèses à tester.

b) Comment appelle-t-on un tel test d'hypothèses ?

c) Effectuez le test et, en vous basant sur un seuil de signification de 5 %, énoncez votre conclusion.

11. Une étude a voulu comparer la situation de l'emploi dans quatre provinces canadiennes. On a donc extrait un échantillon aléatoire dans chacune de ces provinces et on a obtenu les résultats qui figurent dans le tableau suivant.

Distribution des fréquences observées		
Province	**Chômeurs**	**Travailleurs actifs**
Québec	32	309
Ontario	17	265
Colombie-Britannique	27	428
Alberta	21	286

a) Formulez les hypothèses à tester.

b) Comment appelle-t-on un tel test d'hypothèses ?

c) Effectuez le test et, en vous basant sur un seuil de signification de 5 %, énoncez votre conclusion.

12. On a soumis la question suivante à un échantillon de 50 hommes et à un échantillon de 32 femmes : «Quand

cela paraît nécessaire, faut-il être sévère envers ses enfants ? » On veut tester s'il y a une différence significative entre les opinions des hommes et des femmes sur cette question.

Distribution des fréquences observées			
Opinion	Hommes	Femmes	Total
Pour la sévérité	41	20	61
Contre la sévérité	9	12	21
Total	50	32	82

a) Formulez les hypothèses à tester.

b) Comment appelle-t-on un tel test d'hypothèses ?

c) Effectuez le test et, en vous basant sur un seuil de signification de 5 %, énoncez votre conclusion.

13. On a lancé quatre pièces de monnaie 500 fois de suite et on a obtenu les résultats suivants.

Distribution des fréquences observées				
Résultats des lancers	Pièce 1	Pièce 2	Pièce 3	Pièce 4
Face	236	259	238	262
Pile	264	241	262	238

On veut savoir s'il existe une différence significative entre ces quatre pièces de monnaie en ce qui concerne la probabilité d'obtenir face.

a) Formulez les hypothèses à tester.

b) Comment appelle-t-on un tel test d'hypothèses ?

c) Effectuez le test et, en vous basant sur un seuil de signification de 5 %, énoncez votre conclusion.

14. On a demandé à 300 personnes adultes choisies de façon aléatoire à Gatineau d'exprimer leur préférence en ce qui concerne trois candidats aux prochaines élections municipales. On a obtenu les résultats suivants.

Distribution des fréquences observées			
Candidat	A	B	C
Fréquence observée	118	98	84

a) Formulez les hypothèses à tester.

b) Comment appelle-t-on un tel test d'hypothèses ?

c) Effectuez le test et, en vous basant sur un seuil de signification de 5 %, énoncez votre conclusion.

15. En génétique, des croisements de types BC, Bc, bC et bc se produisent selon les ratios $(9 : 3 : 3 : 1)$. On a sélectionné un échantillon aléatoire de 160 de ces types de croisements et on a obtenu les résultats suivants.

Distribution des fréquences observées				
Type de croisement	BC	Bc	bC	bc
Fréquence observée	102	16	35	7

a) Déterminez les valeurs des probabilités de chaque croisement formulées par les généticiens.

b) Les fréquences observées contredisent-elles les ratios proposés par les généticiens ou les différences s'expliquent-elles par des variations échantillonnales ? Utilisez un seuil de signification de 5 % pour justifier votre réponse.

16. Les psychiatres classifient les prisonniers ayant commis des crimes sur la personne en trois catégories de risque (Faible, Moyen, Élevé). On a voulu savoir s'il existe un lien entre cette classification et le fait que le prisonnier récidive ou non après sa libération. On a donc sélectionné un échantillon aléatoire de 225 prisonniers qui ont commis des crimes sur la personne (75 de chacun des groupes à risque), que l'on a suivis un certain temps, et on a obtenu les résultats suivants.

Distribution des fréquences observées				
Comportement des personnes libérées	Risque faible	Risque moyen	Risque élevé	Total
Récidive	23	50	53	126
Non-récidive	52	25	22	99
Total	75	75	75	225

a) Formulez les hypothèses à tester.

b) Comment appelle-t-on un tel test d'hypothèses ?

c) Effectuez le test et, en vous basant sur un seuil de signification de 5 %, énoncez votre conclusion.

d) Estimez la valeur P de ce test.

17. Plusieurs sources scientifiques indiquent que l'excès de sel dans l'alimentation est néfaste pour la santé. Une étude longitudinale portant sur 104 933 sujets

a classifié ces personnes selon qu'elles ont été atteintes de maladies cardiovasculaires (MC) ou non et selon leur alimentation (sans sel, sel en quantité normale, sel en excès). On a obtenu les données suivantes.

Distribution des fréquences observées				
Maladie cardio-vasculaire	Sans sel	Sel en quantité normale	Sel en excès	Total
MC	1316	1540	2305	5161
Pas de MC	40 657	18 415	40 700	99 772
Total	41 973	19 955	43 005	104 933

a) Testez l'hypothèse adaptée à ce problème.

b) Calculez le risque relatif d'être atteint d'une maladie cardiovasculaire selon qu'une personne a une alimentation sans sel ou une alimentation avec excès de sel.

c) Quelles sont vos conclusions globales ?

18. Le registraire d'une université a voulu étudier la relation qui pourrait exister entre les disciplines dans lesquelles les étudiants s'inscrivent initialement et les disciplines vers lesquelles ils effectuent un transfert après une année scolaire. Les données suivantes sont obtenues à partir d'un échantillon par strates sur une période de cinq ans.

Distribution des fréquences observées					
Discipline initiale	Transfert				Total
	Génie	Gestion	Arts	Autres	
Biologie	13	25	158		398
Chimie	16	15	19		114
Mathématiques	3	11	20		72
Physique	9	5	14		61

Remplissez le tableau. Montrez vos calculs et vos tests d'hypothèses. Énoncez votre conclusion.

19. Une étude a porté sur le quotient intellectuel (QI) d'une certaine population. Un échantillon aléatoire a généré les résultats suivants.

Distribution des fréquences observées					
QI	Moins de 80	80 à 95	95 à 110	110 à 120	Plus de 120
Fréquence observée	20	20	80	40	40

Peut-on dire que le quotient intellectuel de cette population s'ajuste à celui d'une loi normale ? Basez-vous sur un seuil de signification de 1 %.

20. Une étude a porté sur la distance (en centimètres) entre deux défauts consécutifs sur une bande magnétique. Un échantillon aléatoire a généré les résultats suivants.

Distribution des fréquences observées	
Distance (cm)	Fréquence observée
Moins de 30	71
[30 ; 40[	30
[40 ; 45[	23
[45 ; 50[	19
[50 ; 55[	7
[55 ; 60[	5
Plus de 60	19

D'après ces données, pouvez-vous affirmer que la distance qui sépare deux défauts consécutifs sur une bande magnétique s'ajuste à une distribution exponentielle d'une moyenne de 90 cm ? Énoncez votre réponse en vous basant sur un seuil de signification de 5 %.

Fonction cumulative de la variable normale centrée et réduite

$N(0,1):\ \Phi(z) = P(Z \le z)$									
z	0,00	0,01	0,02	0,03	0,04	0,05	0,06	0,07	0,08	0,09
0,0	0,5000	0,5040	0,5080	0,5120	0,5160	0,5199	0,5239	0,5279	0,5319	0,5359
0,1	0,5398	0,5438	0,5478	0,5517	0,5557	0,5596	0,5636	0,5675	0,5714	0,5753
0,2	0,5793	0,5832	0,5871	0,5910	0,5948	0,5987	0,6026	0,6064	0,6103	0,6141
0,3	0,6179	0,6217	0,6255	0,6293	0,6331	0,6368	0,6406	0,6443	0,6480	0,6517
0,4	0,6554	0,6591	0,6628	0,6664	0,6700	0,6736	0,6772	0,6808	0,6844	0,6879
0,5	0,6915	0,6950	0,6985	0,7019	0,7054	0,7088	0,7123	0,7157	0,7190	0,7224
0,6	0,7257	0,7291	0,7324	0,7357	0,7389	0,7422	0,7454	0,7486	0,7517	0,7549
0,7	0,7580	0,7611	0,7642	0,7673	0,7703	0,7734	0,7764	0,7793	0,7823	0,7852
0,8	0,7881	0,7910	0,7939	0,7967	0,7995	0,8023	0,8051	0,8078	0,8106	0,8133
0,9	0,8159	0,8186	0,8212	0,8238	0,8264	0,8289	0,8315	0,8340	0,8365	0,8389
1,0	0,8413	0,8438	0,8461	0,8485	0,8508	0,8531	0,8554	0,8577	0,8599	0,8621
1,1	0,8643	0,8665	0,8686	0,8708	0,8729	0,8749	0,8770	0,8790	0,8810	0,8830
1,2	0,8849	0,8869	0,8888	0,8906	0,8925	0,8943	0,8962	0,8980	0,8997	0,9015
1,3	0,9032	0,9049	0,9066	0,9082	0,9099	0,9115	0,9131	0,9147	0,9162	0,9177
1,4	0,9192	0,9207	0,9222	0,9236	0,9251	0,9265	0,9279	0,9292	0,9306	0,9319
1,5	0,9332	0,9345	0,9357	0,9370	0,9382	0,9394	0,9406	0,9418	0,9429	0,9441
1,6	0,9452	0,9463	0,9474	0,9484	0,9495	0,9505	0,9515	0,9525	0,9535	0,9545
1,7	0,9554	0,9564	0,9573	0,9582	0,9591	0,9599	0,9608	0,9616	0,9625	0,9633
1,8	0,9641	0,9649	0,9656	0,9664	0,9671	0,9678	0,9686	0,9693	0,9699	0,9706
1,9	0,9713	0,9719	0,9726	0,9732	0,9738	0,9744	0,9750	0,9756	0,9761	0,9767
2,0	0,9772	0,9778	0,9783	0,9788	0,9793	0,9798	0,9803	0,9808	0,9812	0,9817
2,1	0,9821	0,9826	0,9830	0,9834	0,9838	0,9842	0,9846	0,9850	0,9854	0,9857
2,2	0,9861	0,9864	0,9868	0,9871	0,9875	0,9878	0,9881	0,9884	0,9887	0,9890
2,3	0,9893	0,9896	0,9898	0,9901	0,9904	0,9906	0,9909	0,9911	0,9913	0,9916
2,4	0,9918	0,9920	0,9922	0,9925	0,9927	0,9929	0,9931	0,9932	0,9934	0,9936
2,5	0,9938	0,9940	0,9941	0,9943	0,9945	0,9946	0,9948	0,9949	0,9951	0,9952
2,6	0,9953	0,9955	0,9956	0,9957	0,9959	0,9960	0,9961	0,9962	0,9963	0,9964
2,7	0,9965	0,9966	0,9967	0,9968	0,9969	0,9970	0,9971	0,9972	0,9973	0,9974
2,8	0,9974	0,9975	0,9976	0,9977	0,9977	0,9978	0,9979	0,9979	0,9980	0,9981
2,9	0,9981	0,9982	0,9982	0,9983	0,9984	0,9984	0,9985	0,9985	0,9986	0,9986
3,0	0,9986	0,9987	0,9987	0,9988	0,9988	0,9989	0,9989	0,9989	0,9990	0,9990
3,1	0,9990	0,9991	0,9991	0,9991	0,9992	0,9992	0,9992	0,9992	0,9993	0,9993
3,2	0,9993	0,9993	0,9994	0,9994	0,9994	0,9994	0,9994	0,9995	0,9995	0,9995
3,3	0,9995	0,9995	0,9995	0,9996	0,9996	0,9996	0,9996	0,9996	0,9996	0,9997
3,4	0,9997	0,9997	0,9997	0,9997	0,9997	0,9997	0,9997	0,9997	0,9997	0,9998
3,5	0,9998	0,9998	0,9998	0,9998	0,9998	0,9998	0,9998	0,9998	0,9998	0,9998
3,6	0,9998	0,9998	0,9999	0,9999	0,9999	0,9999	0,9999	0,9999	0,9999	0,9999
3,7	0,9999	0,9999	0,9999	0,9999	0,9999	0,9999	0,9999	0,9999	0,9999	0,9999
3,8	0,9999	0,9999	0,9999	0,9999	0,9999	0,9999	0,9999	0,9999	0,9999	0,9999
3,9	1,0000	1,0000	1,0000	1,0000	1,0000	1,0000	1,0000	1,0000	1,0000	1,0000

Fonction cumulative de la variable de Student avec *v* degrés de liberté

	$Fr(t) = P(T \leq t)$						
v	0,6	0,75	0,9	0,95	0,975	0,99	0,995
1	0,325	1,000	3,078	6,314	12,706	31,821	63,657
2	0,289	0,816	1,886	2,920	4,303	6,965	9,925
3	0,277	0,765	1,638	2,353	3,182	4,541	5,841
4	0,271	0,741	1,533	2,132	2,776	3,747	4,604
5	0,267	0,727	1,476	2,015	2,571	3,365	4,032
6	0,265	0,718	1,440	1,943	2,447	3,143	3,707
7	0,263	0,711	1,415	1,895	2,365	2,998	3,499
8	0,262	0,706	1,397	1,860	2,306	2,896	3,355
9	0,261	0,703	1,383	1,833	2,262	2,821	3,250
10	0,260	0,700	1,372	1,812	2,228	2,764	3,169
11	0,260	0,697	1,363	1,796	2,201	2,718	3,106
12	0,259	0,695	1,356	1,782	2,179	2,681	3,055
13	0,259	0,694	1,350	1,771	2,160	2,650	3,012
14	0,258	0,692	1,345	1,761	2,145	2,624	2,997
15	0,258	0,691	1,341	1,753	2,131	2,602	2,947
16	0,258	0,690	1,337	2,120	2,,583	2,583	2,921
17	0,257	0,689	1,333	1,740	2,110	2,567	2,898
18	0,257	0,688	1,330	1,734	2,101	2,552	2,878
19	0,257	0,688	1,328	1,729	2,093	2,539	2,861
20	0,257	0,687	1,325	1,725	2,086	2,528	2,845
21	0,257	0,686	1,323	1,721	2,080	2,518	2,831
22	0,256	0,686	1,321	1,717	2,074	2,508	2,819
23	0,256	0,685	1,319	1,714	2,069	2,500	2,807
24	0,256	0,685	1,318	1,711	2,064	2,492	2,797
25	0,256	0,684	1,316	1,708	2,060	2,485	2,787
26	0,256	0,684	1,315	1,706	2,056	2,479	2,779
27	0,256	0,684	1,314	1,703	2,052	2,473	2,771
28	0,256	0,683	1,313	1,701	2,048	2,467	2,763
29	0,256	0,683	1,311	1,699	2,045	2,464	2,756
30	0,256	0,683	1,310	1,697	2,042	2,457	2,750
∞	0,253	0,674	1,282	1,645	1,96	2,326	2,576

Note : Lorsque *v* dépasse 30 : $t_{v;\alpha} = z_\alpha$.

Fonction cumulative de la variable khi-deux avec *v* degrés de liberté

$F_{\chi^2}(x) = P(\chi^2 \leq x)$						
v	0,5	0,75	0,9	0,95	0,975	0,99	0,995
1	0,455	1,323	2,706	3,841	5,024	6,635	7,879
2	1,386	2,773	4,605	5,991	7,378	9,210	10,60
3	2,366	4,108	6,251	7,815	9,348	11,345	12,84
4	3,357	5,385	7,779	9,488	11,14	13,277	14,86
5	4,351	6,626	9,236	11,070	12,83	15,086	16,75
6	5,348	7,841	10,645	12,592	14,45	16,812	18,55
7	6,346	9,037	12,017	14,067	16,01	18,475	20,28
8	7,344	10,219	13,362	15,507	17,54	20,090	21,96
9	8,343	11,389	14,684	16,919	19,02	21,666	23,59
10	9,342	12,549	15,987	18,307	20,48	23,209	25,19
11	10,341	13,701	17,275	19,675	21,92	24,725	26,76
12	11,340	14,845	18,549	21,026	23,34	26,217	28,30
13	12,340	15,984	19,812	22,362	24,74	27,688	29,82
14	13,339	17,117	21,064	23,685	26,12	29,141	31,32
15	14,339	18,245	22,307	24,996	27,49	30,578	32,80
16	15,338	19,369	23,542	26,296	28,85	32,000	34,27
17	16,338	20,489	24,769	27,587	30,19	33,409	35,72
18	17,338	21,605	25,989	28,869	31,53	34,805	37,16
19	18,338	22,718	27,204	30,144	32,85	36,191	38,58
20	19,337	23,828	28,412	31,410	34,17	37,566	40,00
21	20,337	24,935	29,615	32,671	35,48	38,932	41,40
22	21,337	26,039	30,813	33,924	36,78	40,289	42,80
23	22,337	27,141	32,007	35,172	38,08	41,638	44,18
24	23,337	28,241	33,196	36,415	39,36	42,980	45,56
25	24,337	29,339	34,382	37,652	40,65	44,314	46,93
26	25,336	30,435	35,563	38,885	41,92	45,642	48,29
27	26,336	31,528	36,741	40,113	43,20	46,963	49,65
28	27,336	32,620	37,916	41,337	44,46	48,278	50,99
29	28,336	33,711	39,087	42,557	45,72	49,588	52,34
30	29,336	34,800	40,256	43,773	46,98	50,892	53,67
31	30,336	35,887	41,422	44,985	48,23	52,191	55,00
32	31,336	36,973	42,585	46,194	49,48	53,486	56,33
33	32,336	38,058	43,745	47,400	50,73	54,775	57,65
34	33,336	39,141	44,903	48,602	41,97	56,061	58,96
35	34,336	40,223	46,059	49,802	53,20	57,342	60,28

Corrigé

Exercices du chapitre 1

1. a) Quantitative ; échelle d'intervalle.

b) Qualitative ; échelle nominale.

c) Qualitative ; échelle ordinale.

d) Quantitative ; échelle de rapports.

e) Qualitative ; échelle nominale.

2. a) Population des minichaînes audio en stock.

b) Les variables qualitatives sont le modèle, la qualité sonore et la qualité de la bande FM ; les variables quantitatives sont le prix et le nombre de lecteurs de CD.

c) Le modèle a une échelle nominale. La qualité sonore et la qualité de la bande FM ont une échelle ordinale. Le prix et le nombre de lecteurs de CD ont une échelle de rapports.

d) $n = 162$.

3. a) Variable Prix :

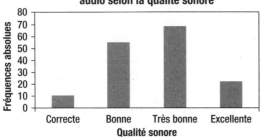

Distribution des 162 minichaînes audio selon le prix

Variable Qualité sonore :

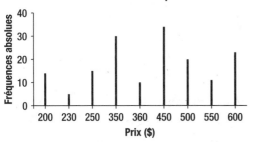

Distribution des 162 minichaînes audio selon la qualité sonore

Variable Nombre de lecteurs de CD :

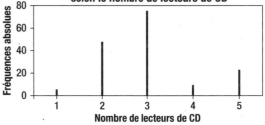

Distribution des 162 minichaînes audio selon le nombre de lecteurs de CD

Variable Qualité de la bande FM :

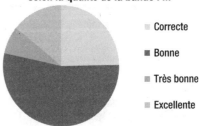

Distribution des 162 minichaînes audio selon la qualité de la bande FM

- Correcte
- Bonne
- Très bonne
- Excellente

b) Variable Prix : $Mo(X) = 450$ \$; $\bar{x} = 413,27$ \$; $Med(X) = 450$ \$.

Variable Qualité sonore : $Mo(X) =$ Très bonne.

Variable Nombre de lecteurs de CD : $Mo(X) = 3$; $\bar{x} = 2,99$; $Med(X) = 3$.

Variable Qualité de la bande FM : $Mo(X) =$ Bonne.

c) Variable Prix : la médiane.

Variable Qualité sonore : le mode.

Variable Nombre de lecteurs de CD : toutes.

Variable Qualité de la bande FM : le mode.

4. a) Ventes annuelles : variable quantitative continue avec une échelle de rapports.

b) Taille d'une cannette de bière : variable quantitative continue avec une échelle ordinale.

c) Classification des employés : variable qualitative ordinale avec une échelle ordinale.

d) Bénéfice par action : variable quantitative continue avec une échelle de rapports.

e) Méthode de paiement : variable qualitative nominale avec une échelle nominale.

5. a) Variable Prix : $E = 400\ \$$; $S_X = 126{,}02\ \$$ et $CV_X = 30{,}49\,\%$.

Variable Nombre de lecteurs de CD : $E = 4$; $S_X = 1{,}027$ et $CV_X = 34{,}35\,\%$.

b) Variable Prix : L'étendue est égale à 400 \$, soit le montant qui sépare les minichaînes audio les plus chères des moins chères. Son écart-type est très élevé, ce qui fait qu'on doit s'attendre à avoir environ deux tiers des minichaînes dont le prix se situe entre la moyenne plus ou moins un écart-type, c'est-à-dire entre 287 \$ et 539 \$. Son coefficient de variation indique que cette variable est trop dispersée.

Variable Nombre de lecteurs de CD : L'étendue est égale à 4, soit le nombre de lecteurs qui sépare les minichaînes audio qui en contiennent le plus de celles qui en contiennent le moins. L'écart type et le coefficient de variation indiquent une grande hétérogénéité des minichaînes en ce qui concerne cette variable.

c) La variable la plus dispersée est celle qui dénombre les lecteurs de CD.

6. a) On doit former sept classes d'amplitude 50, ce qui donne le tableau de fréquences suivant.

Distribution des 60 journées de travail selon la distance parcourue par des chauffeurs de taxi d'Ottawa			
Distance (km)	Fréquences absolues	Fréquences relatives	Fréquences relatives cumulées
[155 ; 205[	1	0,0167	0,0167
[205 ; 255[	2	0,0333	0,0500
[255 ; 305[	10	0,1667	0,2167
[305 ; 355[	8	0,1333	0,3500
[355 ; 405[	24	0,4000	0,7500
[405 ; 455[	10	0,1667	0,9167
[455 ; 505]	5	0,0833	1,0000
Total	$n = 60$	1,0000	

b) On doit former sept classes, ce qui donne l'histogramme et le polygone de fréquences suivants.

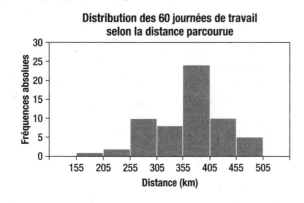

Distribution des 60 journées de travail selon la distance parcourue

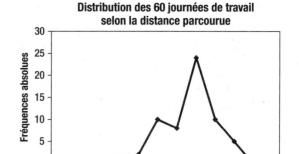

Distribution des 60 journées de travail selon la distance parcourue

c) La classe modale est la classe [355 ; 405[; donc, $Mo(X) = 380$ km. $\bar{x} = 365$ km et $Med(X) = 373{,}75$ km.

7. a) $Q_1 = 317{,}49$ km ; $Q_2 = 373{,}75$ km ; $Q_3 = 405$ km.

b)

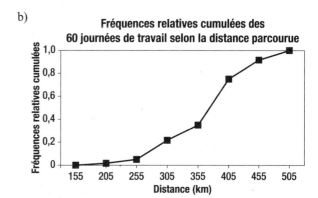

Fréquences relatives cumulées des 60 journées de travail selon la distance parcourue

c) Diagramme de quartiles de la distribution des 60 journées de travail selon la distance parcourue

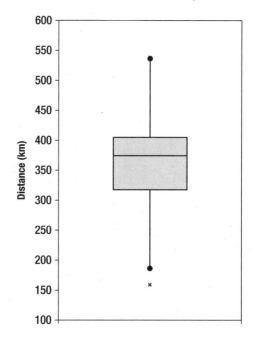

Il y a une donnée aberrante, la valeur 159 signalée par un ×.

8. a) Il faut former 8 classes d'amplitude 10 chacune, ce qui donne le tableau suivant.

Distribution des cannettes selon le contenu			
Capacité (mL)	Fréquences absolues	Fréquences relatives	Fréquences relatives cumulées
[430 ; 440[	3	0,0400	0,0400
[440 ; 450[	3	0,0400	0,0800
[450 ; 460[	3	0,0400	0,1200
[460 ; 470[	10	0,1333	0,2533
[470 ; 480[	9	0,1200	0,3733
[480 ; 490[	16	0,2133	0,5866
[490 ; 500[	16	0,2133	0,7999
[500 ; 510]	15	0,2000	1,0000
Total	$n = 75$	1,0000	

b)

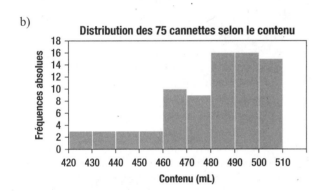

c) Il y a deux classes modales : [480 ; 490] et [490 ; 500], ce qui donne deux modes : $Mo(X) = 485$ mL et $Mo(X) = 495$ mL. $Med(X) = 485,94$ mL et $\bar{x} = 482,47$ mL.

9. a) $Q_1 = 469,75$ mL ;
$Q_2 = 485,94$ mL ;
$Q_3 = 497,66$ mL.

b)

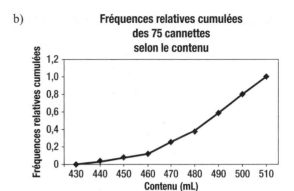

c)

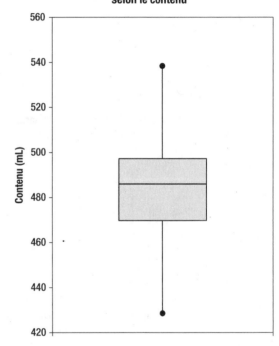

Il n'y a aucune valeur aberrante.

10. a) $E = 80$ mL.

$S_X = 19,11$.

$CV_X = 3,96\%$.

b) On peut conclure que ces cannettes semblent plutôt contenir environ 480 mL de soda.

11. a) $\bar{x} = 6,176$.

b) $Q_1 = 4,2$;
$Q_2 = 5,4$;
$Q_3 = 8,9$.

c) $C_{45} = 4,6$.

12. a)

Distribution des 50 enfants selon le nombre de «et puis» énoncés	
Nombre de «et puis»	**Fréquences absolues**
10	1
11	1
12	1
15	3
16	4
17	6
18	10
19	7
20	7
21	4
22	2
23	2
24	1
40	1
Total	$n = 50$

b) Le seul graphique approprié est le diagramme à bâtons, car il s'agit d'une variable discrète.

Distribution des 50 enfants selon le nombre de « et puis » énoncés

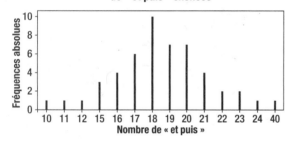

c) $Mo(X) = 18$; $Med(X) = 18$; $\bar{x} = 18,7$.

d) On doit former 7 classes d'amplitude arrondie à 4,5 chacune. On obtient le tableau ci-après.

Distribution des 50 enfants selon le nombre de «et puis» énoncés			
Nombre de «et puis»	**Fréquences absolues**	**Fréquences relatives**	**Fréquences relatives cumulées**
[10 ; 14,5[	3	0,0600	0,0600
[14,5 ; 19[	23	0,4600	0,5200
[19 ; 23,5[	22	0,4400	0,9600
[23,5 ; 28[	1	0,0200	0,9800
[28 ; 32,5[	0	0	0,9800
[32,5 ; 37[	0	0	0,9800
[37 ; 41,5]	1	0,0200	1,0000
Total	$n = 50$	1,0000	

La classe modale est la classe [14,5 ; 19[, $Mo(X) = 16,75$, $Med(X) = 18,8$ et $\bar{x} = 19,09$.

e) Les mesures de tendance centrale calculées lorsque les données sont regroupées par valeurs sont plus précises.

13. a) On doit former 7 classes d'amplitude égale à 2 chacune.

b)

Distribution des 40 données selon la variable X			
Variable X	**Fréquences absolues**	**Fréquences relatives**	**Fréquences relatives cumulées**
[12 ; 14[	1	0,0250	0,0250
[14 ; 16[	2	0,0500	0,0750
[16 ; 18[	7	0,1750	0,2500
[18 ; 20[	7	0,1750	0,4250
[20 ; 22[	7	0,1750	0,6000
[22 ; 24[	8	0,2000	0,8000
[24 ; 26]	8	0,2000	1,0000
Total	$n = 40$	1,0000	

c) Il y a deux classes modales : la classe [22 ; 24[et la classe [24 ; 26[, ce qui donne deux modes approximatifs, $Mo(X) = 23$ et $Mo(X) = 25$. $\bar{x} = 20,65$. $Med(X) = 20,85$. Cela veut dire qu'on estime que 50 % des données sont inférieures ou égales à 20,85.

d) $E = 14$. $S_X = 3,32$ et $CV_X = 16,08\%$, ce qui fait que la distribution de ces données est hétérogène.

14. a)

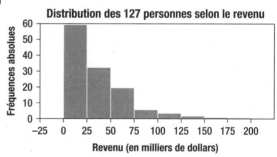

Distribution des 127 personnes selon le revenu

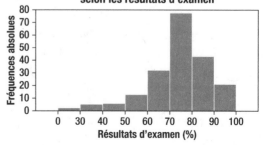

Distribution des 200 personnes selon les résultats d'examen

b) La variable X: Revenu. $Mo(X) = 12,5$ (en milliers de dollars); $Med(X) = 27,6559$ (en milliers de dollars); $\bar{x} = 38,09$ (en milliers de dollars); $E = 200$ (en milliers de dollars); $S_X = 33,99$ (en milliers de dollars); $CV_X = 89,23\%$. La variable Y: Résultats de l'examen. $Mo(Y) = 75$; $Med(Y) = 75,38$; $\bar{y} = 73,85$; $E = 100$; $S_Y = 14,4298$; $CV_Y = 19,54\%$.

c) La variable la plus dispersée est la variable Revenu.

15. a) On doit former 7 classes d'amplitude égale à 12,14 chacune, qu'on va arrondir à 12,5.

b)

Distribution des 50 fonctionnaires fédéraux selon le salaire annuel			
Salaire annuel (milliers de dollars)	Fréquences absolues	Fréquences relatives	Fréquences relatives cumulées
[91 ; 103,5[	3	0,0600	0,0600
[103,5 ; 116[	4	0,0800	0,1400
[116 ; 128,5[	8	0,1600	0,3000
[128,5 ; 141[	13	0,2600	0,5600
[141 ; 153,5[	11	0,2200	0,7800
[153,5 ; 166[	8	0,1600	0,9400
[166 ; 188,5]	3	0,0600	1,0000
Total	$n = 50$	1,0000	

c) $Q_1 = 124,59$ (milliers de dollars), ce qui veut dire que 25% des grands fonctionnaires fédéraux de cet échantillon ont un salaire annuel de 124 590 $ ou moins.

$Q_2 = 138,12$ (milliers de dollars), ce qui veut dire que 50% des grands fonctionnaires fédéraux de cet échantillon ont un salaire annuel de 138 120 $ ou moins.

$Q_3 = 151,80$ (milliers de dollars), ce qui veut dire que 75% des grands fonctionnaires fédéraux de cet échantillon ont un salaire annuel de 151 800 $ ou moins.

$D_7 = 148,95$ (milliers de dollars), ce qui veut dire que 70% des grands fonctionnaires fédéraux de cet échantillon ont un salaire annuel de 148 950 $ ou moins.

$C_{65} = 146,11$ (milliers de dollars), ce qui veut dire que 65% des grands fonctionnaires fédéraux de cet échantillon ont un salaire annuel de 146 110 $ ou moins.

$V_2 = 133,31$ (milliers de dollars), ce qui veut dire que 40% des grands fonctionnaires fédéraux de cet échantillon ont un salaire annuel de 133 310 $ ou moins.

$V_4 = 155,06$ (milliers de dollars), ce qui veut dire que 80% des grands fonctionnaires fédéraux de cet échantillon ont un salaire annuel de 155 060 $ ou moins.

$C_{95} = 168,08$ (milliers de dollars), ce qui veut dire que 95% des grands fonctionnaires fédéraux de cet échantillon ont un salaire annuel de 168 080 $ ou moins.

16. a) Il faut former 7 classes d'amplitude arrondie à 20.

Distribution des 50 enfants selon le nombre d'heures d'utilisation d'un ordinateur par mois			
Nombre d'heures par mois	Fréquences absolues	Fréquences relatives	Fréquences relatives cumulées
[8 ; 28[	2	0,0400	0,0400
[28 ; 48[	10	0,2000	0,2400
[48 ; 68[	7	0,1400	0,3800
[68 ; 88[	10	0,2000	0,5800
[88 ; 108[	7	0,1400	0,7200
[108 ; 128[	13	0,2600	0,9800
[128 ; 148]	1	0,0200	1,0000
Total	$n = 50$	1,0000	

b)

Fréquences relatives cumulées de la distribution des 50 enfants selon le nombre d'heures d'utilisation d'un ordinateur par mois

c) La distribution indique que cet échantillon de cette catégorie d'enfants passe beaucoup de temps devant l'ordinateur, car environ la moitié y passent au moins 83 heures par mois (3 heures par jour).

17. a) Il faut former 7 classes avec une amplitude de 8 chacune.

Distribution des 40 participants au demi-marathon de Boston selon l'âge			
Âge	Fréquences absolues	Fréquences relatives	Fréquences relatives cumulées
[20 ; 28[	4	0,1000	0,1000
[28 ; 36[	7	0,1750	0,2750
[36 ; 44[	10	0,2500	0,5250
[44 ; 52[	9	0,2250	0,7500
[52 ; 60[	6	0,1500	0,9000
[60 ; 68[	3	0,075	0,9750
[68 ; 76]	1	0,075	1,000
Total	$n = 40$	1,0000	

b)

Statistiques descriptives des données observées	
Variable	**Âge**
n	40
Moyenne	43,8
Écart-type	12,15
Minimum	21,00
Q_1	34,86
Médiane	43,2
Q_3	52

On voit que la moyenne d'âge est égale à 43,8 ans avec un écart-type de 12,15 ans et que la médiane est égale à 43,2 ans, ce qui signifie que la distribution de l'âge est symétrique dans cet échantillon.

Distribution des 40 participants au demi-marathon de Boston selon l'âge

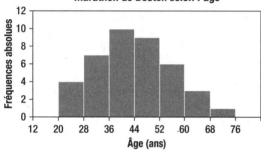

L'histogramme indique qu'il y a une grande disparité dans les âges des participants. La classe la plus nombreuse est la classe située autour de la moyenne.

Diagramme de quartiles de la distribution des 40 participants au demi-marathon de Boston selon l'âge

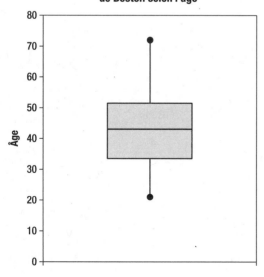

Il n'y a pas de données aberrantes.

c) Les participants de moins de 30 ans ne forment que 10 % de cet échantillon, ce qui peut indiquer que le marathon n'est pas très populaire dans cette tranche d'âge.

18. a) Si on ajoute 10 à chaque observation de l'échantillon, la moyenne de l'échantillon augmente aussi de 10 et l'écart-type reste inchangé.

b) Si chaque observation de l'échantillon est multipliée par 10, la moyenne et l'écart-type sont aussi multipliés par 10.

19. a) $Q_1 = 11$; $Q_2 = 12$; $Q_3 = 15$; $\bar{x} = 12,93$ et $S_x = 3,2257$.

b)

Diagramme de quartiles de la distribution des 106 données selon la variable *X*

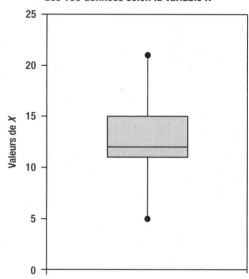

c) $L_{sup} = 21$ et $L_{inf} = 5$. Puisqu'aucune donnée n'est à l'extérieur de ces deux limites, il n'y a aucune donnée aberrante.

20. a) Vendeur 1 :

Pas de mode ; $\bar{x} = 79,42$ et $Med(X) = 80,1$; Étendue = 13 ; $S_X = 5,15$ et $CV_X = 6,48\%$.

Vendeur 2 :

Pas de mode ; $\bar{y} = 89,67$ et $Med(Y) = 100$; Étendue = 54 ; $S_Y = 22,85$ et $CV_Y = 25,48\%$.

b) Les ventes du vendeur 1 sont plus stables, car leur coefficient de variation est plus petit, ce qui indique leur plus grande homogénéité.

21. $\bar{x} = 3,15$ g et $Med(X) = 3,1$ g.

22. a) $\bar{x} = 50$; $Q_1 = 44$, $Q_2 = 46$ et $Q_3 = 54$.

b) $C_{35} = 44$.

23. a)

Distribution des 100 patients selon le nombre de visites	
Nombre de visites	Fréquences absolues
0	10
1	22
2	20
3	24
4	11
5	8
6	5
	$n = 100$

b)

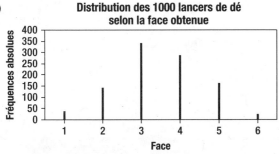

Distribution des 100 patients selon le nombre de visites

c) $\overline{x} = 2,48$ visites par 6 mois.

$Mo(X) = 3$ visites par 6 mois (le nombre de visites le plus fréquent).

$Med(X) = 2$ visites par 6 mois.

24. a) $Q_1 = 105,69$; $Q_2 = 116,31$; $Q_3 = 125,64$.

b) $C_{85} = 127,39$; $V_2 = 112,16$; $D_7 = 123,89$.

c) $C_{95} = 144,22$. C'est le quotient intellectuel minimum requis pour faire partie de cette secte.

25. a)

Distribution des 1000 lancers de dé selon la face obtenue

b) $Mo(X) = 3$, c'est la face obtenue le plus souvent.

$Med(X) = 3$, c'est-à-dire que au moins 50 % des lancers donnent une face 3 ou moins.

$\overline{x} = 3,47$, c'est-à-dire qu'en moyenne, on obtient les faces entre 3 et 4.

c) $E = 5$; $S_X = 1,116$ et $CV_X = 32,16\%$, ce qui veut dire que les faces obtenues lors de ces lancers sont très hétérogènes.

26. a) $Q_1 = 475,01$ \$;

$Q_2 = 523,21$ \$;

$Q_3 = 599,03$ \$.

b)

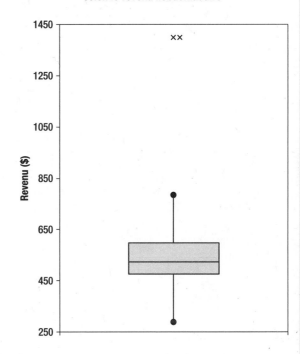

Diagramme de quartiles de la distribution des 81 salariés selon le revenu hebdomadaire

c) $L_{sup} = 785,06$ \$. $L_{inf} = 288,98$ \$.

Les données aberrantes sont celles qui dépassent 785,06 \$.

27. a) Ciment A : $CV_X = 12,31\%$.

Ciment B : $CV_Y = 18\%$.

b) Le contrat sera octroyé à la compagnie qui fabrique le ciment A, car son coefficient de variation est plus petit, donc plus homogène.

28. a) Usine A : $\overline{x_1} = 10,527$ et $S_{X_1} = 0,714$.

Usine B : $\overline{x_2} = 10,583$ et $S_{X_2} = 0,936$.

Usine C : $\overline{x_3} = 10,753$ et $S_{X_3} = 1,27$.

b) Le contrat doit être octroyé à l'usine A, car la résistance de ses câbles est plus homogène.

29. a) La variable : la raison principale qui a fait opter pour un cégep ; c'est une variable nominale avec une échelle nominale.

b)

Distribution des 1829 élèves selon la raison du choix de leur cégep		
Raison	Fréquences absolues	Fréquences relatives
A : La qualité de l'enseignement	534	0,2920
B : C'est le cégep le plus proche	456	0,2493
C : Tous mes amis y vont	317	0,1733
D : C'est le seul à offrir mon option	297	0,1624
E : Sans raison précise	225	0,1230
Total	$n = 1829$	1,0000

c)

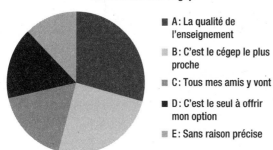

Distribution des 1829 élèves selon la raison du choix de leur cégep

- A : La qualité de l'enseignement
- B : C'est le cégep le plus proche
- C : Tous mes amis y vont
- D : C'est le seul à offrir mon option
- E : Sans raison précise

30. a)

Distribution des 280 logements selon la superficie occupée par résident				
Milieux des classes	Superficie par résident (m²)	Fréquences absolues	Fréquences relatives	Fréquences relatives cumulées
37,5	[25 ; 50[	23	0,0821	0,0281
62,5	[50 ; 75[	45	0,1607	0,2428
87,5	[75 ; 100[	79	0,2821	0,5249
112,5	[100 ; 125[	82	0,2929	0,8178
137,5	[125 ; 150[	25	0,0893	0,9071
162,5	[150 ; 175[	14	0,0500	0,9571
187,5	[175 ; 200]	12	0,0429	1,0000
	Total	$n = 280$	1,0000	

$$\bar{x} = 99{,}196 \ \frac{\text{m}^2}{\text{résident}} \quad \text{et} \quad S_X = 35{,}912 \ \frac{\text{m}^2}{\text{résident}}.$$

b) Dans cet échantillon, chaque résident occupe en moyenne une superficie de 99,20 m², mais l'écart-type est assez grand, ce qui montre une grande variabilité dans les données.

c) $Med(X) = 97{,}79 \ \text{m}^2$/résident. Donc, 50 % des résidents occupent chacun une superficie de 97,79 m² ou moins.

31.

Statistiques descriptives des données observées			
Variable	Poids	Vitesse	Note
n	38	38	38
Moyenne	271,84	4,9750	6,926
Écart-type	60,99	0,4187	0,980
Q_1	204,25	4,5450	6,275
Médiane	305,50	5,1650	6,850
Q_3	321,25	5,3400	7,650

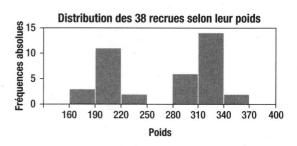

Distribution des 38 recrues selon leur poids

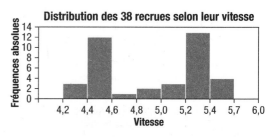

Distribution des 38 recrues selon leur vitesse

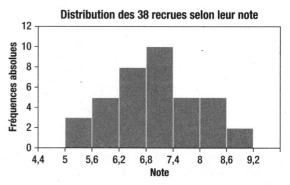

Distribution des 38 recrues selon leur note

32. a) On doit former 8 classes d'amplitude égale à 2,75 chacune, qu'on va arrondir à 3.

Distribution des 100 employés ayant plus de 15 ans d'expérience selon l'âge			
Âge	Fréquences absolues	Fréquences relatives	Fréquences relatives cumulées
[34 ; 37[	1	0,0100	0,0100
[37 ; 40[	5	0,0500	0,0600
[40 ; 43[	17	0,1700	0,2300
[43 ; 46[	28	0,2800	0,5100
[46 ; 49[	25	0,2500	0,7600
[49 ; 52[	18	0,1800	0,9400
[52 ; 55[	5	0,0500	0,9900
[55 ; 58]	1	0,0100	1,0000
Total	$n = 100$	1,0000	

b)

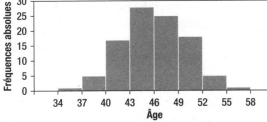

Distribution des 100 employés ayant plus de 15 ans d'expérience selon l'âge

c)

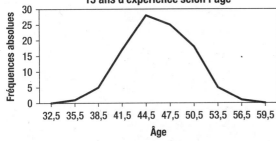

Distribution des 100 employés ayant plus de 15 ans d'expérience selon l'âge

d) La classe modale est [43 ; 46[, $Mo(X) = 44,5$ ans. $Med(X) = 45,89$ ans. $\overline{x} = 46$ ans.

$E = 22$ ans, $S_X = 4,061$ ans et $CV_X = 8,83\%$.

33. a) $\overline{x} = 77,48$ mg/L et $S_X = 11,04$ mg/L.

b) $Z = -1,31$.

c) $C_{55} = 78,25$ mg/L, ce qui signifie que 55 % des patients de cet échantillon ont un taux d'acide urique dans le sang égal ou inférieur à 78,25 mg/L.

$Q_1 = 70,36$ mg/L, ce qui signifie que 25 % des patients de cet échantillon ont un taux d'acide urique dans le sang égal ou inférieur à 70,36 mg/L.

$V_2 = 75,28$ mg/L, ce qui signifie que 40 % des patients de cet échantillon ont un taux d'acide urique dans le sang égal ou inférieur à 75,28 mg/L.

$D_8 = 87,83$ mg/L, ce qui signifie que 55 % des patients de cet échantillon ont un taux d'acide urique dans le sang égal ou inférieur à 87,83 mg/L.

34. a) $E = 30$; $\overline{x} = 134,07$; $S_X = 8,99$ et $CV_X = 6,71\%$.

b) **Diagramme de quartiles de la distribution des 14 patients selon la pression systolique**

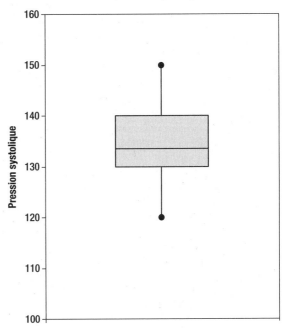

c) 64,29 % des données de cet échantillon.

35. a)

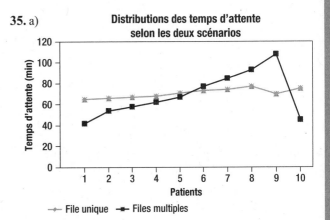

Distributions des temps d'attente selon les deux scénarios

Statistiques descriptives des données observées		
Variable	File unique	Files multiples
n	10	10
Moyenne	70,60	69,10
Écart-type	4,09	21,40
Minimum	65,00	42,00
Q_1	67	54
Médiane	70,50	64,50
Q_3	74	85
Maximum	77,00	108,00

b) On voit que le temps d'attente moyen est sensiblement le même pour les deux scénarios. Par contre, la variabilité (illustrée par un graphique ou mesurée par l'écart-type) est très grande lorsqu'il y a des files d'attente multiples. Ce qui fait que le premier scénario avec une seule file d'attente est le meilleur.

36. a)

Statistiques descriptives des données observées		
Variable	Contrôle	Traitement
n	20	20
Moyenne	4,945	4,420
Écart-type	1,418	1,722
Minimum	1,900	1,200
Q_1	4	2,900
Médiane	5,000	4,800
Q_3	6,2	5,95
Maximum	6,900	6,800

Diagramme de quartiles de la distribution de la croissance des arbres selon l'utilisation ou non de pesticide

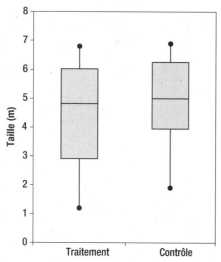

b) On voit que le groupe contrôle (sans pesticide) formé d'arbres non traités a une croissance moyenne supérieure au groupe d'arbres traités avec un écart-type plus petit, ce qui assure une homogénéité dans la croissance des arbres. On peut donc affirmer que ce pesticide ne présente aucun avantage pour la croissance des arbres, mais qu'au contraire, il est plutôt nocif.

37. a)

Distribution des 45 garçons et des 45 filles selon la circonférence de la tête

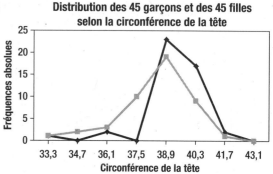

b) Les polygones de fréquences montrent une plus grande concentration autour de la moyenne pour le groupe des garçons. La moyenne semble être un peu plus élevée chez les garçons également.

c)

Statistiques descriptives des données observées		
Variable	Garçons	Filles
n	45	45
Moyenne	40,933	39,822
Écart-type	2,342	1,696
Minimum	30,700	34,400
Q_1	40,200	38,9
Médiane	41,100	40,200
Q_3	42,200	40,8
Maximum	45,700	43,700

38. a)

Distribution des 40 hommes selon la pression systolique	
Fréquences relatives	Fréquences relatives cumulées
0,0250	0,0250
0,1000	0,1250
0,4250	0,5500
0,3000	0,8500
0,1250	0,9750
0,0000	0,9750
0,0250	1,0000
Total $n = 40$	1,0000

Distribution des 40 femmes selon la pression systolique	
Fréquences relatives	Fréquences relatives cumulées
0,2250	0,2250
0,6000	0,8250
0,1250	0,9500
0,0250	0,9750
0,0000	0,9750
0,0250	1,0000
Total $n = 40$	1,0000

b)

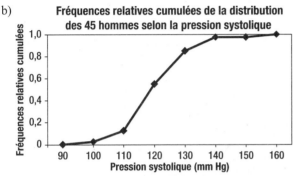

Fréquences relatives cumulées de la distribution des 45 hommes selon la pression systolique

Fréquences relatives cumulées de la distribution des 45 femmes selon la pression systolique

c) Hommes : $\bar{x} = 120$; classe modale = [110 ; 120[; $Mo(X)$ = 115. $Med(X) = 118,82$.

Femmes : $\bar{y} = 111$; classe modale = [100 ; 120[; $Mo(Y)$ = 110. $Med(Y) = 109,17$.

d) Hommes : $S_X = 10,86$; $E = 70$ et $CV_X = 9,05\%$.
Femmes : $S_Y = 18,65$; $E = 120$ et $CV_Y = 16,80\%$.

La pression des hommes est moins variable que celle des femmes.

e) Hommes : $Q_1 = 112,94$, $Q_2 = 118,82$ et $Q_3 = 126,67$.
$L_{sup} = 147,265$. $L_{inf} = 92,345$.

Il y a une ou deux données aberrantes, mais celle qui est certaine se trouve dans la classe [150 ; 160].

Femmes : $Q_1 = 100,83$, $Q_2 = 109,17$ et $Q_3 = 117,5$.
$L_{sup} = 142,505$. $L_{inf} = 75,825$. Il y a donc une donnée aberrante, la donnée de la classe [180 ; 200].

f) Si on enlève la donnée aberrante pour la variable Pression des hommes, on trouve les mesures suivantes :
$\bar{x} = 119,1$; $S_X = 9,38$ et $C_X = 7,88\%$.

Si on enlève la donnée aberrante pour la variable Pression des femmes, on trouve les mesures suivantes :
$\bar{y} = 108,97$; $S_Y = 13,73$ et $C_Y = 12,60\%$.

La variabilité des deux distributions diminue, mais leur ordre reste le même.

39.

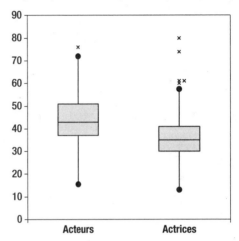

Diagramme de quartiles de la distribution des 39 acteurs et des 39 actrices selon l'âge auquel ils ont remporté leur premier oscar

On voit que la distribution de l'âge des acteurs admet une médiane plus grande et une dispersion moins élevée (distribution plus homogène) que celle des actrices. Il y a une donnée aberrante pour l'âge des acteurs et cinq données aberrantes pour l'âge des actrices.

Statistiques descriptives des données observées		
Variable	Âge des acteurs	Âge des actrices
n	39	39
Moyenne	44,82	38,13
Écart-type	10,14	13,36
Q_1	37,00	30,00
Médiane	43,00	35,00
Q_3	51,00	41,00

On voit que l'âge moyen des acteurs est égal à 44,82 avec un écart-type de 10,14 ans, ce qui donne un coefficient de variation de $CV_X = 10,14/44,82 = 22,62\%$. En comparaison, que pour les actrices, l'âge moyen est égal à 38,13 ans avec un écart-type de 13,36 ans, ce qui donne un coefficient de variation de $CV_Y = 13,36/38,13 = 35,03\%$. Cela confirme la dispersion (hétérogénéité) plus grande des âges des actrices.

Exercices du chapitre 2

1. a) C': Ne pas tirer une carte de cœur; $N(C') = 39$.

$F \cap C$: Tirer une figure de cœur; $N(F \cap C) = 3$.

$N \cup F$: Tirer une carte noire ou une figure; $N(N \cup F) = 26 + 12 - 6 = 32$.

$C \cap N$: Tirer une carte noire de cœur; $N(C \cap N) = N(\varnothing) = 0$.

b) $P(C') = \dfrac{39}{52}$.

$P(F \cap C) = \dfrac{3}{52}$.

$P(N \cup F) = \dfrac{32}{52}$.

$P(C \cap N) = 0$.

2. a) 75 000.   b) 175 000.

3. a) $A \cup B \cup C = \{a, b, c, d, e, f, g, h, i\}$; $A \cap B = \varnothing$; $A \cap C = \varnothing$; $B \cap C = \varnothing$. Les événements A, B et C forment une partition de S.

b) $(A \cup B) \cap C = \varnothing$; $(A \cap B)' \cup C = S$.

4. a)

Partition selon le degré d'infection des arbres du parc de la Gatineau	
35 %	17 %
10 %	38 %

b) $P(M \cup G) = 0{,}52$.

5. a)

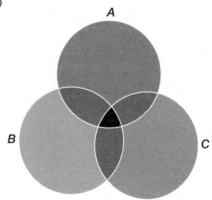

b) $A \cap B'$: Les patients non fumeurs ayant un surpoids;

$(A \cup B) \cap C$: Les patients qui ont eu une crise cardiaque et qui sont fumeurs ou ont un surpoids;

$A \cap B \cap C$: Les patients qui ont ces trois caractéristiques;

$A' \cup (B \cap C)$: Les patients fumeurs ayant eu une crise cardiaque ou n'ayant pas de surpoids.

6. a) Non disjoints.

b) Non disjoints.

c) Non disjoints.

d) Disjoints.

7. a) $S = \{PPP, PPF, PFP, FPP, FFP, FPF, PFF, FFF\}$ avec P = Pile et F = Face.

b) $A = \{PPF, PFP, FPP\}$; $P(A) = \dfrac{3}{8}$.

$B = \{FFF\}$; $P(B) = \dfrac{1}{8}$.

$C = \{PPP, PPF, PFP, FPP\}$; $P(C) = \dfrac{1}{2}$.

$D = \varnothing$; $P(D) = 0$.

$E = S$; $P(E) = 1$.

8. a) $P(A \cap B) = 0{,}05$.

b) $P(A' \cup B) = 0{,}55$.

c) $P(A' \cup B') = 0{,}95$.

9. a) $P(A \cup B \cup C) = 0{,}9$.

b) $P(A \cap B \cap C) = 0$.

c) $P(A' \cap B' \cap C') = 0{,}1$.

d) $P\big((A \cup B) \cap C'\big) = 0{,}7$.

10. Soit A: Le nombre est divisible par 4, $P(A) = \dfrac{1}{4}$.

Soit B: Le nombre est divisible par 5, $P(B) = \dfrac{1}{5}$.

Soit C: Le nombre est divisible par 20, $P(C) = \dfrac{1}{20}$.

11. a) $P(A' \cap B) = \dfrac{580}{953}$, $P(A') = \dfrac{659}{953}$ et $P(A \cup B) = \dfrac{874}{953}$.

b) $P(B' \cap A) = \dfrac{34}{953}$, $P(B') = \dfrac{113}{953}$ et $P(A' \cup B') = \dfrac{693}{953}$.

c) $P(A \text{ sachant que } B) = P(A|B) = \dfrac{260}{840}$.

12. a) $P(A \cup B) = 0{,}76$.

b) $P(A \cap B) = 0{,}14$.

c) $P(A' \cup B') = 0{,}86$.

13. a) Non.

b) Non.

c) $P(A' \cup B') = 0{,}8$.

14. $P(A \cap B) = 0{,}1$.

15. On peut former 900 000 nombres de six chiffres.

Parmi ces nombres, 472 392 ne contiennent jamais le chiffre 5. Donc, par complémentarité, 427 608 de ces nombres contiennent le chiffre 5 au moins une fois.

16. a) 17 576 000 plaques différentes.

b) 11 232 000 plaques.

c) 86 400 plaques.

17. a) 7 311 616 possibilités.

b) 270 725 possibilités.

18. $P(A) = 0,000\ 000\ 1024$.

19. 108 diviseurs.

20. 360 nombres de 4 chiffres.

21. a) De $N(S) = 12\ 612\ 000$ façons.

b) $P(A) = 0,000\ 0019$.

22. $P(B) = 0,005\ 88$.

23. a) De $N(S) = 3003$ façons.

b) De 1573 façons.

c) De 1716 façons.

24. 10 façons.

25. De 17 153 136 façons.

26. a) Soit B : une plante à fleurs blanches, J : une plante à fleurs jaunes et R : une plante à fleurs rouges.

Plante 1   Plante 2

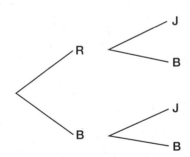

b) $P(R) = \dfrac{1}{2}$.

c) $P(J) = \dfrac{1}{4}$.

27. De 60 façons.

28. 576 nombres entiers entre 200 et 299 sont constitués de chiffres différents.

29.

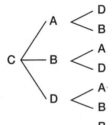

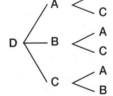

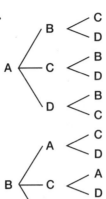

24 agencements possibles.

30. a) 40 320 possibilités.   c) De 2880 façons.

b) De 1152 façons.

31. $P(A) = 0,000\ 000\ 6013$.

32. 3472 pizzas.

33. 43 680 commandes.

34. a) 11 881 376 mots de passe.

b) 364 320 mots de passe.

35. a) $N(S) = 479\ 001\ 600$ possibilités.

b) $P(E) = 0,015\ 15$.

36. $\begin{pmatrix} 100 \\ 94\ 2\ 4 \end{pmatrix}$.

37. $\begin{pmatrix} 36 \\ 2\,3\,3\,1 \end{pmatrix} + \begin{pmatrix} 36 \\ 0\,4\,3\,2 \end{pmatrix} + \begin{pmatrix} 36 \\ 4\,2\,3\,0 \end{pmatrix}$

$\qquad + \begin{pmatrix} 36 \\ 6\,1\,2\,9 \end{pmatrix} + \begin{pmatrix} 36 \\ 8\,0\,2\,8 \end{pmatrix}.$

38. On a $(a+b)^n = \sum\limits_{k=0}^{n} \begin{pmatrix} n \\ k \end{pmatrix} a^{n-k} b^n$ et, si on pose $a = b = 1$

dans cette formule de binôme, on a ce qu'on veut démontrer.

39. D'une part, si on veut choisir n éléments d'un ensemble

de $(2n)$ éléments distincts, on peut le faire de $\begin{pmatrix} 2n \\ n \end{pmatrix}$ fa-

çons différentes. D'autre part, si on suppose que ces $2n$ éléments sont formés de deux groupes A et B conte-nant chacun n éléments, alors ce partage peut se faire de

$\sum\limits_{k=0}^{n} \begin{pmatrix} n \\ k \end{pmatrix}\begin{pmatrix} n \\ n-k \end{pmatrix}$ façons différentes, d'où l'égalité, en

remarquant que $\begin{pmatrix} n \\ k \end{pmatrix} = \begin{pmatrix} n \\ n-k \end{pmatrix}$.

40. Le coefficient est nul.

41. -7560.

42. a)

Distribution des sujets selon la présence ou l'absence d'une maladie et le résultat d'un test de dépistage			
Résultat du test	**Présence de maladie**	**Absence de maladie**	**Total**
Positif	590	75	665
Négatif	160	1025	1185
Total	750	1100	1850

$P(T+\,|M') = 0,068\,18$

b) $P(T-|M') = 0,9318$.

43. a) $P(F \cap H') = 0,067$.

b) $P(F' \cap H') = 0,17$.

c) $P(F \cup H) = 0,83$.

d) $P(H|F) = 0,8940$.

e) $P(H'|F) = 0,1060$.

44. Le risque relatif attribuable au facteur tabagisme est 1,5135.

45. $P(C) = 0,9565$.

46. $P(C) = 0,999\,951\,834$.

47. $P(R_B) = 0,3444$.

48. On doit générer au moins 16 chiffres.

49. $P(A \cap B) = P(A)P(B)$: cette équation est vraie.

$P(A \cap C) = P(A)P(C)$: cette équation est vraie.

$P(B \cap C) = P(B)P(C)$: cette équation est vraie.

$P(A \cap B \cap C) = P(A)P(B)P(C)$: cette équation est vraie.

Donc, les événements A, B et C sont indépendants.

50. $P(A) = \dfrac{4}{7}; \; P(B) = \dfrac{2}{7}; \; P(C) = \dfrac{1}{7}.$

51. a) $P(C) = 0,266$. \qquad b) $P(F|C) = 0,7105$.

52. $P(B|E) = 0,2752$.

53. $P(M) = 2,15\,\%$.

54. $P(M|T-) = 0,009\,368$.

55. a) $P(B) = 0,6563$. \qquad b) $P(U_3|B) = 0,095\,24$.

56. a) $P(R) = 0,056$. \qquad b) $P(A|R) = 0,620\,6897$.

57. $P(V_2) = 0,3258$.

58. $P(E) = 0,3242$.

59. $P(M|T-) = 0,004\,469$ est la probabilité que le patient soit malade alors que le test est négatif.

$P(M'|T+) = 0,085\,71$ est la probabilité que le patient ne soit pas malade alors que le test est positif.

60. a) $P(M) = 0,004\,728$. \qquad b) $P(B|M') = 0,5425$.

61. $P(F|\pi_G) = 0,0806$.

62. $P(A) = \dfrac{6}{13}.$

63. Soit A, B et C: trois événements d'une expérience aléa-toire. Il faut prouver que :

$P(A \cup B \cup C) \leq P(A) + P(B) + P(C)$

$P(A \cup B \cup C) = P(A) + P(B) + P(C) - P(A \cap B)$
$\qquad\qquad - P(B \cap C) - P(A \cap C) + P(A \cap B \cap C)$

Et puisque :

$P(A \cap B \cap C) \leq \text{minimum}\big(P(A \cap B); P(A \cap C); P(B \cap C)\big)$
alors, on a ce qu'on veut démontrer.

64. $P(C|T) = 0,1987$.

65. a) $P(M) = 0,0264$.

  b) $P(F\,|M) = 0,053$.

66. Non.

67. $P(E) = 0,107$.

68. $P(A|B) = \dfrac{1}{6}$.

69. $P(R_3) = 0,35$.

70. Si $P(A|B) > P(A) \Rightarrow P(A \cap B) > P(A)\,P(B)$, donc

  $P(B|A) = \dfrac{P(B \cap A)}{P(A)} > P(B)$; la réciproque est vraie aussi.

71. $P(A) = 5/9$.

72. a) $P(A) = 0,000\ 027\ 81$.

  b) Cette probabilité est trop faible pour être due au hasard ; on peut donc avoir de sérieux doutes sur les intentions du gestionnaire.

73. $P(A) = 10^{-9}$.

74. a) 256 possibilités.

  b) 70 possibilités.

  c) $P(A) = 0,2734$.

75. a) 1 048 576 permutations possibles.

  b) 184 756 permutations.

  c) $P(A) = 0,1762$.

  d) La probabilité calculée en c) est faible comparativement à celle avancée par le généticien. Il confond la probabilité d'une naissance et celle d'une suite de naissances.

76. a) $P(A) = 0,8$.   c) $P(M|\pi) = \dfrac{65}{68}$.

  b) $P(B) = 0,4602$.   d) $P(\pi|M) = \dfrac{65}{80}$.

77. a) $P(T+|M') = 0,1348$. Dans 13,48 % des cas, ce test détecte la présence de marijuana lorsqu'elle n'est pas présente.

  b) $P(T-|M) = 0,0246$. Dans 2,46 % des cas, ce test ne détecte pas la présence de marijuana lorsqu'elle est présente.

  c) $P(T+|M) = 0,9754$. Dans 97,54 % des cas, ce test détecte la présence de marijuana lorsqu'elle est effectivement présente.

  d) $P(T-|M') = 0,8652$. Dans 86,52 % des cas, ce test ne détecte pas la présence de marijuana lorsqu'elle est effectivement absente.

  e) La sensibilité du test est la même chose que la vraie positivité.

  f) La spécificité du test est la même chose que la vraie négativité.

  g) Il faut être vigilant quand on utilise ce test de détection de la marijuana.

Exercices du chapitre 3

1. $c = 0,4$; $\mu_X = 2,6$; $\mathrm{var}(X) = 2,04$ et $\sigma_X = 1,4283$.

2. $k = 0,1$; $\mu_X = 3,05$ et $\sigma_X = 1,1169$.

3. a)

Fonction de masse de X				
X	1	2	3	Total
$P(X = k)$	0,7	0,2	0,1	1

  b) $P(X < 4) = 1$; $P(X > 7) = 0$ et $P(1 < X < 5) = 0,3$.

  c) $\mu_X = 1,4$; $\mathrm{var}(X) = 0,44$ et $\sigma_X = 0,6633$.

4. a) $P(X > 3) = 0,8929$; $P(X > 18) = 0,000\ 000\ 001\ 662$; $P(X = 7) = 0,1643$ et $P(2 \le X \le 4) = 0,2299$.

  b) $\mu_X = 6$ et $\sigma_X = 2,049\ 39$.

5. a) $P(X \le 2) = 1$; $P(-1 \le X \le 1) = \dfrac{6}{8}$;

  $P(X \le -1) + P(X = 2) = \dfrac{5}{8}$.

  b)

$$F(a) = \begin{cases} 0 & \text{si } a < -2 \\[4pt] \dfrac{1}{8} & \text{si } -2 \le a < -1 \\[4pt] \dfrac{1}{2} & \text{si } -1 \le a < 0 \\[4pt] \dfrac{5}{8} & \text{si } 0 \le a < 1 \\[4pt] \dfrac{7}{8} & \text{si } 1 \le a < 2 \\[4pt] 1 & \text{si } a \ge 2 \end{cases}$$

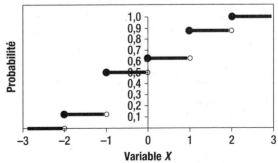

Fonction cumulative des probabilités de X

6. a) $P(1 \leq X < 4) = \dfrac{15}{25}$; $P(X > -2) = 1$ et $P(X \leq 1) = \dfrac{4}{25}$.

b)
$$F(a) = \begin{cases} 0 & \text{si } a < 0 \\ \dfrac{1}{25} & \text{si } 0 \leq a < 1 \\ \dfrac{4}{25} & \text{si } 1 \leq a < 2 \\ \dfrac{9}{25} & \text{si } 2 \leq a < 3 \\ \dfrac{16}{25} & \text{si } 3 \leq a < 4 \\ 1 & \text{si } a \geq 4 \end{cases}$$

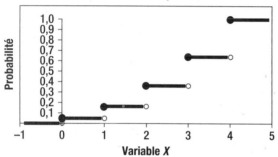

Fonction cumulative des probabilités de X

7. a) Il s'agit d'une fonction de masse, car elle satisfait aux deux conditions.

b) $P(0 \leq X < 2) = 0{,}5714$;

$P(X > 0) = 1$;

$P(0 < X \leq 2) = 0{,}8571$.

c)
$$F(a) = \begin{cases} 0 & \text{si } a < 1 \\ 0{,}5714 & \text{si } 1 \leq a < 2 \\ 0{,}8571 & \text{si } 2 \leq a < 3 \\ 1 & \text{si } a \geq 3 \end{cases}$$

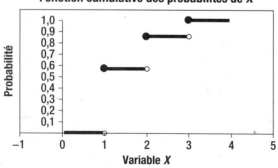

Fonction cumulative des probabilités de X

8. a)

Fonction de masse du revenu annuel				
Revenu (M$)	20	5	–3	Total
$P(X = k)$	0,3	0,5	0,2	1

b) $\mu_X = 7{,}9$ M\$ et $\sigma_X = 8{,}479$ M\$.

9. a)

Fonction cumulative de X						
X	1	2	3	4	5	6
$F(a) = P(X \leq a)$	0,3	0,5	0,7	0,8	0,9	1

b) $\mu_X = 2{,}8$; $Med(X) = 2$ et $\sigma_X = 1{,}66$.

10. a) $Supp_X = \{0; 1; 2; 3\}$.

b)

Fonction de masse de X				
X	0	1	2	3	Total
$P(X = k)$	0,9	0,05	0,02	0,03	1

c) $\mu_X = 0{,}18$; $Med(X) = 0$ et $\sigma_X = 0{,}606$.

11. a)

Fonction densité de probabilité de X				
X	0	1	2	3	Total
$P(X = x)$	0,729	0,243	0,027	0,001	1

Possibilités d'infection des enfants avec M: infecté et M′: non infecté

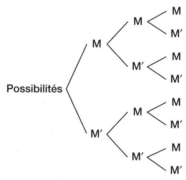

b) $P(X = 0) = 0{,}729$ et $P(X \leq 1) = 0{,}972$.

12. a) $p = \dfrac{1}{14}$.

b) $\mu_X = 2$ et $\sigma_X = 1{,}8898$.

13. a) $\mu_X = 11{,}59$ et $\sigma_X = 5{,}2155$.

b) $Med(X) = 10$.

c) Le profit quotidien moyen est de $-779{,}7$ \$.

14. a)

Fonction de masse de X							
X	1	2	3	4	5	6	Total
$P(X = k)$	1/6	1/6	1/6	1/6	1/6	1/6	1

b) $\mu_X = 3,5$ et $\sigma_X = 1,7078$.

15. a)

Fonction de masse de Y							
Y	0	0,6931	1,3863	1,7918	2,0794	2,3026	Total
$P(Y = y)$	0,05	0,15	0,10	0,30	0,25	0,15	1

b) $\mu_y = 1,6453$ et $\sigma_y = 0,6295$.

16. a)

Fonction de masse de Z				
Z	−9	−6,9207	−4,8411	−3,6246
$P(Z = z)$	0,05	0,15	0,10	0,30

Fonction de masse de Z (*suite*)		
Z	−2,7618	−2,0922	Total
$P(Z = z)$	0,25	0,15	1

b) $\mu_Z = -4,0639$ et $\sigma_Z = 1,8886$.

17. a)

Fonction de masse de D						
D	0	1	2	3	4	5	Total
$P(D = d)$	6/36	10/36	8/36	6/36	4/36	2/36	1

b) $\mu_D = 1,9444$ et $\sigma_D = 1,4326$.

18. Le profit moyen est de −500 $.

19. En 2,79 années.

20. $P(X + Y = 3) = 0,0496$.

21. $E(V) = \lambda + np + \dfrac{N+1}{2}$; $\text{var}(V) = \lambda + np(1 - p) + \dfrac{N^2 - 1}{12}$.

22. $P(T > 10) = q^{30}$.

23. a) De type binomial : $n = 10$ et $p = 0,33$ en supposant l'indépendance des naissances.

b) Pas de type binomial : c'est une variable qui indique le nombre d'enfants et non le nombre de succès.

24. $P(X = 2) = 0,2637$.

25. a) Oui, car on a l'indépendance des essais.

b) $E(X) = 5,1$ et $\sigma_X = 2,057$.

c) $P(X \leq 2) = 0,0949$.

26. a) $P(X = 13) = 0,000\ 010\ 76$.

b) $P(X = 8) = 0,051$.

c) $\mu_X = 4,9$ et $\sigma_X = 1,7847$. Dans cette école, dans chaque groupe de 14 étudiants choisis au hasard, il faut s'attendre à avoir en moyenne cinq fumeurs, mais le plus souvent entre trois et sept fumeurs.

27. $f(k) = P(X = k) = \begin{cases} \dfrac{1}{40} & \text{si } k = 1, \dots, 40 \\ 0 & \text{sinon} \end{cases}$

$E(X) = 20,5$ et $\sigma_X = 11,54$.

28. X suit une loi discrète et uniforme $Unif(675; 700)$.

a) Sa fonction de masse est :

$$f(k) = P(X = k) = \begin{cases} \dfrac{1}{26} & \text{si } k = 675, \dots, 700 \\ 0 & \text{sinon} \end{cases}$$

b) $E(X) = 687,5$ et $\sigma_X^2 = 56,25$.

29. $P(X \geq 3) = 0,938$.

30. $P(Y \geq 1) = 0,5654$.

31. $P(A) = 0,3412$.

32. $P(X \leq 1) = 0,9259$.

33. $P(A) = 0,000\ 2084$.

34. a) $P(A) = 0,000\ 4743$.

b) $P(B) = 0,001\ 666$.

35. a) $S = \{(a, b) ; (a, c) ; (a, d) ; (b, c) ; (b, d) ; (c, d)\}$.

b) $S = \{(d, d); (d, b); (b, b)\}$ avec d: défectueuse et b: bonne.

36. $P(X = 7) = 0,1032$.

37. $P(Y > 2) = 0,602$.

38. $P(A) = 0,5303$.

39. $P(A|X = 6) = 0,004\ 762$.

40. a) $P(A) = 0,058\ 82$.

b) $P(B) = 0,3824$.

c) $P(C) = 0,019\ 23$.

41. $P(A) = 0,3576$.

42. a) $P(X = 2) = 0,2335$; $P(X = 0) = 0,028\ 25$.

  b) 9 fois.

43. $P(X \leq 2) = 0,9899$.

44. a) $P(X \leq 18) = 0,999\ 999\ 998$.

  b) $E(X) = 9$ et $\sigma_X = 2,51$.

45. a) $P(X = 15) = 0,025\ 34$.

  b) $P(Y = 20) = 0,002\ 193$.

46. $P(X > 2) = 0,1912$.

47. a) $P(X \geq 2) = 0,5252$.

  b) $E(X) = 1,6$ et $\sigma_X = 0,9522$.

48. $P(X \leq 2) = 0,3871$.

49. a) $P(X \geq 2) = 0,9765$.

  b) $E(X) = 10$ et $\sigma_X = 2,69$.

50. $\lambda = 2,659 = E(X)\ \sigma_X = 1,631$.

51. a) $P(X = 3) = 0,0892$.

  b) $P(X > 2) = 0,8264$.

52. a) $P(X = 5) = 0,044\ 51$.

  b) $P(Y > 10) = 0,2484$.

53. a) $P(X > 3) = 0,1429$.

  b) $P(X = 20) = 0,013\ 41$.

54. $P(A) = 0,008\ 231$.

55. $P(A = 5; B = 8; C = 3; D = 2; E = 2)$

   $+\ P(A = 5; B = 8; C = 3; D = 3; E = 1)$

   $+\ P(A = 5; B = 8; C = 3; D = 4; E = 0) = 0,001\ 570$.

56. $P(X = 7; Y = 5; Z = 3) = 0,003\ 188$.

57. $P(X \geq 3) = 0,99$.

58. a) $P(A) = 1,539 \times 10^{-6}$.   f) $P(F) = 0,003\ 94$.

  b) $P(B) = 1,385 \times 10^{-5}$.   g) $P(G) = 0,021\ 13$.

  c) $P(C) = 2,4 \times 10^{-4}$.   h) $P(H) = 0,047\ 54$.

  d) $P(D) = 0,001\ 441$.   i) $P(I) = 0,4226$.

  e) $P(E) = 0,001\ 965$.

59. a) $P(A) = 0,001\ 761$.   b) $E(X) = 260$.

60. a) La loi de Poisson.

  b) $P(X \geq 2) = 0,6204$.

61. a) $P(X = 3) = 0,2162$.

  b) $P(Y = 40) = 0,016\ 22$.

62. a)

Fonction de masse de X			
X	0	1	2	Total
$P(X = k)$	1/4	1/2	1/4	1

  b) $P(A) = 0,1025$.

63. a)

Fonction de masse de X				
X	0	1	2	3	Total
$P(X = k)$	1/8	3/8	3/8	1/8	1

  b) $P(A) = 0,024\ 33$.

64. a) $P(2 \leq X \leq 5) = 0,5871$.

  b) $P(Y = 10) = 0,031\ 51$.

  c) $P(U = 30) = 0,002\ 059$.

65. a) $P(Y = 5) = 0,022\ 59$.

  b) $P(Y = 13) = 0,000\ 003\ 948$.

66. a) $P(X \geq 3) = 0,3233$.

  b) $P(4 \leq Y \leq 7) = 0,6016$.

67. a) $P(X > 40) = 0,2198$.

  b) $P(60 \leq Y \leq 80) = 0,791$.

68. a) $P(X \geq 13) = 0,898$.

  b) $E(X) = 150$.

69. a) $P(A) = 0,3251$.

  b) $P(B) = 0,039\ 93$.

  c) $P(C) = 0$.

  d) $P(D) = 0,2215$.

70. a) $P(A) = 0,9054$.

  b) $P(B) = 0,003\ 856$.

  c) $P(C) = 0,9401$.

71. $P(X + Y = 3) = 0,000\ 3463$.

72. $P(X + Y + Z = 4) = 0,1534$.

73. a) $E(X) = 1$.

  b) $P(X \geq 14) = 0$.

74. $P(X = 2) = 0,224$.

75. $P(X \geq 19) = 0$.

76. $P(X > 2) = 0,5768$.

77. a) $P(X = 1) = 0{,}3307$.

  b) $P(X \geq 2) = 0{,}1215$.

  c) $P(Y = 1) = 0{,}3293$ et $P(Y \geq 2) = 0{,}1219$.

78. a) $P(X \geq 5) = 0{,}3712$.

  b) $P(4 \leq X \leq 8) = 0{,}6669$.

79. $P(X \geq 25) = 0{,}911\ 899$.

80. a) $P(A) = 0{,}2699$.

  b) $P(G|A) = 0{,}4205$.

81. $P(X \geq 4) = 0{,}9252$.

82. $n = 1250$.

Exercices du chapitre 4

1. a) $k = 2$. b) $P\left(X > \dfrac{5}{6}\right) = 0{,}1889$.

2. a) $k = -1/2$,

  b) $F_x(a) = \begin{cases} 0 & \text{si } a < -1 \\ -\dfrac{1}{2}\displaystyle\int_{-1}^{a} x(2x - 3x^2)\, dx & \\ = -\dfrac{1}{2}(a^2 - a^3 - 2) & \text{si } -1 \leq a < 0. \\ 1 & \text{si } a \geq 0 \end{cases}$

  c) $P(X < -0{,}6) = 0{,}712$.

3. a) $f_X(x) = F'_X(x) = \begin{cases} 2x & \text{si } 0 < x < 1 \\ 0 & \text{ailleurs} \end{cases}$.

  b) $E(x) = \dfrac{2}{3}$; $\sigma_X = \dfrac{1}{\sqrt{18}}$.

4. a) $P(Y < 2) = 0{,}6931$; $P(1{,}5 < Y < 2{,}5) = 0{,}5108$; $P(Y < 4) = 1$.

  b) $f_Y(y) = F'_Y(y) = \begin{cases} \dfrac{1}{y} & \text{si } 1 < y < e \\ 0 & \text{ailleurs} \end{cases}$.

  c) $E(Y) = e - 1$; $\text{var}(Y) = 2e - \dfrac{e^2}{2} - \dfrac{3}{2}$ et $m = 1{,}6487$.

5. Cette fonction est positive, et une intégration par parties (comme intégrale impropre) permet de démontrer que $\displaystyle\int_0^{+\infty} xe^{-x}\, dx = 1$; donc, il s'agit bien d'une fonction densité de probabilité.

6. a) $E(X) = 1$ et $\sigma_X = \sqrt{\pi - 3}$.

  b) $E(X) = 1$ et $\sigma_X = \dfrac{1}{\sqrt{2}}$.

  c) $E(Y) = \dfrac{1}{4}$ et $\sigma_y = \dfrac{\sqrt{3}}{\sqrt{80}}$.

7. a) Cette fonction est positive, et une intégration par parties (comme intégrale impropre) permet de démontrer que $\displaystyle\int_1^{+\infty} \dfrac{1}{x^2}\, dx = 1$; donc, il s'agit bien d'une fonction densité de probabilité.

  b) $E(X) = \displaystyle\int_1^{+\infty} x\left(\dfrac{1}{x^2}\right) dx = \int_1^{+\infty} \dfrac{1}{x}\, dx$. Or, cette intégrale impropre est divergente; donc, l'espérance mathématique de cette fonction n'existe pas.

8. a) $Fx(a) = \begin{cases} 0 & \text{si } a < 0 \\ \dfrac{1}{15}\displaystyle\int_0^a e^{-\frac{x}{15}}\, dx = 1 - e^{-\frac{a}{15}} & \text{si } a \geq 0 \end{cases}$.

  b) $P(6 < X < 10) = 0{,}1569$.

  c) $P(X \geq 12) = 0{,}000\ 008$.

9. a) $E(X) = \dfrac{3}{2}$; $\sigma_X = 0{,}2236$.

  b) $F_X(a) = \begin{cases} 0 & \text{si } a < 1 \\ 5 - 2a^3 + 9a^2 - 12a & \text{si } 1 < a < 2. \\ 1 & \text{si } a > 2 \end{cases}$

10. a) $F_X(a) = \begin{cases} 0 & \text{si } a < 0 \\ \dfrac{3a^2}{2} - a^3 & \text{si } 0 < a < 1 \\ \dfrac{1}{2} & \text{si } 1 < a < 2. \\ \dfrac{a}{2} - \dfrac{1}{2} & \text{si } 2 < a < 3 \\ 1 & \text{si } a > 3 \end{cases}$

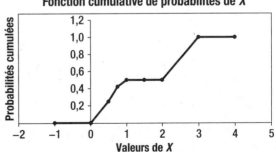

Fonction cumulative de probabilités de X

  b) $b = 2{,}2$.

11. $P(A) = \dfrac{3}{5}$.

12. $P(X > 22) = \dfrac{3}{4}$.

13. a) $E(V) = 40\pi$. b) $P(V < 36\pi) = \dfrac{1}{2}$.

14. $1 - P(-2 \le k \le 2) = \dfrac{1}{3}$.

15. $E(\cos(2X)) = 0$.

16. a) $E(T) = 30$ min et $\sigma_T = 8{,}66$ min.

b) $E(L) = 20$ min et $\sigma_L = 8{,}66$ min.

17. a) $f_X(x) = \begin{cases} \dfrac{1}{50} & \text{si } 150 < x < 200 \\ 0 & \text{sinon} \end{cases}$.

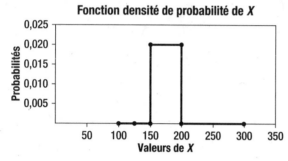

b) $P(X < 155) = 10\,\%$.

18. a) $P(Y < 1) = \dfrac{1}{20}$. b) $p = 0{,}018\ 77$.

19. $E(5000Y) = 641\ 250$ \$ et $\sigma_{5000Y} = 3606$ \$.

20. a) $P(X \le 0) = 0$.

b) $P(X \ge 3) = e^{-7{,}5}$ et $P(1 < X \le 3) = 0{,}081\ 53$.

c) $k = 0{,}0205$.

21. a) $P(X > 10) = 0{,}4346$.

b) $P(20 < X < 30) = 0{,}1068$.

c) $k = 0{,}6155$.

22. a) $E(T) = \dfrac{1}{3}$ et $\sigma_T = \dfrac{1}{3}$.

b) $P(T > 2) = 0{,}002\ 479$.

23. a) $E(T) = 12$ min et $\sigma_T = 12$ min.

b) $P(10 < T < 15) = 0{,}1481$.

24. a) $P(X > 6) = 0{,}2231$.

b) $P(7 < X < 9) = 0{,}068\ 37$.

c) $E(T) = 12$ min et $\sigma_T = 12$ min.

25. $P(X > 3) = 0{,}2424$.

26. $P(X \ge 3) = 0{,}4431$.

27. $Q_1 = 5{,}75$; $Q_2 = 13{,}86$; $Q_3 = 27{,}726$.

28. a) $P(T > 12) = 0{,}009\ 56$.

b) $P(X = 0) = 0{,}2122$.

29. a) $P(X > 14) = 0{,}096\ 97$.

b) $E(Y) = 18$ mois.

c) $P(U \ge 3) = 0{,}3233$.

30. a) $P(Z < 2{,}23) = 0{,}9871$.

b) $P(Z > 0{,}73) = 0{,}2327$.

c) $P(-1{,}54 < Z < 1{,}67) = 0{,}8908$.

d) $P(-1{,}65 < Z < 1{,}65) = 0{,}9011$.

e) $P(Z > -0{,}87) = 0{,}8078$.

31. $k = 0{,}57$.

32. a) $P(0{,}35 < Z < 2{,}78) = 0{,}3605$; $P(Z > -0{,}98) = 0{,}8365$; $P(-0{,}54 < Z < 1{,}46) = 0{,}6333$.

b) $L = 1{,}035$.

33. a) $P(X < 75) = 0{,}0475$.

b) $P(56 < X < 90) = 0{,}7967$.

c) $Q_1 = 80{,}95$ et $Q_3 = 89{,}05$.

d) $C_{95} = 94{,}87$.

34. La moyenne de X est égale à 112 et son écart type est égal à 11.

a) $P(X > 120) = 0{,}2327$.

b) $Q_1 = 104{,}58$ et $Q_3 = 119{,}42$.

c) $k = 10{,}725$.

35. a) $P(1{,}997 < D < 2{,}003) = 68{,}26\,\%$.

b) $P(2 < D < 2 + 3 \times 0{,}003) = 49{,}87\,\%$.

c) $p = 9{,}56\,\%$.

36. $P(X > 320) = 7{,}64\,\%$.

37. Les trois méthodes prouvent que les données de cet échantillon proviennent d'une loi approximativement normale.

38. Les trois méthodes prouvent que les données de cet échantillon proviennent d'une loi approximativement normale.

39. a) $P(110 < X < 120) = 0{,}2586$.

b) $x_0 = 78{,}55$.

40. a) $P(2{,}35 < X < 2{,}47) = 76{,}06\,\%$.

b) $P(X < 2{,}34) = 11{,}51\,\%$.

c) $a = 2{,}34$ cm.

41. $\sigma_{\bar{X}} = 10{,}95$ s.

42. a) $P(X > 125) = 0,0132$.

  b) $P(95 < X < 130) = 0,864$.

  c) $k = 112,61$ mg/100 mL.

43. $P(U = 5) = 0,007$.

44. a) $P(32 < X < 42) = 64,5\%$.

  b) $a = 43,23$ cm.

45. a) $P(545 < X < 645) = 0,7888$.

  b) $P(X > 635) = 15,87\%$.

  c) $a = 646,20$ \$.

46. a) $P(X \geq 4) = 0,735$.

  b) $P(X \geq 4) = 0,7549$.

  c) Les résultats obtenus en a) et en b) sont similaires, surtout si on sait que la valeur exacte résultant de l'utilisation d'une loi binomiale est 0,7422.

47. $P(D > 0) \approx 0$.

48. $P(73,5 < T < 75,3) = 0,5325$.

49. $P(X > 4) = 0,8264$.

50. $P(X > 42 | X > 32) = 0,1475$.

51. a) $P(X > 70) = 0,9147$.

  b) $P(70 < X < 90) = 0,8608$.

52. $P(X > 10\ 000) = 0,5$.

53. a) $P(130 \leq X \leq 160) = 92,15\%$.

  b) $P(X > 155 | X > 146) = 8,31\%$.

54. a) $P(X > 88) = 9,68\%$.

  b) $P(X > 110) = 0,023\%$.

55. $\sigma_X = 429,69$ g.

56. $\mu_X = 95$ et $\sigma_X = 22,39$.

57. a) $P(X \geq 1800) = 0,3264$.   b) $a = 2327$ accidents.

58. a) $c = 9178,75$ \$.

  b) $P(T > 15\ 000) = 0,166$.

59. $P(X \geq 5) = 0,95$.

60. $P(X \geq 90) = 0,73\%$.

  $P(80 \leq X < 90) = 8,45\%$.

  $P(70 \leq X < 80) = 32,11\%$.

  $P(60 \leq X < 70) = 40,04\%$.

  $P(50 \leq X < 60) = 16,39\%$.

$P(40 \leq X < 50) = 2,19\%$.

$P(X < 40) = 0,09\%$.

61. $P(U = 11) = 0,0223$.

62. $P(V = 3) = 0,2311$.

63. $P(L = 5) = 0,001\ 33$.

64. $\mu_X = 122,75$ g.

65. Les données mesurant la circonférence de l'échantillon des boulons provenant de la machine A sont approximativement distribuées normalement. Les données mesurant la circonférence de l'échantillon des boulons provenant de la machine B sont, quant à elles, assez éloignées d'une distribution normale.

On devrait donc choisir la machine A, qui produit des boulons dont les données de circonférence sont normalement distribuées et plus homogènes (selon leur coefficient de variation).

66. a) $P(X > 20) = 0,4562$.

  b) $P(20 \leq X \leq 40) = 0,5438$.

67. $P(X \geq 5) = 1$.

68. $P(X \geq 400) = 0,004$.

69. La fonction densité de probabilité de Y est :

$$f_Y(a) = \begin{cases} \dfrac{1}{3} & \text{si } -8 \leq a \leq -5 \\ 0 & \text{ailleurs} \end{cases}$$

$$E(Y) = -6,5 \ \text{ et } \ \sigma_Y = \frac{3}{\sqrt{12}}.$$

70. a) $f_Y(y) = \begin{cases} 0 & \text{si } y < 0 \\ \dfrac{2}{y^2} e^{-\frac{2}{y}} & \text{si } y > 0 \end{cases}$.

  b) $f_Y(a) = 2e^2 e^{-2e^a}$.

71. $f_Y(y) = \begin{cases} \dfrac{3}{2}(a+4)(-2-a) & \text{si } -4 \leq a \leq -2 \\ 0 & \text{ailleurs} \end{cases}$.

72. $f_Y(b) = \begin{cases} \dfrac{3\sqrt{b}}{16} & \text{si } 0 < b < 4 \\ 0 & \text{ailleurs} \end{cases}$.

Exercices du chapitre 5

Les réponses aux exercices 1 à 4 dépendent de l'échantillon généré.

5. a) $\mu_{\bar{X}} = \mu_X = 54$ et $\sigma_{\bar{X}} = \dfrac{\sigma_X}{\sqrt{n}} = \dfrac{3,5}{\sqrt{40}} = 0,5534$.

b) $P(53 \leq \bar{X} \leq 55) = 0,9298$.

c) $P(\bar{X} > 53,5) = 0,8159$.

6. a) $P(3400 \leq X \leq 3500) = 0,0638$.

b) $P(3400 \leq \bar{X} \leq 3500) = 0,4648$.

c) Comme il s'agit de deux variables de même moyenne se trouvant dans le même intervalle et que l'écart-type de la deuxième variable est beaucoup plus petit, par conséquent, la deuxième probabilité sera plus grande.

7. a) $X : \mu_X = 110$; $\sigma = 26$; N est inconnue.

$\bar{X} : \mu_{\bar{X}} = \mu_X = 110$; $\sigma_{\bar{X}} = \dfrac{\sigma}{\sqrt{n}} = \dfrac{26}{8} = 3,25$.

b) $L_{\text{inf}} = 100,25$ et $L_{\text{sup}} = 119,75$.

c) Oui.

8. $P(0,778 \leq \hat{p} \leq 0,785) \approx 0,1777$.

9. $P(0,075 \leq \hat{p} \leq 0,082) \approx 0,2430$.

10. a) $P(154 \leq X \leq 164) = 0,1310$.

b) $P(154 \leq \bar{X} \leq 164) = 0,4321$.

11. a) $P(E) = 0,7660$ et $P(E) = 0,9090$.

b) $P(E)$ augmente.

12. a) $P(E) = 0,6424$ et $P(E) = 0,6424$.

b) $P(E)$ reste inchangée.

13. a) $P(E) = 0,6424$ et $P(E) = 0,5588$.

b) $P(E)$ diminue.

14. a) Normale avec une moyenne de 60,5 min et un écart-type égal à $\dfrac{8}{\sqrt{5}} = 3,58$ min.

b) Normale avec une moyenne de 60,5 min et un écart-type égal à $\dfrac{8}{\sqrt{12}} = 2,31$ min.

c) $P(-5 \leq \bar{X} - 60,5 \leq 5) = 0,9692$.

15. $P(-0,05 \leq \hat{p} - p \leq 0,05) \approx 0,9652$.

16. $P(\hat{p} > 0,86) = 0,0392$.

17. a) $P(X < 30) = 0,1606$.   b) $P(X < 30) = 0,1615$.

c) $P(X < 30) = 0,1179$.

d) La meilleure approximation de la valeur exacte trouvée en a) est celle calculée en b), où on applique la correction de continuité.

18. a) $p = 0,1867$.   c) $p^3 = 0,0065$.

b) $P(\bar{X} > 180) = 0,0630$.

19. a) $\mu_X = 80,5$ et $\sigma_X^2 = 374,42$.

b) Il y a 15 manières de sélectionner quatre employés parmi les six. Le tableau suivant les énumère.

Échantillon	Salaires (k\$)	Moyenne et écart-type du salaire de l'échantillon (k\$)
A, B, C, D	80, 112, 78, 67	84,25 et 19,36
A, B, C, E	80, 112, 78, 56	81,5 et 23,06
A, B, C, F	80, 112, 78, 90	90 et 15,58
A, B, D, E	80, 112, 67, 56	78,75 et 24,24
A, B, D, F	80, 112, 67, 90	87,25 et 18,99
A, B, E, F	80, 112, 56, 90	84,5 et 23,23
A, C, D, E	80, 78, 67, 56	70,25 et 11,09
A, C, D, F	80, 78, 67, 90	78,75 et 9,43
A, C, E, F	80, 78, 56, 90	76 et 14,33
A, D, E, F	80, 67, 56, 90	73,25 et 14,86
B, C, D, E	112, 78, 67, 56	78,25 et 24,23
B, C, D, F	112, 78, 67, 90	86,75 et 19,27
B, C, E, F	112, 78, 56, 90	84 et 23,38
B, D, E, F	112, 67, 56, 90	81,25 et 24,92
C, D, E, F	78, 67, 56, 90	72,75 et 14,6

Échantillons possibles et estimations de leurs paramètres

c) Oui, car la moyenne des moyennes échantillonnales doit être égale à la moyenne de la population, donc à 80,5.

d) Oui, car la moyenne des variances échantillonnales doit être égale à la variance de la population, donc à 374,4225.

20. a) Normale avec une moyenne de 1000 et un écart-type égal à $\dfrac{30}{\sqrt{64}} = 3,75$.

b) Non.

c) Non.

21. a) Normale.

b) Non.

c) Non, car n est plus grand que 30.

22. a) Normale.

b) La taille de l'échantillon ne joue aucun rôle, car on avait la normalité au départ.

23. a) Normale, avec une moyenne de 8,3 jours et un écart-type de 0,51 jour.

b) $P(\overline{X} > 9) = 0,0853$.

24. a) Normale, avec une moyenne de 55 050 \$ et un écart-type de 1314,29 \$.

b) $P(55\,000 \le \overline{X} \le 56\,000) = 0,2802$.

25. a) Normale, avec une moyenne de 1,435 kg et un écart-type de 0,1565 kg.

b) $P(\overline{X} > 1,45) = 0,4602$.

26. Si la moyenne de la population est réellement de 73 bpm avec un écart-type de 11,5 bpm, la probabilité d'extraire un échantillon de 36 individus dont la moyenne échantillonnale est de 79,9 bpm est alors extrêmement faible. Cela indique plutôt qu'il y a fort probablement eu un changement dans la distribution de la variable de départ.

27. a) $L_{inf} = 31,21$ et $L_{sup} = 33,79$.

b) La concentration des BPC dans le lac a fort probablement augmenté.

28. a) On génère un nombre aléatoire compris entre 1 et 20. Si ce nombre est r, les unités qui feront partie de l'échantillon sont celles qui porteront les numéros r ; $r+20$; $r+40$; ... ; $r+180$.

b) On génère un nombre aléatoire compris entre 1 et 5. Si ce nombre est r, les unités qui feront partie de l'échantillon sont celles qui porteront les numéros r ; $r+5$; $r+10$; ... ; $r+195$.

29. a) Pour une seule chaîne de montage, un échantillonnage aléatoire simple ou un échantillonnage systématique seront bien adaptés.

b) Pour cinq chaînes de montage, on suggère d'utiliser la méthode d'échantillonnage stratifié, chaque chaîne de montage étant une strate.

30. La probabilité que cela se produise au hasard est de 0,000 000 0298 (en utilisant la formule de la loi binomiale avec $n = 25$ et $p = 1/2$). Donc, la méthode d'échantillonnage n'est pas aléatoire.

Exercices du chapitre 6

1. a) $\overline{x} = 76,332$ L.

b) $[\overline{x} - E ; \overline{x} + E] = [70,91 ; 81,75]$.

2. a) $\overline{x} = 6519,67$ \$.

b) $[\overline{x} - E ; \overline{x} + E] = [5289,2 ; 7750,14]$.

c) Sur la base des données, la somme moyenne que les ménages québécois consacrent annuellement à leurs assurances est de 6519,67 \$ avec une marge d'erreur de 1230 \$, et ce, 99 fois sur 100.

3. a) $[\overline{x} - E ; \overline{x} + E] = [167,41 ; 229,39]$.

b) Sur la base des données, on peut estimer le taux moyen de cholestérol chez les femmes canadiennes en bonne santé à 198,4 mg/dL, avec une marge d'erreur de 30,99 mg/dL, et ce, 19 fois sur 20.

4. a) $[\overline{x} - E ; \overline{x} + E] = [17,91 ; 23,49]$.

b) $[\overline{x} - E ; \overline{x} + E] = [19,82 ; 21,58]$.

c) $[\overline{x} - E ; \overline{x} + E] = [18,66 ; 22,74]$.

d) $[\overline{x} - E ; \overline{x} + E] = [28,88 ; 30,52]$.

5. a) La marge d'erreur augmente et, par conséquent, l'estimation de la moyenne d'une variable devient moins précise.

b) La marge d'erreur diminue et, par conséquent, l'estimation de la moyenne d'une variable devient plus précise.

6. a) $E = 82,9$.

b) $[\overline{x} - E ; \overline{x} + E] = [562,9 ; 728,7]$.

c) $n = 22$.

7. a) $[\overline{x} - E ; \overline{x} + E] = [135,89 ; 154,11]$.

b) La plus petite valeur que peut atteindre la moyenne de la population d'arbres est égale à $\overline{x} - 3 \times 4,64 = 131,08$ cm. On peut donc dire que la moyenne de cette population dépasse 130 cm.

8. a) $[\overline{x} - E ; \overline{x} + E] = [6,703 ; 6,757]$.

b) On a supposé la variable donnant le diamètre des boulons de la compagnie distribuée normalement. Cette supposition est vraisemblable.

9. a) $[\overline{x} - E ; \overline{x} + E] = [7,48 ; 13,92]$.

b) $[\overline{x} - E ; \overline{x} + E] = [29,82 ; 31,58]$.

c) $[\overline{x} - E ; \overline{x} + E] = [23,13 ; 28,27]$.

d) $[\overline{x} - E ; \overline{x} + E] = [7,88 ; 9,52]$.

10. a) $[\overline{x} - E ; \overline{x} + E] = [988,3 ; 1127,08]$.

b) On a supposé la variable X normalement distribuée. Cette supposition est vraisemblable.

11. a) $[\hat{p} - E ; \hat{p} + E] = [0,0828 ; 0,118]$.

b) Entre 198 720 \$ et 283 200 \$.

12. Les points critiques unilatéraux sont les suivants :

a) $n = 12$; $\alpha = 0{,}025 \Rightarrow t_{n-1,\alpha} = t_{11;\,0{,}025} = 2{,}201$;

b) $n = 29$; $\alpha = 0{,}05 \Rightarrow t_{n-1,\alpha} = t_{28;\,0{,}05} = 1{,}701$;

c) $n = 15$; $\alpha = 0{,}10 \Rightarrow t_{n-1,\alpha} = t_{14;\,0{,}1} = 1{,}345$;

d) $n = 64$; $\alpha = 0{,}025 \Rightarrow t_{n-1,\alpha} = t_{63;\,0{,}025} = z_{0{,}025} = 1{,}96$.

13. a) Chez les enfants : $[\hat{p}_1 - E; \hat{p}_1 + E] = [0{,}1442; 0{,}2784]$. On estime à 21,13 % le pourcentage de gauchers parmi la population d'enfants de laquelle l'échantillon a été prélevé avec une marge d'erreur de 6,71 %, et ce, 19 fois sur 20.

b) Chez les adolescents : $[\hat{p}_2 - E; \hat{p}_2 + E] = [0{,}1588; 0{,}2146]$. On estime à 18,67 % le pourcentage de gauchers parmi la population d'adolescents de laquelle l'échantillon a été prélevé avec une marge d'erreur de 2,79 %, et ce, 19 fois sur 20.

c) Chez les adultes : $[\hat{p}_3 - E; \hat{p}_3 + E] = [0{,}3199; 0{,}3707]$. On estime à 34,13 % le pourcentage de gauchers parmi la population d'adultes de laquelle l'échantillon a été prélevé avec une marge d'erreur de 2,94 %, et ce, 19 fois sur 20.

d) $[\hat{p}_4 - E; \hat{p}_4 + E] = [-0{,}2024; -0{,}0998]$. On estime que l'écart entre les proportions de gauchers dans la population combinée (enfants-adolescents) et la population d'adultes est compris entre 9,98 % et 20,24 %, et on est assuré que cette estimation est correcte dans 99 % des cas.

14. a) $n = 305$. b) $n = 1220$.

15. $n = 1068$.

16. $[(\overline{x}_1 - \overline{x}_2) - E; (\overline{x}_1 - \overline{x}_2) + E] = [2{,}76; 39{,}84]$.

17. a) $[(\overline{x}_1 - \overline{x}_2) - E; (\overline{x}_1 - \overline{x}_2) + E] = [-5{,}02; -3{,}38]$.

b) $[(\overline{x}_1 - \overline{x}_2) - E; (\overline{x}_1 - \overline{x}_2) + E] = [1{,}44; 2{,}66]$.

18. a) Les conditions d'application des formules d'un intervalle de confiance pour une proportion sont satisfaites.

b) $[\hat{p} - E; \hat{p} + E] = [0{,}628; 0{,}709]$.

c) $[\hat{p} - E; \hat{p} + E] = [0{,}6152; 0{,}7188]$.

d) Le second intervalle de confiance est le plus large ; en effet, si on veut être davantage assuré que l'intervalle de confiance contient la valeur de la proportion qu'on estime, on doit s'attendre à obtenir une marge d'erreur plus élevée et, par conséquent, un intervalle de confiance plus large.

19. a) Les conditions d'application des formules d'un intervalle de confiance pour une proportion sont satisfaites.

b) $[\hat{p} - E; \hat{p} + E] = [0{,}0236; 0{,}0564]$.

c) $[\hat{p} - E; \hat{p} + E] = [0{,}0185; 0{,}0615]$.

d) L'intervalle de confiance le plus large est celui de niveau 99 % ; en effet, si on veut être davantage assuré que l'intervalle de confiance contient la valeur de la proportion qu'on estime, on obtient une précision moindre.

20. a) $[\hat{p} - E; \hat{p} + E] = [0{,}773; 0{,}821]$.

b) Sur la base des données de l'enquête, on estime à 79,7 % des adultes canadiens qui croient que l'abus de consommation de télévision contribue au déclin des valeurs familiales, avec une marge d'erreur de 2,4 %, et ce, 19 fois sur 20.

c) L'intervalle de confiance devient plus large.

21. $n = 4\,000$ clémentines.

22. a) Les conditions d'application des formules d'un intervalle de confiance d'une proportion sont satisfaites dans les deux groupes.

b) $[(\hat{p}_1 - \hat{p}_2) - E; (\hat{p}_1 - \hat{p}_2) + E] = [0{,}028; 0{,}112]$.

c) L'écart entre le pourcentage d'adultes américains et le pourcentage d'adultes français qui sont d'accord avec l'âge minimal pour avoir un permis de conduire est égal à 7 %, avec une marge d'erreur de 4,2 %, et ce, 19 fois sur 20.

d) Comme l'intervalle de confiance ne contient pas zéro, les deux pourcentages sont fort probablement significativement différents.

23. Il faut être d'accord avec l'énoncé, car c'est la conséquence du théorème central limite.

24. a) $[\overline{x} - E; \overline{x} + E] = [4{,}17; 5{,}68]$.

b) La marge d'erreur diminuerait et l'intervalle de confiance serait plus étroit.

25. $[(\overline{x}_1 - \overline{x}_2) - E; (\overline{x}_1 - \overline{x}_2) + E] = [-11{,}68; 7{,}04]$. Comme l'intervalle de confiance contient zéro, il se peut qu'il n'y ait pas de différence significative entre les moyennes de la substance dans les deux groupes.

26. $[\hat{p} - E; \hat{p} + E] = [0{,}8052; 0{,}8748]$.

27. $s^2 = 1{,}76$.

28.

Différences entre les poids initiaux et finaux des sujets			
Étudiant	Poids initial (kg)	Poids final (kg)	Différence de poids
1	77,73	76,36	−1,37
2	50	50,45	0,45
3	60,91	61,82	0,91
4	52,27	54,09	1,82
5	68,18	70,45	2,27
6	47,27	48,18	0,91

a) $[\overline{d} - E; \overline{d} + E] = [-0{,}5; 2{,}16]$.

b) La marge d'erreur de l'estimation est plus grande que la prise de poids moyenne observée dans l'échantillon.

Par conséquent, la prise de poids moyenne n'est pas significative.

29. a) $[\bar{x} - E\, ;\ \bar{x} + E] = [12,23\, ;\ 39,65]$.

b) En se basant sur les données, on est assuré à 99 % que le taux moyen de cadmium chez les fumeuses est compris entre 12,23 ng et 39,65 ng.

30. $n = 53$ ours.

31. a) $[\hat{p} - E\, ;\ \hat{p} + E] = [0,4427\, ;\ 0,4989]$.

b) $[0,5011\, ;\ 0,5573]$.

32. $n = 542$.

33. $n = 505$.

34. a) $[(\hat{p}_1 - \hat{p}_2) - E\, ;\ (\hat{p}_1 - \hat{p}_2) + E] = [0,0474\, ;\ 0,1426]$.

b) Le pourcentage de lentilles sans défauts parmi celles qui ont été polies avec la solution A est significativement plus élevé que le pourcentage de lentilles sans défauts parmi celles qui ont été polies avec la solution B. On a donc des raisons de croire que la solution A est meilleure.

35. a) $[(\hat{p}_1 - \hat{p}_2) - E\, ;\ (\hat{p}_1 - \hat{p}_2) + E] = [-0,0361\, ;\ 0,1961]$.

b) Il n'y a pas de différence significative entre le placebo et le nouveau médicament pour le traitement de la dépression majeure. On ne peut donc pas dire que le médicament est meilleur que le placebo.

36.

Patient	Avant	Après	Différence de pression artérielle
1	150	135	15
2	165	140	25
3	135	130	5
4	145	140	5

Différence de pression artérielle avant et après la marche

a) $[\bar{d} - E\, ;\ \bar{d} + E] = [1,24\, ;\ 23,76]$.

b) On observe une réduction significative de la pression artérielle grâce à la marche.

37. $[\bar{x} - E\, ;\ \bar{x} + E] = [45,92\, ;\ 56,08]$.

38. a) $[\bar{x} - E\, ;\ \bar{x} + E] = [46,49\, ;\ 51,23]$.

b) On ne peut pas infirmer ce qu'avance la compagnie pharmaceutique.

39. a) $[(\bar{x}_1 - \bar{x}_2) - E\, ;\ (\bar{x}_1 - \bar{x}_2) + E] = [-15,93\, ;\ 0,79]$.

b) Il n'y a pas de différence significative entre les tailles moyennes des deux populations.

40. $[\bar{x} - E\, ;\ \bar{x} + E] = [10,87\, ;\ 19,13]$.

41. a) $[(\bar{x}_1 - \bar{x}_2) - E\, ;\ (\bar{x}_1 - \bar{x}_2) + E] = [-2,41\, ;\ 0,21]$.

b) On peut dire qu'il n'y a pas de différence significative entre les quantités moyennes de mercure dans les deux populations de poissons.

42. a)

Statistiques descriptives des données observées				
Variable	n	Moyenne	Écart-type	Intervalle de confiance de 95 %
Poids (g)	50	5,706	3,128	[4,84 ; 6,57]

b) Sur la base de cet échantillon, le poids moyen de la population des mollusques dans la région concernée est égal à 5,71 g, avec une marge d'erreur de 0,87 g, et ce, 19 fois sur 20.

c) L'hypothèse de normalité n'est pas requise, car la taille de l'échantillon a dépassé 30. On n'a donc pas besoin de supposer que cette variable est normalement distribuée, le théorème central limite permettant de retrouver cette normalité même si on ne l'a pas au départ.

43. a)

Statistiques descriptives des données observées				
Variable	n	Moyenne	Écart-type	Intervalle de confiance de 95 %
Résistance (kg/cm²)	40	198,03	30,41	[188,61 ; 207,45]

b) Le diagramme des quartiles signale la présence de trois données aberrantes, soit 111,7, 312,8 et 291,7.

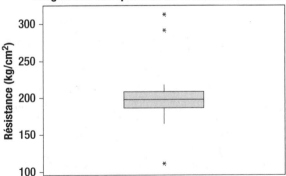

Diagramme des quartiles de la variable Résistance

c)

Statistiques descriptives des données observées				
Variable	n	Moyenne	Écart-type	Intervalle de confiance de 95 %
Résistance (kg/cm²)	37	194,73	13,18	[190,48 ; 198,98]

d) Lorsque les données aberrantes sont enlevées, l'écart-type devient beaucoup plus petit, l'intervalle de confiance, bien plus étroit et le diagramme des quartiles, plus restreint. Donc, l'intervalle de confiance calculé en c) est plus précis et plus correct que celui calculé en a).

Exercices du chapitre 7

1. $H_0 : \mu_X = 50$ contre $H_1 : \mu_X > 50$. La règle de décision est la suivante : on rejette l'hypothèse nulle si $z_{obs} > z_\alpha$. Ici, $z_{obs} = 2,36$ et $z_\alpha = 1,96$. On doit donc conclure que le niveau moyen d'alcalinité dans la rivière dépasse significativement 50 mg/L.

$P(Z > z_{obs}) = 0,009$.

2. $H_0 : p = 0,02$ contre $H_1 : p \neq 0,02$. La règle de décision est la suivante : on doit rejeter l'hypothèse nulle si $|z_{obs}| > z_{\alpha/2}$. Ici, $z_{obs} = 2,44$ et $z_{\alpha/2} = 1,96$. On peut donc conclure que le pourcentage des conducteurs canadiens qui utilisent leur cellulaire au volant est significativement différent de 2 %.

$2P(Z > z_{obs}) = 0,0147$.

3. $H_0 : p = \dfrac{1}{3}$ contre $H_1 : p < \dfrac{1}{3}$. La règle de décision est la suivante : on doit rejeter l'hypothèse nulle si $z_{obs} < -z_\alpha$. Ici, $z_{obs} = -2,5$ et $-z_\alpha = -1,645$. On peut donc conclure que la campagne de sensibilisation menée par le gouvernement a été efficace.

$P(Z < -2,5) = 0,0062$.

4. a) $H_0 : \mu_1 = \mu_2$ contre $H_1 : \mu_1 \neq \mu_2$. La règle de décision est la suivante : on doit rejeter l'hypothèse nulle si $|t_{obs}| > t_{n_1+n_2-2;\,\alpha/2}$. Ici, $|t_{obs}| = -4,59$ et $t_{n_1+n_2-2;\,\alpha/2} = 1,96$. On peut donc conclure qu'il existe une différence significative entre les diamètres moyens des rondelles fabriquées par les deux machines.

b) Puisqu'on a conclu que les diamètres moyens des rondelles sont significativement différents, alors le fabricant doit choisir la machine qui assurera l'homogénéité de son produit ; il doit opter pour la première machine s'il souhaite des diamètres plus petits, et pour la seconde s'il souhaite des diamètres plus grands.

5. $H_0 : p_1 = p_2$ contre $H_1 : p_1 > p_2$. La règle de décision est la suivante : on doit rejeter l'hypothèse nulle si $z_{obs} > z_\alpha$. Ici, $z_{obs} = 5,36$ et $z_\alpha = 1,282$. On peut donc conclure que le pourcentage des lentilles sans défauts est significativement plus grand avec la solution A.

6. $H_0 : \mu_1 = \mu_2$ contre $H_1 : \mu_1 \neq \mu_2$. La règle de décision est la suivante : on doit rejeter l'hypothèse nulle si $|t_{obs}| > t_{n_1+n_2-2;\,\alpha/2}$. Ici, $t_{obs} = -0,511$ et $t_{n_1+n_2-2;\,\alpha/2} = 2,797$. On

peut donc conclure qu'il n'existe aucune différence significative entre les taux moyens de la substance chimique une heure après une séance intensive de méditation ou d'exercice physique.

7. $H_0 : \mu_D = 0$ contre $H_1 : \mu_D > 0$. La règle de décision est la suivante : on doit rejeter l'hypothèse nulle si $P(T_{n-1} > t_{obs})$ est inférieure au seuil de signification. Ici, $P(T_{n-1} > t_{obs}) = P(T_5 > 2,855)$. La table de Student indique que cette probabilité est comprise entre 1 % et 2,5 %, donc inférieure à 5 %. On peut donc conclure que le programme de marche permet de réduire significativement la pression artérielle.

8. $H_0 : p = 0,45$ contre $H_1 : p > 0,45$. La règle de décision est la suivante : on doit rejeter l'hypothèse nulle si $P(Z > z_{obs})$ est inférieure à 5 %. Ici, $P(Z > z_{obs}) = P(Z > 0,99) = 0,1611$. Cette valeur P étant supérieure à 5 %, on peut donc conclure que le nouveau médicament ne permet pas d'augmenter significativement le pourcentage des patients dont la condition s'améliore.

9. $H_0 : \mu_1 = \mu_2$ contre $H_1 : \mu_1 < \mu_2$. La règle de décision est la suivante : on doit rejeter l'hypothèse nulle si $t_{obs} < -t_{n_1+n_2-2;\,\alpha}$. Ici, $t_{obs} = -2,32$ et $t_{n_1+n_2-2;\,\alpha} = -1,33$. On peut donc conclure que le volume moyen des eaux traitées par l'usine B, située dans une zone aisée, est significativement supérieur au volume moyen des eaux traitées par l'usine A, située dans une zone moins aisée.

10. a) $H_0 : \mu_X = 550$ contre $H_1 : \mu_X > 550$. La règle de décision est la suivante : on doit rejeter l'hypothèse nulle si $t_{obs} > t_{n-1;\,\alpha}$. Ici, $t_{obs} = 1,43$ et $t_{n-1;\,\alpha} = 1,833$. On peut donc conclure que la quantité moyenne des polymères contenus dans la formulation n'est pas significativement supérieure à 550 mg et, de ce fait, qu'elle ne satisfait pas aux spécifications requises.

b) Pour effectuer ce test, on a supposé la variable X normalement distribuée. En utilisant une des méthodes vérifiant la normalité de cette variable, on peut conclure que notre supposition est tout à fait valide.

11. $H_0 : \mu_1 = \mu_2$ contre $H_1 : \mu_1 \neq \mu_2$. La règle de décision est la suivante : on doit rejeter l'hypothèse nulle si $|t_{obs}| > t_{n_1+n_2-2;\,\alpha/2}$. Ici, $t_{obs} = 0,447$ et $t_{n_1+n_2-2;\,\alpha/2} = 2,624$. On peut donc conclure qu'il n'y a pas de différence significative entre les perméabilités moyennes des deux types de goudron.

12. $H_0 : \mu_X = 3$ contre $H_1 : \mu_X > 3$. La règle de décision est la suivante : on doit rejeter l'hypothèse nulle si $t_{obs} > t_{n-1;\,\alpha}$. Ici, $t_{obs} = 1,76$ et $t_{n-1;\,\alpha} = 2,821$. On peut donc conclure que le temps moyen de séchage de ce type de peinture au latex ne dépasse pas significativement trois heures avec un seuil de signification de 1 %.

13. $H_0 : p = 0,05$ contre $H_1 : p > 0,05$. La règle de décision est la suivante : on doit rejeter l'hypothèse nulle si $z_{obs} > z_\alpha$. Ici, z_{obs} = 2,89 et z_α = 1,282. On peut donc conclure que le pourcentage des élèves du secondaire qui consomment de l'alcool de façon régulière dépasse significativement 5 %.

14. $H_0 : p = 0,35$ contre $H_1 : p \neq 0,35$. La règle de décision est la suivante : on doit rejeter l'hypothèse nulle si $|z_{obs}|$ > $z_{\alpha/2}$. Ici, z_{obs} = −1,153 et $z_{\alpha/2}$ = 2,576. On peut donc conclure que le pourcentage des Canadiens adultes souffrant d'une insomnie occasionnelle n'est pas significativement différent de 35 %, ce qui accrédite la thèse de Santé Canada.

15. a) Le chercheur a conclu que l'hypothèse nulle est vraie, alors qu'elle est fausse ; il a donc commis une erreur de type II.

b) Le chercheur a conclu que l'hypothèse nulle est fausse, alors qu'elle est vraie ; c'est une erreur de type I.

16. $H_0 : \mu_X = 9,5$ contre $H_1 : \mu_X > 9,5$. La règle de décision est la suivante : on doit rejeter l'hypothèse nulle si $z_{obs} > z_\alpha$. Ici, z_{obs} = 2,68 et z_α = 1,645. On peut donc conclure que le taux moyen de calcium sanguin chez les femmes enceintes est plus élevé que celui observé dans la population adulte en bonne santé.

17. a) $H_0 : p = 0,70$ contre $H_1 : p < 0,70$.

b) Commettre l'erreur de type I consisterait à rejeter l'hypothèse nulle alors qu'elle est vraie, c'est-à-dire à conclure que le médicament réduit le taux de mortalité dû à l'infection virale alors qu'il n'en est rien.

Commettre l'erreur de type II consisterait à ne pas rejeter l'hypothèse nulle alors qu'elle est fausse, c'est-à-dire à conclure que le médicament ne réduit pas le taux de mortalité dû à cette maladie alors qu'il est efficace.

c) La règle de décision est la suivante : on doit rejeter l'hypothèse nulle si $z_{obs} < -z_\alpha$. Ici, z_{obs} = −0,926 et $-z_\alpha$ = −2,326. On peut donc conclure que le médicament ne permet pas de réduire significativement le taux de mortalité dû à l'infection virale.

18. a) $[\bar{x} - E ; \bar{x} + E] = [1577,33 ; 2093,27]$.

b) $H_0 : \mu_X = 1945$ contre $H_1 : \mu_X < 1945$. La règle de décision est la suivante : on doit rejeter l'hypothèse nulle si $t_{obs} < -t_{n-1;\alpha}$. Ici, t_{obs} = −0,96 et $-t_{n-1;\alpha}$ = −1,833. On peut donc conclure que le rendement moyen des récoltes de blé n'est pas significativement inférieur à 1945 kg/ha.

19. a) $\hat{p} = 0,8992$.

b) $E = 0,0053$.

c) $H_0 : p = 0,90$ contre $H_1 : p < 0,90$. La règle de décision est la suivante : on doit rejeter l'hypothèse nulle si $z_{obs} < -z_\alpha$. Ici, z_{obs} = −0,298 et $-z_\alpha$ = −1,645. On peut donc conclure que le taux avancé par les autorités sanitaires est correct.

20. a) $H_0 : \mu_X = 4$ contre $H_1 : \mu_X > 4$. La règle de décision est la suivante : on doit rejeter l'hypothèse nulle si $z_{obs} > z_\alpha$. Ici, z_{obs} = 2,72 et z_α = 1,645. On peut donc conclure que le nombre moyen de visites mensuelles effectuées par les patients atteints d'une maladie chronique à un centre de traitement dépasse significativement quatre.

b) Commettre une erreur de type I consisterait à conclure que le nombre moyen de visites mensuelles effectuées par les patients atteints d'une maladie chronique à un centre de traitement dépasse significativement quatre alors que ce n'est pas le cas.

21. a) Les estimateurs ponctuels pour chacune des proportions sont $\hat{p}_1 = \dfrac{63}{78} = 0,8077$ et $\hat{p}_2 = \dfrac{43}{77} = 0,5584$.

b) $H_0 : p_1 = p_2$ contre $H_1 : p_1 > p_2$. La règle de décision est la suivante : on doit rejeter l'hypothèse nulle si $z_{obs} > z_\alpha$. Ici, z_{obs} = 3,34 et z_α = 2,326. On peut donc conclure que le pourcentage de patients ayant été traités avec l'aspirine et dont l'état s'est amélioré est significativement plus élevé que celui du groupe traité avec le placebo.

22. a) $H_0 : \mu_1 = \mu_2$ contre $H_1 : \mu_1 < \mu_2$.

b) Commettre une erreur de type I consisterait à conclure que l'usage de la cocaïne entraîne une diminution significative du poids moyen des bébés alors qu'il n'en est rien.

Commettre une erreur de type II consisterait à conclure que l'usage de la cocaïne n'entraîne pas une diminution significative du poids moyen des bébés à la naissance alors que c'est le cas.

c) La règle de décision est la suivante : on doit rejeter l'hypothèse nulle si $z_{obs} < -z_\alpha$. Ici, z_{obs} = −6,57 et $-z_\alpha$ = −1,645. On peut donc conclure que l'usage de la cocaïne par les mères enceintes entraîne une diminution significative du poids moyen de leurs bébés.

23. a) $H_0 : \mu_X = 1800$ contre $H_1 : \mu_X > 1800$.

b) Commettre l'erreur de type I consisterait à conclure que la résistance moyenne de ce goudron est significativement supérieure à 1800 kg/cm² alors que ce n'est pas le cas.

c) La règle de décision consiste à rejeter l'hypothèse nulle si la valeur $P < \alpha$.

d) La valeur P est presque nulle, donc inférieure à n'importe quel niveau de signification. On doit donc rejeter l'hypothèse nulle et conclure que la résistance moyenne du matériau dépasse significativement 1800 kg/cm², ce qui satisfait aux spécifications imposées par la Ville de Gatineau.

24. a) $H_0 : \mu_1 = \mu_2$ contre $H_1 : \mu_1 \neq \mu_2$. La règle de décision est la suivante : on doit rejeter l'hypothèse nulle si $|z_{obs}| > z_{\alpha/2}$. Ici, $z_{obs} = -0{,}4975$ et $z_{\alpha/2} = 1{,}96$. On peut donc conclure qu'il n'y a aucune différence significative entre les temps moyens requis par les techniciens des deux fournisseurs pour résoudre un problème technique.

b)

Statistiques descriptives des données observées					
Variable	Moyenne	Écart-type	Q_1	Médiane	Q_3
A	2,228	1,658	0,943	1,680	3,130
B	2,561	2,497	0,597	1,505	3,932

Le coefficient de variation du fournisseur A est :

$$CV_A = \frac{1{,}658}{2{,}228} = 74{,}42\,\%$$

alors que celui du fournisseur B est :

$$CV_B = \frac{2{,}497}{2{,}561} = 97{,}50\,\%$$

Donc, les temps requis par les techniciens du fournisseur B pour trouver la solution sont plus hétérogènes. On peut aussi présenter les diagrammes des quartiles des deux fournisseurs sur le même graphique. On constate que les temps des techniciens du fournisseur B sont plus dispersés. On devrait choisir le fournisseur A.

25. a) $H_0 : \mu_D = 0$ contre $H_1 : \mu_D > 0$. La règle de décision est la suivante : on doit rejeter l'hypothèse nulle si $t_{obs} > t_{n-1;\alpha}$. Ici, $t_{obs} = 2{,}37$ et $t_{n-1;\alpha} = 1{,}833$. On peut donc conclure qu'en moyenne, les chaussures de pied gauche s'usent significativement plus vite que les chaussures de pied droit.

b) On doit supposer la variable D normalement distribuée pour que le test effectué en a) soit valide.

26. a) $H_0 : \mu_X = 5$ contre $H_1 : \mu_X > 5$.

Statistiques descriptives des données observées					
Variable	n	Moyenne	Écart-type	T observée	Valeur P
Masse des glandes thyroïdes (mg)	50	5,886	3,093	2,03	0,021

La règle de décision consiste à rejeter l'hypothèse nulle si la valeur $P(Z > z_{obs})$ est inférieure au seuil de signification. La valeur P étant inférieure à 5 %, on doit rejeter l'hypothèse nulle. On peut donc conclure que la masse moyenne des glandes thyroïdes chez les femmes atteintes du syndrome de fatigue chronique est significativement supérieure à 5 mg.

b)

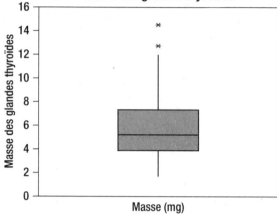

Diagramme des quartiles de la variable Masse des glandes thyroïdes

c) Après le retrait des deux valeurs aberrantes, on obtient les données suivantes.

Statistiques descriptives des données observées					
Variable	n	Moyenne	Écart-type	T observée	Valeur P
Masse des glandes thyroïdes (mg)	48	5,554	2,669	1,44	0,078

Comme la valeur P dépasse maintenant 5 %, on n'a plus à rejeter l'hypothèse nulle et on peut donc conclure que la masse moyenne des glandes thyroïdes chez les femmes atteintes du syndrome de fatigue chronique n'est pas significativement supérieure à 5 mg.

d) Les conclusions en a) et en c) sont contradictoires, car la présence de valeurs aberrantes dans un ensemble de données peut fausser les conclusions d'une analyse de données si on ne prend pas le temps de les détecter et de les exclure. La conclusion en c) est plus adéquate.

27. a) Puisque la moyenne du deuxième échantillon est largement supérieure à celui du premier échantillon, on doit tester les hypothèses $H_0 : \mu_1 = \mu_2$ contre $H_1 : \mu_1 < \mu_2$. Il faut donc effectuer un test unilatéral.

b) La règle de décision est la suivante : on doit rejeter l'hypothèse nulle si $t_{obs} < -t_{n+m-2;\alpha}$. Ici, $t_{obs} = -2{,}83$ et $-t_{n+m-2;\alpha} = -1{,}746$.

On peut donc conclure que la taille moyenne des plants fertilisés avec l'engrais 2 est significativement supérieure à celle des plants fertilisés avec l'engrais 1.

28. a) $H_0 : \mu_1 = \mu_2$ contre $H_1 : \mu_1 \neq \mu_2$. La règle de décision est la suivante : on doit rejeter l'hypothèse nulle si $|t_{obs}| > t_{n+m-2;\alpha/2}$. Ici, $t_{obs} = -2{,}55$ et $t_{n+m-2;\alpha/2} = 3{,}106$. On peut donc conclure qu'il n'y a pas de différence significative entre les temps moyens de dissolution de 90 % des deux médicaments.

b) Avec un seuil de signification de 5 % ou plus, on aurait rejeté l'hypothèse nulle et conclu le contraire.

29. $H_0 : \mu_1 = \mu_2$ contre $H_1 : \mu_1 \neq \mu_2$. Ces deux variables étant distribuées avec des variances inconnues, mais supposées égales, on peut donc estimer cette variance commune par :

$$s_p^2 = \frac{(n_1-1)s_1^2 + (n_2-1)s_2^2}{n_1+n_2-2} = \frac{119 \times 1{,}56^2 + 99 \times 2{,}64^2}{120+100-2}$$

$$\doteq 4{,}4935 \Rightarrow s_p = 2{,}12$$

Sous l'hypothèse nulle, puisque $n_1 + n_2 - 2 > 30$, alors :

$$z_{obs} = \frac{\bar{x}_1 - \bar{x}_2}{s_p\sqrt{\dfrac{1}{n_1} + \dfrac{1}{n_2}}} = \frac{2{,}6 - 3{,}5}{2{,}12\sqrt{\dfrac{1}{120} + \dfrac{1}{100}}} = -3{,}135$$

La règle de décision est la suivante : on doit rejeter l'hypothèse nulle si $|z_{obs}| > z_{0{,}025} = 1{,}96$. Comme c'est le cas ici, on doit donc rejeter l'hypothèse nulle et conclure qu'il y a une différence significative entre le nombre moyen d'appels par heure au centre d'urgence 911 de Gatineau et le nombre moyen d'appels par heure au centre d'urgence 911 d'Ottawa.

30. $H_0 : p_1 = p_2$ contre $H_1 : p_1 \neq p_2$. La règle de décision est la suivante : on doit rejeter l'hypothèse nulle si $|z_{obs}| > z_{\alpha/2}$. Ici, $z_{obs} = 5{,}27$ et $z_{\alpha/2} = 1{,}96$. On peut donc conclure qu'il y a une différence significative entre le pourcentage des aînés parmi les Canadiens diplômés et le pourcentage des aînés parmi les Canadiens qui n'ont pas de diplôme universitaire. On peut même avancer que cette proportion des aînés chez les étudiants canadiens diplômés est largement supérieure à la proportion des aînés chez les étudiants canadiens non diplômés.

31. a) $H_0 : \mu_D = 0$ contre $H_1 : \mu_D > 0$.

b) Les données montrent que $n = 10$; $\bar{d} = 3{,}3$ et :

$$s_D = 4 \Rightarrow t_{obs} = \frac{\dfrac{\bar{d}}{s_D}}{\sqrt{n}} = \frac{\dfrac{3{,}3}{4}}{\sqrt{10}} = 2{,}61$$

La règle de décision est la suivante : on doit rejeter l'hypothèse nulle si $t_{obs} > t_{n-1;\alpha}$. Ici, $t_{obs} = 2{,}61$ et $t_{n-1;\alpha} = 1{,}833$.

c) On peut conclure que le stage a été profitable, car il a entraîné une réduction significative du temps moyen d'assemblage d'un composant électrique.

32. $H_0 : \mu_1 = \mu_2$ contre $H_1 : \mu_1 \neq \mu_2$. La règle de décision est la suivante : on doit rejeter l'hypothèse nulle si $|t_{obs}| > t_{n+m-2;\alpha/2}$. Ici, $t_{obs} = 2{,}67$ et $t_{n+m-2;\alpha/2} = 2{,}086$. On peut donc conclure qu'il y a une différence significative entre les pressions artérielles moyennes des cyclistes et des coureurs après un effort intense.

33. $H_0 : \mu_X = 82$ contre $H_1 : \mu_X > 82$. La règle de décision est la suivante : on doit rejeter l'hypothèse nulle si $t_{obs} > t_{n-1;\alpha}$. Ici, $t_{obs} = 6$ et $t_{n-1;\alpha} = 1{,}833$. On peut donc conclure que le niveau moyen de bruit sur la rue de la Galène à Gatineau dépasse significativement le niveau de bruit maximum acceptable de 82 dB.

34. $H_0 : \mu_1 = \mu_2$ contre $H_1 : \mu_1 \neq \mu_2$. Ces deux variables étant distribuées avec des variances inconnues, mais supposées égales, on peut estimer cette variance commune par :

$$s_p^2 = \frac{(n_1-1)s_1^2 + (n_2-1)s_2^2}{n_1+n_2-2} = \frac{44 \times 0{,}25^2 + 49 \times 0{,}15^2}{10+12-2}$$

$$= 0{,}0414 \Rightarrow s_p = 0{,}20$$

Sous l'hypothèse nulle, puisque $n_1 + n_2 - 2 > 30$, alors :

$$z_{obs} = \frac{\bar{x}_1 - \bar{x}_2}{s_p\sqrt{\dfrac{1}{n_1} + \dfrac{1}{n_2}}} = \frac{3{,}7 - 3{,}9}{0{,}2\sqrt{\dfrac{1}{45} + \dfrac{1}{50}}} = -4{,}87$$

La règle de décision est la suivante : on doit rejeter l'hypothèse nulle si $|z_{obs}| > z_{0{,}025} = 1{,}96$. Comme c'est le cas ici, on doit donc rejeter l'hypothèse nulle et conclure qu'il y a une différence significative entre les temps moyens de réaction des hommes et des femmes à un certain stimulus.

35. a) $H_0 : p_1 = p_2$ contre $H_1 : p_1 > p_2$. La règle de décision est la suivante : on rejette l'hypothèse nulle si $z_{obs} > z_\alpha$. Ici, $z_{obs} = 5{,}08$ et $z_\alpha = 1{,}645$. On peut donc conclure que, de 1996 à 2008, le pourcentage de personnes qui utilisent l'aspirine contre la migraine a significativement diminué.

b) $H_0 : p_1 = p_2$ contre $H_1 : p_1 < p_2$. La règle de décision est la suivante : on rejette l'hypothèse nulle si $z_{obs} < -z_\alpha$. Ici, $z_{obs} = -9{,}42$ et $-z_\alpha = -1{,}645$. On peut donc conclure que, de 1996 à 2008, le pourcentage de personnes qui utilisent l'ibuprofène contre la migraine a significativement augmenté.

36. a) $H_0 : p = 0{,}84$ contre $H_1 : p > 0{,}84$. La règle de décision est de rejeter l'hypothèse nulle si $z_{obs} > z_\alpha$. Ici, $z_{obs} = 5{,}19$ et $z_\alpha = 1{,}645$. On peut donc conclure que le pourcentage de droitiers est significativement plus élevé chez les patrons de grandes entreprises que dans la population en général.

b) La valeur P de ce test d'hypothèses est égale à $P(Z > z_{obs}) = P(Z > 5,19) \approx 0$. Cela signifie qu'il faut rejeter l'hypothèse nulle pour n'importe quel seuil de signification.

Exercices du chapitre 8

1. a) On peut utiliser la masse comme variable explicative X.

b)

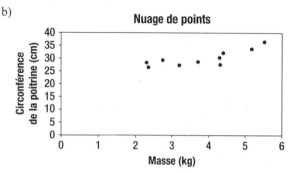

c) $\hat{y} = 21,557 + 2,217x$.　　d) $r^2 = 60,77\%$.

2. a)

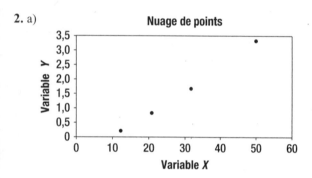

b) $\hat{y} = -0,873 + 0,083x$.

c) $r = 0,9986$; $r^2 = 99,72\%$.

d) $\hat{y}\,|\,(x = 31,7) = 1,758$.

e) Lorsque $x = 31,7$, on a observé que $y = 1,67$, alors que l'estimation en d) est égale à 1,758; cet écart s'explique par le faible nombre de données utilisées pour trouver l'équation de la droite de régression.

3. a) La variable explicative est celle qui donne le nombre d'heures consacrées à la préparation de l'examen.

b)

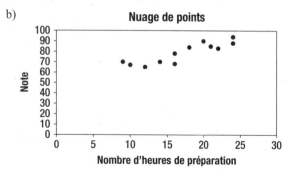

c) $\hat{y} = 48,74 + 1,73x$.

d) $r = 0,8917$; $r^2 = 79,51\%$.

e) $\hat{y}\,|\,(x = 24) = 90,26$.

f) Lorsque $x = 24$, on a observé que $y = 88$ et $y = 94$, alors que l'estimation en e) est égale à 90,26; cet écart s'explique par deux faits: la droite de régression est une tendance moyenne et le coefficient de détermination de la droite de régression n'est que de 79,51%.

4. a) La variable explicative est l'âge des chalets.

b)

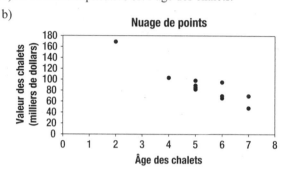

c) $\hat{y} = 21,557 - 2,217x$.

d) $r = -0,9238$; c'est une corrélation linéaire négative forte, ce qui signifie que plus l'âge du chalet augmente, plus sa valeur diminue. $r^2 = 85,34\%$, ce qui signifie que l'âge des chalets explique à lui seul 85,34% de leur valeur.

e) $\hat{y}\,|\,(x = 5) = 94,17$ (milliers de dollars).

f) Lorsque $x = 5$, on a observé que quatre chalets avaient des valeurs oscillant entre 82 et 98 (milliers de dollars), alors que l'estimation en e) est égale à 94,17 (milliers de dollars); cet écart s'explique par deux faits: la droite de régression donne une tendance moyenne et la taille de l'échantillon est faible.

5. a) $r = 0,906$.

b) Même si le coefficient linéaire entre ces deux variables est très élevé, pour s'assurer qu'il y a une relation linéaire entre ces deux variables, il faut visualiser le nuage de points et vérifier s'il présente une tendance linéaire.

c)

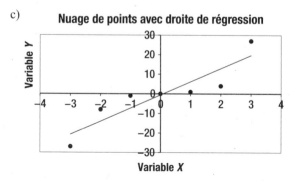

6. a)

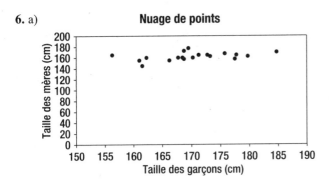

Nuage de points

b) $\hat{y} = 91{,}224 + 0{,}4156x$;
$r = 0{,}4047$; $r^2 = 16{,}38\%$.

c)

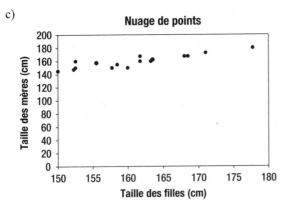

Nuage de points

d) $\hat{y} = 20{,}06 + 0{,}874x$;
$r = 0{,}802\ 05$; $r^2 = 64{,}33\%$.

e)

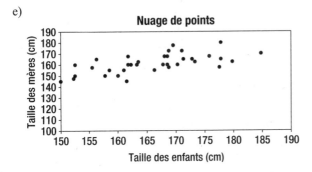

Nuage de points

f) $\hat{y} = 73{,}72 + 0{,}5277x$;
$r = 0{,}6034$; $r^2 = 36{,}41\%$.

g)

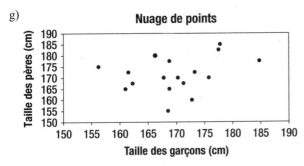

Nuage de points

h) $\hat{z} = 120{,}94 + 0{,}3055x$;
$r = 0{,}2559$; $r^2 = 6{,}55\%$.

i)

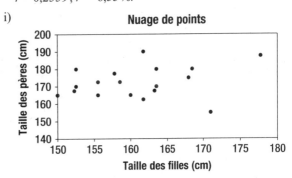

Nuage de points

j) $\hat{z} = 115{,}91 + 0{,}3502x$; $r = 0{,}3158$; $r^2 = 9{,}97\%$.

k)

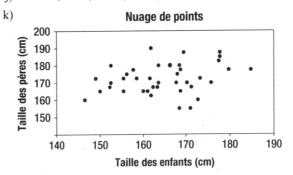

Nuage de points

l) $\hat{z} = 130{,}35 + 0{,}2548x$; $r = 0{,}2729$; $r^2 = 7{,}45\%$.

m) Le meilleur modèle est celui liant la taille des mères à celle de leur fille, car le coefficient de détermination est égal à 64%; cela veut dire que la taille de la fille explique 64% des variations de la taille de la mère. Son coefficient de corrélation linéaire est de 0,8, ce qui est appréciable. Les autres modèles présentent des coefficients de détermination très faibles ou carrément négligeables.

7. a) La valeur 3 signifie que l'ordonnée à l'origine est égale à 3, c'est-à-dire que la variable Y est estimée à 3 lorsque la variable X est nulle. La pente de l'équation de la droite de régression est égale à 4,5, ce qui signifie qu'on estime que la variable Y augmente de 4,5 unités chaque fois que la variable X augmente d'une unité.

b) $\hat{y}\,|\,(x = 3{,}4) = 3 + 4{,}5 \times 3{,}4 = 18{,}3$.

c) • $X = 10$: Oui, car $X = 10$ fait partie de l'intervalle de X.

   • $X = 26$: Oui, car $X = 26$ fait partie de l'intervalle de X.

   • $X = 45$: Non, car on ne peut pas faire une extrapolation à l'extérieur de l'intervalle où l'échantillon de X a été sélectionné.

   • $X = -5$: Non, car on ne peut pas faire une extrapolation à l'extérieur de l'intervalle où l'échantillon de X a été sélectionné.

8. a) $\hat{y} = 607{,}7 + 25{,}01x$.

b) La pente est égale à 25,01, ce qui signifie que, pour chaque augmentation de la masse de gras de 1 kg, l'augmentation de la dépense en énergie est estimée à 25,01 kcal.

c) $r = 0,9814$; la liaison linéaire entre la masse de gras et la dépense en énergie est donc très forte chez les patients vivant dans des conditions sédentaires.

d) $r^2 = 96,31\%$, ce qui signifie que la masse de gras explique à elle seule 96,31% des variations de la dépense en énergie chez des patients vivant dans des conditions sédentaires.

9. a) $r = 0,6981$.

b) $\hat{y} = 8,51 + 0,123x$.

c) $\hat{y}\,|\,x = 47 = 14,29$.

d) $r^2 = 48,74\%$; cela signifie que l'âge n'explique que 48,74% des variations de la tension émotionnelle chez les femmes.

e) Cette faible fluctuation est due au fait que la relation linéaire entre les deux variables est assez forte (voir la valeur du coefficient de corrélation).

10. a) $\hat{y} = 89,56 + 0,476x$ et $\hat{x} = -8,4422 + 1,0364y$.

b) $r = 0,7026$; $r^2 = 49,37\%$; cela indique une relation linéaire assez forte entre les deux variables et que l'une explique à peu près 50% des variations de l'autre selon le modèle utilisé.

c) Pour un fils aîné dont le père mesure 165 cm, on peut estimer la taille de ce fils en utilisant le premier modèle trouvé en a) par $\hat{y} = 168,1$ cm. Si on utilise le second modèle trouvé en a), on obtient $\hat{y} = 167,35$ cm. Les deux estimations sont différentes, car le lien entre les deux variables, qui nous permettrait de passer de l'une à l'autre sans erreur, n'est pas parfait.

11. a) $r = 0,9846$.

b) $\hat{y} = 0,758 + 0,0408x$.

c) $\hat{y}\,|\,(x = 60) = 3,2$ s.

d) $r^2 = 96,94\%$; cela signifie que la consommation d'un certain médicament explique à elle seule près de 97% des variations du temps de réaction des patients à un certain stimulus.

12. a) $\hat{y} = 2560,56 - 1054,39x$.

b)

Résidus associés au modèle						
Résidu	1	2	3	4	5	6
$e_i = \hat{y}_i - y_i$	−17,25	−30,60	55,05	−18,85	49,45	−37,80

c) $\hat{\sigma} = 46,08$.

d) $r = -0,984$; $r^2 = 96,83\%$.

e) On veut tester les hypothèses $H_0: \rho = 0$ contre $H_1: \rho < 0$, où ρ est le coefficient de corrélation théorique entre X et Y; alors, on utilise la statistique

$$t_{obs} = \frac{r\sqrt{n-2}}{\sqrt{1-r^2}} = -11,05.$$

La règle de décision est la suivante: on doit rejeter l'hypothèse nulle lorsque $t_{obs} < -t_{n-2;0,05} = -2,132$, ce qui est le cas ici; on en conclut que le coefficient de corrélation linéaire théorique entre ces deux variables est significativement inférieur à zéro.

f) $[\hat{y}(x = 1,6) - E; \hat{y}(x = 1,6) + E] = [806,06; 941,02]$.

13. a) $\hat{y} = 114,3 + 0,293x$.

b)

Individu	$e_i = \hat{y}_i - y_i$	Individu	$e_i = \hat{y}_i - y_i$
1	9,33	21	14,68
2	3,34	22	0,16
3	−11,57	23	0,13
4	−18,44	24	14,54
5	−3,64	25	3,54
6	1,65	26	−1,46
7	−9,25	27	11,13
8	−9,73	28	8,56
9	−8,79	29	12,65
10	−8,41	30	−8,51
11	1,13	31	9,34
12	−6,14	32	−2,43
13	0,79	33	6,34
14	−6,11	34	−11,29
15	0,79	35	7,15
16	−11,64	36	8,22
17	−2,44	37	15,84
18	−7,87	38	11,61
19	−13,44	39	2,65
20	−0,26	40	0,61

c) $\hat{\sigma} = s = \sqrt{\dfrac{\sum_{i=1}^{40} e_i^2}{40-2}} = 8,92$.

d) $[\hat{y}(x = 187,5) - E; \hat{y}(x = 187,5) + E] = [163,54; 174,94]$.

14. a) La variable indépendante est la quantité de calcium.

b) $\hat{y} = 6,51 - 0,005\,44x$.

c) $a = 6,51$; cela veut dire qu'on estime à 6,51 le taux de cholestérol d'une personne qui ne prend pas de calcium ; $b = -0,005\ 44$; cela signifie que chaque augmentation d'une unité de la quantité de calcium fait diminuer le taux de cholestérol de 0,005 44 mmol/L.

d) $r = -0,25$; $r^2 = 6,29\%$; cela indique un lien linéaire faible entre ces deux variables : si l'une augmente, l'autre diminue. La quantité de calcium n'explique que 6,29 % des variations du taux de cholestérol.

e)

Résidus associés au modèle	
Individu	$e_i = \hat{y}_i - y_i$
1	0,077
2	−0,1057
3	0,041
4	−0,5423
5	0,7538
6	0,4324
7	−0,5981
8	0,0446
9	−0,043
10	−0,1

f) $\hat{\sigma} = s = \sqrt{\dfrac{\sum_{i=1}^{10} e_i^2}{10-2}} = \sqrt{\dfrac{1,4399}{8}} = 0,4242.$

g) **Nuage de points ; droite de régression**

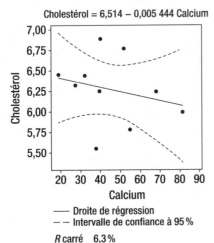

Cholestérol = 6,514 − 0,005 444 Calcium

— Droite de régression
-- Intervalle de confiance à 95 %

R carré   6,3 %

h) Cette étude a démontré que la quantité de calcium influence très faiblement la réduction du taux de cholestérol. Le modèle généré par les données est à utiliser avec précaution en tant qu'outil d'estimation ou de prédiction, comme le démontre le graphique en g).

15. a) $\hat{y} = 98,279 + 1,9998x$.

b) $a = 98,279$ m, ce qui signifie que, théoriquement, un arbre dont le diamètre est nul aurait une taille de 98,3 m ; $b = 1,9998$, ce qui signifie que chaque augmentation du diamètre d'un centimètre fait augmenter la taille de l'arbre de deux mètres.

c) $r = 0,7925$; $r^2 = 62,81\%$. Ces deux variables ont donc une liaison linéaire positive assez forte et le diamètre de ces arbres explique 62,81 % des variations de leur taille.

d)

Résidus associés au modèle	
Individu	$e_i = \hat{y}_i - y_i$
1	16,28
2	−22,73
3	−31,72
4	32,28
5	0,27
6	28,27
7	2,27
8	14,27
9	−2,73
10	−16,73
11	−19,73

e) $\hat{\sigma} = s = \sqrt{\dfrac{\sum_{i=1}^{10} e_i^2}{11-2}} = \sqrt{\dfrac{4514,18}{9}} = 22,4.$

f) **Nuage de points ; droite de régression**

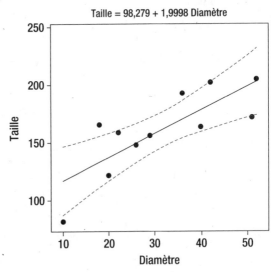

Taille = 98,279 + 1,9998 Diamètre

— Droite de régression
-- Intervalle de confiance à 95 %

R carré   62,81 %

g) $[\hat{y}(x = 30) - E; \hat{y}(x = 30) + E] = [142,9; 173,64]$.

h) $[\hat{y}(x = 30) - E; \hat{y}(x = 30) + E] = [105,32; 211,22]$.

i) Cette étude montre que l'usage de la régression linéaire pour modéliser le lien entre le diamètre et la taille des arbres en Amazonie constitue un assez bon modèle.

16. a) On appelle l'équation de la droite de régression « équation des moindres carrés » parce que les coefficients de la droite sont obtenus en minimisant la somme des carrés des résidus théoriques entre les valeurs observées de Y et une droite.

b) Dans une équation d'une droite de régression, pour chaque augmentation de la variable X d'une unité, on estime que la valeur de Y varie d'une valeur égale à b (la pente). Si X est nulle, on estime que la valeur de Y est égale à la valeur de a.

c) On utilise l'équation de la droite de régression linéaire à des fins d'estimation ou de prédiction.

d) Le coefficient de corrélation linéaire est sans unité, car il est en fait égal à la corrélation des cotes Z (qui sont sans unité) des deux variables X et Y. Cela lui procure un grand avantage, car il s'applique à tout couple de variables continues même si elles ont des unités différentes.

e) Les modèles qui font appel à la régression linéaire sont nombreux et variés, en plus de ceux qui sont traités dans les exercices et les exemples de ce chapitre. Prenons le cas d'un ingénieur chez Bombardier qui veut quantifier le lien qui pourrait exister entre la pression exercée sur la carlingue d'un avion et les résonances ressenties à l'intérieur de l'avion.

Exercices du chapitre 9

1. a) Soit les variables X: le sexe, et Y: l'opinion sur l'interdiction de fumer dans les lieux publics. On veut tester les hypothèses suivantes : H_0: X et Y sont indépendantes contre H_1: X et Y sont dépendantes.

b) Les fréquences théoriques qu'on devrait obtenir sous l'hypothèse nulle apparaissent en gras dans le tableau suivant :

Distribution des fréquences observées et théoriques			
Sexe	**Pour**	**Contre**	**Total**
Hommes	262|**278,052**	231|**214,948**	493
Femmes	302|**285,948**	205|**221,052**	507
Total	564	436	1000

c) $\chi^2_{obs} = 4,19$.

d) On doit rejeter l'hypothèse nulle lorsque $\chi^2_{obs} > \chi^2_{v;\alpha}$, ce qui est le cas ici, car le point critique est $\chi^2_{1;0,05} = 3,841$. On doit donc conclure que l'opinion des hommes et celle des femmes sur l'interdiction de fumer dans les lieux publics divergent significativement.

2. Soit les variables X: le sexe, et Y: le statut social. On veut tester les hypothèses suivantes : H_0: X et Y sont indépendantes contre H_1: X et Y sont dépendantes.

Distribution conjointe des fréquences observées et théoriques				
Sexe	**Statut élevé**	**Statut moyen**	**Statut bas**	**Total**
Hommes	34|**37,5**	56|**45**	15|**22,5**	105
Femmes	41|**37,5**	34|**45**	30|**22,5**	105
Total	75	90	45	210

La règle de décision est la suivante : on rejette l'hypothèse nulle si $\chi^2_{obs} > \chi^2_{v;\alpha}$. Or, $\chi^2_{obs} = 11,0312$ et $\chi^2_{v;\alpha} = 5,99$. On doit donc rejeter l'hypothèse nulle et conclure que les variables sont significativement dépendantes.

3. a) On veut tester les hypothèses suivantes : H_0: les fréquences sont $(9:3:3:1)$ contre H_1: les fréquences sont autres.

b) Ce test d'hypothèses s'appelle « test d'ajustement ».

c) La règle de décision est la suivante : on rejette l'hypothèse nulle si $\chi^2_{obs} > \chi^2_{v;\alpha}$. Or, $\chi^2_{obs} = 8,972$ et $\chi^2_{v;\alpha} = 11,3$. On ne doit donc pas rejeter l'hypothèse nulle ; on conclut que la distribution des fréquences de couleurs des fleurs ne s'éloigne pas significativement de celle spécifiée par les biologistes.

4. a) On veut tester ces hypothèses : H_0: les fréquences sont $(9:3:3)$ contre H_1: les fréquences sont autres.

b) La règle de décision est la suivante : on rejette l'hypothèse nulle si $\chi^2_{obs} > \chi^2_{v;\alpha}$. Or, $\chi^2_{obs} = 2,544$ et $\chi^2_{v;\alpha} = 9,21$. On ne doit donc pas rejeter l'hypothèse nulle ; on conclut que la distribution des fréquences de couleurs des fleurs ne s'éloigne pas significativement de celle spécifiée par les biologistes.

c) $P(\chi^2_2 > \chi^2_{obs}) = P(\chi^2_2 > 2,544)$. Or, la table de χ^2 indique que cette probabilité est comprise entre 0,20 et 0,30, ce qui conduit à la même conclusion.

5. a) Soit les variables X: le sexe, et Y: la couleur des cheveux. On veut tester les hypothèses suivantes : H_0: X et Y sont indépendantes contre H_1: X et Y sont dépendantes.

b) Ce test d'hypothèses se nomme « test d'indépendance ».

c) La règle de décision est la suivante : on rejette l'hypothèse nulle si $\chi^2_{obs} > \chi^2_{v;\alpha}$. Or, $\chi^2_{obs} = 6,793$ et $\chi^2_{v;\alpha} = 5,99$. On doit donc rejeter l'hypothèse nulle et conclure que les variables sont significativement dépendantes.

6. a) On veut tester les hypothèses suivantes : H_0 : la répartition des crises cardiaques est uniforme contre H_1 : elle est non uniforme.

b) Ce test s'appelle « test d'ajustement ».

c) La règle de décision est la suivante : on rejette l'hypothèse nulle si $\chi^2_{\text{obs}} > \chi^2_{v;\alpha}$. Or, $\chi^2_{\text{obs}} = 3,63$ et $\chi^2_{v;\alpha} = 16,8$. On ne doit donc pas rejeter l'hypothèse nulle ; on conclut que les crises cardiaques en salle d'urgence de l'hôpital sont uniformément réparties sur les jours de la semaine.

7. a) Soit les variables X : les quarts de travail, et Y : les défauts. On veut tester les hypothèses suivantes : H_0 : X et Y sont indépendantes contre H_1 : X et Y sont dépendantes.

b) Ce test d'hypothèses se nomme « test d'indépendance ».

c) La règle de décision est la suivante : on rejette l'hypothèse nulle si $\chi^2_{\text{obs}} > \chi^2_{v;\alpha}$. Or, $\chi^2_{\text{obs}} = 19,178$ et $\chi^2_{v;\alpha} = 12,6$. On doit donc rejeter l'hypothèse nulle et conclure que les deux variables sont significativement dépendantes.

8. a) Soit X : les types de fumeurs, et Y : le statut social de la personne. On veut effectuer le test d'indépendance suivant : H_0 : X et Y sont indépendantes contre H_1 : X et Y sont dépendantes.

b) La règle de décision est la suivante : on rejette l'hypothèse nulle si $\chi^2_{\text{obs}} > \chi^2_{v;\alpha}$. Or, $\chi^2_{\text{obs}} = 18,51$ et $\chi^2_{v;\alpha} = 9,49$. On doit donc rejeter l'hypothèse nulle et conclure que ces deux variables sont significativement dépendantes.

9. a) On veut tester les hypothèses suivantes : H_0 : les répartitions de 2000 et de 2010 sont les mêmes contre H_1 : il y a eu un changement.

b) Ce test s'appelle « test d'ajustement ».

c) La règle de décision est la suivante : on rejette l'hypothèse nulle si $\chi^2_{\text{obs}} > \chi^2_{v;\alpha}$. Or, $\chi^2_{\text{obs}} = 0,5687$ et $\chi^2_{v;\alpha} = 9,49$. On ne doit donc pas rejeter l'hypothèse nulle ; on conclut que la répartition de la population du Québec de plus de 25 ans n'a pas significativement changé du point de vue du niveau de scolarité entre 2000 et 2010.

10. a) On veut tester les hypothèses suivantes : H_0 : les répartitions sont les mêmes contre H_1 : les répartitions sont différentes.

b) Ce test d'hypothèses se nomme « test d'homogénéité ».

c) La règle de décision est la suivante : on rejette l'hypothèse nulle si $\chi^2_{\text{obs}} > \chi^2_{v;\alpha}$. Or, $\chi^2_{\text{obs}} = 11,114$ et $\chi^2_{v;\alpha} = 21$. On ne doit donc pas rejeter l'hypothèse nulle ; on conclut que la composition des populations des quatre provinces canadiennes n'est pas significativement

différente en ce qui concerne le niveau de scolarité des personnes âgées de plus de 25 ans.

11. a) Soit les variables X : la province canadienne, et Y : la situation de l'emploi. On veut tester les hypothèses suivantes : H_0 : X et Y sont indépendantes contre H_1 : X et Y sont dépendantes.

b) Ce test d'hypothèses se nomme « test d'indépendance ».

c) La règle de décision est la suivante : on rejette l'hypothèse nulle si $\chi^2_{\text{obs}} > \chi^2_{v;\alpha}$. Or, $\chi^2_{\text{obs}} = 4,2$ et $\chi^2_{v;\alpha} = 7,81$. On ne doit donc pas rejeter l'hypothèse nulle ; on conclut que les deux variables sont indépendantes, ce qui signifie que les compositions des quatre provinces canadiennes ne sont pas significativement différentes sur le plan de la situation de l'emploi.

12. a) Puisque les totaux des colonnes sont fixes, on veut savoir si la répartition des opinions des hommes et celle des opinions des femmes sont identiques ou non sur la question de la sévérité envers les enfants. On veut donc tester les hypothèses suivantes : H_0 : les répartitions sont les mêmes contre H_1 : elles sont différentes.

b) Ce test d'hypothèses se nomme « test d'homogénéité ».

c) La règle de décision est la suivante : on rejette l'hypothèse nulle si $\chi^2_{\text{obs}} > \chi^2_{v;\alpha}$. Or, $\chi^2_{\text{obs}} = 3,885$ et $\chi^2_{v;\alpha} = 3,84$. On doit donc rejeter l'hypothèse nulle et conclure que les hommes et femmes ont des opinions significativement différentes sur la sévérité requise envers les enfants.

13. a) Soit p_i : la probabilité d'obtenir face avec la n-ième pièce de monnaie. On veut tester les hypothèses suivantes : H_0 : $p_1 = p_2 = p_3 = p_4 = 1/2$ contre H_1 : au moins deux probabilités sont distinctes.

b) Ce test d'hypothèses s'appelle « test d'homogénéité ».

c) La règle de décision est la suivante : on rejette l'hypothèse nulle si $\chi^2_{\text{obs}} > \chi^2_{v;\alpha}$. Or, $\chi^2_{\text{obs}} = 2,26$ et $\chi^2_{v;\alpha} = 7,81$. On ne doit donc pas rejeter l'hypothèse nulle ; on conclut que ces pièces de monnaie sont parfaitement équilibrées.

14. a) On désire savoir si la population de Gatineau a une préférence entre les trois candidats. On veut donc tester les hypothèses suivantes : H_0 : les habitants de Gatineau n'ont pas de préférence contre H_1 : les habitants de Gatineau ont une préférence.

b) Ce test d'hypothèses se nomme « test d'homogénéité ».

c) La règle de décision est la suivante : on rejette l'hypothèse nulle si $\chi^2_{\text{obs}} > \chi^2_{v;\alpha}$. Or, $\chi^2_{\text{obs}} = 5,84$ et $\chi^2_{v;\alpha} = 5,99$. On ne doit donc pas rejeter l'hypothèse nulle ; on conclut que les habitants de Gatineau n'ont pas de préférence significative entre les trois candidats.

15. a) Les valeurs des probabilités de chaque croisement formulées par les généticiens sont égales à :

$$P(BC) = \frac{9}{16} \; ; \; P(Bc) = P(bC) = \frac{3}{16} \; ; \; P(bc) = \frac{1}{16}$$

b) On veut tester les hypothèses d'ajustement suivantes : H_0 : les fréquences sont (9 : 3 : 3 : 1) contre H_1 : les fréquences sont autres.

c) La règle de décision est la suivante : on rejette l'hypothèse nulle si $\chi^2_{obs} > \chi^2_{v;\alpha}$. Or, $\chi^2_{obs} = 9,87$ et $\chi^2_{v;\alpha} = 7,81$. On doit donc rejeter l'hypothèse nulle et conclure que les écarts entre les fréquences observées et les fréquences théoriques sont significativement beaucoup trop élevés pour être uniquement attribuables au hasard de l'échantillonnage.

16. a) Soit les variables X : la classification des psychiatres, et Y : le fait que le prisonnier récidive ou non. On veut tester les hypothèses suivantes : H_0 : X et Y sont indépendantes contre H_1 : X et Y sont dépendantes.

b) Un tel test d'hypothèses se nomme « test d'homogénéité » du fait que les totaux des colonnes sont fixés au départ.

c) La règle de décision est la suivante : on rejette l'hypothèse nulle si $\chi^2_{obs} > \chi^2_{v;\alpha}$. Or, $\chi^2_{obs} = 29,545$ et $\chi^2_{v;\alpha} = 5,99$. On doit donc rejeter l'hypothèse nulle et conclure qu'il y a un lien significatif entre la classification des prisonniers par les psychiatres et le fait que le prisonnier récidive ou non après sa libération.

d) La valeur P de ce test est égale à $P(\chi^2_2 > \chi^2_{obs})$ $= P(\chi^2_2 > 29,545)$. Or, la table de χ^2 indique que cette probabilité est inférieure à 0,0005, ce qui conduit à la même conclusion.

17. a) Soit les variables X : la quantité de sel dans l'alimentation, et Y : la présence ou l'absence de maladie cardiovasculaire. On veut tester les hypothèses suivantes : H_0 : X et Y sont indépendantes contre H_1 : X et Y sont dépendantes.

La règle de décision est la suivante : on rejette l'hypothèse nulle si $\chi^2_{obs} > \chi^2_{v;\alpha}$. Or, $\chi^2_{obs} = 638,05$ et $\chi^2_{v;\alpha} = 5,99$. On doit donc rejeter l'hypothèse nulle et conclure qu'il y a un lien significatif entre les maladies cardiovasculaires et la consommation de sel.

b) Le risque relatif de souffrir d'une maladie cardiovasculaire selon qu'une personne a une alimentation sans sel ou une alimentation avec excès de sel est estimé à :

$$RR = \frac{P(D \,|\, C)}{P(D \,|\, A)} = \frac{\left(\dfrac{2305}{43\,005}\right)}{\left(\dfrac{1316}{41\,973}\right)} = 1,7095$$

Cela signifie qu'une personne ayant une alimentation avec excès de sel a 71 % plus de chances de souffrir d'une maladie cardiovasculaire qu'une personne ayant une alimentation sans sel.

c) On peut conclure qu'une alimentation avec excès de sel augmente considérablement le risque de maladies cardiovasculaires.

18. On cherche d'abord à savoir s'il y a un lien entre les variables X : les disciplines initiales d'inscription, et Y : les disciplines de transfert. Pour ce faire, on va tester les hypothèses suivantes : H_0 : X et Y sont indépendantes contre H_1 : X et Y sont dépendantes.

Sous l'hypothèse nulle, les données théoriques qu'on devrait obtenir apparaissent en gras dans le tableau suivant.

Distribution conjointe des fréquences observées et théoriques					
Discipline initiale	**Transfert**				**Total**
	Génie	**Gestion**	**Arts**	**Autres**	
Biologie	13|**25,3**	25|**34,56**	158|**130,2**	202|**207,95**	398
Chimie	16|**7,25**	15|**9,9**	19|**37,29**	64|**59,56**	114
Mathématiques	3|**4,58**	11|**6,25**	20|**23,55**	38|**37,62**	72
Physique	9|**3,88**	5|**5,3**	14|**19,96**	33|**31,87**	61
Total	41	56	211	337	645

Comme les fréquences théoriques de mathématiques et de physique croisées avec celle de génie sont inférieures à 5, on va donc agréger les lignes de mathématiques et de physique en une seule discipline nommée « Math-physique », ce qui donne le tableau suivant.

Distribution conjointe des fréquences observées et théoriques					
Discipline initiale	**Transfert**				**Total**
	Génie	**Gestion**	**Arts**	**Autres**	
Biologie	13|**25,3**	25|**34,56**	158|**130,2**	202|**207,95**	398
Chimie	16|**7,25**	15|**9,9**	19|**37,29**	64|**59,56**	114
Math-physique	12|**8,45**	16|**11,55**	34|**43,51**	71|**69,49**	133
Total	41	56	211	337	645

$$\chi^2_{obs} = \frac{(13-25,3)^2}{25,3} + \cdots + \frac{(71-69,49)^2}{69,49} = 42,551$$

Le nombre de degrés de liberté de ce tableau est égal à $(3-1)(4-1) = 6$. On doit rejeter l'hypothèse nulle lorsque

$\chi^2_{obs} > \chi^2_{6;0,05}$, ce qui est le cas ici, car le point critique est $\chi^2_{6;0,05} = 12,6$. On doit donc conclure qu'il y a un lien significatif entre la discipline choisie initialement par les étudiants et le changement d'orientation.

19. On veut tester les hypothèses suivantes : H_0 : le QI de cette population est normalement distribué contre H_1 : le QI de cette population ne s'ajuste pas à un modèle normal.

Sous l'hypothèse nulle, la variable QI serait normalement distribuée avec une moyenne et un écart-type qui peuvent être estimés à partir des données de l'échantillon, ce qui donne $\bar{x} = 104,75$; $s_X = 16,03$. Donc, si on suppose l'hypothèse nulle vraie, on obtient les probabilités que le QI de cette population se trouve dans chacun des intervalles ainsi que les fréquences théoriques qui en découlent. Ces résultats apparaissent dans le tableau suivant.

Distribution des fréquences observées et théoriques						
QI	Moins de 80	80 à 95	95 à 110	110 à 120	Plus de 120	Total
Fréquence observée	20	20	80	40	40	200
Probabilité	0,0618	0,2091	0,3584	0,1996	0,1711	1
Fréquence théorique	12,36	41,82	71,68	39,92	34,22	200

$$\chi^2_{obs} = \frac{(20-12,36)^2}{12,36} + \cdots + \frac{(40-34,22)^2}{34,22} = 18,04$$

Le nombre de degrés de liberté de ce tableau est égal à $(5 - 1) = 4$. On doit rejeter l'hypothèse nulle lorsque $\chi^2_{obs} > \chi^2_{4;0,01}$, ce qui est le cas ici, car le point critique est $\chi^2_{4;0,01} = 13,277$. On peut donc conclure que, selon les données de l'échantillon, la distribution du quotient intellectuel dans cette population s'écarte significativement du modèle normal.

20. Soit X : la distance qui sépare deux défauts consécutifs sur une bande magnétique. On veut tester les hypothèses suivantes : H_0 : X est distribuée selon un modèle exponentiel d'une moyenne de 90 cm contre H_1 : X ne s'ajuste pas à un modèle exponentiel d'une moyenne de 90 cm.

Sous l'hypothèse nulle, cette variable serait distribuée selon une loi exponentielle d'une moyenne de 90. Donc, si on suppose l'hypothèse nulle vraie, on obtient les probabilités que la variable X se trouve dans chacun des intervalles ainsi que les fréquences théoriques qui en découlent. Ces résultats apparaissent dans le tableau suivant.

Distribution des fréquences observées et théoriques			
Distance (cm)	Fréquence observée	Probabilité	Fréquence théorique
Moins de 30	71	0,2835	49,329
[30 ; 40[	30	0,0754	13,1196
[40 ; 45[	23	0,0346	6,0204
[45 ; 50[	19	0,0328	5,7072
[50 ; 55[	7	0,0310	5,394
[55 ; 60[	5	0,0293	5,0982
Plus de 60	19	0,5134	89,3316
Total	**174**	**1**	**174**

$$\chi^2_{obs} = \frac{(71-49,329)^2}{49,329} + \cdots + \frac{(19-89,3316)^2}{89,3316} = 165,94$$

Le nombre de degrés de liberté de ce tableau est égal à $(7 - 1) = 6$. On doit rejeter l'hypothèse nulle lorsque $\chi^2_{obs} > \chi^2_{6;0,05}$, ce qui est le cas ici, car le point critique est $\chi^2_{6;0,05} = 12,6$. On peut donc conclure que, selon les données de l'échantillon, la distribution de la distance qui sépare deux défauts consécutifs sur une bande magnétique ne s'ajuste pas à une distribution exponentielle d'une moyenne de 90 cm.

Index